"十三五"国家重点出版物
出版规划项目

Ⅰ

Record of Megafossil Bryophytes, Mesozoic Megafossil Lycophytes and Sphenophytes from China

中国苔藓植物和中国中生代石松植物、有节植物大化石记录

吴向午　王　冠 / 编著

科学技术部科技基础性工作专项
(2013FY113000) 资助

中国科学技术大学出版社

内 容 简 介

本书是“中国植物大化石记录(1865—2005)”丛书的第Ⅰ分册,由内容基本相同的中、英文两部分组成,共记录1865—2005年间正式发表的中国苔藓植物和中国中生代石松植物、有节植物大化石的有关资料。书中对每一个属的创建者、创建年代、异名表、模式种、分类位置以及种的创建者、创建年代和模式种等原始资料做了详细编录;对归于每个种名下的中国标本的发表年代、作者(或鉴定者),文献页码、图版、插图、器官名称,产地、时代、层位等数据做了收录;对依据中国标本建立的属、种名,种名的模式标本及标本的存放单位等信息也做了详细汇编。各部分附有属、种名索引,存放模式标本的单位名称及丛书属名索引(Ⅰ—Ⅵ分册),书末附有参考文献。本分册分两章编写:

第1章:收录了中国苔藓植物大化石属名16个(包括现生属名2个、依据中国标本建立的属名7个),种名53个(包括依据中国标本建立的种名35个)。

第2章:收录了中国中生代石松植物、有节植物大化石属名36个(包括现生属名3个、依据中国标本建立的属名9个),种名300多个(包括依据中国标本建立的种名134个)。

本书在广泛查阅国内外古植物学文献和系统采集数据的基础上编写而成,是一份资料收集较齐全、查阅较方便的文献,可供国内外古植物学、生命科学和地球科学的科研、教育及数据库等有关人员参阅。

图书在版编目(CIP)数据

中国苔藓植物和中国中生代石松植物、有节植物大化石记录/吴向午,王冠编著.—合肥:中国科学技术大学出版社,2019.4
(中国植物大化石记录:1865—2005)
国家出版基金项目
“十三五”国家重点出版物出版规划项目
ISBN 978-7-312-04620-9

Ⅰ.中… Ⅱ.①吴… ②王… Ⅲ.①苔藓类植物—植物化石—中国 ②中生代—石松类植物—有节类植物—植物化石—中国 Ⅳ.Q914.2

中国版本图书馆CIP数据核字(2018)第301269号

出版	中国科学技术大学出版社 安徽省合肥市金寨路96号 http://press.ustc.edu.cn https://zgkxjsdxcbs.tmall.com	开本	787 mm×1092 mm 1/16
		印张	19
		插页	1
		字数	617千
印刷	合肥华苑印刷包装有限公司	版次	2019年4月第1版
发行	中国科学技术大学出版社	印次	2019年4月第1次印刷
经销	全国新华书店	定价	176.00元

总序

古生物学作为一门研究地质时期生物化石的学科，历来十分重视和依赖化石的记录，古植物学作为古生物学的一个分支，亦是如此。对古植物化石名称的收录和编纂，早在19世纪就已经开始了。在K. M. von Sternberg于1820年开始在古植物研究中采用林奈双名法不久后，F. Unger就注意收集和整理植物化石的分类单元名称，并于1845年和1850年分别出版了*Synopsis Plantarum Fossilium*和*Genera et Species Plantarium Fossilium*两部著作，对古植物学科的发展起了历史性的作用。在这以后，多国古植物学家和相关的机构相继编著了古植物化石记录的相关著作，其中影响较大的先后有：由大英博物馆主持，A. C. Seward等著名学者在19世纪末20世纪初编著的该馆地质分部收藏的标本目录；荷兰W. J. Jongmans和他的后继者S. J. Dijkstra等用多年时间编著的*Fossilium Catalogus Ⅱ：Plantae*；英国W. B. Harland等和M. J. Benton先后主编的*The Fossil Record* (*Volume 1*)和*The Fossil Record* (*Volume 2*)；美国地质调查所出版的由H. N. Andrews Jr. 及其继任者A. D. Watt和A. M. Blazer等编著的*Index of Generic Names of Fossil Plants*，以及后来由隶属于国际生物科学联合会的国际植物分类学会和美国史密森研究院以这一索引作为基础建立的"Index Nominum Genericorum (ING)"电子版数据库等。这些记录尽管详略不一，但各有特色，都早已成为各国古植物学工作者的共同资源，是他们进行科学研究十分有用的工具。至于地区性、断代的化石记录和单位库存标本的编目等更是不胜枚举：早年F. H. Knowlton和L. F. Ward以及后来的R. S. La Motte等对北美白垩纪和第三纪植物化石的记录，S. Ash编写的美国西部晚三叠世植物化石名录，荷兰M. Boersma和L. M. Broekmeyer所编的石炭纪、二叠纪和侏罗纪大化石索引，R. N. Lakhanpal等编写的印度植物化石目录，S. V. Meyen的植物化石编录以及V. A. Vachrameev的有关苏联中生代孢子植物和裸子植物的索引等。这些资料也都对古植物学成果的交流和学科的发展起到了积极的作用。从上述目录和索引不难看出，编著者分布在一些古植物学比较发达、有关研究论著和专业人员众多的国家或地区。显然,目录和索引的编纂,是学科发展到一定阶段的需要和必然的产物,因而代表了这些国家或地区古植物学研究的学术水平和学科发展的程度。

虽然我国地域广大,植物化石资源十分丰富,但古植物学的发展较晚,直到 20 世纪 50 年代以后,才逐渐有较多的人员从事研究和出版论著。随着改革开放的深化,国家对科学日益重视,从 20 世纪 80 年代开始,我国古植物学各个方面都发展到了一个新的阶段。研究水平不断提高,研究成果日益增多,不仅迎合了国内有关科研、教学和生产部门的需求,也越来越多地得到了国际同行的重视和引用。一些具有我国特色的研究材料和成果已成为国际同行开展相关研究的重要参考资料。在这样的背景下,我国也开始了植物化石记录的收集和整理工作,同时和国际古植物学协会开展的"Plant Fossil Record (PFR)"项目相互配合,编撰有关著作并筹建了自己的数据库。吴向午研究员在这方面是我国起步最早、做得最多的。早在 1993 年,他就发表了文章《中国中、新生代大植物化石新属索引(1865 — 1990)》,出版了专著《中国中生代大植物化石属名记录(1865 — 1990)》。2006 年,他又整理发表了 1990 年以后的属名记录。刘裕生等(1996)则编制了《中国新生代植物大化石目录》。这些都对学科的交流起到了有益的作用。

由于古植物学内容丰富、资料繁多,要对其进行全面、综合和详细的记录,显然是不可能在短时间内完成的。经过多年的艰苦奋斗,现终能根据资料收集的情况,将中国植物化石记录按照银杏植物、真蕨植物、苏铁植物、松柏植物、被子植物等门类,结合地质时代分别编纂出版。与此同时,还要将收集和编录的资料数据化,不断地充实已经初步建立起来的"中国古生物和地层学专业数据库"和"地球生物多样性数据库(GBDB)"。

"中国植物大化石记录(1865 — 2005)"丛书的编纂和出版是我国古植物学科发展的一件大事,无疑将为学科的进一步发展提供良好的基础信息,同时也有利于国际交流和信息的综合利用。作为一个长期从事古植物学研究的工作者,我热切期盼该丛书的出版。

前言

在我国，对植物化石的研究有着悠久的历史。最早的文献记载，可追溯到北宋学者沈括（1031－1095）编著的《梦溪笔谈》。在该书第21卷中，详细记述了陕西延州永宁关（今陕西省延安市延川县延水关）的"竹笋"化石[据邓龙华（1976）考辨，可能为似木贼或新芦木髓模]。此文也对古地理、古气候等问题做了阐述。

和现代植物一样，对植物化石的认识、命名和研究离不开双名法。双名法系瑞典探险家和植物学家Carl von Linné于1753年在其巨著《植物种志》（*Species Plantarum*）中创立的用于现代植物的命名法。捷克矿物学家和古植物学家K. M. von Sternberg在1820年开始发表其系列著作《史前植物群》（*Flora der Vorwelt*）时率先把双名法用于化石植物，确定了化石植物名称合格发表的起始点（McNeill等，2006）。因此收录于本丛书的现生属、种名以1753年后（包括1753年）创立的为准，化石属、种名则采用1820年后（包括1820年）创立的名称。用双名法命名中国的植物化石是从美国史密森研究院（Smithsonian Institute）的J. S. Newberry [1865（1867）]撰写的《中国含煤地层化石的描述》（*Description of Fossil Plants from the Chinese Coal-bearing Rocks*）一文开始的，本丛书对数据的采集时限也以这篇文章的发表时间作为起始点。

我国幅员辽阔，各地质时代地层发育齐全，蕴藏着丰富的植物化石资源。新中国成立后，特别是改革开放以来，随着国家建设的需要，尤其是地质勘探、找矿事业以及相关科学研究工作的不断深入，我国古植物学的研究发展到了一个新的阶段，积累了大量的古植物学资料。据不完全统计，1865（1867）－2000年间正式发表的中国古植物大化石文献有2000多篇[周志炎、吴向午（主编），2002]；1865（1867）－1990年间发表的用于中国中生代植物大化石的属名有525个（吴向午，1993a）；至1993年止，用于中国新生代植物大化石的属名有281个（刘裕生，1996）；至2000年，根据中国中、新生代植物大化石建立的属名有154个（吴向午，1993b，2006）。但这些化石资料零散地刊载于浩瀚的国内外文献之中，使古植物学工作者的查找、统计和引用极为不便，而且有许多文献仅以中文或其他文字发表，不利于国内外同行的引用与交流。

为了便于检索、引用和增进学术交流，编者从20世纪80年代开始,在广泛查阅文献和系统采集数据的基础上,把这些分散的资料做了系统编录,并进行了系列出版。如先后出版了《中国中生代大植物化石属名记录(1865－1990)》(吴向午,1993a)、《中国中、新生代大植物化石新属索引(1865－1990)》(吴向午,1993b)和《中国中、新生代大植物化石新属记录(1991－2000)》(吴向午,2006)。这些著作仅涉及属名记录,未收录种名信息,因此编写一部包括属、种名记录的中国植物大化石记录显得非常必要。本丛书主要编录1865－2005年间正式发表的中国中生代植物大化石信息。由于篇幅较大,我们按苔藓植物、石松植物、有节植物、真蕨植物、苏铁植物、银杏植物、松柏植物、被子植物等门类分别编写和出版。

本丛书以种和属为编写的基本单位。科、目等不立专门的记录条目,仅在属的"分类位置"栏中注明。为了便于读者全面地了解植物大化石的有关资料,对模式种(模式标本)并非产自中国的属(种),我们也尽可能做了收录。

属的记录:按拉丁文属名的词序排列。记述内容包括属(属名)的创建者、创建年代、异名表、模式种[现生属不要求,但在"模式种"栏以"(现生属)"形式注明]及分类位置等。

种的记录:在每一个属中首先列出模式种,然后按种名的拉丁文词序排列。记录种(种名)的创建者、创建年代等信息。某些附有"aff.""Cf.""cf.""ex gr.""?"等符号的种名,作为一个独立的分类单元记述,排列在没有此种符号的种名之后。每个属内的未定种(sp.)排列在该属的最后。如果一个属内包含两个或两个以上未定种,则将这些未定种罗列在该属的未定多种(spp.)的名称之下,以发表年代先后为序排列。

种内的每一条记录(或每一块中国标本的记录)均以正式发表的为准;仅有名单,既未描述又未提供图像的,一般不做记录。所记录的内容包括发表年代、作者(或鉴定者)的姓名,文献页码、图版、插图、器官名称,产地、时代、层位等。已发表的同一种内的多个记录(或标本),以文献发表年代先后为序排列;年代相同的则按作者的姓名拼音升序排列。如果同一作者同一年内发表了两篇或两篇以上文献,则在年代后加"a""b"等以示区别。

在属名或种名前标有"△"者,表示此属名或种名是根据中国标本建立的分类单元。凡涉及模式标本信息的记录,均根据原文做了尽可能详细的记述。

为了全面客观地反映我国古植物学研究的基本面貌,本丛书一律按原始文献收录所有属、种和标本的数据,一般不做删舍,不做修改,也不做评论,但尽可能全面地引证和记录后来发表的不同见解和修订意见,尤其对于那些存在较大问题的,包括某些不合格发表的属、种名等做了注释。

《国际植物命名法规》(《维也纳法规》)第36.3条规定:自1996年1月1日起,植物(包括孢粉型)化石名称的合格发表,要求提供拉丁文或英文的特征集要和描述。如果仅用中文发表,属不合格发表[McNeill等,2006;周志炎,2007;周志炎、梅盛吴(编译),1996;《古植物学简讯》第38期]。为便于读者查证,本记录在收录根据中国标本建立的分类单元时,从1996年起注明原文的发表语种。

为了增进和扩大学术交流,促使国际学术界更好地了解我国古植物学研究现状,所有属、种的记录均分为内容基本相同的中文和英文两个部分。参考文献用英文(或其他西文)列出,其中原文未提供英文(或其他西文)题目的,参考周志炎、吴向午(2002)主编的《中国古植物学(大化石)文献目录(1865－2000)》的翻译格式。各部分附有4个附录:属名索引、种名索引、存放模式标本的单位名称以及丛书属名索引(Ⅰ－Ⅵ分册)。

"中国植物大化石记录(1865－2005)"丛书的出版,不仅是古植物学科积累和发展的需要,而且将为进一步了解中国不同类群植物化石在地史时期的多样性演化与辐射以及相关研究提供参考,同时对促进国内外学者在古植物学方面的学术交流也会有诸多益处。

本书是"中国植物大化石记录(1865－2005)"丛书的第Ⅰ分册,记录1865－2005年间正式发表的中国苔藓植物和中国中生代石松植物、有节植物大化石的有关资料。本分册分两章编写:

(1) 第1章:中国苔藓植物大化石记录(1865－2005)。收录了1865－2005年间发表的有关中国苔藓植物大化石的资料。共收录属名16个(包括现生属名2个、依据中国标本建立的属名7个),种名53个(包括依据中国标本建立的种名35个)。

(2) 第2章:中国中生代石松植物、有节植物大化石记录(1865－2005)。收录了1865－2005年间发表的有关中国中生代石松、有节植物大化石的资料。共收录属名36个(包括现生属名3个、依据中国标本建立的属名9个),种名300多个(包括依据中国标本建立的种名134个)。

分散保存的化石孢子不属于本书记录的范畴,故未做收录。本记录在文献收录和数据采集中存在不足、错误和遗漏,请读者多提宝贵意见。

本项工作得到了国家科学技术部科技基础性工作专项(2013FY113000)及国家基础研究发展计划项目(2012CB822003,2006CB700401)、国家自然科学基金项目(No. 41272010)、现代古生物学和地层学国家重点实验室项目(No. 103115)、中国科学院知识创新工程重要方向性项目(ZKZCX2-YW-154)及信息化建设专项

(INF105-SDB-1-42),以及中国科学院科技创新交叉团队项目等的联合资助。

本书在编写过程中得到了中国科学院南京地质古生物研究所古植物学与孢粉学研究室主任王军等有关专家和同行的关心与支持,尤其是周志炎院士给予了多方面帮助和鼓励并撰写了总序;南京地质古生物研究所图书馆张小萍和冯曼等协助借阅图书和网上下载文献。此外,本书的顺利编写和出版与杨群所长以及现代古生物学和地层学国家重点实验室戎嘉余院士、沈树忠院士、袁训来主任的关心和帮助是分不开的。编者在此一并致以衷心的感谢。

编　者

目　录

总序 | i

前言 | iii

系统记录 | 1

第 1 章　中国苔藓植物大化石记录(1865－2005) | 1

拟花藓属 Genus *Calymperopsis* Muell. C, emend Fleisch, 1913 | **1**

△似茎状地衣属 Genus *Foliosites* Ren, 1989 | **1**

似苔属 Genus *Hepaticites* Walton, 1925 | **2**

△龙凤山苔属 Genus *Longfengshania* Du, 1982, emend Zhang, 1988 | **3**

古地钱属 Genus *Marchantiolites* Lundblad, 1954 | **4**

似地钱属 Genus *Marchantites* Brongniart, 1849 | **4**

△似叉苔属 Genus *Metzgerites* Wu et Li, 1992 | **5**

△似提灯藓属 Genus *Mnioites* Wu X W, Wu X Y et Wang, 2000 | **5**

似藓属 Genus *Muscites* Brongniart, 1828 | **6**

平藓属 Genus *Neckera* Hedw., 1801 | **7**

△副葫芦藓属 Genus *Parafunaria* Yang, 2004 | **7**

△拟片叶苔属 Genus *Riccardiopsis* Wu et Li, 1992 | **7**

似孢子体属 Genus *Sporogonites* Halle, 1916 | **8**

△穗藓属 Genus *Stachybryolites* Wu X W, Wu X Y et Wang, 2000 | **8**

似叶状体属 Genus *Thallites* Walton, 1925 | **8**

乌斯卡特藓属 Genus *Uskatia* Neuburg, 1960 | **11**

疑问化石 Problematicum | **11**

疑问化石 C 似藓(未定种) Problematicum C (*Muscites* sp.) | **11**

第 2 章　中国中生代石松植物、有节植物大化石记录(1865－2005) | 12

脊囊属 Genus *Annalepis* Fliche, 1910 | **12**

轮叶属 Genus *Annularia* Sternbterg, 1822 | **15**

拟轮叶属 Genus *Annulariopsis* Zeiller, 1903 | **15**

芦木属 Genus *Calamites* Suckow, 1784 (non Schlotheim, 1820, nec Brongniart, 1828) | **18**

芦木属 Genus *Calamites* Schlotheim，1820（non Brongniart，1828，nec Suckow，1784） | **19**
芦木属 Genus *Calamites* Brongniart，1828（non Schlotheim，1820，nec Suckow，1784） | **19**
似木贼属 Genus *Equisetites* Sternberg，1833 | **19**
木贼穗属 Genus *Equisetostachys* Jongmans，1927 | **39**
木贼属 Genus *Equisetum* Linné，1753 | **40**
费尔干木属 Genus *Ferganodendron* Dobruskina，1974 | **45**
△甘肃芦木属 Genus *Gansuphyllite* Xu et Shen，1982 | **46**
△双生叶属 Genus *Geminofoliolum* Zeng，Shen et Fan，1995 | **46**
棋盘木属 Genus *Grammaephloios* Harris，1935 | **47**
△六叶属 Genus *Hexaphyllum* Ngo，1956 | **47**
△湖南木贼属 Genus *Hunanoequisetum* Zhang，1986 | **47**
水韭属 Genus *Isoetes* Linné，1753 | **48**
似水韭属 Genus *Isoetites* Muenster，1842 | **48**
瓣轮叶属 Genus *Lobatannularia* Kawasaki，1927 | **49**
△拟瓣轮叶属 Genus *Lobatannulariopsis* Yang，1978 | **50**
似石松属 Genus *Lycopodites* Brongniart，1822 | **50**
石松穗属 Genus *Lycostrobus* Nathorst，1908 | **52**
大芦孢穗属 Genus *Macrostachya* Schimper，1869 | **52**
△变态鳞木属 Genus *Metalepidodendron* Shen（MS）ex Wang X F，1984 | **53**
△新轮叶属 Genus *Neoannularia* Wang，1977 | **53**
新芦木属 Genus *Neocalamites* Halle，1908 | **54**
新芦木穗属 Genus *Neocalamostachys* Kon'no，1962 | **68**
△新孢穗属 Genus *Neostachya* Wang，1977 | **68**
杯叶属 Genus *Phyllotheca* Brongniart，1828 | **69**
肋木属 Genus *Pleuromeia* Corda，1852 | **71**
似根属 Genus *Radicites* Potonie，1893 | **75**
裂脉叶属 Genus *Schizoneura* Schimper et Mougeot，1844 | **77**
裂脉叶-具刺孢穗属 Genus *Schizoneura-Echinostachys* Grauvosel-Stamm，1978 | **79**
卷柏属 Genus *Selaginella* Spring，1858 | **80**
似卷柏属 Genus *Selaginellites* Zeiller，1906 | **80**
楔叶属 Genus *Sphenophyllum* Koenig，1825 | **83**
△拟带枝属 Genus *Taeniocladopsis* Sze，1956 | **83**
木贼科 Equietaceae | **84**
茎部化石 Fragment（*Neocalamtes*?） | **84**
根部化石 Root（Rhizoma） | **84**

附录 | 85

附录 1　属名索引 | 85
附录 2　种名索引 | 88
附录 3　存放模式标本的单位名称 | 99
附录 4　丛书属名索引（Ⅰ－Ⅵ分册） | 101

GENERAL FOREWORD | 121

INTRODUCTION | 123

SYSTEMATIC RECORDS | 127

Chapter 1　Record of Megafossil Bryophytes from China (1865－2005) | 127
Genus *Calymperopsis* Muell. C, emend Fleisch, 1913 | 127
△Genus *Foliosites* Ren, 1989 | 127
Genus *Hepaticites* Walton, 1925 | 128
△Genus *Longfengshania* Du, 1982, emend Zhang, 1988 | 130
Genus *Marchantiolites* Lundblad, 1954 | 130
Genus *Marchantites* Brongniart, 1849 | 131
△Genus *Metzgerites* Wu et Li, 1992 | 131
△Genus *Mnioites* Wu X W, Wu X Y et Wang, 2000 | 132
Genus *Muscites* Brongniart, 1828 | 133
Genus *Neckera* Hedw., 1801 | 134
△Genus *Parafunaria* Yang, 2004 | 134
△Genus *Riccardiopsis* Wu et Li, 1992 | 134
Genus *Sporogonites* Halle, 1916 | 135
△Genus *Stachybryolites* Wu X W, Wu X Y et Wang, 2000 | 135
Genus *Thallites* Walton, 1925 | 136
Genus *Uskatia* Neuburg, 1960 | 139
Problematicum | 139
Problematicum C (*Muscites* sp.) | 139

Chapter 2　Record of Mesozoic Megafossil Lycophytes and Sphenophytes from China (1865－2005) | 140
Genus *Annalepis* Fliche, 1910 | 140
Genus *Annularia* Sternbterg, 1822 | 144
Genus *Annulariopsis* Zeiller, 1903 | 144
Genus *Calamites* Suckow, 1784 (non Schlotheim, 1820, nec Brongniart, 1828) | 148
Genus *Calamites* Schlotheim, 1820 (non Brongniart, 1828, nec Suckow, 1784) | 149

Genus *Calamites* Brongniart,1828 (non Schlotheim,1820,nec Suckow, 1784) | **149**
Genus *Equisetites* Sternberg,1833 | **149**
Genus *Equisetostachys* Jongmans,1927 | **175**
Genus *Equisetum* Linné,1753 | **176**
Genus *Ferganodendron* Dobruskina,1974 | **183**
△Genus *Gansuphyllite* Xu et Shen,1982 | **183**
△Genus *Geminofoliolum* Zeng,Shen et Fan,1995 | **184**
Genus *Grammaephloios* Harris,1935 | **184**
△Genus *Hexaphyllum* Ngo,1956 | **184**
△Genus *Hunanoequisetum* Zhang,1986 | **185**
Genus *Isoetes* Linné,1753 | **185**
Genus *Isoetites* Muenster,1842 | **186**
Genus *Lobatannularia* Kawasaki,1927 | **186**
△Genus *Lobatannulariopsis* Yang,1978 | **188**
Genus *Lycopodites* Brongniart,1822 | **188**
Genus *Lycostrobus* Nathorst,1908 | **190**
Genus *Macrostachya* Schimper,1869 | **191**
△Genus *Metalepidodendron* Shen (MS) ex Wang X F,1984 | **191**
△Genus *Neoannularia* Wang,1977 | **192**
Genus *Neocalamites* Halle,1908 | **193**
Genus *Neocalamostachys* Kon'no,1962 | **212**
△Genus *Neostachya* Wang,1977 | **213**
Genus *Phyllotheca* Brongniart,1828 | **213**
Genus *Pleuromeia* Corda,1852 | **216**
Genus *Radicites* Potonie,1893 | **222**
Genus *Schizoneura* Schimper et Mougeot,1844 | **224**
Genus *Schizoneura-Echinostachys* Grauvosel-Stamm,1978 | **226**
Genus *Selaginella* Spring,1858 | **227**
Genus *Selaginellites* Zeiller,1906 | **227**
Genus *Sphenophyllum* Koenig,1825 | **230**
△Genus *Taeniocladopsis* Sze,1956 | **231**
Equietaceae | **232**
Fragment (*Neocalamtes*?) | **232**
Root (Rhizoma) | **232**

APPENDIXES | **233**

Appendix 1 Index of Generic Name | **233**
Appendix 2 Index of Specific Names | **236**
Appendix 3 Table of Institutions that House the Type Specimens | **247**
Appendix 4 Index of Generic Names to Volumes Ⅰ－Ⅵ | **249**

REFERENCES | **266**

系统记录

第1章　中国苔藓植物大化石记录(1865－2005)

拟花藓属 Genus *Calymperopsis* Muell. C, emend Fleisch, 1913

1976　吴鹏程等,91页。

模式种:(现生属)

分类位置:藓纲花叶藓科(Calymperaceae, Musci)

△云浮拟花藓 *Calymperopsis yunfuensis* Wu, Luo et Meng, 1976

1976　吴鹏程、罗健馨、孟繁松,91页,图版7;茎和叶;标本号:P25401;标本保存在宜昌地质矿产研究所、中国科学院植物研究所;广东云浮大降坪;第四纪。

1977　冯少南等,198页,图版101,图1;茎和叶;广东云浮大降坪;第四纪。

1996　刘裕生等,144页;茎和叶;广东云浮大降坪;第四纪。

△似茎状地衣属 Genus *Foliosites* Ren, 1989

[注:此属原归于地衣植物门,但有人认为有属于苔藓植物门的可能(吴向午、厉宝贤,1992)]

1989　任守勤,见任守勤、陈芬,634,639页。

1992　吴向午、厉宝贤,272页。

1993a　吴向午,15,220页。

1993b　吴向午,496,512页。

模式种:*Foliosites formosus* Ren, 1989

分类位置:地衣植物门?(Lichenes?)或苔藓植物门?(Bryophyta?)

△美丽似茎状地衣 *Foliosites formosus* Ren, 1989

1989　任守勤,见任守勤、陈芬,634,639页,图版1,图1－4;插图1;叶状体;登记号:HW043, HW044, HWS012;正模:HW043(图版1,图1);标本保存在中国地质大学(北京);内蒙古海拉尔五九煤盆地;早白垩世大磨拐河组。

1993a　吴向午,15,220页。

1993b　吴向午,496,512页。

△纤细似茎状地衣 *Foliosites gracilentus* Deng,1995

1995 邓胜徽,9,107页,图版1,图1,2;图版2,图8;插图1-A,1-B;原叶体;标本号:H14-428,H17-076,H17-077;标本保存在石油勘探开发科学研究院;内蒙古霍林河盆地;早白垩世霍林河组。(注:原文未指定模式标本)

似茎状地衣(未定种) *Foliosites* sp.

1995 *Foliosites* sp.,邓胜徽,9,107页,图版1,图3;插图1-C,1-D;原叶体;内蒙古霍林河盆地;早白垩世霍林河组。

似苔属 Genus *Hepaticites* Walton,1925

1925 Walton,565页。

1993a 吴向午,90页。

模式种:*Hepaticites kidstoni* Walton,1925

分类位置:苔纲(Hepaticae)

启兹顿似苔 *Hepaticites kidstoni* Walton,1925

1925 Walton,565页,图版13,图1—4;叶状体;英国什罗普郡(Shropshire);晚石炭世(Middle Coal Measures)。

1993a 吴向午,90页。

△雅致似苔 *Hepaticites elegans* Wu et Li,1992

1992 吴向午、厉宝贤,261,274页,图版2,图1—6;图版4,图7,7a;插图1;叶状体;采集号:ADN41-03,ADN41-04,ADN41-21;登记号:PB15461—PB15464,PB15468;正模:PB15461(图版2,图1,1a);标本保存在中国科学院南京地质古生物研究所;河北蔚县涌泉庄附近;中侏罗世乔儿涧组。

△河北似苔 *Hepaticites hebeiensis* Wu et Li,1992

1992 吴向午、厉宝贤,262,274页,图版1,图1,2a;插图2;叶状体;采集号:ADN41-06;登记号:PB15465,PB15466;正模:PB15465(图版1,图1);标本保存在中国科学院南京地质古生物研究所;河北蔚县涌泉庄附近;中侏罗世乔儿涧组。

△卢氏似苔 *Hepaticites lui* Wu,1996(中文和英文发表)

1996 吴向午,62,67页,图版1,图1,2;图版2,图6—9;图版3,图5—10;图版4,图7;叶状体;采集号:93-SM-52;登记号:PB17359—PB17361;合模1:PB17361(图版3,图5);合模2:PB17359(图版2,图6);标本保存在中国科学院南京地质古生物研究所;新疆阜康水磨河;中侏罗世头屯河组。[注:依据《国际植物命名法规》(《维也纳法规》)第37.2条,1958年起,模式标本只能是1块标本]

△极小似苔 *Hepaticites minutus* Zhang et Zheng,1983

1983 张武、郑少林,见张武等,71页,图版1,图1,12;插图2;叶状体;标本号:LMP2001-1;标本保存在沈阳地质矿产研究所;辽宁本溪林家崴子;中三叠世林家组。

1993a 吴向午,90页。

螺展似苔 *Hepaticites solenotus* Harris,1938

1938　Harris,65 页;插图 23－25;叶状体;英国;晚三叠世(Rhaetic)。

螺展似苔(比较属种) Cf. *Hepaticites solenotus* Harris

1992　吴向午、厉宝贤,263,275 页,图版 1,图 3;图版 4,图 7;图版 6,图 3;插图 3;叶状体;河北蔚县涌泉庄附近;中侏罗世乔儿涧组。

△近圆形似苔 *Hepaticites subrotuntus* Wu et Zhou,1986

1986　吴舜卿、周汉忠,637,646 页,图版 1,图 1－5;叶状体;标本号:K329,K332－K335;登记号:PB11741－PB11743,PB11745,PB11746;合模:PB11741－PB11743(图版 1,图 1,3,4);标本保存在中国科学院南京地质古生物研究所;新疆吐鲁番托克逊;早侏罗世八道湾组底部。[注:依据《国际植物命名法规》(《维也纳法规》)第 37.2 条,1958 年起,模式标本只能是 1 块标本]

△新疆似苔 *Hepaticites xinjiangensis* Wu,1996(中文和英文发表)

1996　吴向午,62,67 页,图版 2,图 1,2;图版 3,图 1,2;叶状体;采集号:92-T-46;登记号:PB17363;正模:PB17363(图版 2,图 1,2);标本保存在中国科学院南京地质古生物研究所;新疆克拉玛依吐孜阿克内沟;早侏罗世八道湾组。

△姚氏似苔 *Hepaticites yaoi* Wu,1996(中文和英文发表)

1996　吴向午,63,68 页,图版 1 图 3,4;图版 2,图 10;图版 4,图 1－6;叶状体;采集号:AFB-81;登记号:PB17364,PB17365;合模 1:PB17364(图版 4,图 1);合模 2:PB17365(图版 4,图 2);标本保存在中国科学院南京地质古生物研究所;新疆巴里坤哈萨克自治县巴里坤煤矿;中侏罗世头屯河组。[注:依据《国际植物命名法规》(《维也纳法规》)第 37.2 条,1958 年起,模式标本只能是 1 块标本]

1998　刘陆军等,图版 13,图 3;叶状体;新疆巴里坤三塘湖煤田;中侏罗世。

似苔(未定种) *Hepaticites* sp.

1992　*Hepaticites* sp.,吴向午、厉宝贤,264 页,图版 4,图 1－2a;插图 4;叶状体;河北蔚县涌泉庄附近;中侏罗世乔儿涧组。

△龙凤山苔属 Genus *Longfengshania* Du,1982,emend Zhang,1988

1982　*Longfengshania* Du,杜汝霖,3,7 页;藻类。

1988　*Longfengshania* Du,emend Zhang,张忠英,420,425 页;苔藓植物门或似苔藓植物(苔纲?)。

1991　*Longfengshania* Du,刘志礼、杜汝霖,106 页;后生藻类。

1993　*Longfengshania* Du,Taylor T N,Taylor E L,138 页;苔藓植物(bryophyte)苔纲(Hepatophyta)。

模式种:*Longfengshania stipitata* Du,1982

分类位置:藻类(algae)或似苔藓植物(苔纲?)[Bryophyta-like (Hepaticae?)]

△柄龙凤山苔 *Longfengshania stipitata* Du,1982,emend Zhang,1988

1982　*Longfengshania stipitata* Du,杜汝霖,3,7 页,图版(?),图 11－15;叶状体;标本号:

No. 016,No. 017,No. 019,No. 037;标本保存在河北地质学院;河北怀来龙凤山南坡;前寒武纪青白口系长龙山组。

1988 *Longfengshania stipitata* Du,emend Zhang,张忠英,420,425 页,图版 1,图 1,2,4,5;图版 2,图 3－5,7;插图 4;炭质压型孢子体,由孢蒴、蒴柄和基足三部分组成;苔藓植物门或似苔藓植物(苔纲?);河北燕山地区;前寒武纪青白口系长龙山组 2 段。

1993 *Longfengshania stipitata* Du,Taylor T N,Taylor E L,138 页,图 5. 5(＝张忠英,1988);苔藓植物(苔门);河北燕山地区;前寒武纪青白口系长龙山组 2 段。

古地钱属 Genus *Marchantiolites* Lundblad,1954

1954 Lundblad,393 页。

1993a 吴向午,100 页。

模式种:*Marchantiolites porosus* Lundblad,1954

分类位置:苔纲地钱目(Marchantiales,Hepaticae)

多孔古地钱 *Marchantiolites porosus* Lundblad,1954

1954 Lundblad,393 页,图版 3,图 9－11;图版 4,图 1－7;叶状体;瑞典;早侏罗世(Lias)。

1993a 吴向午,100 页。

布莱尔莫古地钱 *Marchantiolites blairmorensis* (Berry) Brown et Robison

1988 陈芬等,31 页,图版 3,图 1;叶状体;辽宁阜新新丘露天煤矿;早白垩世阜新组。

1993a 吴向午,100 页。

△沟槽古地钱 *Marchantiolites sulcatus* Wu et Li,1992

1992 吴向午、厉宝贤,270,277 页,图版 3,图 1,2;图版 4,图 3,4;插图 8;叶状体;采集号:ADN41-01,ADN41-02;登记号:PB15485,PB15486;正模:PB15485(图版 4,图 3);标本保存在中国科学院南京地质古生物研究所;河北蔚县涌泉庄附近;中侏罗世乔儿涧组。

似地钱属 Genus *Marchantites* Brongniart,1849

1849 Brongniart,61 页。

1993a 吴向午,100 页。

模式种:*Marchantites sesannensis* Brongniart,1849

分类位置:苔纲地钱目(Marchantiales,Hepaticae)

塞桑似地钱 *Marchantites sesannensis* Brongniart,1849

1849 Brongniart,61 页;法国巴黎盆地;始新世。(注:此种描述和图版见 Watelet,1866)

1866 Watelet,40 页,图版 11,图 6;法国巴黎盆地;始新世。

1993a 吴向午,100 页。

△桃山似地钱 *Marchantites taoshanensis* Zheng et Zhang,1982

1982 郑少林、张武,293 页,图版 1,图 1a,1a(a)－1a(d);插图 1;叶状体;登记号:HCB002;标

本保存在沈阳地质矿产研究所；黑龙江七台河桃山；早白垩世城子河组。

1993a 吴向午，100 页。

似地钱（未定种）*Marchantites* sp.

1979 *Marchantites* sp.，郭双兴，225 页；广东三水盆地；早—中始新世布心组。（仅有名单）

1996 *Marchantites* sp.，刘裕生等，144 页；枝叶；广东三水；早—中始新世布心组。（仅有名单）

△似叉苔属 Genus *Metzgerites* Wu et Li，1992

1992 吴向午、厉宝贤，268，276 页。

1993a 吴向午，162，246 页。

模式种：*Metzgerites yuxinanensis* Wu et Li，1992

分类位置：苔纲（Hepaticae）

△蔚县似叉苔 *Metzgerites yuxinanensis* Wu et Li，1992

1992 吴向午、厉宝贤，268，276 页，图版 3，图 3－5a；图版 6，图 1，2；插图 6；叶状体；采集号：ADN41-01，ADN41-02；登记号：PB15480－PB15483；正模：PB15481（图版 3，图 4）；标本保存在中国科学院南京地质古生物研究所；河北蔚县涌泉庄附近；中侏罗世乔儿涧组。

1993a 吴向午，162，246 页。

△巴里坤似叉苔 *Metzgerites barkolensis* Wu，1996（中文和英文发表）

1996 吴向午，64，69 页，图版 1，图 5－8；图版 2，图 3－5；图版 3，图 3，4；叶状体；采集号：AFB-63；登记号：PB17366－PB17368；正模：PB17366（图版 1，图 5）；标本保存在中国科学院南京地质古生物研究所；新疆巴里坤哈萨克自治县奎苏煤矿；中侏罗世西山窑组。

1998 刘陆军等，图版 13，图 4－6；叶状体；新疆巴里坤奎苏煤矿；中侏罗世。

△多枝似叉苔 *Metzgerites multiramea* Sun et Zheng，2001（中文和英文发表）

2001 孙革、郑少林，见孙革等，68，180 页，图版 6，图 4；图版 7，图 3；图版 34，图 9－13；叶状体；标本号：PB18956，PB18974，PB18976，PB18977，ZY3032；正模：PB18974（图版 7，图 3）；辽宁北票黄半吉沟；晚侏罗世尖山沟组。（注：原文未指定模式标本的保存单位）

△明显似叉苔 *Metzgerites exhibens* Wu et Li，1992

1992 吴向午、厉宝贤，269，277 页，图版 1，图 4，4a；插图 7；叶状体；采集号：ADN41-06；登记号：PB15465，PB15466；正模：PB15465（图版 1，图 4）；标本保存在中国科学院南京地质古生物研究所；河北蔚县涌泉庄附近；中侏罗世乔儿涧组。

△似提灯藓属 Genus *Mnioites* Wu X W，Wu X Y et Wang，2000（英文发表）

2000 吴向午、吴秀元、王永栋，170 页。

模式种:*Mnioites brachyphylloides* Wu X W,Wu X Y et Wang,2000

分类位置:真藓类(Bryiidae)

△短叶杉型似提灯藓 *Mnioites brachyphylloides* Wu X W,Wu X Y et Wang,2000(英文发表)

2000 吴向午、吴秀元、王永栋,170 页,图版 2,图 5;图版 3,图 1,2d;茎叶体;采集号:92-T-61;登记号:PB17797—PB17799;正模:PB17798(图版 3,图 1—1c);副模:PB17797(图版 3,图 2—2d),PB17799(图版 2,图 5);标本保存在中国科学院南京地质古生物研究所;新疆克拉玛依吐孜阿克内沟;中侏罗世西山窑组。

似藓属 Genus *Muscites* Brongniart,1828

1828 Brongniart,93 页。

1993a 吴向午,103 页。

模式种:*Muscites tournalii* Brongniart,1828

分类位置:藓纲(Musci)

图氏似藓 *Muscites tournalii* Brongniart,1828

1828 Brongniart,93 页,图版 10,图 1,2;法国纳博讷(Armissan near Narbonne);第四纪。

1993a 吴向午,103 页。

△镰状叶似藓 *Muscites drepanophyllus* Wu S,1999(中文发表)

1999 吴舜卿,9 页,图版 2,图 5,5a;茎叶体;采集号:AEO-199;登记号:PB18231;标本保存在中国科学院南京地质古生物研究所;辽宁北票上园黄半吉沟;晚侏罗世义县组下部尖山沟层。

2003 吴舜卿,224 页;茎叶体;辽宁北票上园黄半吉沟;晚侏罗世义县组。

△蔓藓型似藓 *Muscites meteorioides* Sun et Zheng,2001(中文和英文发表)

2001 孙革、郑少林,见孙革等,68,181 页,图版 7,图 1,2;图版 34,图 14,15;茎叶体;标本号:PB18978,PB18978A;正模:PB18978(图版 7,图 1);副模:PB18978A(图版 7,图 2);辽宁北票黄半吉沟;晚侏罗世尖山沟组。(注:原文未指明模式标本的保存单位)

△南天门似藓 *Muscites nantimenensis* Wang,1984

1984 *Muscites nantimensis* Wang,王自强,227 页,图版 147,图 8,9;拟茎叶体;登记号:P0378,P0379;全模:P0379(图版 147,图 9);标本保存在中国科学院南京地质古生物研究所;河北张家口;早白垩世青石砬组。[注:原文种名 *Muscites nantimensis* 可能为 *nantimenensis* 的笔误]

1993a 吴向午,103 页。

△柔弱似藓 *Muscites tenellus* Wu S,1999(中文发表)

1999 吴舜卿,9 页,图版 1,图 7,7a;茎叶体;采集号:AEO-154;登记号:PB18226(图版 1,图 7,7a);标本保存在中国科学院南京地质古生物研究所;辽宁北票上园黄半吉沟;晚侏罗世义县组下部尖山沟层。

2003 吴舜卿,图 224;茎叶体;辽宁北票上园黄半吉沟;晚侏罗世义县组下部尖山沟层。

似藓(未定种) *Muscites* sp.

1992 *Muscites* sp.,吴向午、厉宝贤,图版 5,图 5B;茎叶体;河北蔚县涌泉庄附近;中侏罗世乔儿涧组。

平藓属 Genus *Neckera* Hedw.,1801

1978 吴鹏程、冯永华,2 页。

模式种:(现生属)

分类位置:藓纲平藓科(Neckeraceae,Musci)

△山旺平藓 *Neckera shanwanica* Wu et Feng,1978

1978 吴鹏程、冯永华,2 页,图版 1,图 1,4;茎叶体;标本保存在北京自然博物馆;山东临朐山旺;中中新世山旺组。(注:原文未指定模式标本)

1996 刘裕生等,144 页;茎叶体;山东临朐山旺;中中新世山旺组。

△副葫芦藓属 Genus *Parafunaria* Yang,2004(英文发表)

2004 杨瑞东,见杨瑞东等,180 页。

模式种:*Parafunaria sinensis* Yang,2004

分类位置:苔藓植物门?藓纲?(Musci?,Bryophyta?)

△中国副葫芦藓 *Parafunaria sinensis* Yang,2004(英文发表)

2004 杨瑞东,见杨瑞东等,181 页,图 2:A—E;叶状体、孢蒴和根系;标本号:GTM-9-1-130,GTM-9-1-168,GTM-9-2-113,GTM-9-5-123;正模:GTM-9-1-168(图 2B);贵州台江;中寒武世凯里组。(注:原文未注明模式标本的保存单位及地点)

△拟片叶苔属 Genus *Riccardiopsis* Wu et Li,1992

1992 吴向午、厉宝贤,268,276 页。

1993a 吴向午,162,247 页。

模式种:*Riccardiopsis hsüi* Wu et Li,1992

分类位置:苔纲(Hepaticae)

△徐氏拟片叶苔 *Riccardiopsis hsüi* Wu et Li,1992

1992 吴向午、厉宝贤,265,275 页,图版 4,图 5,6;图版 5,图 1—4A,4a;图版 6,图 4—6a;插图 5;叶状体;采集号:ADN41-03,ADN41-06,ADN41-07;登记号:PB15472—PB15479;正模:PB15475(图版 5,图 2);标本保存在中国科学院南京地质古生物研究所;河北蔚县涌泉庄附近;中侏罗世乔儿涧组。

1993a 吴向午,162,247 页。

似孢子体属 Genus *Sporogonites* Halle,1916

1916 Halle,79 页。

1966 徐仁,62 页。

模式种:*Sporogonites exuberans* Halle,1916

分类位置:苔藓植物(Bryophytes)

茂盛似孢子体 *Sporogonites exuberans* Halle,1916

1916 Halle,79 页;古孢子体;挪威;早泥盆世。

△云南似孢子体 *Sporogonites yunnanense* Hsu,1966

1966 徐仁,62 页,图版 3,图 5,6;图版 4,图 1;图版 6,图 1－4;插图 13,14;孢子体;标本号:2464,2465;标本保存在中国科学院植物研究所;云南曲靖;中泥盆世"海口组"。

1974 中国科学院南京地质古生物研究所、北京植物研究所《中国古生代植物》编写组,12 页,图版 1,图 1－3;插图 14;孢子体;云南曲靖;中泥盆世"海口组"。

2000 徐仁,225 页(＝徐仁,1966,62 页)。

△穗藓属 Genus *Stachybryolites* Wu X W,Wu X Y et Wang,2000(英文发表)

2000 吴向午、吴秀元、王永栋,168 页。

模式种:*Stachybryolites zhoui* Wu X W,Wu X Y et Wang,2000

分类位置:真藓类(Bryiidae)

△周氏穗藓 *Stachybryolites zhoui* Wu X W,Wu X Y et Wang,2000(英文发表)

2000 吴向午、吴秀元、王永栋,168 页,图版 1,图 1－5;图版 2,图 1－4;茎叶体;采集号:92-T-22;登记号:PB17786－PB17796;合模 1:PB17786(图版 1,图 1－1c);合模 2:PB17791(图版 2,图 1);合模 3:PB17796(图版 2,图 4);标本保存在中国科学院南京地质古生物研究所;新疆克拉玛依吐孜阿克内沟;早侏罗世八道湾组。[注:依据《国际植物命名法规》(《维也纳法规》)第 37.2 条,1958 年起,模式标本只能是 1 块标本]

似叶状体属 Genus *Thallites* Walton,1925

1925 Walton,564 页。

1954 徐仁,41 页。

1993a 吴向午,147 页。

模式种:*Thallites erectus* (Leckenby) Walton,1925

分类位置:苔藓植物门?(Bryophyta?)

直立似叶状体 *Thallites erectus* (Leckenby) Walton,1925

1864 *Marchantites* (*Fucoides*) *erectus* Leckbythe,74 页,图版 11,图 3a,3b;叶状体;英国斯卡伯勒;侏罗纪。

1925 Walton,564 页;叶状体;英国斯卡伯勒;侏罗纪。

1993a 吴向午,147 页。

△厚叶似叶状体 *Thallites dasyphyllus* Wu S,1999(中文发表)

1999 吴舜卿,9 页,图版 1,图 5,5a;叶状体;采集号:AEO-234;登记号:PB18224;标本保存在中国科学院南京地质古生物研究所;辽宁北票上园黄半吉沟;晚侏罗世义县组下部尖山沟层。

△哈赫似叶状体 *Thallites hallei* Lundblad,1971

1971 Lundblad B,31 页,图版 1,2;插图 1;叶状体;正模:(图版 1,2;插图 1);标本保存在瑞典自然历史博物馆古植物部;山西太原石盒子;早二叠世下石盒子系。

1981 Boersma M,Broekmeyer L M,64,74,90 页;山西;二叠纪。

△江宁似叶状体 *Thallites jiangninensis* Gu et Zhi,1974

1974 Gu,Zhi(中国科学院南京地质古生物研究所、北京植物研究所),见中国科学院南京地质古生物研究所、北京植物研究所《中国古生代植物》编写组,13 页,图版 1,图 4,5;叶状体;登记号:PB3593;正模:PB3593(图版 1,图 4,5);标本保存在中国科学院南京地质古生物研究所;江苏江宁淳化;晚二叠世早期龙潭组。

1981 *Thallites jiangninensis* Lee et al. ,Boersma M, Broekmeyer L M,64,74,89 页;江苏江宁;晚二叠世。(注:原文种的创建者引证有误)

△尖山沟似叶状体 *Thallites jianshangouensis* Sun et Zheng,2001(中文和英文发表)

2001 孙革、郑少林,见孙革等,67,180 页,图版 6,图 3,5,6;图版 34,图 1-5;叶状体;标本号:PB18968-PB18971;正模:PB18968(图版 34,图 2);辽宁北票黄半吉沟;晚侏罗世尖山沟组。(注:原文未指明模式标本的保存单位)

△嘉荫似叶状体 *Thallites jiayingensis* Zhang,1984

1984 张志诚,116 页,图版 8,图 6,7;叶状体;标本号:MH1001,MH1002;标本保存在沈阳地质矿产研究所;黑龙江嘉荫太平林场;晚白垩世太平林场组。(注:原文未指定模式标本)

△萍乡似叶状体 *Thallites pinghsiangensis* Hsu,1954

1954 *Thallites pingshiangensis* Hsu,徐仁,41 页,图版 37,图 1;原叶体;江西萍乡安源;晚三叠世。[注:原文种名为 *pingshiangensis*,后改定为 *pinghsiangensis*(李星学,1963,9 页)]

1963 李星学,9 页,图版 1,图 1;叶状体;江西萍乡;晚三叠世安源群。

1980 郑少林,222 页,图版 112,图 2;叶状体;辽宁北票;早侏罗世北票组。

1982 王国平等,237 页,图版 108,图 1;叶状体;江西萍乡;晚三叠世安源组。

1982 郑少林、张武,293 页,图版 1,图 1b;叶状体;黑龙江七台河桃山;早白垩世城子河组。

1982 张采繁,521 页,图版 357,图 3;叶状体;湖南浏阳跃龙;早侏罗世跃龙组。

1993a 吴向午,147 页。

1995 曾勇等,46 页,图版 1,图 1;叶状体;河南义马;中侏罗世义马组。

1996 米家榕等,78 页,图版 1,图 5;叶状体;辽宁北票台吉井、东升矿一井;早侏罗世北票组。

△像钱苔似叶状体 *Thallites riccioides* Wu S Q,1999(中文发表)

1999 吴舜卿,8 页,图版 1,图 1－4a;叶状体;采集号:AEO-55,AEO-56,AEO-204,AEO-205;登记号:PB18220－PB18223;正模:PB18221(图版 1,图 2);标本保存在中国科学院南京地质古生物研究所;辽宁北票上园黄半吉沟;晚侏罗世义县组下部尖山沟层。

2001 孙革等,67,180 页,图版 6,图 1,2;图版 34,图 6－8;叶状体;辽宁北票黄半吉沟;晚侏罗世尖山沟组。

2003 吴舜卿,图 225;叶状体;辽宁北票上园黄半吉沟;晚侏罗世义县组下部尖山沟层。

△宜都似叶状体 *Thallites yiduensis* Feng,1984

1984 冯少南,293 页,图版 47,图 11;叶状体;采集号:梯G-9;登记号:PB25668;正模:PB25668(图版 47,图 11);湖北宜都毛湖埫梯子口;早石炭世高骊山组。

△云南似叶状体 *Thallites yunnanensis* Chow,1976

1976 周志炎,见李佩娟等,88 页,图版 1,图 17,18;叶状体;采集号:YH067;登记号:PB5138,PB5139;正模:PB5138(图版 1,图 18);标本保存在中国科学院南京地质古生物研究所;云南江城;早白垩世水城组。

蔡耶似叶状体 *Thallites zeilleri* (Seward) Harris,1942

1894 *Marchantites zeilleri* Seward,18 页,图版 1,图 3;叶状体;英国;早白垩世(Wealden)。

1942 Harris,397 页;叶状体;英国;早白垩世(Wealden)。

1980 郑少林,222 页,图版 112,图 1;叶状体;辽宁北票;早侏罗世北票组。

1987 何德长,78 页,图版 23,图 2;叶状体;陕西神木考考乌素沟;中侏罗世延安组。

似叶状体(未定多种) *Thallites* spp.

1956 *Thallites* sp.,斯行健,5,116 页,图版 56,图 1,2;叶状体;陕西宜君四郎庙炭河沟;晚三叠世延长层上部。

1963 *Thallites* sp.,李星学,9 页,图版 1,图 2,2a;叶状体;陕西宜君四郎庙炭河沟;晚三叠世延长群上部;福建长汀;早侏罗世梨山群。

1964 *Thallites* sp.,李佩娟,105,166 页,图版 1,图 1,1a;叶状体;四川广元须家河;晚三叠世须家河组。

1978 *Thallites* sp.,杨贤河,469 页,图版 158,图 7;叶状体;四川广元须家河;晚三叠世须家河组。

1978 *Thallites* sp.,周统顺,95 页,图版 15,图 1,2,3;叶状体;福建漳平大坑;晚三叠世大坑组。

1980 *Thallites* sp.,赵修祜等,71,95 页,图版 1,图 4;叶状体;云南富源庆云;晚二叠世宣威组下段。

1982 *Thallites* sp. 1,郑少林、张武,294 页,图版 1,图 4,4a;叶状体;黑龙江鸡西滴道暖泉;晚侏罗世滴道组。

1982 *Thallites* sp. 2,郑少林、张武,294 页,图版 1,图 2,3;叶状体;黑龙江鸡西滴道暖泉;晚侏罗世滴道组。

1982 *Thallites* sp.,赵修祜、吴秀元,6 页,图版 1,图 6,7;叶状体;湖南新化;早石炭世测水组;广东韶关;早石炭世芙蓉山组下段。

1984 *Thallites* sp. 1,王自强,226 页,图版 122,图 1;叶状体;河北承德;早侏罗世甲山组。

1984 *Thallites* sp. 2,王自强,226 页,图版 132,图 7;叶状体;河北下花园;中侏罗世门头沟组。

1984 *Thallites* sp.,张志诚,117 页,图版 8,图 3,4;叶状体;黑龙江嘉荫太平林场;晚白垩世太平林场组。

1985 *Thallites* sp.,杨学林、孙礼文,101 页,图版 2,图 16;叶状体;大兴安岭万宝五井;中侏罗世万宝组。

1987 *Thallites* sp.,陈晔等,85 页,图版 1,图 1,1a;叶状体;四川盐边箐河;晚三叠世红果组。

1987 *Thallites* sp.,何德长,图版 15,图 1;叶状体;陕西神木考考乌素沟;中侏罗世延安组。

1993 *Thallites* sp.,米家榕等,75 页,图版 1,图 1,1a,3;叶状体;河北承德上谷;晚三叠世杏石口组。

1995 *Thallites* sp.,邓胜徽,9 页,图版 1,图 4;叶状体;内蒙古霍林河盆地;早白垩世霍林河组。

1995 *Thallites* sp.,曾勇等,46 页,图版 1,图 2;图版 4,图 7;叶状体;河南义马;中侏罗世义马组。

1999 *Thallites* sp.,吴舜卿,9 页,图版 1,图 6,6a;叶状体;辽宁北票上园黄半吉沟;晚侏罗世义县组下部尖山沟层。

乌斯卡特藓属 Genus *Uskatia* Neuburg,1960

1960 Neuburg,46 页。

1996 刘陆军、姚兆奇,645 页。

模式种:*Uskatia conferta* Neuburg,1960

分类位置:藓类(Musci)

密叶乌斯卡特藓 *Uskatia conferta* Neuburg,1960

1960 *Uskatia conferta* Neuburg,46 页,图版 22,33;图版 34,图 1;苏联库兹涅茨克盆地;二叠纪。

乌斯卡特藓(未定种) *Uskatia* sp.

1996 *Uskatia* sp.,刘陆军、姚兆奇,645 页,图版 4,图 9;茎叶体;新疆吐鲁番-哈密盆地艾维尔沟;晚二叠世早期芦草沟组。

疑问化石 Problematicum

1933 Problematicum,斯行健,51 页,图版 51,图 8;叶状体;福建长汀;早侏罗世梨山群。[注:此标本后改定为 *Thallites* sp.(斯行健,1956;李星学,1963)]

疑问化石 C 似藓(未定种) Problematicum C (*Muscites* sp.)

1956 Problematicum C (*Muscites* sp.),斯行健,61,166 页,图版 56,图 5,5a;茎叶体;陕西延长县城南;晚三叠世延长层上部。

1963 Problematicum 6,斯行健、李光学等,363 页,图版 63,图 1;图版 74,图 10;茎叶体;陕西延长城南;晚三叠世延长层上部。

第2章 中国中生代石松植物、有节植物大化石记录(1865—2005)

脊囊属 Genus *Annalepis* Fliche,1910

1910 Fleche,272页。

1979 叶美娜,75页。

1993a 吴向午,54页。

模式种:*Annalepis zeilleri* Fliche,1910

分类位置:石松纲鳞木目(Lepidodendrales,Lycopsida)

蔡耶脊囊 *Annalepis zeilleri* Fliche,1910

1910 Fleche,272页,图版27,图3—5;孢子叶;法国孚日(Vosges);三叠纪。

1979 叶美娜,75页,图版1,图1,1a;插图1;孢子叶;湖北利川瓦窑坡;中三叠世巴东组中段。

1984 陈公信,564页,图版261,图5;孢子叶;湖北利川瓦窑坡;中三叠世巴东组。

1984 王喜富,298页,图版176,图1,2;孢子叶;河北承德下板城;早三叠世和尚沟组上部。

1984 王自强,228页,图版113,图8;图版176,图1,2;孢子叶;山西榆社;中—晚三叠世延长群。

1987 孟繁松,239页,图版24,图1;孢子叶;湖北利川纳水溪;中三叠世巴东群。

1993a 吴向午,54页。

1995 孟繁松等,图版11,图11,12;单个孢子叶和孢子囊;四川奉节大木坝;中三叠世信陵镇组。

1998 孟繁松,772页,图版2,图1,22;插图1b,1c;孢子叶和大孢子;湖南桑植洪家关,重庆奉节大窝埫,湖北秭归香溪;中三叠世巴东组1段和2段;安徽月山,江苏南京;中三叠世黄马青组。

2000 孟繁松,图版2,图17—29;图版3,图1—17;图版4,图19;孢子叶和大孢子;湖南桑植洪家关,重庆奉节大窝埫,湖北秭归香溪;中三叠世巴东组1段和2段;安徽怀宁月山,江苏南京;中三叠世黄马青组。

2000 孟繁松等,45页,图版7,8;图版9,图1—7;图版10,图7—18;图版13,图1—4;插图18-3,18-4,19-1—19-11;孢子叶和大孢子;湖南桑植洪家关、芙蓉桥,重庆奉节大窝埫、巫山龙务坝,湖北秭归香溪、秭归两河口、利川忠路;中三叠世巴东组1段和2段;安徽月山,江苏南京;中三叠世黄马青组下部。

2002 张振来等,图版13,图12—21;孢子叶;湖北秭归香溪、太平、郭家坝新镇狮子包;中三叠世信陵镇组。

蔡耶脊囊(比较种) *Annalepis* cf. *zeilleri* Fliche

1985 王自强,图版4,图15;孢子叶;山西榆社水泽;晚三叠世延长群。

△狭尖脊囊 ***Annalepis angusta* Meng,1995**

1995　孟繁松等,19 页,图版 2,图 7 — 9;插图 5c;植株和孢子叶;登记号:PB93019 — PB93021;合模:PB93019 — PB93021(图版 2,图 7 — 9);标本保存在宜昌地质矿产研究所;湖南桑植洪家关;中三叠世巴东组 2 段。[注:依据《国际植物命名法规》(《维也纳法规》)第 37.2 条,1958 年起,模式标本只能是 1 块标本]

1996b　孟繁松,图版 2,图 9,10;孢子囊穗;湖南桑植洪家关;中三叠世巴东组 2 段。

△短囊脊囊 ***Annalepis brevicystis* Meng,1995**

1995　孟繁松等,20 页,图版 3,图 8 — 13;孢子叶;登记号:PB93035 — PB93040;合模:PB93035 — PB93040(图版 3,图 8 — 13);标本保存在宜昌地质矿产研究所;湖北咸丰梅坪、恩施七里坪,四川奉节大窝埫;中三叠世巴东组 2 段。[注:依据《国际植物命名法规》(《维也纳法规》)第 37.2 条,1958 年起,模式标本只能是 1 块标本]

1996b　孟繁松,图版 2,图 11 — 14;大孢子叶;四川奉节大窝埫,湖北咸丰梅坪;中三叠世巴东组 2 段。

1998　孟繁松,773 页,图版 1,图 1 — 11;插图 1b,1c;孢子叶;重庆奉节大窝埫,湖北咸丰梅坪;中三叠世巴东组 2 段。

2000　孟繁松,图版 3,图 18 — 24;图版 4,图 24 — 26;孢子叶;重庆奉节大窝埫,湖北咸丰梅坪;中三叠世巴东组 2 段。

2000　孟繁松等,48 页,图版 9,图 8 — 21;图版 13,图 11 — 18;插图 19-12 — 19-17;孢子叶;重庆奉节大窝埫,湖北咸丰梅坪;中三叠世巴东组 2 段。

△承德脊囊 ***Annalepis chudeensis* Wang X F,1984**

1984　王喜富,298 页,图版 176,图 3 — 6;孢子叶;登记号:HB64 — HB67;河北承德下板城;早三叠世和尚沟组上部。(注:原文未指定模式标本)

△芙蓉桥脊囊 ***Annalepis furongqiqoensis* Meng,2000**(中文和英文发表)

2000　孟繁松等,49,81 页,图版 11,图 1 — 10;插图 21-1 — 21-10;孢子叶;登记号:FP9617 — FP9626;合模:FP9617 — FP9626(图版 11,图 1 — 10);标本保存在宜昌地质矿产研究所;湖南桑植芙蓉桥;中三叠世巴东组 3 段。[注:依据《国际植物命名法规》(《维也纳法规》)第 37.2 条,1958 年起,模式标本只能是 1 块标本]

2000　孟繁松,图版 4,图 1 — 6;孢子叶;湖南桑植芙蓉桥;中三叠世巴东组 3 段。

△宽叶脊囊 ***Annalepis latiloba* Meng,1998**(中文和英文发表)

1996a　孟繁松,图版 1,图 6;孢子叶;湖南桑植洪家关;中三叠世巴东组 5 段。(裸名)

1996b　孟繁松,图版 3,图 9,10;大孢子叶;湖南桑植洪家关;中三叠世巴东组 4 段。(裸名)

1998　孟繁松,768,773 页,图版 1,图 12 — 20;插图 1a;孢子叶;登记号:FP9611 — FP9616;合模:FP9611 — FP9616(图版 1,图 12 — 20);标本保存在宜昌地质矿产研究所;湖南桑植洪家关;中三叠世巴东组 4 段和 5 段。[注:依据《国际植物命名法规》(《维也纳法规》)第 37.2 条,1958 年起,模式标本只能是 1 块标本]

2000　孟繁松,图版 4,图 7 — 12,20 — 23;孢子叶;湖南桑植洪家关;中三叠世巴东组 5 段。

2000　孟繁松等,48 页,图版 10,图 1 — 6;插图 18-1,18-2,20-1 — 20-7;孢子叶;湖南桑植洪家关;中三叠世巴东组 5 段。

△桑植脊囊 *Annalepis sangziensis* Meng,1995

1995 孟繁松,18 页,图版 3,图 1—7;图版 9,图 7,8;插图 5b,6;植株、孢子囊穗和孢子叶;登记号:PB93028 — PB93034,BS12,BS928779;正模:PB93031(图版 3,图 4);副模:PB93032,PB93034(图版 3,图 5—7);标本保存在宜昌地质矿产研究所;湖北秭归香溪;中三叠世巴东组 1 段;湖南桑植洪家关、芙蓉桥,湖北利川纳水溪,四川奉节大窝端;中三叠世巴东组 2 段。

1995a 李星学(主编),图版 65,图 1—4;孢子囊穗和大孢子叶;湖南桑植洪家关;中三叠世巴东组 2 段。(中文)

1995b 李星学(主编),图版 65,图 1—4;孢子囊穗和大孢子叶;湖南桑植洪家关;中三叠世巴东组 2 段。(英文)

1996a 孟繁松,图版 1,图 3—5;大孢子叶;湖南桑植洪家关;中三叠世巴东组 2 段。

1996b 孟繁松,图版 2,图 3—5;孢子囊穗和大孢子叶;湖南桑植洪家关;中三叠世巴东组 2 段。

△山西? 脊囊 *Annalepis? shanxiensis* Wang,1984

1984 王自强,228 页,图版 114,图 9;孢子叶;登记号:P0115;正模:P0115(图版 114,图 9);标本保存在中国科学院南京地质古生物研究所;山西武宁;中—晚三叠世延长群。

脊囊(未定多种) *Annalepis* spp.

1979 *Annalepis* sp. (sp. nov.),叶美娜,76 页,图版 2,图 1,1a;孢子叶;湖北利川瓦窑坡;中三叠世巴东组中段。

1985 *Annalepis* sp.,刘子进等,图版 3,图 1,2;孢子叶;陕西陇县娘娘庙;中三叠世晚期铜川组上段。

1990a *Annalepis* sp.,王自强、王立新,114 页,图版 8,图 5,6;孢子叶;山西蒲县阳庄;早三叠世和尚沟组下段。

1993a *Annalepis* sp. 1 (sp. nov.),孟繁松,1687 页,图 2a;孢子叶;三峡地区;中三叠世安尼期。

1993a *Annalepis* sp. 2 (sp. nov.),孟繁松,1687 页,图 2b;孢子叶;三峡地区;中三叠世安尼期。

1993a *Annalepis* sp. 3 (sp. nov.),孟繁松,1687 页,图 2c;孢子叶;三峡地区;中三叠世安尼期。

1994 *Annalepis* sp. 1 (sp. nov.),孟繁松,133 页,图 2a;孢子叶;三峡地区;中三叠世安尼期。

1994 *Annalepis* sp. 2 (sp. nov.),孟繁松,133 页,图 2b;孢子叶;三峡地区;中三叠世安尼期。

1994 *Annalepis* sp. 3 (sp. nov.),孟繁松,133 页,图 2c;孢子叶;三峡地区;中三叠世安尼期。

1995a *Annalepis* sp.,李星学(主编),图版 66,图 2;孢子叶和孢子囊;陕西吴堡张家墕;中三叠世二马营组上部。(中文)

1995b *Annalepis* sp.,李星学(主编),图版 66,图 2;孢子叶和孢子囊;陕西吴堡张家墕;中三叠世二马营组上部。(英文)

1995 *Annalepis* sp.,孟繁松等,图版 11,图 9,10;孢子叶和孢子囊;四川奉节大木坝;中三叠世信陵镇组。

脊囊?(未定种) *Annalepis*? sp.

1984 *Annalepis*? sp.,王自强,228 页,图版 110,图 15;孢子叶;山西沁源;中三叠世二马营组;山西蒲县;早三叠世和尚沟组。

轮叶属 Genus *Annularia* Sternbterg,1822

1822 Sternbterg,32 页。

1974 《中国古生代植物》编写小组,55 页。

1980 赵修祜等,95 页。

1993a 吴向午,54 页。

模式种:*Annularia spinulosa* Sternbterg,1822

分类位置:楔叶纲(Sphenopsida)

细刺轮叶 *Annularia spinulosa* Sternbterg,1822

1822(1820－1838) Sternbterg,32 页,图版 19,图 4;带叶的茎;石炭纪。

1993a 吴向午,54 页。

短镰轮叶 *Annularia shirakii* Kawasaki,1927

1927 Kawasaki,9 页,图版 14,图 76,76a;带叶的茎;朝鲜平安南道德川郡;二叠纪—三叠纪平安系高坊山统。

1974 《中国古生代植物》编写小组,55 页,图版 31,图 8－11;带叶的茎;山西太原;晚二叠世早期上石盒子组;贵州盘县,云南曲靖、恩洪;晚二叠世早期宣威组。

1980 赵修祜等,95 页,图版 2,图 10;带叶的茎;云南富源庆云;早三叠世"卡以头层"。

1993a 吴向午,54 页。

拟轮叶属 Genus *Annulariopsis* Zeiller,1903

1902－1903 Zeiller,132 页。

1963 斯行健、李星学等,37 页。

1993a 吴向午,54 页。

模式种:*Annulariopsis inopinata* Zeiller,1903

分类位置:楔叶纲木贼目(Equisetales,Sphenopsida)

东京拟轮叶 *Annulariopsis inopinata* Zeiller,1903

1902－1903 Zeiller,132 页,图版 35,图 2－7;轮叶状枝叶;越南东京;晚三叠世。

1979 顾道源、胡雨帆,图版 1,图 1;轮叶;新疆库车克拉苏河;晚三叠世塔里奇克组。

1982 段淑英、陈晔,492 页,图版 1,图 5;轮叶状枝叶;四川云阳南溪;早侏罗世珍珠冲组。

1984 顾道源,136 页,图版 64,图 10;轮叶;新疆库车克拉苏河;晚三叠世塔里奇克组。

1987 胡雨帆、顾道源,219 页,图版 5,图 1;轮叶;新疆库车克拉苏河;晚三叠世塔里奇克组。

1989 梅美棠等,75 页,图版 33,图 5;轮叶;中国;晚三叠世。

1993a 吴向午,54 页。

东京拟轮叶(比较种) *Annulariopsis* cf. *inopinata* Zeiller

1987a 钱丽君等,图版 15,图 3;图版 19,图 4;轮叶;陕西神木考考乌素沟;中侏罗世延安组 3

段 68 层。

1998 张泓等,图版 8,图 6;轮叶;陕西神木;中侏罗世延安组下部。

东京拟轮叶(比较属种) *Annulariopsis* cf. *A. inopinata* Zeiller

1986 叶美娜等,20 页,图版 2,图 10;图版 3,图 8,8a;图版 4,图 4,5a;图版 5,图 3;轮叶状枝叶和单独保存的轮叶;四川开江七里峡、开县温泉;晚三叠世须家河组。

1993 米家榕等,83 页,图版 6,图 2,3,5;茎干;吉林浑江石人北山;晚三叠世北山组(小河口组);河北平泉围场沟;晚三叠世杏石口组。

△轮叶型拟轮叶 *Annulariopsis atannularioides* Huang et Chow,1980

1980 黄枝高、周惠琴,68 页,图版 23,图 6,7;轮叶;登记号:OP3075,OP3076;陕西府谷孤山川塔;晚三叠世延长组上部。(注:原文未指定模式标本)

△合川拟轮叶 *Annulariopsis hechuanensis* Yang,1982

1982 杨贤河,465 页,图版 3,图 8;轮叶状枝叶;登记号:Sp189;正模:Sp189(图版 3,图 8);标本保存在成都地质矿产研究所;四川合川炭坝;晚三叠世须家河组。

△瓣轮叶型拟轮叶 *Annulariopsis lobatannularioides* Huang et Chow,1980

1980 黄枝高、周惠琴,69 页,图版 23,图 8—10;图版 24,图 1;轮叶;登记号:OP496,OP3079,OP3080;陕西府谷孤山川塔、铜川柳林沟、神木高家塔;晚三叠世延长组上部和中部。(注:原文未指定模式标本)

△长叶拟轮叶 *Annulariopsis logifolia* Meng,2002(中文发表)

2002 孟繁松,见孟繁松等,310 页,图版 1,图 1,2;图版 6,图 1,2;轮叶状枝和轮叶;登记号:SBJ_1 XP-4(1)—SBJ_1 XP-4(3),正模:SBJ_1 XP-4(2)(图版 6,图 1);副模 1:SBJ_1 XP-4(1)(图版 1,图 1,2);副模 2:SBJ_1 XP-4(3)(图版 6,图 2);标本保存在宜昌地质矿产研究所;湖北秭归卜庄河;早侏罗世香溪组。

辛普松拟轮叶 *Annulariopsis simpsonii* (Phillips) Harris,1947

1875 *Marzaria simpsoni* Phillips,204 页,图 13,14;轮叶;英国约克郡(Yorkshire);中侏罗世。

1947 Harris,654 页;插图 3,4A—4D;英国约克郡;中侏罗世。

1980 陈芬等,427 页,图版 1,图 6;轮叶;北京西山大安山;早侏罗世上窑坡组。

1984 陈芬等,35 页,图版 2,图 6—8;带轮叶小枝;北京西山大安山;早侏罗世上窑坡组。

1987 段淑英,19 页;插图 7—9;轮叶;北京西山斋堂;中侏罗世。

1995 王鑫,图版 1,图 5;轮叶;陕西铜川;中侏罗世延安组。

2003 邓胜徽等,图版 64,图 9;轮叶;新疆哈密三道岭煤矿;中侏罗世西山窑组。

2003 袁效奇等,图版 20,图 3,4;轮叶;内蒙古达拉特旗高头窑柳沟;中侏罗世延安组、直罗组。

△中国? 拟轮叶 *Annulariopsis*? *sinensis* (Ngo) Lee,1963

1956 *Hexaphyllum sinense* Ngo,敖振宽,25 页,图版 1,图 2;图版 6,图 1,2;插图 3;轮叶;广东广州小坪;晚三叠世小坪煤系。

1963 李星学,见斯行健、李星学等,39 页,图版 10,图 5,6;图版 11,图 10;轮叶;广东广州小坪;晚三叠世晚期小坪组。

1977 冯少南等,199 页,图版 72,图 8;轮叶;广东广州小坪;晚三叠世小坪组。

1993a 吴向午,54 页。

△西北拟轮叶 *Annulariopsis xibeiensis* Gu et Sun, 1984

1984 顾道源,136 页,图版 65,图 7,8;轮叶;采集号:65-1-1G-6(2);登记号:XPAM006,XPAM007;正模:XPAM006(图版 65,图 7);标本保存在新疆石油管理局;新疆喀什反修煤矿;早侏罗世康苏组。

1998 张泓等,图版 6,图 3,4;轮叶;新疆乌恰康苏;中侏罗世杨叶组。

△羊草沟拟轮叶 *Annulariopsis yancaogouensis* Zhou, 1981

1981 周惠琴,150 页,图版 1,图 4;带轮叶小枝;编号:By004;辽宁北票羊草沟;晚三叠世羊草沟组。

拟轮叶(未定多种) *Annulariopsis* spp.

1964 *Annulariopsis* sp.,李佩娟,106 页,图版 1,图 2,2a;茎,具轮生叶的枝叶;四川广元杨家崖;晚三叠世须家河组。

1968 *Annulariopsis* sp. 1,《湘赣地区中生代含煤地层化石手册》,36 页,图版 2,图 2,3;轮叶;湖南浏阳澄潭江;晚三叠世安源组三坵田下段。

1968 *Annulariopsis* sp. 2,《湘赣地区中生代含煤地层化石手册》,36 页,图版 34,图 2;图版 2,图 1;茎干;江西横峰铺前;早侏罗世西山坞组。

1978 *Annulariopsis* sp.,杨贤河,472 页,图版 158,图 8;轮叶状枝叶;四川广元;晚三叠世须家河组。

1978 *Annulariopsis* sp.,周统顺,图版 15,图 9;轮叶;福建漳平大坑文宾山;晚三叠世文宾山组上段。

1980 *Annulariopsis* sp. 1,黄枝高、周惠琴,69 页,图版 24,图 3;轮叶;陕西府谷孤山川塔;晚三叠世延长组上部。

1980 *Annulariopsis* sp. 2,黄枝高、周惠琴,69 页,图版 24,图 2;轮叶;陕西府谷孤山川塔;晚三叠世延长组上部。

1980 *Annulariopsis* sp. 3,黄枝高、周惠琴,69 页,图版 23,图 11;轮叶;陕西府谷孤山川塔;晚三叠世延长组上部。

1980 *Annulariopsis* sp.,吴舜卿等,72 页,图版 1,图 4;轮叶;湖北兴山郑家河;晚三叠世沙镇溪组。

1981 *Annulariopsis* sp.,刘茂强、米家榕,23 页,图版 1,图 12;轮叶;吉林临江闹枝沟;早侏罗世义和组。

1982 *Annulariopsis* sp.,王国平等,239 页,图版 108,图 8;轮叶;福建漳平大坑;晚三叠世文宾山组。

1987 *Annulariopsis* sp.,陈晔等,89 页,图版 3,图 9;图版 4,图 1,2;轮叶;四川盐边箐河;晚三叠世红果组。

1987 *Annulariopsis* sp.,何德长,80 页,图版 14,图 8;图版 15,图 2;轮叶;湖北蒲圻苦竹桥;晚三叠世鸡公山组。

1992 *Annulariopsis* sp.,谢明忠、孙景嵩,图版 1,图 2;轮叶;河北宣化;中侏罗世下花园组。

1993 *Annulariopsis* sp.,王士俊,5 页,图版 1,图 1;轮叶;广东曲江红卫坑;晚三叠世艮口群。

1995a *Annulariopsis* sp.,李星学(主编),图版 62,图 14;轮叶;海南琼海九曲江文山下村;早

三叠世岭文组。(中文)

1995b *Annulariopsis* sp.,李星学(主编),图版 62,图 14;轮叶;海南琼海九曲江文山下村;早三叠世岭文组。(英文)

1996 *Annulariopsis* sp.,吴舜卿、周汉忠,3 页,图版 1,图 5—7;轮叶;新疆库车库车河剖面;中三叠世克拉玛依组下段。

拟轮叶?(未定多种) *Annulariopsis*? spp.

1963 *Annulariopsis*? sp.,斯行健、李星学等,39 页,图版 11,图 9(左);轮叶;新疆准噶尔盆地克拉玛依;晚三叠世延长群上部。

1990 *Annulariopsis*? sp.,吴舜卿、周汉忠,450 页,图版 1,图 8,8a,11;轮叶;新疆库车;早三叠世俄霍布拉克组。

芦木属 Genus *Calamites* Suckow, 1784 (non Schlotheim, 1820, nec Brongniart, 1828)

[注:此属名 *Calamites* Suckow(1784)为 1820 年前的保留名称,常被中国学者引用(吴向午,1993a)]

1974 中国科学院南京地质古生物研究所、北京植物研究所《中国古生代植物》编写组,48 页。

1993a 吴向午,61 页。

模式种:

分类位置:楔叶纲木贼目(Equisetales, Sphenopsida)

△山西芦木 *Calamites shanxiensis* (Wang) Wang Z et Wang L, 1990

1984 *Neocalamites shanxiensis* Wang,王自强,233 页,图版 110,图 17;图版 111,图 2;图版 112,图 7;茎干;山西榆社、兴县;早—中三叠世刘家沟组、二马营组,中—晚三叠世延长群。

1990a 王自强、王立新,115 页,图版 1,图 1—7;图版 2,图 5,6;图版 4,图 1—5;图版 5,图 9—11;插图 4a—4g;茎干;山西石楼、榆社、和顺;早三叠世和尚沟组。

1990b 王自强、王立新,306 页,图版 3,图 1—8;茎干;山西沁县漫水、平遥盘陀、榆社石门口、宁武陈家畔沟;中三叠世二马营组底部,晚三叠世延长群下部。

1995a 李星学(主编),图版 65,图 7;茎干;四川奉节大窝埫;中三叠世巴东组 2 段。(中文)

1995b 李星学(主编),图版 65,图 7;茎干;四川奉节大窝埫;中三叠世巴东组 2 段。(英文)

1995 孟繁松等,20 页,图版 4,图 1—6;茎干;湖北秭归两河口;中三叠世巴东组 1 段;湖北恩施七里坪,湖南桑植洪家关、马合口;中三叠世巴东组 2 段。

1996b 孟繁松,图版 2,图 1,2;带节茎干;四川奉节大窝埫;中三叠世巴东组 2 段。

芦木(未定种) *Calamites* sp.

1908 *Calamites* sp., Yokoyama,15 页,图版 5,图 3,4,5;茎干、叶鞘和节隔膜;辽宁本溪大堡;古生代(?)。[注:此标本后改定为 *Equisetites* sp.(斯行健、李星学等,1963)]

1993a *Calamites* sp.,吴向午,61 页。

芦木属 Genus *Calamites* Schlotheim, 1820 (non Brongniart, 1828, nec Suckow, 1784)

1820　Schlothiem，398 页。

1993a 吴向午，61 页。

模式种：*Calamites cannaeformis* Schlotheim，1820

分类位置：楔叶纲木贼目（Equisetales，Sphenopsida）

管状芦木 *Calamites cannaeformis* Schlotheim, 1820

1820　Schlothiem，398 页，图版 20，图 1；髓膜；德国萨克森（Saxony）；晚石炭世。

1993a 吴向午，61 页。

芦木属 Genus *Calamites* Brongniart, 1828 (non Schlotheim, 1820, nec Suckow, 1784)

[注：此属名为 *Calamites* Schlotheim，1820 的晚出等同名（吴向午，1993a）]

1828　Brongniart，121 页。

1993a 吴向午，61 页。

模式种：*Calamites radiatus* Brongniart，1828

分类位置：楔叶纲木贼目（Equisetales，Sphenopsida）

辐射芦木 *Calamites radiatus* Brongniart, 1828

1828　Brongniart，121 页。

1993a 吴向午，61 页。

似木贼属 Genus *Equisetites* Sternberg, 1833

1833(1820－1838)　Sternberg，43 页。

1911　Seward，6，35 页。

1963　斯行健、李星学等，17 页。

1993a 吴向午，81 页。

模式种：*Equisetites münsteri* Sternberg，1833

分类位置：楔叶纲木贼目（Equisetales，Sphenopsida）

敏斯特似木贼 *Equisetites münsteri* Sternberg, 1833

1833(1820－1838)　Sternberg，43 页，图版 16，图 1－5；木贼类茎叶和顶生的孢子囊穗；德国；晚三叠世（Keuper）。

1989　周志炎，134 页，图版 1，图 5，6，11，13，15A；茎干；湖南衡阳杉桥；晚三叠世杨柏冲组。

1993a 吴向午，81 页。

敏斯特似木贼（比较种） *Equisetites* cf. *münsteri* Sternberg

1976 李佩娟等，90 页，图版 1，图 9；茎干；云南洱源；晚三叠世白基阻组。

敏斯特似木贼（木贼穗）（比较属种） *Equisetites* (*Equisetostachys*) cf. *E. münsteri* Sternberg

1989 周志炎，135 页，图版 1，图 10；图版 2，图 4—6；孢子囊穗；湖南衡阳杉桥；晚三叠世杨柏冲组。

△尖齿似木贼 *Equisetites acanthodon* Sze，1956

1956a 斯行健，9，118 页，图版 5，图 2，2a；叶鞘；登记号：PB2246；标本保存在中国科学院南京地质古生物研究所；陕西宜君四郎庙炭河沟；晚三叠世延长层上部。

1963 斯行健、李星学等，18 页，图版 2，图 1，1a；叶鞘；陕西宜君四郎庙炭河沟；晚三叠世延长群上部。

1993 米家榕等，76 页，图版 1，图 6；茎干；辽宁凌源老虎沟；晚三叠世老虎沟组。

巨大似木贼 *Equisetites arenaceus* (Jaeger) Schenk，1864

1827 *Calamites arenaceus* Jaeger，37 页，图版 1，2，4，6；德国；早三叠世。

1864 Schenk，59 页，图版 7，图 2；德国；晚三叠世。

1977 冯少南等，201 页，图版 70，图 2；茎干；湖南桑植洪家关；中三叠世。

1979 何元良等，132 页，图版 56，图 3；茎干；青海杂多格玛煤矿；晚三叠世结扎群上部。

1982a 吴向午，48 页，图版 1，图 1—4a；图版 4，图 1；茎干；西藏巴青村穷堂、索曲畔扎所乡、聂荣当曲上游；晚三叠世土门格拉组。

1982b 吴向午，76 页，图版 1，图 5A，5a，6；茎干；西藏察雅扩大区肯通乡嘎曲上游；晚三叠世甲丕拉组。

1990 吴向午、何元良，291 页，图版 1，图 1，1a，2；茎干；青海杂多格玛煤矿、治多；晚三叠世结扎群 A 组。

1995 孟繁松等，21 页，图版 4，图 8；图版 8，图 6；茎干；湖南桑植洪家关；中三叠世巴东组 4 段。

1995 曾勇等，48 页，图版 3，图 2；茎干；河南义马；中侏罗世义马组。

1996b 孟繁松，图版 2，图 16；茎干；湖南桑植洪家关；中三叠世巴东组 4 段。

2000 孟繁松等，50 页，图版 14，图 12，13；茎干；湖南桑植洪家关；中三叠世巴东组 5 段。

巨大似木贼（比较种） *Equisetites* cf. *arenaceus* (Jaeger) Schenk

1985 刘子进等，115 页，图版 3，图 3—5；茎干；陕西陇县娘娘庙；中三叠世晚期铜川组上段。

2002 孟繁松等，图版 1，图 1；图版 2，图 4；茎干；贵州关岭新铺小洼；晚三叠世早期瓦窑组。

苹氏似木贼 *Equisetites beanii* (Bunbury) Seward，1898

1851 *Calamites beanii* Bunbury，189 页；英国约克郡；中侏罗世。

1898 Seward，270 页，图 60—62；根茎和茎干；英国约克郡；中侏罗世。

1986 叶美娜等，14 页，图版 1，图 2，8；茎干；四川开县温泉；中侏罗世新田沟组 2 段。

1988 李佩娟等，38 页，图版 1，图 2，3；图版 2，图 1，3；图版 4，图 1；茎干；青海大柴旦大煤沟；中侏罗世饮马沟组 *Eboracia* 层、石门沟组 *Nilssonia* 层。

1993 米家榕等，76 页，图版 1，图 15；茎干；吉林汪清天桥岭；晚三叠世马鹿沟组。

1998 张泓等，图版 3，图 3，5；茎干；新疆奇台北山；早侏罗世八道湾组。

2003 孟繁松等，图版 1，图 1—3；茎干和节隔膜；四川云阳水市口；早侏罗世自流井组东岳庙段。

苹氏似木贼(比较种) *Equisetites* cf. *beanii* (Bunbury) Seward

1989 周志炎,135页,图版1,图1—3;茎干;湖南衡阳杉桥;晚三叠世杨柏冲组。

△北京似木贼 *Equisetites beijingensis* Chen et Dou,1984

1984 陈芬、窦亚伟,见陈芬等,33,119页,图版3,图1;图版4,图1,2;茎干;采集号:MP-32,FH-34;登记号:BM001,BM045,BM046;合模1—3:BM001,BM045,BM046(图版3,图1;图版4,图1,2);标本保存在武汉地质学院北京研究生部;北京西山门头沟、大台、大安山;早侏罗世下窑坡组;北京房山;早侏罗世上窑坡组。[注:依据《国际植物命名法规》(《维也纳法规》)第37.2条,1958年起,模式标本只能是1块标本]

△短齿似木贼 *Equisetites brevidentatus* Sze,1956

1956a 斯行健,7,117页,图版5,图1,1a;茎干;登记号:PB2243;标本保存在中国科学院南京地质古生物研究所;山西临县第八堡;晚三叠世延长层下部。

1963 斯行健、李星学等,18页,图版2,图2;图版3,图1;茎干;山西临县第八堡;晚三叠世延长群下部。

1980 黄枝高、周惠琴,66页,图版13,图4;茎干;陕西佳县张西畔;中三叠世晚期铜川组上段。

1984 陈公信,569页,图版223,图5;茎干;湖北荆门海慧沟;晚三叠世九里岗组。

1986 周统顺、周惠琴,64页,图版17,图7;茎干;新疆吉木萨尔大龙口;中三叠世克拉玛依组。

1993 米家榕等,77页,图版1,图4;茎干;吉林浑江石人北山;晚三叠世北山组(小河口组)。

1998 廖卓庭、吴国干(主编),图版12,图5;茎干;新疆巴里坤三塘湖三个泉;中三叠世克拉玛依组。

△短鞘似木贼 *Equisetites brevitubatus* Li et Wu X W,1979

1979 李佩娟、吴向午,见何元良等,133页,图版57,图5,5a;插图8;茎干;采集号:IIF316-1;登记号:PB6299;正模:PB6299(图版57,图5);标本保存在中国科学院南京地质古生物研究所;青海都兰阿兰湖地区;晚三叠世八宝山群。

布氏似木贼 *Equisetites burchardti* Dunker,1846

1984 王自强,230页,图版149,图4;图版150,图8;图版158,图2—4;茎干;河北滦平、丰宁;早白垩世九佛堂组。

布氏似木贼(比较种) *Equisetites* cf. *burchardti* Dunker

1983b 曹正尧,28页,图版5,图1—3;茎干;黑龙江虎林永红煤矿;晚侏罗世云山组。

布列亚似木贼 *Equisetites burejensis* (Heer) Kryshtofovich,1914

1877 *Equisetum burejensis* Heer,99页,图版22,图5—7;黑龙江流域;早白垩世。

1914 Kryshtofovich,82页,图版1,图1—3;黑龙江流域;早白垩世。

1988 陈芬等,31页,图版1,图2—8;图版60,图2;茎干和根状茎;辽宁阜新;早白垩世阜新组;辽宁铁法;早白垩世小明安碑组下含煤段。

1988 李杰儒,图版1,图10,15;茎干;辽宁苏子河盆地;早白垩世。

1988 孙革、商平,图版1,图1,2;茎干;内蒙古霍林河煤田;早白垩世霍林河组。

1993 李杰儒等,235 页,图版 1,图 2,4;茎干;辽宁丹东瓦房、集贤;早白垩世小岭组。

1995b 邓胜徽,11 页,图版 1,图 5,6;图版 2,图 2;插图 3-A,3-B;根茎和块茎;内蒙古霍林河盆地;早白垩世霍林河组。

1995a 李星学(主编),图版 99,图 1;根茎和块茎;内蒙古霍林河盆地;早白垩世霍林河组。(中文)

1995b 李星学(主编),图版 99,图 1;根茎和块茎;内蒙古霍林河盆地;早白垩世霍林河组。(英文)

1997 邓胜徽等,19 页,图版 1,图 10－14;茎干;内蒙古扎赉诺尔、伊敏、大雁;早白垩世伊敏组、大磨拐河组。

2003 杨小菊,563 页,图版 1,图 1,2;根状茎;黑龙江鸡西盆地;早白垩世穆棱组。

布列亚似木贼(比较种) *Equisetites* cf. *burejensis* (Heer) Kryshtofovich

1988 陈芬等,32 页,图版 60,图 1;茎干;辽宁铁法;早白垩世小明安碑组下含煤段。

柱状似木贼 *Equisetites columnaris* (Brongniart) Phillips,1875

1828 *Equisetum columnaris* Brongniart,115 页,图版 13;直立茎;英国约克郡;中侏罗世。

1875 Phillips,197 页,图 4;英国约克郡;中侏罗世。

柱状似木贼(比较种) *Equisetites* cf. *columnaris* (Brongniart) Phillips

1988 李佩娟等,38 页,图版 5,图 1－3,4(?);茎干;青海大柴旦大煤沟;中侏罗世饮马沟组 *Eboracia* 层。

△三角齿似木贼 *Equisetites deltodon* Sze,1956

1956a 斯行健,9,118 页,图版 4,图 3,3a;叶鞘;登记号:PB2247;标本保存在中国科学院南京地质古生物研究所;陕西宜君焦家坪;晚三叠世延长层上部。

1963 斯行健、李星学等,19 页,图版 2,图 3,3a;叶鞘;陕西宜君焦家坪;晚三叠世延长群上部。

1980 黄枝高、周惠琴,66 页,图版 23,图 5;茎干;陕西铜川柳林沟;晚三叠世延长组上部。

△稠齿似木贼 *Equisetites densatis* Li,1988

1988 李佩娟等,39 页,图版 1,图 4;图版 10,图 1;插图 14;茎干;采集号:80$D_{2d}$$JF_u$;登记号:PB13318,PB13319;标本保存在中国科学院南京地质古生物研究所;青海大柴旦大煤沟;中侏罗世大煤沟组 *Tyrmia-Sphenobaiera* 层。(注:原文未指定模式标本)

1998 张泓等,图版 3,图 4;茎干;新疆奇台北山;早侏罗世八道湾组。

△瘦形似木贼 *Equisetites exiliformis* Sun et Zheng,2001(中文和英文发表)

2001 孙革、郑少林,见孙革等,71,182 页,图版 8,图 5－7;图版 36,图 1－9;图版 38,图 5－7,8(?);地下茎和气生茎;标本号:PB18981－PB18985,ZY3009,ZY3011,ZY3012;正模:PB18982(图版 8,图 5);标本保存在中国科学院南京地质古生物研究所;辽宁北票上园尖山沟、黄半吉沟;晚侏罗世尖山沟组。

费尔干似木贼 *Equisetites ferganensis* Seward,1907

1907 Seward,18 页,图版 2,图 23－31;图版 3;中亚;侏罗纪。

1911 Seward,6,35 页,图版 1,图 1－10a;茎干;新疆准噶尔盆地佳木河(Diam River);早—中侏罗世。

1941 Stockmans,Mathieu,55 页,图版 4,图 1,2;茎干和节隔膜;北京西山门头沟;侏罗纪。[注:此标本后改定为 *Equisetites* cf. *lateralis* (Philips) Morris(斯行健、李星学等,1963)]

1956b 斯行健,图版 1,图 9,9a;茎干;新疆准噶尔盆地克拉玛依;晚三叠世晚期延长层上部;图版 3,图 1,1a,2;茎干;新疆准噶尔盆地克拉玛依;早—中侏罗世(Lias — Dogger)。[注:图版 3,图 1,1a,2 标本后改定为 *Equisetites* cf. *lateralis* (Philips) Morris(斯行健、李星学等,1963)]

1963 李星学等,136 页,图版 104,图 1 — 3;茎干和节隔膜;中国西北地区;晚三叠世—早侏罗世。

1978 周统顺,96 页,图版 29,图 1,2;茎干和节隔膜;福建漳平武陵;早侏罗世梨山组。

1982 王国平等,238 页,图版 108,图 4,5;茎干;福建漳平武陵;早侏罗世梨山组。

1984 顾道源,134 页,图版 64,图 11;图版 65,图 5,6;图版 80,图 1 — 5;茎干;新疆阿克雅;早侏罗世三工河组;新疆准噶尔盆地克拉玛依深底沟;早侏罗世八道湾组。

1985 杨学林、孙礼文,101 页,图版 1,图 6,7;茎干;大兴安岭南部红旗煤矿;早侏罗世红旗组。

1993a 吴向午,81 页。

△漏斗似木贼 *Equisetites funnelformis* Xu et Shen,1982

1982 徐福祥、沈光隆,见刘子进,117 页,图版 56,图 3;茎干;标本号:LP00013-1;甘肃武都大岭沟;中侏罗世龙家沟组上部。

巨大似木贼 *Equisetites giganteus* Burakova,1960

1960 Burakova,149 页,图版 13,图 1,2,3;图版 14,图 2 — 4;插图 1 — 3;茎干;中亚;中侏罗世。

1984 陈芬等,33 页,图版 3,图 2 — 4;茎干;北京西山千军台;早侏罗世下窑坡组;北京西山大安山;早侏罗世上窑坡组。

纤细似木贼 *Equisetites gracilis* (Nathorst) Halle,1908

1880 *Equisetum gracilis* Nathorst,278 页。

1908 Halle,15 页,图版 3,图 12 — 18。

1996 米家榕等,80 页,图版 3,图 2;茎干和节隔膜;河北抚宁石门寨;早侏罗世北票组。

1998 张泓等,图版 9,图 4;茎干;宁夏中卫下流水;侏罗纪。

纤细似木贼(比较种) *Equisetites* cf. *gracilis* (Nathorst) Halle

1995 孟繁松等,21 页,图版 3,图 14;茎干;湖南桑植洪家关;中三叠世巴东组 2 段。

2000 孟繁松等,50 页,图版 14,图 11;茎干;湖南桑植洪家关;中三叠世巴东组 2 段。

纤细似木贼(比较属种) *Equisetites* cf. *E. gracilis* (Nathorst) Halle

1993 米家榕等,77 页,图版 1,图 9b,10;茎干;吉林汪清天桥岭;晚三叠世马鹿沟组;辽宁凌源老虎沟;晚三叠世老虎沟组。

△呼伦似木贼 *Equisetites hulunensis* Ren,1989

1989 任守勤,见任守勤、陈芬,635,640 页,图版 1,图 5 — 7;茎干和节隔膜;登记号:HW023,HW034,HW067;正模:HW034,HW067(图版 1,图 6,7);标本保存在中国地质大学(北京);内蒙古海拉尔五九煤盆地;早白垩世大磨拐河组。

1995b 邓胜徽,13 页,图版 2,图 1,1a;茎干;内蒙古霍林河盆地;早白垩世霍林河组。

1997 邓胜徽等,19 页,图版 2,图 1－8;茎干;内蒙古扎赉诺尔;早白垩世伊敏组;内蒙古五九煤盆地、大雁盆地、拉布达林盆地;早白垩世大磨拐河组。

△葫芦似木贼 *Equisetites hulukouensis* Yang,1982

1982 杨贤河,465 页,图版 2,图 4,5;茎干;登记号:Sp180,Sp181;合模 1:Sp180(图版 2,图 4);合模 2:Sp181(图版 2,图 5);标本保存在成都地质矿产研究所;四川威远葫芦口;晚三叠世须家河组。[注:依据《国际植物命名法规》(《维也纳法规》)第 37.2 条,1958 年起,模式标本只能是 1 块标本]

纵条似木贼 *Equisetites intermedius* Erdtman,1922

1922 Erdtman,1 页,图版 1,图 1－8;茎干;瑞典斯堪尼亚(Scania);晚三叠世(Rhaetic)。

1986 叶美娜等,14 页,图版 2,图 1A,1a;图版 3,图 2A,2B,2a;图版 56,图 1;茎干;四川开县温泉;晚三叠世须家河组 3 段和 5 段。

石村似木贼 *Equisetites iwamuroensis* Kimura,1980

1980 Kimura,Tsujii,344 页,图版 38,图 8－11;图版 39,图 3;茎干和节隔膜;日本;早侏罗世 Iwamuro 组。

石村似木贼(比较种) *Equisetites* cf. *iwamuroensis* Kimura

1996 米家榕等,81 页,图版 3,图 3;节隔膜;河北抚宁石门寨;早侏罗世北票组。

△荆门似木贼 *Equisetites jingmenensis* Chen G X,1984

1984 陈公信,568 页,图版 224,图 4－6b;茎干;登记号:EP24－EP26;标本保存在湖北省地质局;湖北荆门分水岭;晚三叠世九里岗组。(注:原文未指定模式标本)

△准噶尔似木贼 *Equisetites junggarensis* Zhang,1998(中文发表)

1998 张泓等,270 页,图版 1,图 1－4;图版 2;图版 3,图 1,2;图版 6,图 2;茎干;采集号:QB-21;登记号:MP93007－MP93009;正模:MP93009(图版 1,图 4);标本保存在煤炭科学研究总院西安分院;新疆奇台北山;早侏罗世八道湾组;新疆哈密三道岭;中侏罗世西山窑组。

△高明似木贼 *Equisetites kaomingensis* Tsao,1965

1965 曹正尧,512,527 页,图版 1,图 1－3;图版 4,图 5;茎干、叶鞘、关节盘和孢子囊穗;采集号:Vf5-1,Vf5-5;登记号:PB3369－PB3372;合模:PB3369－PB3372(图版 1,图 1－3;图版 4,图 5);标本保存在中国科学院南京地质古生物研究所;广东高明松柏坑;晚三叠世小坪组。[注:依据《国际植物命名法规》(《维也纳法规》)第 37.2 条,1958 年起,模式标本只能是 1 块标本]

1977 冯少南等,201 页,图版 70,图 5－8;茎干;广东高明;晚三叠世小坪组。

朝鲜似木贼 *Equisetites koreanicus* Kon'no,1962

1962 Kon'no,36 页,图版 11,图 1－3,7－9;图版 15,图 1－9;茎干;朝鲜平壤(Pyongyang);晚三叠世—早侏罗世 Lower Daido 组。

1977 冯少南等,201 页,图版 72,图 6,7;茎干;湖北当阳;早—中侏罗世香溪群上煤组。

1980 吴舜卿等,84 页,图版 6,图 1－3;茎干;湖北秭归香溪、沙镇溪;早—中侏罗世香溪组。

1984 陈公信,568 页,图版 222,图 9;图版 223,图 1－3;茎干;湖北当阳三里岗、荆门海慧沟;早侏罗世桐竹园组。

1986 叶美娜等,15 页,图版 1,图 3,3a,7;图版 2,图 4,6;茎干;四川开县温泉;晚三叠世须家河组 7 段,中侏罗世新田沟组 2 段;四川达县斌郎;晚三叠世须家河组 7 段。

1988 李佩娟等,40 页,图版 2,图 5,6;图版 3,图 2,3;图版 11,图 1(?);图版 16,图 1;茎干;青海大柴旦大煤沟;中侏罗世饮马沟组 *Eboracia* 层。

1996 黄其胜等,图版 2,图 6;带叶茎;四川达县铁山;早侏罗世珍珠冲组上部。

2001 黄其胜,图版 2,图 4;带叶茎;四川达县铁山;早侏罗世珍珠冲组上部。

朝鲜似木贼(比较种) *Equisetites* cf. *koreanicus* Kon'no

1984 厉宝贤、胡斌,137 页,图版 1,图 3;茎干;山西大同;早侏罗世永定庄组。

1998 黄其胜等,图版 1,图 5;茎干;江西上饶缪源村;早侏罗世林山组 3 段。

1998 张泓等,图版 10,图 3,4;关节盘和叶鞘;青海苦海;侏罗纪。

平滑似木贼 *Equisetites laevis* Halle,1908

1908 Halle,13 页,图版 3,图 1－11;茎干;瑞典;晚三叠世。

1986 叶美娜等,15 页,图版 1,图 6;图版 3,图 7;茎干;四川达县铁山;晚三叠世须家河组 3 段。

侧生似木贼 *Equisetites lateralis* (Phillips) Morris,1875

1829 *Equisetum laterale* Phillips,153 页,图版 10,图 13;茎干;英国约克郡;中侏罗世。

1875 Phillips,196 页,图版 10,图 13;茎干;英国约克郡;中侏罗世。

1983 李杰儒,图版 1,图 2－6;茎干;辽宁锦西后富隆山;中侏罗世海房沟组 1 段和 3 段。

1984 顾道源,135 页,图版 64,图 1,2;茎干;新疆玛纳斯;早侏罗世八道湾组;新疆准噶尔盆地克拉玛依;晚三叠世黄山街组。

1985 杨学林、孙礼文,101 页,图版 1,图 2,3,10;茎干和关节盘;大兴安岭南部万宝杜胜;中侏罗世万宝组。

1986 叶美娜等,15 页,图版 3,图 3,3a;茎干;四川达县铁山;中侏罗世新田沟组 2 段。

1990 宁夏回族自治区地质矿产局,图版 9,图 6,6a,7,7a;茎干;宁夏平罗汝箕沟;中侏罗世延安组。

1992 黄其胜、卢宗盛,图版 3,图 4;茎干和叶鞘;陕西神木考考乌素沟;中侏罗世延安组。

1992 孙革、赵衍华,521 页,图版 214,图 3,5,10,11;图版 215,图 1;茎干;吉林桦甸四合屯;早侏罗世(?);吉林双阳腾家街;早侏罗世板石顶子组。

1998 张泓等,图版 6,图 2;图版 10,图 6;关节盘;甘肃兰州窑街;中侏罗世窑街组;新疆哈密三道岭;中侏罗世西山窑组。

1999 商平等,图版 1,图 2;茎干;新疆吐哈盆地;中侏罗世西山窑组。

2003 邓胜徽等,图版 64,图 2;茎干;新疆哈密三道岭煤矿;中侏罗世西山窑组。

2005 苗雨雁,521 页,图版 1,图 1,2a,5;茎干;新疆准噶尔盆地白杨河地区;中侏罗世西山窑组。

侧生似木贼(比较种) *Equisetites* cf. *lateralis* (Phillips) Morris

1931 斯行健,51 页,图版 5,图 4;茎干和节隔膜;北京西山斋堂;早侏罗世(Lias)。

1933 斯行健,52 页,图版 10,图 9;茎干和节隔膜;甘肃武威小石门沟口;早—中侏罗世。

1954 徐仁,43 页,图版 38,图 4,5;茎干;北京斋堂;中侏罗世。

1958　汪龙文等,616 页,图 617;茎干和节隔膜;河北;中侏罗世。

1963　斯行健、李星学等,20 页,图版 2,图 5,6;图版 3,图 2;茎干、叶鞘和节隔膜;北京西山斋堂;甘肃武威;陕西榆林油坊头;新疆准噶尔盆地克拉玛依;早—中侏罗世。

1984　王自强,230 页,图版 132,图 8—10;茎;山西大同、静乐;中侏罗世大同组。

1996　常江林、高强,图版 1,图 2,3;茎干;山西宁武麻黄沟、刘家沟;中侏罗世大同组。

△乐昌似木贼 *Equisetites lechangensis* Wang,1993

1993　王士俊,5 页,图版 1,图 2,4;茎枝;标本号:ws0434,ws0449/3;正模:ws0449/3(图版 1,图 2);标本保存在中山大学生物学系植物教研室;广东乐昌安口、关春;晚三叠世艮口群。

△线形? 似木贼 *Equisetites*? *linearis* Sun et Zheng,2001(中文和英文发表)

2001　孙革、郑少林,见孙革等,71,183 页,图版 8,图 3,4;图版 38,图 1—4,9(?);茎干;标本号:PB18975,PB18998,PB18999;正模:PB18998(图版 8,图 3);标本保存在中国科学院南京地质古生物研究所;辽宁北票上园;晚侏罗世尖山沟组。

△长鞘似木贼 *Equisetites longevaginatus* Wu S,1999(中文发表)

1999a　吴舜卿,10 页,图版 4,图 1—3,4(?);茎干;采集号:AEO-168,AEO-221;登记号:PB18241—PB18244;合模 1:PB18241(图版 4,图 1);合模 2:PB18242(图版 4,图 2);标本保存在中国科学院南京地质古生物研究所;辽宁北票上园黄半吉沟;晚侏罗世义县组下部尖山沟层。[注:依据《国际植物命名法规》(《维也纳法规》)第 37.2 条,1958 年起,模式标本只能是 1 块标本]

2001　孙革等,71,182 页,图版 8,图 1,2;图版 37,图 1—8;茎干;辽宁北票上园;晚侏罗世尖山沟组。

2001　吴舜卿,图版 120,图 153;茎干;辽宁北票上园黄半吉沟;晚侏罗世义县组下部尖山沟层。

2003　吴舜卿,图版 169,图 228;茎干;辽宁北票上园黄半吉沟;晚侏罗世义县组下部尖山沟层。

△长筒似木贼 *Equisetites longiconis* Li,1982

1982　李佩娟,79 页,图版 1,图 1—3;插图 2;茎干;采集号:D23-3,D25;登记号:PB7905—PB7907;正模:PB7907(图版 1,图 3);标本保存在中国科学院南京地质古生物研究所;西藏拉萨澎波牛马沟;早白垩世林布宗组。

△长齿似木贼 *Equisetites longidens* Lee,1976

1976　李佩娟等,90 页,图版 46,图 2—4;茎干;采集号:YHW81,YHW83;登记号:PB5482—PB5484;合模:PB5482—PB5484(图版 46,图 2—4);标本保存在中国科学院南京地质古生物研究所;云南剑川石钟山;晚三叠世剑川组。[注:依据《国际植物命名法规》(《维也纳法规》)第 37.2 条,1958 年起,模式标本只能是 1 块标本]

1982a　吴向午,48 页,图版 2,图 1;茎干;西藏安多土门;晚三叠世土门格拉组。

1990　吴向午、何元良,291 页,图版 2,图 1,1a,2;茎干;青海玉树上拉秀、杂多格玛;晚三叠世结扎群 A 组。

△禄丰似木贼 *Equisetites lufengensis* Lee,1976

1976　李佩娟等,89 页,图版 1,图 11—16;茎干和节隔膜;采集号:YH5013;登记号:PB5132—PB5137;合模:PB5132—PB5137(图版 1,图 11—16);标本保存在中国科学院南京地质古生物研究所;云南禄丰渔坝村;晚三叠世一平浪组舍资段。[注:依据《国际植物命名法规》(《维也纳法规》)第37.2条,1958年起,模式标本只能是1块标本]

1984 陈公信,569页,图版222,图8;茎干;湖北荆门分水岭;晚三叠世九里岗组。

1990 吴向午、何元良,292页,图版1,图3,3a;图版3,图5;茎干;青海杂多格玛;晚三叠世结扎群A组。

1999b 吴舜卿,13页,图版1,图5,5a;茎干;四川万源石冠寺;晚三叠世须家河组。

禄丰似木贼(比较种) *Equisetites* cf. *lufengensis* Lee

1984 王自强,230页,图版122,图8;茎;山西怀仁;早侏罗世永定庄组。

1984 柳淮之,图版(?),图4;茎干;云南德钦白芒雪山;晚三叠世白芒雪山组上段。

△大卵形似木贼 *Equisetites macrovalis* Ren,1995(中文和英文发表)

1995b 任守勤,见邓胜徽,13页,图版2,图3,4;根状茎和茎干;内蒙古霍林河盆地;早白垩世霍林河组。(裸名)

1997 任守勤,见邓胜徽等,19,101页,图版1,图15;茎;标本保存在石油勘探开发科学研究院;内蒙古海拉尔拉布达林盆地;早白垩世大磨拐河组。

莫贝尔基似木贼 *Equisetites mobergii* Moeller,1908

1908 Moeller,见Halle,26页,图版4,图29—37;茎干;瑞典;晚三叠世。

莫贝尔基似木贼(比较种) *Equisetites* cf. *mobergii* Moeller

1988 李佩娟等,40页,图版1,图5A;图版69,图6A;茎干;青海大柴旦大煤沟;早侏罗世甜水沟组*Ephedrites*层。

穆氏似木贼(比较种) *Equisetites* cf. *mougeoti* (Brongniart) Wills

1984 王自强,230页,图版113,图1,2;茎;山西临县;中—晚三叠世延长群。

多齿似木贼 *Equisetites multidentatus* Ôishi,1932

1932 Ôishi,266页,图版2,图1,2;茎干;日本成羽(Nariwa);晚三叠世(Nariwa)。

1978 周统顺,图版29,图1,2;茎干;福建长汀;晚三叠世文宾山组(?)。

1982 王国平等,238页,图版108,图7;茎干;福建长汀;晚三叠世文宾山组。

1996 米家榕等,81页,图版3,图3;茎干;辽宁北票台吉二井;早侏罗世北票组2段。

多齿似木贼(亲近种) *Equisetites* aff. *multidentatus* Ôishi

1959 斯行健,2,19页,图版2(?),图1,2;图版3(?),图1,2;图版5,图1,1a;茎干和关节盘;青海柴达木红柳沟、全吉(?);侏罗纪。

1963 斯行健、李星学等,20页,图版69,图1;茎干;青海柴达木红柳沟、全吉(?);侏罗纪。

1995 曾勇等,47页,图版2,图1;图版3,图1;茎干;河南义马;中侏罗世义马组下含煤段。

多齿似木贼(比较种) *Equisetites* cf. *multidentatus* Ôishi

1979 何元良等,132页,图版56,图4,4a,5;茎干;青海柴达木红柳沟;中侏罗世大煤沟组。

1982 李佩娟、吴向午,36页,图版2,图3;茎干;四川稻城贡岭区木拉乡坎都村;晚三叠世喇嘛垭组。

多齿似木贼(比较属种) *Equisetites* cf. *E. multidentatus* Ôishi

1993 米家榕等,78页,图版1,图5,11;茎干和节隔膜;黑龙江东宁水曲柳沟;晚三叠世罗圈站组。

洛东似木贼 *Equisetites naktongensis* Tateiwa, 1929

1929 Tateiwa,图 8,19a,19b;木贼类茎干;朝鲜洛东;早白垩世。

1964 Miki,13 页,图版 1,图 B;茎干;辽宁凌源;中生代狼鳍鱼层(*Lycoptera* Bed)。

1997 邓胜徽等,20 页,图版 1,图 3—6;地下茎;内蒙古海拉尔拉布达林盆地;早白垩世大磨拐河组。

洛东似木贼细茎变种 *Equisetites naktongensis* Tateiwa var. *tenuicaulis* Tateiwa, 1929

1929 Tateiwa;插图 20;木贼类茎干;朝鲜洛东;早白垩世。

1940 Ôishi,190 页,图版 2,图 1,1a;木贼类茎干;朝鲜洛东;早白垩世洛东层。

洛东似木贼细茎变种(比较种) *Equisetites* cf. *naktongensis* Tateiwa var. *tenuicaulis* Tateiwa

1975 徐福祥,103 页,图版 3,图 6,6a,7,7a;木贼类茎干和节隔膜;甘肃天水后老庙干柴沟;早—中侏罗世炭和里组。

△拟三角齿似木贼 *Equisetites paradeltodon* Chen G X, 1984

1984 陈公信,568 页,图版 224,图 1—3;茎干;登记号:EP16;标本保存在湖北省地质局;湖北荆门分水岭;晚三叠世九里岗组。

△彭县似木贼 *Equisetites pengxianensis* Wu, 1999(中文发表)

1999b 吴舜卿,13 页,图版 2,图 1,2;茎干;采集号:磁 Jh4-17;登记号:PB10543,PB10544;正模:PB10543(图版 2,图 1);标本保存在中国科学院南京地质古生物研究所;四川彭县磁峰场;晚三叠世须家河组。

△扁平似木贼 *Equisetites planus* Sze, 1933

1933d 斯行健,50 页,图版 8,图 10;图版 11,图 8;茎干;福建长汀马兰岭;早侏罗世。

1963 斯行健、李星学等,21 页,图版 4,图 1,2;茎干;福建长汀马兰岭;晚三叠世晚期—早侏罗世。

宽齿似木贼 *Equisetites platyodon* Brongniart, 1828

1828 Brongniart,140 页。

1982b 吴向午,77 页,图版 1,图 5A,5a,6;茎干;西藏察雅巴贡一带;晚三叠世巴贡组上段。

1990 吴向午、何元良,292 页,图版 1,图 5;茎干;青海杂多格玛;晚三叠世结扎群 A 组。

伸长似木贼 *Equisetites praelongus* Halle, 1908

1908 Halle,16 页,图版 3,图 1—10,16;瑞典;晚三叠世。

1992 孙革、赵衍华,522 页,图版 214,图 8,12,13;图版 227,图 8;茎干及关节盘;吉林汪清天桥岭;晚三叠世马鹿沟组。

1993 米家榕等,78 页,图版 1,图 7,12;茎干;吉林汪清天桥岭;晚三叠世马鹿沟组。

1993 孙革,56 页,图版 1,图 1—10;插图 13,14;茎干和关节盘;吉林汪清天桥岭;晚三叠世马鹿沟组。

△琼海似木贼 *Equisetites qionghaiensis* Meng, 1992

1992b 孟繁松,176 页,图版 2,图 2,3a;茎干;采集号:XHP-1;登记号:HP86002,HP86003;合模 1:HP86002(图版 2,图 2);合模 2:HP86003(图版 2,图 3);标本保存在宜昌地质矿

产研究所；海南琼海九曲江新华村；早三叠世岭文组。［注：依据《国际植物命名法规》（《维也纳法规》）第 37.2 条，1958 年起，模式标本只能是 1 块标本］

1995a 李星学（主编），图版 62，图 8，9；茎干；海南琼海九曲江新华村；早三叠世岭文组。（中文）

1995b 李星学（主编），图版 62，图 8，9；茎干；海南琼海九曲江新华村；早三叠世岭文组。（英文）

多枝似木贼 *Equisetites ramosus* Samylina，1964

1964 Samylina，47 页，图版 1，图 1－5；茎干；科雷马河流域；早白垩世。

1993 李杰儒等，235 页，图版 1，图 5，8，9，10；茎干；辽宁丹东集贤；早白垩世小岭组。

1995b 邓胜徽，13 页，图版 2，图 7，7a；插图 3－3D；茎干；内蒙古霍林河盆地；早白垩世霍林河组。

罗格西似木贼 *Equisetites rogersii* (Bunbary) Schimper，1869

1856 *Calamites rogersii* Bunbary，190 页。

1869 Schimper，276 页。

1982b 吴向午，77 页，图版 2，图 1，2a；图版 19，图 1，2；插图 2；叶鞘；西藏昌都杂多区八一公社扎瓦龙；晚三叠世巴贡组上段。

1990 吴向午、何元良，293 页，图版 1，图 6；图版 2，图 2，3；茎干；青海杂多格玛、玉树上拉秀日切；晚三叠世结扎群 A 组。

皱纹似木贼 *Equisetites rugosus* Samylina，1963

1963 Samylina，69 页，图版 34，图 6－8；茎干；阿尔丹河盆地；早白垩世。

1984 王自强，231 页，图版 147，图 7；茎干；河北平泉；晚侏罗世张家口组。

沙兰似木贼 *Equisetites sarrani* (Zeiller) Harris，1926

1902－1903 *Equisetum sarrani* Zeiller，144 页，图版 39，图 1－13a；茎干；越南鸿基；晚三叠世。

1926 *Equisetites* sp. B［Cf. *sarrani*（Zeiller）Harris］，Harris，54 页，图版 2，图 2，3；叶鞘碎片；东格陵兰斯科斯比湾（Scoresby Sound）；晚三叠世（Rhaetic）。

1933c 斯行健，20 页，图版 3，图 10；茎干；四川宜宾；晚三叠世晚期—早侏罗世。

1956a 斯行健，7，117 页，图版 2，图 5；图版 4，图 4，5，5a；茎干、关节盘和孢子囊穗；陕西延长七里村、绥德义合；晚三叠世延长层上部。

1963 周惠琴，169 页，图版 71，图 4；节隔膜；广东梅县；晚三叠世。

1963 斯行健、李星学等，21 页，图版 3，图 6，6a；图版 4，图 3－7；图版 6，图 6；茎干、关节盘和孢子囊穗；四川，湖北；早—中侏罗世香溪群；陕西；晚三叠世延长群。

1968 《湘赣地区中生代含煤地层化石手册》，35 页，图版 1，图 1，1a，2；茎干和孢子囊穗；湘赣地区；晚三叠世—早侏罗世。

1974 李佩娟等，355 页，图版 186，图 4，5；茎干；云南祥云蚂蝗阱；晚三叠世祥云组。

1976 李佩娟等，91 页，图版 1，图 5，6a；图版 2，图 9（?）；茎干；云南祥云蚂蝗阱；晚三叠世祥云组白土田段。

1977 冯少南等，201 页，图版 70，图 3，4；茎干；湖北秭归；早—中侏罗世香溪群上煤组；广东曲江天门坳；晚三叠世小坪组。

1978 张吉惠，464 页，图版 151，图 3，5；茎干；贵州贵阳圣泉水；晚三叠世。

1982a 吴向午，48 页，图版 1，图 5，5b；图版 4，图 2（?）；茎干；西藏安多土门、巴青村穷堂；晚三叠世土门格拉组。

1982 杨贤河,466页,图版2,图6;图版14,图1;茎干;四川威远葫芦口;晚三叠世须家河组。

1984 陈公信,568页,图版222,图12,13;茎干;湖北荆门海慧沟、鄂城程潮;晚三叠世九里岗组、鸡公山组。

1984 周志炎,4页,图版1,图1,2,3(?);茎干和叶鞘;湖南祁阳河埠塘;早侏罗世观音滩组排家冲段;湖南兰山圆竹;早侏罗世观音滩组搭坝口段;广西钟山西湾;早侏罗世西湾组大岭段。

1986 叶美娜等,16页,图版2,图1B,3,3a,9(?);图版4,图1,2a;茎干;四川开县温泉;晚三叠世须家河组3段和7段。

1993 米家榕等,79页,图版1,图8,9a,13,14,16,17;图版2,图1,1a;图版3,图5;茎干和节隔膜;吉林汪清天桥岭;晚三叠世马鹿沟组。

1999b 吴舜卿,14页,图版1,图3,4a,6,6a;茎干;四川合川沥濞峡、峨眉荷叶湾;晚三叠世须家河组。

2000 孙春林等,图版1,图1—4;茎干;吉林白山红立;晚三叠世小营子组。

沙兰似木贼(比较种) *Equisetites* cf. *sarrani* (Zeiller) Harris

1936 潘钟祥,11页,图版3,图4—9;茎干;陕西延川永平;早侏罗世瓦窑堡煤系底部。[注:此标本后改定为 *Equisetites sarrani* (Zeiller) Harris(斯行健、李星学等,1963)]

1949 斯行健,3页,图版15,图1—3;茎干;湖北秭归香溪,当阳贾家店、崔家沟;早侏罗世香溪煤系。[注:此标本后改定为 *Equisetites sarrani* (Zeiller) Harris(斯行健、李星学等,1963)]

1952 斯行健、李星学,2,20页,图版1,图1—5;茎干;四川威远矮山子、巴县一品场;早侏罗世。[注:此标本后改定为 *Equisetites sarrani* (Zeiller) Harris(斯行健、李星学等,1963)]

1954 徐仁,43页,图版38,图1—3;茎干;陕西延川永平;晚三叠世。[注:此标本后改定为 *Equisetites sarrani* (Zeiller) Harris(斯行健、李星学等,1963)]

1984 王自强,231页,图版111,图8,10;茎;山西兴县;中—晚三叠世延长群。

沙兰似木贼(比较属种) *Equisetites* cf. *E. sarrani* (Zeiller) Harris

1993 王士俊,5页,图版1,图5,10;茎枝;广东乐昌安口、关春;晚三叠世艮口群。

斯堪尼似木贼 *Equisetites scanicus* (Sternberg) Halle,1908

1825 *Bajera scanica* Sternberg,41,XXVIII页,图版47,图2。

1908 Halle,22页,图版6;图版7,图1,22;茎干、叶鞘和节隔膜;瑞典斯堪尼亚;早侏罗世。

1984 周志炎,5页,图版1,图4—7;茎干和叶鞘;湖南祁阳河埠塘;早侏罗世观音滩组搭坝口段。

1986 叶美娜等,16页,图版1,图6;图版2,图7,7a;图版3,图1;茎干;四川达县铁山金窝、宣汉大路沟煤矿、开县温泉;晚三叠世须家河组。

1995a 李星学(主编),图版82,图1;叶鞘和节部髓模;湖南祁阳河埠塘;早侏罗世观音滩组搭坝口段。(中文)

1995b 李星学(主编),图版82,图1;叶鞘和节部髓模;湖南祁阳河埠塘;早侏罗世观音滩组搭坝口段。(英文)

1998 张泓等,图版7,图4;茎干;新疆奇台北山;早侏罗世八道湾组。

斯堪尼似木贼(比较属种) *Equisetites* cf. *E. scanicus* (Sternberg) Halle

1993 米家榕等,79 页,图版 2,图 2,2a,3;节隔膜;河北承德武家厂、上谷;晚三叠世杏石口组。

△山东似木贼 *Equisetites shandongensis* (Liu) ex Li et al. ,1995

1990 *Equisetum shandongense* Liu,刘明渭,200 页,图版 31,图 1－3;茎干;山东莱阳黄崖底;早白垩世莱阳组 3 段。

1995a 李星学(主编),图版 111,图 1,2;茎干;山东莱阳;早白垩世莱阳组。(中文)

1995b 李星学(主编),图版 111,图 1,2;茎干;山东莱阳;早白垩世莱阳组。(英文)

△神木似木贼 *Equisetites shenmuensis* He,1987

1987a 何德长,见钱丽君等,78 页,图版 15,图 2,4,6b;茎干;登记号:Sh10070;标本保存在煤炭科学研究院地质勘探分院;陕西神木考考乌素沟;中侏罗世延安组 3 段 68 层。(注:原文未指定模式标本)

△四川似木贼 *Equisetites sichuanensis* Wu,1999(中文发表)

1999b 吴舜卿,14 页,图版 2,图 3－4a;茎干;采集号:福 f43-16;登记号:PB10545,PB10546;正模:PB10546(图版 2,图 4);标本保存在中国科学院南京地质古生物研究所;四川会理福安村;晚三叠世白果湾组。

△双阳似木贼 *Equisetites shuangyangensis* Sun,Zhao et Li,1983

1983 孙革、赵衍华、李春田,449,458 页,图版 1,图 1,2;插图 2;茎干和节隔膜;采集号:DK2-4-23(1);登记号:JD81001;正模:JD81001(图版 1,图 1,2);标本保存在吉林省地质局区域地质调查大队;吉林双阳大酱缸;晚三叠世大酱缸组。

1992 孙革、赵衍华,522 页,图版 214,图 6,7,9;图版 217,图 3,4;茎干和关节盘;吉林双阳大酱缸;晚三叠世大酱缸组;吉林双阳腾家街;早侏罗世板石顶子组。

△坚齿似木贼 *Equisetites stenodon* Sze,1956

1956a 斯行健,8,118 页,图版 2(?),图 4;图版 6,图 1,1a,2;叶鞘和茎干;登记号:PB2244,PB2245,PB2254;标本保存在中国科学院南京地质古生物研究所;陕西耀县房儿上;晚三叠世延长层。

1963 斯行健、李星学等,23 页,图版 3,图 7;图版 4,图 8;叶鞘和茎干;陕西耀县房儿上;晚三叠世延长群。

1980 黄枝高、周惠琴,66 页,图版 12,图 4,5;茎干;陕西铜川金锁关、佳县;中三叠世晚期铜川组。

1982 刘子进,116 页,图版 56,图 4;茎干;陕西铜川金锁关、佳县城关;晚三叠世延长群下部铜川组。

1984 王自强,230 页,图版 111,图 9;图版 112,图 1;图版 113,图 5－7;茎;山西吉县、洪洞;中一晚三叠世延长群。

1986 周统顺、周惠琴,64 页,图版 17,图 8;图版 20,图 4;茎干;新疆吉木萨尔大龙口;中三叠世克拉玛依组。

坚齿似木贼(比较种) *Equisetites* cf. *stenodon* Sze

1979 何元良等,133 页,图版 57,图 1;茎干;青海大通二马沟;晚三叠世默勒群。

2000 吴舜卿等,图版 1,图 1,1a;茎干;新疆库车克拉苏河;晚三叠世"克拉玛依组"上部。

2002 张振来等,图版 14,图 7;茎干;湖北巴东东浪口红旗煤矿;晚三叠世沙镇溪组。

宽脊似木贼 *Equisetites takahashii* Kon'no,1962

1962 Kon'no,44 页,图版 17,图 10－13;插图 5F－5L;带节茎干;日本石桥(Ishibashi Village,about 500m east of Akaiwa);晚三叠世(upper horizon of Hiramatsu Formation)。

宽脊似木贼(比较种) *Equisetites* cf. *takahashii* Kon'no

1976 李佩娟等,91 页,图版 2,图 1－3;茎干;云南禄丰一平浪;晚三叠世一平浪组干海子段。

1982 李佩娟、吴向午,37 页,图版 3,图 1;茎干;四川稻城贡岭区木拉乡坎都村;晚三叠世喇嘛垭组。

△铜川似木贼 *Equisetites tongchuanensis* Huang et Chow,1980

1980 黄枝高、周惠琴,66 页,图版 12,图 1;茎干;登记号:OP36;陕西铜川金锁关;中三叠世晚期铜川组下段。

1982 刘子进,117 页,图版 56,图 5;茎干;陕西铜川金锁关;晚三叠世延长群下部铜川组。

1995a 李星学(主编),图版 67,图 9;茎干;陕西铜川金锁关;中三叠世晚期铜川组下部。(中文)

1995b 李星学(主编),图版 67,图 9;茎干;陕西铜川金锁关;中三叠世晚期铜川组下部。(英文)

维基尼亚似木贼 *Equisetites virginicus* Fontaine ex Wang,1982

1889 *Equisetum virginicus* Fontaine,63 页,图版 1,图 1－6,8;图版 2,图 1－3,6,7,9;美国弗吉尼亚(Virginia);晚三叠世。

1982 王国平等,238 页。

维基尼亚似木贼(比较种) *Equisetites* cf. *virginicus* Fontaine ex Wang

1982 王国平等,238 页,图版 129,图 10,11;茎干;山东莱阳马尔山;晚侏罗世莱阳组。

△威远似木贼 *Equisetites weiyuanensis* Yang,1982

1982 杨贤河,465 页,图版 2,图 1－3;茎干;登记号:Sp177－Sp179;合模 1－3:Sp177－Sp179(图版 2,图 1－3);标本保存在成都地质矿产研究所;四川威远葫芦口;晚三叠世须家河组。[注:依据《国际植物命名法规》(《维也纳法规》)第 37.2 条,1958 年起,模式标本只能是 1 块标本]

△义马似木贼 *Equisetites yimaensis* Xi,1977

1977 席运宏,见冯少南等,202 页,图版 70,图 1;茎干;标本号:P0065;正模:P0065(图版 70,图 1);标本保存在河南省地质局;河南渑池义马;早—中侏罗世。

1984 王自强,231 页,图版 132,图 4,5;茎;山西大同、怀仁;中侏罗世大同组。

1987 杨贤河,4 页,图版 1,图 2;茎干;四川荣县度佳;中侏罗世下沙溪庙组。

1996 常江林、高强,图版 1,图 3;茎干;山西宁武刘家沟;中侏罗世大同组。

△羊草沟似木贼 *Equisetites yangcaogouensis* Mi,Zhang,Sun et al.,1993

1993 米家榕、张川波、孙春林等,79 页,图版 2,图 5,6,11;插图 17;茎干;登记号:Y101－

Y103；正模：Y102(图版 2，图 6)；副模：Y103(图版 2，图 11)；标本保存在长春地质学院地史古生物教研室；辽宁北票羊草沟；晚三叠世羊草沟组。

似木贼(未定多种) *Equisetites* spp.

1928 *Equisetites* sp. (Cf. *Neocalamites carrerei* Zeiller)，Yabe，Ôishi，4 页，图版 1，图 1；茎干；山东潍县坊子煤田；侏罗纪。

1931 *Equisetites* sp.，斯行健，8 页；茎干和节隔膜；江西萍乡；早侏罗世(Lias)。

1931 *Equisetites* sp.，斯行健，55 页；茎干；辽宁朝阳北票；早侏罗世(Lias)。

1931 *Equisetites* sp.，斯行健，64 页；茎干；内蒙古萨拉齐羊圪埮(Yan-Kan-Tan)；早侏罗世(Lias)。

1933 *Equisetites* sp.，Yabe，Ôishi，202(8)页，图版 30(1)，图 1－3；茎干、叶鞘和关节盘；辽宁本溪平台子；早—中侏罗世。

1933a *Equisetites* sp. [Cf. *lateralis* (Philips) Morris]，斯行健，69 页，图版 9，图 7；茎干；甘肃武威小石门沟口、下大窪；早侏罗世。[注：此标本后改定为 *Equisetites* cf. *lateralis* (Philips) Morris(斯行健、李星学等，1963)]

1933a *Equisetites* sp.，斯行健，69 页；茎干；甘肃武威小口子、南达板；早侏罗世。[注：此标本后改定为 *Equisetites* cf. *lateralis* (Philips) Morris(斯行健、李星学等，1963)]

1933c *Equisetites* sp.，斯行健，7 页；茎干；陕西汧县苏草湾；早侏罗世。

1933d *Equisetites* sp. (? n. sp)，斯行健，38 页，图版 11，图 5，6；茎干；山东潍县坊子；早侏罗世。

1938a *Equisetites* sp.，斯行健，217 页，图版 1，图 4，5；叶鞘；广西西湾；早侏罗世。

1949 *Equisetites* sp.，斯行健，3 页，图版 3，图 4，5；节隔膜；湖北当阳贾家店；早侏罗世香溪煤系。

1951a *Equisetites* sp. nov.，斯行健，81 页，图版 1，图 6；茎干；辽宁本溪工源；早白垩世。

1956a *Equisetites* sp. (strobili of *Equisetites*)，斯行健，10，119 页，图版 5，图 4；图版 7，图 5－7a；孢子囊穗；陕西延长七里村；晚三叠世延长层上部；山西兴县李家凹；晚三叠世延长层下部。

1956 *Equisetites* sp. (Cf. *E. sarrani* Zeiller)，周志炎、张善桢，55，60 页，图版 1，图 3；关节盘；内蒙古阿拉善旗扎哈道蓝巴格；晚三叠世延长层。[注：此标本后改定为 *Equisetites sarrani* (Zeiller) Harris(斯行健、李星学等，1963)]

1963 *Equisetites* sp. 1，斯行健、李星学等，23 页，图版 4，图 9，10；茎干；山东潍县坊子；早—中侏罗世。

1963 *Equisetites* sp. 2，斯行健、李星学等，23 页，图版 4，图 11，12；茎干、叶鞘和关节盘；辽宁本溪田师傅、大堡、平台子；早—中侏罗世。

1963 *Equisetites* sp. 3，斯行健、李星学等，24 页，图版 4，图 13；节隔膜；湖北当阳贾家店；早侏罗世。

1963 *Equisetites* sp. 4 (? sp. nov.)，斯行健、李星学等，24 页，图版 1，图 6；茎干；辽宁本溪太子河南岸小东沟；早白垩世大明山群。

1963 *Equisetites* sp. 5 (strobili of *Equisetites*)，斯行健、李星学等，24 页，图版 5，图 1－3；孢子囊穗；陕西延长七里村；晚三叠世延长层上部；山西兴县李家凹；晚三叠世延长层下部。

1963 *Equisetites* sp. 6，斯行健、李星学等，25 页；茎干；内蒙古萨拉齐羊圪埮(亦名杨圪环)；早—中侏罗世。

1963 *Equisetites* sp. 7,斯行健、李星学等,25 页;茎干和节隔膜;江西萍乡;晚三叠世—早侏罗世。

1963 *Equisetites* sp. 8,斯行健、李星学等,25 页;茎干;辽宁朝阳北票;早—中侏罗世。

1963 *Equisetites* sp. 9,斯行健、李星学等,25 页;甘肃武威小口子;早—中侏罗世。

1963 *Equisetites* sp. 13,斯行健、李星学等,26 页,图版 46,图 4,5;叶鞘;广西西湾;早侏罗世。

1964 *Equisetites* sp.,李佩娟,108 页,图版 9,图 1b;茎干;四川广元荣山;晚三叠世须家河组。

1965 *Equisetites* sp.,曹正尧,513 页,图版 1,图 4;关节盘;广东高明松柏坑;晚三叠世小坪组。

1966 *Equisetites* sp.,吴舜卿,234 页,图版 1,图 1,1a;关节盘;贵州安龙龙头山;晚三叠世。

1968 *Equisetites* sp. 1,《湘赣地区中生代含煤地层化石手册》,35 页,图版 1,图 3,4;生殖器官碎片;湖南浏阳澄潭江;晚三叠世安源组紫家冲段。

1968 *Equisetites* spp.,《湘赣地区中生代含煤地层化石手册》,35 页,图版 34,图 1;图版 37,图 5,5a;木贼类叶鞘;江西横峰铺前;早侏罗世西山坞组。

1975 *Equisetites* sp.,郭双兴,412 页,图版 2,图 4;茎干;西藏珠穆朗玛峰地区(萨迦嘎龙村北山);晚白垩世日喀则群。

1975 *Equisetites* sp.,徐福祥,104 页,图版 4,图 1;木贼类茎干;甘肃天水后老庙干柴沟;早—中侏罗世炭和里组。

1976 *Equisetites* sp. 1 (Cf. *E. platyodon* Brongniart),李佩娟等,92 页,图版 3,图 5;图版 46,图 5;茎干;云南禄丰一平浪;晚三叠世一平浪组干海子段;云南剑川洞村;晚三叠世白基阻组。

1976 *Equisetites* sp. 2,李佩娟等,92 页,图版 2,图 4,8,8a;茎干;云南祥云蚂蝗阱;晚三叠世祥云组白土田段。

1976 *Equisetites* sp. 3,李佩娟等,92 页,图版 1,图 7,8;茎干;云南景洪;中侏罗世。

1977 *Equisetites* sp. (Cf. *Equisetites brevidentatus* Sze),长春地质学院勘探系等,图版 1,图 2;茎干;吉林浑江石人;晚三叠世小河口组。

1977 *Equisetites* sp.,长春地质学院勘探系等,图版 1,图 10;茎干;吉林浑江石人;晚三叠世小河口组。

1978 *Equisetites* sp.,王立新等,图版 4,图 12;茎干;山西榆社红崖头;早三叠世。

1978 *Equisetites* sp. (strobili of *Equisetites*),张吉惠,464 页,图版 151,图 1;孢子囊穗;贵州毕节王丰;晚三叠世。

1979 *Equisetites* sp.,何元良等,133 页,图版 56,图 6;茎干;青海杂多岗那弄巴;晚三叠世结扎群上部。

1979 *Equisetites* sp.,周志炎、厉宝贤,445 页,图版 1,图 1;茎干;海南琼海九曲江上车村;早三叠世岭文群(九曲江组)。

1980 *Equisetites* sp.,陈芬等,426 页,图版 1,图 1;茎干;北京西山大台、千军台;早侏罗世下窑坡组。

1980 *Equisetites* sp.,何德长、沈襄鹏,6 页,图版 15,图 5;叶鞘;湖南资兴三都同日垅沟;早侏罗世造上组。

1980 *Equisetites* sp. 1,黄枝高、周惠琴,67 页,图版 13,图 3;茎干;陕西吴堡王家山;中三叠世晚期铜川组下段。

1980 *Equisetites* sp. 2,黄枝高、周惠琴,67 页,图版 12,图 2,3;茎干;陕西铜川金锁关、韩城红花店；中三叠世晚期铜川组下段。

1980 *Equisetites* sp. 3，黄枝高、周惠琴，67 页，图版 1，图 9；节隔膜；陕西吴堡张家墕；中三叠世晚期铜川组下段。

1980 *Equisetites* sp.，吴舜卿等，85 页，图版 6，图 4－6；叶鞘；湖北秭归香溪；早—中侏罗世香溪组。

1982a *Equisetites* sp. 1，吴向午，49 页，图版 1，图 6；茎干；西藏巴青村穷堂；晚三叠世土门格拉组。

1982b *Equisetites* sp. 1，吴向午，78 页，图版 2，图 4B，4b；叶鞘；西藏昌都杂多区八一公社扎瓦龙；晚三叠世巴贡组上段。

1982b *Equisetites* sp. 2，吴向午，78 页，图版 3，图 8－10；髓部石核；西藏丁青阿弄；中侏罗世雁石坪群。

1982 *Equisetites* sp.，李佩娟，79 页，图版 1，图 4；茎干；西藏拉萨澎波牛马沟；早白垩世林布宗组。

1982 *Equisetites* sp. 1，李佩娟、吴向午，37 页，图版 2，图 4；茎干；四川乡城三区上热坞村；晚三叠世喇嘛垭组。

1982 *Equisetites* sp. 2，李佩娟、吴向午，37 页，图版 17，图 2；图版 21，图 1B，16；茎干；四川乡城三区上热坞村；晚三叠世喇嘛垭组。

1983b *Equisetites* sp. 1，曹正尧，28 页，图版 1，图 1；茎干；黑龙江密山青年水库；晚侏罗世云山组。

1983b *Equisetites* sp. 2，曹正尧，29 页，图版 7，图 1A；茎干；黑龙江密山平安村北山；晚侏罗世云山组。

1983b *Equisetites* sp. 3，曹正尧，28 页，图版 1，图 2；图版 3，图 1，2；图版 7，图 9；关节盘；黑龙江密山青年水库；晚侏罗世云山组。

1983 *Equisetites* sp.，黄其胜，图版 2，图 11；茎干；安徽怀宁拉犁尖；早侏罗世象山群下部。

1984 *Equisetites* sp. 1，陈芬等，34 页，图版 4，图 3；茎干；北京西山大台；早侏罗世下窑坡组。

1984 *Equisetites* sp.，陈公信，569 页，图版 222，图 7；节隔膜；湖北鄂城碧石渡；晚三叠世九里岗组、鸡公山组。

1984 *Equisetites* sp.，康明等，图版 1，图 9；茎干；河南济源杨树庄；中侏罗世杨树庄组。

1984 *Equisetites* sp.，柳淮之，图版(?)，图 3；茎干；云南德钦白芒雪山；晚三叠世白芒雪山组上段。

1984 *Equisetites* sp.，周志炎，5 页，图版 1，图 8，8a；茎干；湖南零陵黄阳司王家亭子；早侏罗世观音滩组中下(?)部。

1985 *Equisetites* sp.，曹正尧，277 页，图版 2，图 2，2a；茎干；安徽含山彭庄；晚侏罗世(?)含山组。

1985 *Equisetites* sp.，黄其胜，图版 1，图 3；茎干；湖北大冶金山店；早侏罗世武昌组下部。

1985 *Equisetites* sp.，商平，图版 1，图 11，12；图版 2，图 5；茎干；辽宁阜新煤田；早白垩世海州组孙家湾段。

1985 *Equisetites* sp.，杨学林、孙礼文，图版 3，图 5；茎干；大兴安岭南部红旗煤矿；早侏罗世红旗组。

1986 *Equisetites* sp.，鞠魁祥、蓝善先，图版 2，图 5；茎干；江苏南京吕家山；晚三叠世范家塘组。

1986 *Equisetites* sp. 1，叶美娜等，17 页，图版 2，图 5；茎干；四川达县铁山金窝；晚三叠世须家河组 3 段。

1986 *Equisetites* sp. 2,叶美娜等,17 页,图版 2,图 2,2a;茎干;四川开县温泉;晚三叠世须家河组 7 段。

1986 *Equisetites* spp. ,叶美娜等,17 页,图版 2,图 8;图版 3,图 6,6a;图版 4,图 3;关节盘;四川开县温泉;早侏罗世珍珠冲组,中侏罗世新田沟组 2 段。

1987 *Equisetites* sp. ,何德长,70 页,图版 2,图 8;节隔膜;浙江遂昌枫坪;早侏罗世早期花桥组 6 层。

1988 *Equisetites* sp. ,陈芬等,32 页,图版 1,图 1,1a;茎干;辽宁阜新;早白垩世阜新组水泉段。

1988b *Equisetites* sp. 1 (sp. nov.),黄其胜、卢宗盛,图版 10,图 2;茎干;湖北大冶金山店;早侏罗世武昌组上部。

1988 *Equisetites* sp. ,李杰儒,图版 1,图 12,18,19;茎干;辽宁苏子河盆地;早白垩世。

1988 *Equisetites* sp. 1,李杰儒,图版 1,图 11,14,17;茎干;辽宁苏子河盆地;早白垩世。

1988 *Equisetites* sp. 2,李杰儒,图版 1,图 13,16;茎干;辽宁苏子河盆地;早白垩世。

1988 *Equisetites* sp. 1,李佩娟等,41 页,图版 2,图 7;茎干;青海大柴旦大煤沟;中侏罗世饮马沟组 *Eboracia* 层。

1988 *Equisetites* sp. 2,李佩娟等,41 页,图版 3,图 6,6a;关节盘;青海大柴旦大煤沟;早侏罗世火烧山组 *Cladophlebis* 层。

1988 *Equisetites* sp. 3,李佩娟等,41 页,图版 5,图 5;茎干;青海德令哈柏树山;中侏罗世石门沟组 *Nilssonia* 层。

1988 *Equisetites* sp. 4,李佩娟等,41 页,图版 2,图 4,4a;茎干;青海大柴旦大煤沟;中侏罗世饮马沟组 *Eboracia* 层。

1988 *Equisetites* sp. 5,李佩娟等,42 页,图版 3,图 1,1a;茎干;青海大柴旦大煤沟;中侏罗世石门沟组 *Nilssonia* 层。

1988 *Equisetites* sp. 6,李佩娟等,42 页,图版 4,图 2;关节盘;青海大柴旦大煤沟;早侏罗世火烧山组 *Cladophlebis* 层。

1988 *Equisetites* spp. ,李佩娟等,42 页,图版 3,图 5,5a;图版 11,图 2;茎干和关节盘;青海大柴旦大煤沟;中侏罗世饮马沟组 *Eboracia* 层、大煤沟组 *Tyrmia-Sphenobaiera* 层。

1988 *Equisetites* spp. ,刘子进,94 页,图版 1,图 6－8;茎干;甘肃华亭神峪牛坡寺沟、武村堡王家沟;早白垩世志丹群环河-华池组上段;甘肃陇县新集川张家台子;早白垩世志丹群泾川组下部。

1988 *Equisetites* sp. ,孙革、商平,图版 1,图 7b;茎干;内蒙古霍林河煤田;早白垩世霍林河组。

1988 *Equisetites* sp. ,张汉荣等,图版 1,图 2;茎干印痕;河北蔚县白草窑;中侏罗世乔儿涧组。

1989 *Equisetites* sp. ,周志炎,135 页,图版 1,图 4,8,9,12;插图 1;茎干;湖南衡阳杉桥;晚三叠世杨柏冲组。

1990a *Equisetites* sp. ,王自强、王立新,118 页;茎干;山西榆社红崖头;早三叠世和尚沟组下段。

1990 *Equisetites* sp. 1,吴向午、何元良,293 页,图版 2,图 7;茎干;青海玉树上拉秀;晚三叠世结扎群 A 组。

1991 *Equisetites* sp. ,李洁等,53 页,图版 1,图 1;茎干;新疆昆仑山野马滩北;晚三叠世卧龙岗组。

1992b *Equisetites* sp.,孟繁松,176 页,图版 2,图 5,5a;茎干;海南琼海九曲江新华村;早三叠世岭文组。

1992a *Equisetites* sp.,曹正尧,212 页,图版 1,图 1,2;茎干;黑龙江东部绥滨-双鸭山地区;早白垩世城子河组 3 段。

1993 *Equisetites* sp.,李杰儒等,235 页,图版 1,图 9,12,13;茎干;辽宁丹东集贤;早白垩世小岭组。

1993 *Equisetites* sp.,米家榕等,80 页,图版 2,图 4;节隔膜;吉林浑江石人北山;晚三叠世北山组(小河口组)。

1993 *Equisetites* spp.,米家榕等,80 页,图版 2,图 9,10;茎干;黑龙江东宁罗圈站;晚三叠世罗圈站组;辽宁凌源老虎沟;晚三叠世老虎沟组;北京西山门头沟;晚三叠世杏石口组。

1993 *Equisetites* sp.[Cf. *E. gracilis* (Nathorst) Halle],孙革,58 页,图版 1,图 11,12(?);插图 15;叶鞘;吉林汪清鹿圈子村;晚三叠世三仙岭组、马鹿沟(?)组。

1994 *Equisetites* sp. 1,曹正尧,图 3a;茎干;浙江临海;早白垩世早期馆头组。

1994 *Equisetites* sp. 2,曹正尧,图 4a;茎干;黑龙江双鸭山;早白垩世早期城子河组。

1995b *Equisetites* sp.,邓胜徽,14 页,图版 2,图 5,6;茎干;内蒙古霍林河盆地;早白垩世霍林河组。

1995a *Equisetites* sp.,李星学(主编),图版 62,图 13;茎干;海南琼海九曲江新华村;早三叠世岭文组。(中文)

1995b *Equisetites* sp.,李星学(主编),图版 62,图 13;茎干;海南琼海九曲江新华村;早三叠世岭文组。(英文)

1995 *Equisetites* sp.,孟繁松等,图版 4,图 11,12;叶鞘;湖南桑植芙蓉桥、洪家关;中三叠世巴东组 2 段。

1996 *Equisetites* sp.,米家榕等,81 页,图版 2,图 11;茎干;辽宁北票左甲;早侏罗世北票组上段。

1997 *Equisetites* sp.,金若时,图 2;茎干;黑龙江呼玛鸥浦盆地;晚侏罗世—早白垩世九峰山组。

1997 *Equisetites* sp.,孟繁松、陈大友,图版 1,图 11,12;茎干;四川云阳南溪;中侏罗世自流井组东岳庙段。

1998 *Equisetites* sp.(sp. nov.),廖卓庭、吴国干(主编),图版 12,图 11,12;茎干和关节盘;新疆巴里坤三塘湖煤矿;中侏罗世西山窑组。

1999 *Equisetites* sp. 1,曹正尧,40 页,图版 1,图 3;茎干;浙江临海小岭;早白垩世馆头组。

1999 *Equisetites* sp. 2,曹正尧,41 页,图版 1,图 1,2;茎干;浙江诸暨古里桥;早白垩世寿昌组。

1999a *Equisetites* sp. 1,吴舜卿,11 页,图版 3,图 1A;茎干;辽宁北票上园黄半吉沟;晚侏罗世义县组下部尖山沟层。[注:此标本后改定为 *Equisetites exiliformis* Sun et Zheng(孙革等,2001)]

1999a *Equisetites* sp. 2,吴舜卿,11 页,图版 3,图 9,9a;叶鞘;辽宁北票上园黄半吉沟;晚侏罗世义县组下部尖山沟层。

1999a *Equisetites* sp. 3,吴舜卿,11 页,图版 2,图 3,4;图版 3,图 1A;图版 18,图 8B;根茎;辽宁北票上园黄半吉沟;晚侏罗世义县组下部尖山沟层。

1999b *Equisetites* sp. 1,吴舜卿,14 页,图版 2,图 6;茎干;四川万源石冠寺;晚三叠世须家河组。

1999b *Equisetites* sp. 2,吴舜卿,15 页,图版 1,图 7;茎干;四川威远新场黄石板;晚三叠世须家河组。

1999b *Equisetites* sp. 3,吴舜卿,15 页,图版 2,图 5;茎干;四川万源石冠寺;晚三叠世须家河组。

2000 *Equisetites* sp.,孟繁松等,50 页,图版 14,图 9,10;叶鞘;湖南桑植芙蓉桥,重庆奉节大窝竭;中三叠世巴东组 2 段。

2000 *Equisetites* sp.(Cf. *E. intermedius* Erdtman),孙春林等,图版 1,图 7;茎干;吉林白山红立;晚三叠世小营子组。

2002 *Equisetites* sp.,吴向午等,149 页,图版 1,图 4B;图版 2,图 3A,3a,4;茎干;内蒙古阿拉善右旗梧桐树沟;中侏罗世宁远堡组下段。

似木贼?(未定多种) *Equisetites*? spp.

1952 *Equisetites*? sp.,斯行健,184 页,图版 1,图 1;茎干;内蒙古呼伦贝尔盟扎赉诺尔煤田;侏罗纪。

1956a *Equisetites*? sp.(Cf. *E. rogersi* Schimper),斯行健,9,119 页,图版 7,图 3,4,4a;叶鞘;陕西宜君高崖底;晚三叠世延长层底部。

1963 *Equisetites*? sp. 10(Cf. *E. rogersi* Schimper),斯行健、李星学等,25 页,图版 7,图 5,5a;叶鞘;陕西宜君高崖底;晚三叠世延长群底部。

1963 *Equisetites*? sp. 11,斯行健、李星学等,25 页,图版 46,图 8;茎干;内蒙古呼伦贝尔盟扎赉诺尔;晚侏罗世扎赉诺尔群。

1963 *Equisetites*? sp. 12,斯行健、李星学等,26 页,图版 6,图 4,5;茎干;四川;早侏罗世(?)。

1976 *Equisetites*? sp. 4,李佩娟等,92 页,图版 1,图 10,10a;节隔膜;云南祥云蚂蝗阱;晚三叠世祥云组花果山段。

1985 *Equisetites*? sp.,曹正尧,277 页,图版 1,图 7A,8A;图版 2,图 1;茎干;安徽含山彭庄;晚侏罗世(?)含山组。

1996 *Equisetites*? sp.,吴舜卿、周汉忠,3 页,图版 1,图 1;茎干;新疆库车库车河剖面;中三叠世克拉玛依组下段。

似木贼(木贼穗)(未定多种) *Equisetites* (*Equisetostachys*) spp.

1982a *Equisetites* (*Equisetostachys*) sp. 2,吴向午,49 页,图版 1,图 7;孢子囊穗;西藏巴青村穷堂;晚三叠世土门格拉组。

1989 *Equisetites* (*Equisetostachys*) sp.,周志炎,136 页,图版 1,图 15b;图版 2,图 2,3;孢子囊穗;湖南衡阳杉桥;晚三叠世杨柏冲组。

似木贼(新芦木?)(未定种) *Equisetites* (*Neocalamites*?) sp.

1933 *Equisetites* (*Neocalamites*?) sp.,Yabe,Ôishi,203(9)页,图版 30(1),图 4—6;茎干;辽宁本溪平顶山、碾子沟、魏家堡子和大堡;早—中侏罗世。[注:此标本后改定为 *Neocalamites*? sp.(斯行健、李星学等,1963)]

似木贼根茎 Rhizome of *Equisetites*

1988 Rhizome of *Equisetites*,李佩娟等,48 页,图版 3,图 7;图版 4,图 3,4;图版 5,图 6;图版 8,图 3;根茎;青海大柴旦大煤沟;中侏罗世饮马沟组 *Eboracia* 层。

木贼穗属 Genus *Equisetostachys* Jongmans, 1927 (nom. nud.)

1927 Jongmans,48 页。

1986 叶美娜等,17 页。

1993a 吴向午,81 页。

模式种:*Equisetostachys* sp. ,Jongmans

分类位置:楔叶纲木贼目(Equisetales,Sphenopsida)

木贼穗(未定种) *Equisetostachys* sp. ,Jongmans, 1927 (nom. nud.)

1927 *Equisetostachys* sp. ,Jongmans,48 页。

1986 *Equisetostachys* sp. ,叶美娜等,17 页。

木贼穗(未定多种) *Equisetostachys* spp.

1979 *Equisetostachys* sp. ,何元良等,133 页,图版 56,图 7;孢子囊托;青海囊谦白龙昂;晚三叠世结扎群上部。

1980 *Equisetostachys* sp. ,何德长、沈襄鹏,6 页,图版 15,图 4;孢子囊托;湖南桂东沙田;早侏罗世造上组。

1980 *Equisetostachys* sp. ,吴水波等,图版 1,图 2;木贼类孢子囊穗;吉林汪清托盘沟地区;晚三叠世。

1984 *Equisetostachys* sp. 1,陈芬等,34 页,图版 5,图 5;木贼类孢子囊穗;北京西山大台;早侏罗世下窑坡组。

1984 *Equisetostachys* sp. ,陈公信,569 页,图版 222,图 1;木贼类孢子囊穗;湖北蒲圻苦竹桥;晚三叠世鸡公山组。

1986 *Equisetostachys* sp. ,叶美娜等,17 页,图版 3,图 2a,2c,4,4a,5,5a;木贼类孢子囊穗;四川达县铁山金窝、开县温泉;晚三叠世须家河组。

1988 *Equisetostachys* sp. (sp. nov. ?),李佩娟等,42 页,图版 3,图 4;图版 93,图 5A;孢子囊穗;青海大柴旦大煤沟;早侏罗世甜水沟组 *Ephedrites* 层。

1992 *Equisetostachys* sp. 1,孙革、赵衍华,522 页,图版 214,图 1,2;图版 215,图 6;木贼类孢子囊穗;吉林汪清马鹿沟;晚三叠世三仙岭组。

1992 *Equisetostachys* sp. 2,孙革、赵衍华,522 页,图版 214,图 4;图版 215,图 8;木贼类孢子囊穗;吉林汪清天桥岭;晚三叠世马鹿沟组。

1993 *Equisetostachys* sp. ,米家榕等,80 页,图版 2,图 7;木贼类孢子囊穗;河北承德上谷;晚三叠世杏石口组。

1993 *Equisetostachys* sp. 1,孙革,59 页,图版 2,图 1-7;插图 16;木贼类孢子囊穗;吉林汪清马鹿沟;晚三叠世三仙岭组。

1993 *Equisetostachys* sp. 2,孙革,60 页,图版 1,图 13-17;插图 16;木贼类孢子囊穗;吉林汪清天桥岭;晚三叠世马鹿沟组。

1993a *Equisetostachys* sp. ,吴向午,81 页。

1995 *Equisetostachys* sp. ,吴舜卿,471 页,图版 1,图 9;木贼类孢子囊穗;新疆库车库车河剖面;早侏罗世塔里奇克组上部。

1996 *Equisetostachys* sp.,米家榕等,82页,图版1,图16;图版2,图7,10,12;木贼类孢子囊穗;河北抚宁石门寨;早侏罗世北票组。

1998 *Equisetostachys* sp.,张泓等,图版9,图1,2;木贼类孢子囊穗;宁夏中卫下流水;侏罗纪。

1999b *Equisetostachys* sp.,吴舜卿,15页,图版2,图7,7a;木贼类孢子囊穗;四川彭县磁峰场;晚三叠世须家河组。

木贼穗?(未定多种) *Equisetostachys*? spp.

1976 *Equisetostachys*? sp.,李佩娟等,93页,图版2,图10,10a;木贼类孢子囊穗;云南祥云蚂蝗阱;晚三叠世祥云组花果山段。

1982b *Equisetostachys*? sp.,杨学林、孙礼文,28页,图版1,图9,9a;木贼类孢子囊穗;大兴安岭东南部红旗煤矿;早侏罗世红旗组。

1992 *Equisetostachys*? sp.,孙革、赵衍华,523页,图版219,图6;木贼类孢子囊穗;吉林双阳板石顶子;早侏罗世板石顶子组。

木贼属 Genus *Equisetum* Linné,1753

1885 Schenk,175(13)页。

1993a 吴向午,81页。

模式种:(现生属)

分类位置:楔叶纲木贼目(Equisetales,Sphenopsida)

砂地木贼 *Equisetum arenaceus* (Jaeger) Bronn

1827 *Calamites arenaceus* Jaeger,37页,图版1,2,4,6;插图1-5;木贼类茎干;德国;早三叠世。

1864 *Equisetites arenaceus* (Jaeger) Schenk,59页,图版7,图2;木贼类茎干;德国;晚三叠世。

1869 Schimpper,270页,图版9,图2,4;图版10,图3。

1979 徐仁等,13页,图版2,图3;木贼类茎干;四川宝鼎;晚三叠世大荞地组下部。

1982 张采繁,521页,图版334,图1,2;木贼类茎干和孢子囊穗;湖南桑植洪家关;中三叠世巴东组。

1989 梅美棠等,76页,图版34,图1;茎干;中国;晚三叠世—中侏罗世。

亚洲木贼 *Equisetum asiaticum* (Prynada) ex Zhang et al.,1980

1951 *Equisetites asiaticus* Prynada,21页,图版7,图11;木贼类茎干;伊茨库次克盆地;侏罗纪。

1980 张武等,226页,图版114,图5,6;木贼类茎干;吉林双阳;早侏罗世板石顶子组;吉林洮安;早侏罗世红旗组。

苹氏木贼 *Equisetum beanii* (Bunbury) Harris,1961

1851 *Calamites beanii* Bunbury,189页;英国约克郡;中侏罗世。

1961 Harris,24页;插图6A,6B;茎干;英国约克郡;中侏罗世。

1987 段淑英,11 页,图版 1,图 1－7;图版 2,图 7;插图 2;木贼类茎干和关节盘;北京西山斋堂;中侏罗世。

1989 段淑英,图版 2,图 9;木贼类茎干和关节盘;北京西山斋堂;中侏罗世门头沟煤系。

1990 郑少林、张武,217 页,图版 1,图 4－6;木贼类茎干;辽宁本溪田师傅;中侏罗世大堡组。

1991 北京市地质矿产局,图版 13,图 1－3,5,6;木贼类茎干;北京西山门头沟、大台、千军台、斋堂;早侏罗世下窑坡组。

布尔查特木贼 *Equisetum burchardtii* (Dunker) Brongniart

1846 *Equisetites burchardtii* Dunker,2 页,图版 5,图 7。

1983a 郑少林、张武,77 页,图版 1,图 1a,1b;插图 4;根茎和根瘤;黑龙江勃利万龙村;早白垩世东山组。

1989 郑少林、张武,图版 1,图 2,3;根茎和根瘤;辽宁新宾南杂木聂尔库;早白垩世聂尔库组。

布列亚木贼 *Equisetum burejense* Heer,1877

1877 Heer,99 页,图版 22,图 5－7;木贼类茎干;黑龙江流域;早白垩世。

1980 张武等,226 页,图版 151,图 6,7;插图 163;木贼类茎干;黑龙江密山黑台;早白垩世城子河组。

△三角齿木贼 *Equisetum deltodon* (Sze) ex Chen et al. ,1987

1956a *Equisetites deltodon* Sze,斯行健,9,118 页,图版 4,图 3,3a;叶鞘;陕西宜君焦家坪;晚三叠世延长层上部。

1987 陈晔等,87 页,图版 3,图 1;茎干;四川盐边箐河;晚三叠世红果组。

费尔干木贼 *Equisetum ferganense* (Seward) ex Zhang et al. ,1980

1907 *Equisetites ferganensis* Seward,18 页,图版 2,图 23－31;图版 3;木贼类茎干;中亚;侏罗纪。

1980 张武等,227 页,图版 114,图 4;插图 164;木贼类茎干;辽宁锦西沙锅屯;早侏罗世郭家店组。

1982b 杨学林、孙礼文,41 页,图版 13,图 11－13;木贼类茎干和关节盘;大兴安岭东南部万宝杜胜、黑顶山;中侏罗世万宝组。

费尔干木贼(比较种) *Equisetum* cf. *ferganense* (Seward)

1982b 杨学林、孙礼文,27 页,图版 1,图 3－5;茎干;大兴安岭东南部红旗煤矿;早侏罗世红旗组。

线形木贼 *Equisetum filum* Harris,1979

1979 Harris,161 页;插图 1,2;木贼类茎干;英国约克郡;中侏罗世。

1987 张武、郑少林,267 页,图版 1,图 6;木贼类茎干;辽宁锦西后富隆山;中侏罗世海房沟组。

△芙蓉木贼 *Equisetum furongense* Hu (MS) ex Zhang,1982

1982 Hu,见张采繁,521 页,图版 334,图 1,2;木贼类茎干和孢子囊穗;湖南桑植芙蓉桥;中三叠世巴东组。

纤细木贼 *Equisetum gracile* Nathorst,1880

1880 Nathorst,278 页。

1980 张武等,227 页,图版 116,图 7;插图 165;木贼类茎干;辽宁北票;早侏罗世北票组。

△郭家店木贼 *Equisetum guojiadianense* Zhang et Zheng,1980

1980 张武、郑少林,见张武等,227 页,图版 114,图 7,8;图版 115,图 1－4;木贼类茎干;登记号:D21－D26;辽宁凌源;早侏罗世郭家店组。(注:原文未指定模式标本)

△赫勒木贼 *Equisetum hallei* (Thomas) Duan,1987

1911 *Equisetites hallei* Thomas,58 页,图版 1,图 5－7;茎干;乌克兰顿巴斯(Donbas);中侏罗世。

1987 段淑英,14 页,图版 2,图 1－4,6,9;图版 3,图 1－4;插图 3－5;木贼类茎干和叶鞘;北京西山斋堂;中侏罗世。

△珲春木贼 *Equisetum hunchunense* Guo,2000(英文发表)

2000 郭双兴,229 页,图版 1,图 1－3,6,9;木贼类茎干和地下茎;登记号:PB18596－PB18600;正模:PB18597(图版 1,图 2);标本保存在中国科学院南京地质古生物研究所;吉林珲春;晚白垩世珲春组下部。

伊尔米亚木贼 *Equisetum ilmijense* (Prynada) ex Zhang et al.,1980

1962 *Equisetites ilmijense* Prynada,144 页,图 25;木贼类茎干;伊茨库次克盆地;侏罗纪。

1980 张武等,226 页,图版 114,图 5,6;木贼类茎干;辽宁凌源;早侏罗世郭家店组。

△拉马沟木贼 *Equisetum lamagouense* Zhang et Zheng,1987

1987 张武、郑少林,266 页,图版 2,图 6－10;插图 7;木贼类茎干;登记号:SG110009－SG1100013;标本保存在沈阳地质矿产研究所;辽宁朝阳良图沟拉马沟;中侏罗世海房沟组。(注:原文未指定模式标本)

△老虎沟木贼 *Equisetum laohugouense* Zhang,1982

1982 张武,187 页,图版 1,图 5,5a;茎干;标本保存在沈阳地质矿产研究所;辽宁凌源;晚三叠世老虎沟组。

侧生木贼 *Equisetum laterale* Phillips,1829

1829 Phillips,153 页,图版 10,图 13;茎干;英国约克郡;中侏罗世。

1980 张武等,228 页,图版 115,图 5,6;茎干;吉林双阳;早侏罗世板石顶子组。

1981 刘茂强、米家榕,22 页,图版 1,图 1,2,7,11,13;茎干、叶鞘和节隔膜;吉林临江闹枝沟;早侏罗世义和组。

1982b 杨学林、孙礼文,27 页,图版 1,图 2;茎干;大兴安岭东南部红旗煤矿;早侏罗世红旗组。

1982b 杨学林、孙礼文,41 页,图版 13,图 5－10;茎干;大兴安岭东南部万宝煤矿、黑顶山、兴安堡、杜胜、裕民煤矿;中侏罗世万宝组。

1984 陈芬等,32 页,图版 1,图 1－13;茎干、节隔膜和叶鞘;北京西山;早侏罗世下窑坡组、上窑坡组,中侏罗世龙门组。

1987 段淑英,16 页,图版 2,图 5,8;图版 3,图 5,6,8,9;插图 6;木贼类茎干;北京西山斋堂;中侏罗世。

1989 段淑英,图版 1,图 9,10;木贼类茎干;北京西山斋堂;中侏罗世门头沟煤系。

1996 米家榕等,80页,图版1,图1－4,9,12,15,17;茎干和节隔膜;辽宁北票台吉、三宝;早侏罗世北票组;辽宁北票三宝、海房沟;中侏罗世海房沟组;河北抚宁石门寨;早侏罗世北票组。

2003 许坤等,图版6,图3;茎干;辽宁北票台吉矿二井;早侏罗世北票组下段。

2003 袁效奇等,图版20,图2;木贼类茎干;陕西子长秀延河;中侏罗世延安组。

侧生木贼(比较种) *Equisetum* cf. *laterale* Phillips

1976 张志诚,183页,图版86,图5;茎干;山西大同;中侏罗世云岗组;内蒙古武川、包头石拐子,河北尚义;早—中侏罗世石拐群。

1984 陈芬等,33页,图版2,图5;茎干;北京西山门头沟;中侏罗世龙门组。

△李三沟木贼 *Equisetum lisangouense* Tan et Zhu,1982

1982 谭琳、朱家柟,143页,图版33,图3;茎干;登记号:CD08;正模:CD08(图版33,图3);内蒙古乌拉特前旗大佘公社西圪堵村;早白垩世李三沟组。

穆氏木贼 *Equisetum mougeotii* (Brongniart) Schimper,1869

1828c *Calamites mougeotii* Brongniart,137页,图版25,图4,5;茎干;法国孚日默尔特-摩泽尔;三叠纪。

1869 Schimper,278页,图版12;图版13,图1－7;茎干;法国孚日默尔特-摩泽尔;三叠纪。

1986b 郑少林、张武,176页,图版1,图1－9;茎干;辽宁西部喀喇沁左翼杨树沟;早三叠世红砬组。

多齿木贼 *Equisetum multidendatum* (Ôishi) ex Zhang et al.,1980

1932 *Equisetites multidendatus* Ôishi,266页,图版2,图1,2;木贼类茎干;日本成羽;晚三叠世(Nariwa)。

1980 张武等,228页,图版115,图11,12;木贼类茎干;辽宁本溪;中侏罗世大堡组、三个岭组。

1987 陈晔等,87页,图版2,图8;茎干;四川盐边箐河;晚三叠世红果组。

1987 张武、郑少林,267页,图版2,图4;木贼类茎干;辽宁北票东坤头营子;晚三叠世石门沟组。

1989 梅美棠等,76页,图版34,图2;图版35,图1;茎干;中国;晚三叠世。

洛东木贼 *Equisetum naktongense* (Tateiwa) ex Zhang et al.,1980

1929 *Equisetites naktongensis* Tateiwa,图8,19a,19b;木贼类茎干;朝鲜洛东;早白垩世。

1980 张武等,228页,图版151,图1－5;木贼类茎干;黑龙江那克塔;晚侏罗世龙江组;辽宁林西白塔子;中侏罗世新民组。

△新芦木型木贼 *Equisetum neocalamioides* Yang,1978

1978 杨贤河,470页,图版156,图4;茎;标本号:Sp0003;正模:Sp0003(图版156,图4);标本保存在成都地质矿产研究所;四川新龙雄龙;晚三叠世喇嘛垭组。

多枝木贼 *Equisetum ramosus* (Samylina) ex Yang et Sun,1982

1964 *Equisetites ramosus* Samylina,47页,图版1,图1－5;茎干;科雷马河流域;早白垩世。

1982a 杨学林、孙礼文,588页。

多枝木贼(比较种) *Equisetum* cf. *ramosus* (Samylina) ex Yang et Sun

1982a 杨学林、孙礼文,588页,图版2,图3;茎和枝;松辽盆地东南部营城;早白垩世营城组。

沙兰木贼 *Equisetum sarrani* Zeiller,1903

1902—1903 Zeiller,144 页,图版 39,图 1—13a;越南鸿基;晚三叠世。

1920 Yabe,Hayasaka,图版 1,图 3,5;茎干;福建安溪珍地、大蔗头;早三叠世。

1974 胡雨帆等,图版 1,图 1;茎干;四川雅安观化煤矿;晚三叠世。

1980 张武等,229 页,图版 116,图 2—6;茎干;吉林双阳;早侏罗世板石顶子组。

1982 段淑英、陈晔,493 页,图版 1,图 2;茎干;四川奉节二煤厂;晚三叠世须家河组。

1982b 杨学林、孙礼文,27 页,图版 1,图 8;茎干;大兴安岭东南部红旗煤矿;早侏罗世红旗组。

1982 张采繁,521 页,图版 335,图 13;木贼类茎干;湖南茶陵洪山庙;晚三叠世高家田组。

1987 陈晔等,88 页,图版 3,图 2,4,5;茎干;四川盐边箐河;晚三叠世红果组。

1989 梅美棠等,76 页,图版 34,图 1;茎干;中国;晚三叠世—中侏罗世。

沙兰木贼(比较种) *Equisetum* cf. *sarrani* Zeiller

1979 徐仁等,14 页,图版 2,图 4—7;节隔膜;四川宝鼎龙树湾、渡口花山;晚三叠世大荞地组中部和上部。

1982 张武,188 页,图版 1,图 6—11;茎干;辽宁凌源;晚三叠世老虎沟组。

△山东木贼 *Equisetum shandongense* Liu,1990

1990 刘明渭,200 页,图版 31,图 1—3;茎干;采集号:85GDYT1-ZH23,85GDYT1-ZH24;登记号:HZ-125,HZ-143;正模:HZ-125(图版 31,图 2);标本保存在山东省地质矿产局区域地质调查队;山东莱阳黄崖底;早白垩世莱阳组 3 段。

△西伯利亚木贼 *Equisetum sibiricum* (Heer) Zhang,1980

1876 *Phyllotheca sibiricus* Heer,9 页,图版 1,图 5,6;茎干;西伯利亚;侏罗纪。

1980 张武等,229 页,图版 116,图 8—13;茎干;辽宁北票;早侏罗世北票组。

宽脊木贼 *Equisetum takahashii* (Kon'no) ex Chen et al.,1987

1962 *Equisetites takahashii* Kon'no,44 页,图版 17,图 10—13;插图 5F—5L;带节茎干;日本石桥(Ishibashi Village,about 500m east of Akaiwa);晚三叠世(upper horizon of Hiramatsu Formation)。

1987 陈晔等,88 页。

宽脊木贼(比较种) *Equisetum* cf. *takahashii* (Kon'no) ex Chen et al.

1987 陈晔等,88 页,图版 3,图 3;茎干;四川盐边箐河;晚三叠世红果组。

牛凡木贼 *Equisetum ushimarense* Yokoyama,1889

1889 Yokoyama,39 页,图版 11,图 1—3;根茎;日本(Usimaru,Hukui);早白垩世(Tetori Series)。

1982b 郑少林、张武,294 页,图版 1,图 7—11;根茎;黑龙江虎林云山;中侏罗世裴德组;黑龙江鸡西滴道暖泉;晚侏罗世滴道组。

△西圪堵木贼 *Equisetum xigeduense* Tan et Zhu,1982

1982 谭琳、朱家柟,142 页,图版 33,图 1,1a,2;茎干;登记号:CD01,CD03;正模:CD01(图版 33,图 1);副模:CD03(图版 33,图 2);内蒙古乌拉特前旗大佘公社西圪堵村;早白垩世李三沟组。

木贼(未定多种) *Equisetum* spp.

1885 *Equisetum* sp.,Schenk,175(13)页,图版 13(1),图 10,11;茎干;四川黄泥堡(Hoa-ni-pu)；侏罗纪(?)。[注：此标本后改定为 *Equisetites*? sp.(斯行健、李星学等，1963)]

1976 *Equisetum* sp.，周惠琴等，206 页，图版 107，图 3；节隔膜；内蒙古准格尔旗五字湾；早侏罗世富县组。

1978 *Equisetum* sp.，杨贤河，470 页，图版 187，图 6；茎；四川广元白田坝；早侏罗世白田坝组。

1982 *Equisetum* sp.，段淑英、陈晔，494 页，图版 1，图 1；分散保存的孢子囊；四川达县铁山；晚三叠世须家河组。

1982b *Equisetum* sp.，杨学林、孙礼文，27 页，图版 1，图 6，7；图版 2，图 10；茎干；大兴安岭东南部红旗煤矿；早侏罗世红旗组。

1982b *Equisetum* sp.，杨学林、孙礼文，42 页，图版 13，图 14－17；茎干印痕；大兴安岭东南部兴安堡、丁家店；中侏罗世万宝组。

1982 *Equisetum* sp. 1，张采繁，522 页，图版 335，图 4；木贼类茎干；湖南株洲华石；晚三叠世。

1982 *Equisetum* sp. 2，张采繁，522 页，图版 335，图 3；木贼类茎干；湖南株洲华石；晚三叠世。

1982b *Equisetum* sp. 1，郑少林、张武，295 页，图版 1，图 5，6；茎干；黑龙江虎林云山；中侏罗世裴德组；黑龙江鸡西滴道暖泉；晚侏罗世滴道组。

1982b *Equisetum* sp. 2，郑少林、张武，295 页，图版 1，图 12，13；带孢子囊穗的茎干；黑龙江双鸭山岭西；早白垩世城子河组。

1986 *Equisetum* sp.，段淑英等，图版 1，图 1，2；茎干；鄂尔多斯盆地南缘；中侏罗世延安组。

1987 *Equisetum* sp.，陈晔等，88 页，图版 3，图 6－8；茎干；四川盐边箐河；晚三叠世红果组、老塘箐组。

1989 *Equisetum* sp. 1，梅美棠等，76 页，图版 34，图 4，5；节隔膜；中国；晚三叠世。

1989 *Equisetum* sp. 2，梅美棠等，76 页，图版 34，图 6；节隔膜；华南地区；晚三叠世。

1993a *Equisetum* sp.，吴向午，81 页。

木贼?(未定种) *Equisetum*? sp.

1984 *Equisetum*? sp.，张志诚，117 页，图版 1，图 1；茎干；黑龙江嘉荫太平林场；晚白垩世太平林场组。

费尔干木属 Genus *Ferganodendron* Dobruskina，1974

1974 Dobruskina，119 页。

1984 王自强，227 页。

1993a 吴向午，82 页。

模式种：*Ferganodendron sauktangensis* (Sixtel) Dobruskina，1974

分类位置：石松纲鳞木科(Lepidodendraceae，Lycopsida)

塞克坦费尔干木 *Ferganodendron sauktangensis* (Sixtel) Dobruskina，1974

1962 *Sigillaria sauktangensis* Sixtel，302 页，图版 4，图 1－6；插图 3，4；茎干；南费尔干纳；三叠纪。

1974 Dobruskina，119 页；图版 10，图 1－7；茎干；南费尔干纳；三叠纪。

费尔干木(未定种) *Ferganodendron* sp.

1993 *Ferganodendron* sp.,米家榕等,76 页,图版 1,图 2,2a;茎干;吉林浑江石人北山;晚三叠世北山组(小河口组)。

?费尔干木(未定种) ?*Ferganodendron* sp.

1984 ?*Ferganodendron* sp.,王自强,227 页,图版 113,图 9;茎干;山西永和;中—晚三叠世延长群。

△甘肃芦木属 Genus *Gansuphyllite* Xu et Shen,1982

1982 徐福祥、沈光隆,见刘子进,118 页。

1993a 吴向午,16,220 页。

1993b 吴向午,497,512 页。

模式种:*Gansuphyllite multivervis* Xu et Shen,1982

分类位置:楔叶纲木贼目(Equisetales,Sphenopsida)

△多脉甘肃芦木 *Gansuphyllite multivervis* Xu et Shen,1982

1982 徐福祥、沈光隆,见刘子进,118 页,图版 58,图 5;茎和轮叶;标本号:LP00013-3;甘肃武都大岭沟;中侏罗世龙家沟组上部。

1985 孙柏年、沈光隆,134 页;插图 1,2,2a;带叶茎;甘肃兰州窑街煤田;中侏罗世窑街组。

1993a 吴向午,16,220 页。

1993b 吴向午,497,512 页。

1995 王鑫,图版 1,图 1,2;带叶茎;陕西铜川;中侏罗世延安组。

1998 张泓等,图版 8,图 7;图版 9,图 5;带叶茎;甘肃兰州窑街;中侏罗世窑街组。

△双生叶属 Genus *Geminofoliolum* Zeng,Shen et Fan,1995

1995 曾勇、沈树忠、范炳恒,49,76 页。

模式种:*Geminofoliolum gracilis* Zeng,Shen et Fan,1995

分类位置:楔叶纲芦木科(Calamariaceae,Sphenopsida)

△纤细双生叶 *Geminofoliolum gracilis* Zeng,Shen et Fan,1995

1995 曾勇、沈树忠、范炳恒,49,76 页,图版 7,图 1,2;插图 9;茎干;采集号:No. 117144,No. 117146;登记号:YM94031,YM94032;正模:YM94032(图版 7,图 2);副模:YM94031(图版 7,图 1);标本保存在中国矿业大学地质系;河南义马;中侏罗世义马组。

棋盘木属 Genus *Grammaephloios* Harris, 1935

1935 Harris,152 页。

1986 叶美娜等,13 页。

1993a 吴向午,88 页。

模式种:*Grammaephloios icthya* Harris,1935

分类位置:石松目(Lycopodiales)

鱼鳞状棋盘木 *Grammaephloios icthya* Harris, 1935

1935 Harris,152 页,图版 23,25,27,28;叶枝;东格陵兰斯科斯比湾;早侏罗世(*Thaumatopteris* Zone)。

1986 叶美娜等,13 页,图版 1,图 1,1a;茎干;四川达县铁山金窝、雷音铺;早侏罗世珍珠冲组。

1993a 吴向午,88 页。

△六叶属 Genus *Hexaphyllum* Ngo, 1956

1956 敖振宽,25 页。

1993a 吴向午,17,221 页。

1993b 吴向午,506,513 页。

模式种:*Hexaphyllum sinense* Ngo,1956

分类位置:不明或木贼目?(Equisetales?)

△中国六叶 *Hexaphyllum sinense* Ngo, 1956

1956 敖振宽,25 页,图版 1,图 2;图版 6,图 1,2;插图 3;轮叶;标本号:A4;登记号:0015;标本保存在中南矿冶学院地质系古生物地史教研组;广东广州小坪;晚三叠世小坪煤系。[注:此标本后改定为 *Annulariopsis*? *sinensis* (Ngo) Lee(斯行健、李星学等,1963)]

1993a 吴向午,17,221 页。

1993b 吴向午,506,513 页。

△湖南木贼属 Genus *Hunanoequisetum* Zhang, 1986

1986 张采繁,191 页。

1993a 吴向午,18,222 页。

1993b 吴向午,497,513 页。

模式种:*Hunanoequisetum liuyangense* Zhang,1986

分类位置:楔叶纲木贼目(Equisetales,Sphenopsida)

△浏阳湖南木贼 *Hunanoequisetum liuyangense* Zhang, 1986

1986 张采繁,191 页,图版 4,图 4,4a,5;插图 1;木贼类茎干;登记号:PH472,PH473;正模:

PH472(图版 4,图 4);标本保存在湖南省地质博物馆;湖南浏阳跃龙;早侏罗世跃龙组。

1993a 吴向午,18,222 页。

1993b 吴向午,497,513 页。

水韭属 Genus *Isoetes* Linné,1753

1991 王自强,13 页。

1993a 吴向午,92 页。

模式种:(现生属)

分类位置:石松纲水韭目(Isoetales,Lycopsida)

△二马营水韭 *Isoetes ermayingensis* Wang Z,1991

1990b 王自强、王立新,305 页;山西沁县漫水和峪里、武乡司庄、平遥盘陀,陕西吴堡张家鄢;中三叠世二马营组底部。(裸名)

1991 王自强,13 页,图版 1,图 1—6,8—15;图版 6,7;图版 9,图 1—3,10—14;图版 10;插图 7a,7b;孢子叶和孢子囊;合模 1:叶尖(No. 8711-6);合模 2:叶柄(No. 8502-29);合模 3:叶舌(No. 8502-22);合模 4:孢子囊(No. 8313-33,No. 8502-21,No. 8711-8);合模 5:孢子叶(No. 8313-a,No. 8313-27);合模 6:大孢子(No. 8502-21,No. 8711-8);标本保存在中国科学院南京地质古生物研究所;陕西吴堡;中三叠世二马营组底部。[注:依据《国际植物命名法规》(《维也纳法规》)第 37.2 条,1958 年起,模式标本只能是 1 块标本]

1993a 吴向午,92 页。

1995a 李星学(主编),图版 66,图 10—12;孢子叶和孢子囊;陕西吴堡张家墕;中三叠世二马营组底部。(中文)

1995b 李星学(主编),图版 66,图 10—12;孢子叶和孢子囊;陕西吴堡张家墕;中三叠世二马营组底部。(英文)

似水韭属 Genus *Isoetites* Muenster,1842

1842(1839—1843) Muenster,107 页。

1990a 王自强、王立新,112 页。

1993a 吴向午,92 页。

模式种:*Isoetites crociformis* Muenster,1842

分类位置:石松纲水韭目(Isoetales,Lycopsida)

交叉似水韭 *Isoetites crociformis* Muenster,1842

1842 (1839—1843) Muenster,107 页,图版 4,图 4;德国巴伐利亚(Daitinnear Manheim,Bavaria);侏罗纪。

1993a 吴向午,92 页。

△箭头似水韭 *Isoetites sagittatus* Wang Z et Wang L,1990

1990a 王自强、王立新,112 页,图版 14,图 1－6;插图 3;植物体和孢子囊穗;标本号:Iso14-1－Iso14-7;合模 1:Iso14-1(图版 14,图 1);合模 2:Iso14-7(图版 14,图 2);合模 3:Iso14-4(图版 14,图 4);标本保存在中国科学院南京地质古生物研究所;山西蒲县阳庄;早三叠世和尚沟组下段。[注:依据《国际植物命名法规》(《维也纳法规》)第 37.2 条,1958 年起,模式标本只能是 1 块标本]

1993a 吴向午,92 页。

瓣轮叶属 Genus *Lobatannularia* Kawasaki,1927

1927(1927－1934) Kawasaki,12 页。

1980 张武等,231 页。

1993a 吴向午,97 页。

模式种:*Lobatannularia inequifolia* (Tokunaga) Kawasaki,1927

分类位置:楔叶纲木贼目(Equisetales,Sphenopsida)

不等叶瓣轮叶 *Lobatannularia inequifolia* (Tokunaga) Kawasaki,1927

1927(1927－1934) Kawasaki,12 页,图版 4,图 13－15;图版 5,图 16－22;图版 9,图 38;图版 14,图 74,75;朝鲜(Congson);二叠纪—石炭纪(Jido Series)。

1993a 吴向午,97 页。

△川滇瓣轮叶 *Lobatannularia chuandianensis* (Wang) Duan et Chen ex Chen et al.,1987

1977 *Neoannularia chuandianensis* Wang,王喜富,187 页,图版 1,图 10;插图 1;带轮叶枝;四川渡口摩沙河;晚三叠世大青组。

1987 陈晔等,89 页,图版 4,图 6;茎叶;四川盐边箐河;晚三叠世红果组。

平安瓣轮叶(比较种) *Lobatannularia* cf. *heianensis* (Kodaira) Kawasaki

1980 张武等,231 页,图版 104,图 4－6;营养枝叶;辽宁本溪林家崴子;中三叠世林家组。

1991 北京市地质矿产局,图版 11,图 1,2;茎干;北京西山八大处大悲寺;晚二叠世—中三叠世双泉组大悲寺段。

1993a 吴向午,97 页。

△合川瓣轮叶 *Lobatannularia hechuanensis* Duan et Chen,1982

1982 段淑英、陈晔,493 页,图版 1,图 6－8;图版 2,图 3;枝叶;编号:No.7152－No.7154;四川开县桐树坝;晚三叠世须家河组。(注:原文未指定模式标本)

△开县瓣轮叶 *Lobatannularia kaixianensis* Duan et Chen,1982

1982 段淑英、陈晔,493 页,图版 2,图 1;枝叶;编号:No.7102;四川合川炭坝;晚三叠世须家河组上部。

△吕家山瓣轮叶 *Lobatannularia lujiashanensis* Ju et Lan,1986

1986 鞠魁祥、蓝善先,85 页,图版 1,图 4,11－13;插图 5;枝叶;登记号:HPx1-109,HPx1-110,HPx1-131;正模:HPx1-109(图版 1,图 11);副模:HPx1-131(图版 1,图

12);标本保存在南京地质矿产研究所;江苏南京吕家山;晚三叠世范家塘组。

瓣轮叶(未定多种) *Lobatannularia* spp.

1980 *Lobatannularia* sp.,赵修祜等,71页;云南富源庆云;早三叠世"卡以头层"。

1986 *Lobatannularia* spp.,鞠魁祥、蓝善先,85页,图版1,图2,3,5,10;叶;江苏南京吕家山;晚三叠世范家塘组。

1993a *Lobatannularia* sp.,吴向午,97页。

瓣轮叶?(未定种) *Lobatannularia*? sp.

1990a *Lobatannularia*? sp.,王自强、王立新,116页,图版4,图6;插图4i,4j;轮叶;山西榆社;早三叠世和尚沟组底部。

△拟瓣轮叶属 Genus *Lobatannulariopsis* Yang,1978

1978 杨贤河,472页。

1993a 吴向午,21,224页。

1993b 吴向午,497,515页。

模式种:*Lobatannulariopsis yunnanensis* Yang,1978

分类位置:楔叶纲木贼目(Equisetales,Sphenopsida)

△云南拟瓣轮叶 *Lobatannulariopsis yunnanensis* Yang,1978

1978 杨贤河,472页,图版158,图6;枝叶;标本号:Sp0009;正模:Sp0009(图版158,图6);标本保存在成都地质矿产研究所;云南广通一平浪;晚三叠世干海子组。

1993a 吴向午,21,224页。

1993b 吴向午,497,515页。

似石松属 Genus *Lycopodites* Brongniart,1822

1822 Brongniart,231页。

1993a 吴向午,98页。

模式种:*Lycopodites taxiformis* Brongniart,1822

分类位置:石松纲石松目(Lycopodiales,Lycopsida)

紫杉形似石松 *Lycopodites taxiformis* Brongniart,1822

1822 Brongniart,231页,图版13,图1。[注:Seward(1910,76页)认为此模式种属松柏类]

1993a 吴向午,98页。

镰形似石松 *Lycopodites falcatus* Lindley et Hutton,1833

1833(1831－1837) Lindley,Hutton,171页,图版61;带叶枝;英国约克郡;中侏罗世。

1979 何元良等,131页,图版56,图2,2a;茎和枝;青海大柴旦绿草山;中侏罗世大煤沟组。

1984 陈芬等,32页,图版2,图1－3;带叶枝;北京西山门头沟;中侏罗世龙门组。

1988 李佩娟等，37页，图版1，图1，1a；营养枝；青海大柴旦大煤沟；中侏罗世石门沟组 *Nilssonia* 层。

1988 张汉荣等，图版1，图1；营养枝；河北蔚县半沟村北山；早侏罗世郑家窑组。

1990 郑少林、张武，217页，图版1，图1－3；营养枝和生殖枝；辽宁本溪田师傅；中侏罗世大堡组。

1996 米家榕等，78页，图版1，图8；营养枝；辽宁北票海房沟；中侏罗世海房沟组。

1999 商平等，图版1，图1；生殖枝；新疆吐哈盆地；中侏罗世西山窑组。

△多产似石松 *Lycopodites faustus* Wu S，1999（中文发表）

1999a 吴舜卿，10页，图版2，图1，2a；生殖枝；采集号：AEO-9，AEO-10；登记号：PB18227，PB18228；正模：PB18227（图版2，图1）；标本保存在中国科学院南京地质古生物研究所；辽宁北票上园黄半吉沟；晚侏罗世义县组下部尖山沟层。［注：此种后改定为 *Selaginellites fausta*（Wu S）Sun et Zheng（孙革等，2001）］

2001 吴舜卿，120页，图152；生殖枝；辽宁北票上园黄半吉沟；晚侏罗世义县组下部尖山沟层。

2003 吴舜卿，168页，图226，227；生殖枝；辽宁北票上园黄半吉沟；晚侏罗世义县组下部尖山沟层。

△华亭似石松 *Lycopodites huantingensis* Liu，1988

1988 刘子进，93页，图版1，图1－4；营养枝和生殖枝；标本号：Sy-9；合模：图版1，图1－4；标本保存在西安地质矿产研究所；甘肃华亭神峪下庄里沟口；早白垩世志丹群泾川组底部。［注：依据《国际植物命名法规》（《维也纳法规》）第37.2条，1958年起，模式标本只能是1块标本］

△华严寺似石松 *Lycopodites huayansiensis* Li et Hu，1984

1984 厉宝贤、胡斌，137页，图版1，图1，2a；营养枝和生殖枝；登记号：PB10397A，PB10398A；正模：PB10397A（图版1，图1）；标本保存在中国科学院南京地质古生物研究所；山西大同；早侏罗世永定庄组。

△壮丽似石松 *Lycopodites magnificus* Zhang et Zheng，1987

1987 张武、郑少林，266页，图版2，图1；孢子叶穗；登记号：SG110007；标本保存在沈阳地质矿产研究所；辽宁朝阳良图沟；中侏罗世海房沟组。

△多枝似石松 *Lycopodites multifurcatus* Li，Ye et Zhou，1986

1980 李星学、叶美娜，2页；吉林蛟河杉松；早白垩世蛟河群。（裸名）

1986 李星学、叶美娜、周志炎，4页，图版1，图1，2a；图版2，图3，4；图版3，图1；图版38，图3，3a；营养枝和生殖枝；登记号：PB11571－PB11574；正模：PB11571（图版1，图2，2a）；标本保存在中国科学院南京地质古生物研究所；吉林蛟河杉松；早白垩世蛟河群。

△卵形似石松 *Lycopodites ovatus* Deng，1995

1995b 邓胜徽，10，107页，图版1，图7－9；插图2；石松植物的营养枝；标本号：H14-461a，H14-461b；标本保存在石油勘探开发科学研究院；内蒙古霍林河盆地；早白垩世霍林河组。

1997 邓胜徽等，18页，图版1，图1，2；枝叶；内蒙古扎赉诺尔；早白垩世大磨拐河组。

威氏似石松 *Lycopodites williamsoni* Brongniart, 1828

[注:此种后归于 *Elatides*(斯行健、李星学等,1963)]

1828 Brongniart,83 页。

1874 Brongniart,408 页;陕西丁家沟;侏罗纪。

1993a 吴向午,98 页。

似石松(未定种) *Lycopodites* sp.

1982b *Lycopodites* sp.,郑少林、张武,294 页,图版 2,图 1;营养枝;黑龙江鸡西滴道暖泉;晚侏罗世滴道组。

石松穗属 Genus *Lycostrobus* Nathorst, 1908

1908 Nathorst,8 页。

1990b 王自强、王立新,306 页。

1993a 吴向午,98 页。

模式种:*Lycostrobus scottii* Nathorst,1908

分类位置:石松纲石松目(Lycopodiales,Lycopsida)

斯苛脱石松穗 *Lycostrobus scottii* Nathorst, 1908

1908 Nathorst,8 页,图 1;石松植物孢子囊穗;瑞典南部;晚三叠世。

1993a 吴向午,98 页。

△具柄石松穗 *Lycostrobus petiolatus* Wang Z et Wang L, 1990

1990b 王自强、王立新,306 页,图版 1,图 1;图版 2,图 1－14;图版 10,图 4;插图 2;孢子囊穗;标本号:No. 7501;正模:No. 7501(图版 1,图 1);标本保存在中国科学院南京地质古生物研究所;山西武乡司庄;中三叠世二马营组底部。

1993a 吴向午,98 页。

大芦孢穗属 Genus *Macrostachya* Schimper, 1869

1869(1869－1874) Schimper,333 页。

1989 王自强、王立新,32 页。

1993a 吴向午,98 页。

模式种:*Macrostachya infundibuliformis* Schimper,1869

分类位置:楔叶纲(Sphenopsida)

漏斗状大芦孢穗 *Macrostachya infundibuliformis* Schimper, 1869

1869(1869－1874) Schimper,333 页,图版 23,图 15－17;有节类孢子囊穗;德国萨克森(Zwickau,Saxony);石炭纪。

1993a 吴向午,98 页。

△纤细大芦孢穗 *Macrostachya gracilis* Wang Z et Wang L,1989 (non Wang Z et Wang L,1990)

1989 王自强、王立新,32页,图版5,图15;有节类孢子囊穗;标本号:Z08-201;正模:Z08-201(图版5,图15);标本保存在中国科学院南京地质古生物研究所;山西聊城;早三叠世刘家沟组上部。

△纤细大芦孢穗 *Macrostachya gracilis* Wang Z et Wang L,1990 (non Wang Z et Wang L,1989)

(注:此种名为 *Macrostachya gracilis* Wang Z et Wang L,1989 的晚出等同名)

1990a 王自强、王立新,116页,图版2,图2,3;插图4i,4j;孢子囊穗;标本号:Iso20-6;正模:Iso20-6(图版2,图2);标本保存在中国科学院南京地质古生物研究所;山西和顺京上;早三叠世和尚沟组中下段。

1993a 吴向午,98页。

△变态鳞木属 Genus *Metalepidodendron* Shen (MS) ex Wang X F,1984

1984 沈光隆,见王喜富,297页。

1993a 吴向午,24,226页。

1993b 吴向午,497,515页。

模式种:*Metalepidodendron sinensis* Shen (MS) ex Wang X F,1984

分类位置:石松纲石松目(Lycopodiales,Lycopsida)

△中国变态鳞木 *Metalepidodendron sinensis* Shen (MS) ex Wang X F,1984

1984 沈光隆,见王喜富,297页。

1993a 吴向午,24,226页。

1993b 吴向午,497,515页。

△下板城变态鳞木 *Metalepidodendron xiabanchengensis* Wang X F et Cui,1984

1984 王喜富,297页,图版175,图8—11;茎干;登记号:HB-57,HB-58;河北承德下板城;早三叠世和尚沟组上部。(注:原文未指定模式标本)

1990a 王自强、王立新,114页,图版18,图1;小枝;河南济源;早三叠世和尚沟组下段。(注:原文误拼为 *Mesolepidodendron xiabanchengensis* Wang X F et Cui)

1993a 吴向午,24,226页。

1993b 吴向午,497,515页。

△新轮叶属 Genus *Neoannularia* Wang,1977

1977 王喜富,186页。

1993a 吴向午,26,228页。

1993b 吴向午,497,516页。

模式种:*Neoannularia shanxiensis* Wang,1977

分类位置:楔叶纲木贼目(Equisetales,Sphenopsida)

△陕西新轮叶 *Neoannularia shanxiensis* Wang, 1977

1977 王喜富,186页,图版1,图1—9;带轮叶枝;采集号:JP672001—JP672009;登记号:76003—76011;陕西宜君焦坪;晚三叠世延长群上部。(注:原文未指定模式标本)

1982 刘子进,118页,图版58,图3,4;茎和轮生叶;陕西铜川焦坪、榆林秃尾河;晚三叠世延长群上部。

1985 王自强,图版4,图10—13;茎干;山西和顺马坊;早三叠世和尚沟组;山西榆社屯村;早三叠世和尚沟组。

1993a 吴向午,26,228页。

1993b 吴向午,497,516页。

△川滇新轮叶 *Neoannularia chuandianensis* Wang, 1977

1977 王喜富,187页,图版1,图10;插图1;带轮叶枝;采集号:DK70502;登记号:76002;四川渡口摩沙河;晚三叠世大青组。

1993a 吴向午,26,228页。

1993b 吴向午,497,516页。

△密叶新轮叶 *Neoannularia confertifolia* Zhang et Zheng, 1984

1984 张武、郑少林,383页,图版1,图1,1a;插图1;茎和轮生叶;登记号:ch1-1;标本保存在沈阳地质矿产研究所;辽宁西部朝阳小房申;晚三叠世老虎沟组。

1993a 吴向午,26,228页。

△三叠新轮叶 *Neoannularia triassica* Gu et Hu, 1979 (non Gu et Hu, 1984, nec Gu et Hu, 1987)

1979 顾道源、胡雨帆,10页,图版1,图2—4;轮叶;登记号:XPC097—XPC099;正模:XPC098(图版1,图2);标本保存在新疆石油管理局;新疆库车克拉苏河;晚三叠世塔里奇克组。

△三叠新轮叶 *Neoannularia triassica* Gu et Hu, 1984 (non Gu et Hu, 1987, nec Gu et Hu, 1979)

(注:此种名为 *Neoannularia triassica* Gu et Hu, 1979 的晚出等同名)

1984 顾道源、胡雨帆,见顾道源,136页,图版64,图8,9;轮叶;采集号:K664;登记号:XPC097,XPC098;正模:XPC098(图版64,图8);标本保存在新疆石油管理局;新疆库车克拉苏河;晚三叠世塔里奇克组。

1993a 吴向午,26,228页。

△三叠新轮叶 *Neoannularia triassica* Gu et Hu, 1987 (non Gu et Hu, 1984, nec Gu et Hu, 1979)

(注:此种名为 *Neoannularia triassica* Gu et Hu, 1979 的晚出等同名)

1987 顾道源、胡雨帆,见胡雨帆、顾道源,218页,图版1,图2—4;轮叶;采集号:K664;登记号:XPC097,XPC098;正模:XPC098(图版1,图2,3);标本保存在新疆石油管理局;新疆库车克拉苏河;晚三叠世塔里奇克组。

新芦木属 Genus *Neocalamites* Halle, 1908

1908 Halle,6页。

1920　Yabe, Hayasaka, 14 页。

1963　斯行健、李星学等, 26 页。

1993a　吴向午, 104 页。

模式种: *Neocalamites hoerensis* (Schimper) Halle, 1908

分类位置: 楔叶纲木贼目(Equisetales, Sphenopsida)

霍尔新芦木 *Neocalamites hoerensis* (Schimper) Halle, 1908

1869—1874　*Schizoneura hoerensis* Schimper, 283 页。

1908　Halle, 6 页, 图版 1, 2; 茎; 瑞典赫尔辛堡(Helsingborg, Bjuf, Skromberga); 早侏罗世。

1939　Matuzawa, 8 页, 图版 1, 图 1—4; 图版 2, 图 2; 茎干; 辽宁北票煤田; 晚三叠世—中侏罗世早期北票煤组。[注: 这些标本后改定为 *Neocalamites* cf. *hoerensis* (Schimper) Halle(斯行健、李星学等, 1963)]

1977　冯少南等, 199 页, 图版 71, 图 7; 茎干; 湖北南漳; 晚三叠世香溪群下煤组。

1979　顾道源、胡雨帆, 图版 1, 图 5; 茎干; 新疆库车克拉苏河; 晚三叠世塔里奇克组。

1979　徐仁等, 11 页, 图版 1, 图 5, 6a; 有节类茎干; 四川宝鼎; 晚三叠世大荞地组中上部。

1980　陈芬等, 426 页, 图版 1, 图 1; 茎干; 北京西山; 早侏罗世下窑坡组、上窑坡组, 中侏罗世龙门组。

1980　吴水波等, 图版 1, 图 8, 9; 茎干; 吉林汪清托盘沟地区; 晚三叠世。

1980　张武等, 230 页, 图版 117, 图 1, 2; 茎干; 辽宁北票; 早侏罗世北票组; 辽宁凤城; 中侏罗世大堡组。

1982b　杨学林、孙礼文, 28 页, 图版 2, 图 1; 茎干; 大兴安岭东南部红旗煤矿; 早侏罗世红旗组。

1982　张采繁, 522 页, 图版 335, 图 1, 2; 茎干; 湖南浏阳文家市; 早侏罗世。

1983　孙革等, 450 页, 图版 1, 图 5; 茎干; 吉林双阳大酱缸; 晚三叠世大酱缸组。

1984　陈芬等, 34 页, 图版 4, 图 4, 5; 图版 5, 图 1—4; 茎干; 北京西山; 早侏罗世下窑坡组、上窑坡组。

1984　陈公信, 567 页, 图版 222, 图 2—4; 茎干; 湖北南漳东巩, 荆门分水岭、海慧沟; 晚三叠世九里岗组, 早侏罗世桐竹园组。

1984　顾道源, 135 页, 图版 64, 图 3, 4; 图版 65, 图 4; 茎干; 新疆克拉玛依深底沟; 晚三叠世黄山街组; 新疆库车克拉苏河; 晚三叠世塔里奇克组。

1984　周志炎, 6 页, 图版 1, 图 9, 9a; 茎干; 湖南祁阳河埠塘; 早侏罗世观音滩组搭坝口段。

1986　叶美娜等, 18 页, 图版 6, 图 2, 2a; 茎干; 四川达县斌郎、开江温泉; 晚三叠世须家河组 7 段。

1987　何德长, 79 页, 图版 13, 图 1, 3, 5; 图版 14, 图 1, 3; 图版 15, 图 4; 茎干; 湖北蒲圻跑马岭; 晚三叠世鸡公山组。

1987　胡雨帆、顾道源, 220 页, 图版 5, 图 2; 茎干; 新疆库车克拉苏河; 晚三叠世塔里奇克组。

1987a　钱丽君等, 79 页, 图版 15, 图 5; 图版 20, 图 1; 茎干; 陕西神木考考乌素沟; 中侏罗世延安组 1 段 11 层。

1989　周志炎, 136 页, 图版 1, 图 7; 茎干; 湖南衡阳杉桥; 晚三叠世杨柏冲组。

1991　北京市地质矿产局, 图版 13, 图 4, 8; 茎干; 北京西山大安山; 早侏罗世下窑坡组。

1991　李洁等, 53 页, 图版 1, 图 4; 茎干; 新疆昆仑山野马滩北; 晚三叠世卧龙岗组。

1992　黄其胜、卢宗盛, 图版 3, 图 2; 茎干; 陕西横山无定河; 中侏罗世延安组。

1992　孙革、赵衍华, 523 页, 图版 216, 图 1—4; 图版 219, 图 1, 3—5; 茎干; 吉林汪清马鹿沟;

晚三叠世三仙岭组;吉林辉南杉松岗;早侏罗世义和组;吉林抚松小营子煤矿;晚三叠世小营子组。

1993 米家榕等,82 页,图版 4,图 4,4a,6;图版 5,图 6,7;茎干;黑龙江东宁罗圈站;晚三叠世罗圈站组;吉林汪清天桥岭;晚三叠世马鹿沟组;吉林双阳大酱缸;晚三叠世大酱缸组;吉林双阳八面石煤矿;晚三叠世小蜂蜜顶子组上段;辽宁凌源老虎沟;晚三叠世老虎沟组;河北承德武家厂;晚三叠世杏石口组。

1993 孙革,62 页,图版 4,图 5,6,7(?),8;图版 5,图 1－7;图版 6,图 5,6;茎干;吉林汪清马鹿沟;晚三叠世三仙岭组。

1993a 吴向午,104 页。

1995 王鑫,图版 1,图 6;茎干;陕西铜川;中侏罗世延安组。

1995 曾勇等,46 页,图版 1,图 3,4;图版 2,图 5;图版 4,图 3;茎干;河南义马;中侏罗世义马组下含煤段。

1996 常江林、高强,图版 1,图 1;茎干;山西宁武白高阜;中侏罗世大同组。

1996 米家榕等,84 页,图版 2,图 13;图版 3,图 1,5－7,9,10;茎干;辽宁北票,河北抚宁石门寨;早侏罗世北票组。

1996 孙跃武等,图版 1,图 7,9;茎干和轮叶;河北承德武家厂;早侏罗世南大岭组。

1998 张泓等,图版 1,图 5;图版 8,图 3－5;图版 10,图 1,2;茎干;宁夏中卫下流水;侏罗纪;新疆拜城铁力克;早侏罗世阿合组。

2000 孙春林等,图版 1,图 5;茎干;吉林白山红立;晚三叠世小营子组。

2002 吴向午等,149 页,图版 1,图 2,3;图版 2,图 1,2;茎干;甘肃民勤唐家沟;中侏罗世宁远堡组下段;甘肃金昌老窑坡;早侏罗世芨芨沟组上段。

2003 邓胜徽等,图版 64,图 11;茎干;新疆焉耆盆地;早侏罗世八道湾组。

2003 邓胜徽等,图版 65,图 2;茎干;河南义马盆地;中侏罗世义马组。

2003 许坤等,图版 6,图 1;茎干;辽宁北票东升矿四井;早侏罗世北票组上段。

2005 苗雨雁,521 页,图版 1,图 6;茎干;新疆准噶尔盆地白杨河地区;中侏罗世西山窑组。

霍尔新芦木? *Neocalamites hoerensis*? (Schimper) Halle

1993 王士俊,6 页,图版 1,图 7;茎枝;广东乐昌安口、关春;晚三叠世艮口群。

霍尔新芦木(比较种) *Neocalamites* cf. *hoerensis* (Schimper) Halle

1931 斯行健,51 页,图版 9,图 4;茎干;北京西山门头沟;早侏罗世(Lias)。

1963 斯行健、李星学等,31 页,图版 7,图 1;图版 8,图 1;图版 13,图 4(?);茎干;辽宁北票、凤城赛马集碾子沟,北京门头沟,四川龙王洞(?);早—中侏罗世。

1976 周惠琴等,204 页,图版 105,图 1;茎干;内蒙古乌拉特前旗;早—中侏罗世石拐群。

1977 长春地质学院勘探系等,图版 1,图 6;茎干;吉林浑江石人;晚三叠世小河口组。

1982b 吴向午,78 页,图版 3,图 5,6;茎干;西藏贡觉夺盖拉煤点;晚三叠世巴贡组上段;西藏察雅扩大区肯通乡嘎曲上游;晚三叠世甲丕拉组。

1984 王自强,232 页,图版 132,图 1－3;茎干和叶;河北下花园,山西大同;中侏罗世门头沟组、大同组。

1985 米家榕、孙春林,图版 1,图 2;茎干;吉林双阳八面石煤矿;晚三叠世小蜂蜜顶子组上段。

1986 周统顺、周惠琴,65 页,图版 17,图 6;茎干;新疆吉木萨尔大龙口;中三叠世克拉玛依组。

1988 李佩娟等,45 页,图版 7,图 2A;图版 15,图 1A;茎干;青海大柴旦大煤沟;早侏罗世火烧山组 *Cladophlebis* 层。

1990 吴向午、何元良,294 页,图版 2,图 5,5a;茎干;青海囊谦毛庄加登达;晚三叠世结扎群格玛组。

1995 吴舜卿,471 页,图版 1,图 1;茎干;新疆库车库车河剖面;早侏罗世塔里奇克组上部。

△细叶新芦木 *Neocalamites angustifolius* Mi,Sun C,Sun Y,Cui et Ai,1996(中文发表)

1996 米家榕、孙春林、孙跃武、崔尚森、艾永亮,82 页,图版 2,图 1－6,8,9;插图 1;茎干和节隔膜;登记号:HF1026,HF1035－HF1041;正模:HF1035(图版 2,图 3);副模 1:HF1026(图版 2,图 4);副模 2:HF1036(图版 2,图 8);标本保存在长春地质学院地史古生物教研室;河北抚宁石门寨;早侏罗世北票组。

△拟轮叶型新芦木 *Neocalamites annulariopsis* Sze,1956

1956b 斯行健,466,473 页,图版 1,图 1a;轮叶;登记号:PB2578;标本保存在中国科学院南京地质古生物研究所;新疆准噶尔盆地克拉玛依;晚三叠世晚期延长层上部。[注:此标本后改定为 *Annulariopsis*? sp.(斯行健、李星学等,1963)]

△粗糙新芦木 *Neocalamites asperrimus* (Franke) Shen,1990

1936 *Equisetites asperrimus* Franke,219 页;有节植物茎干;德国哈茨山脉;晚三叠世(Keuper)。

1956a *Neocalamites rugosus* Sze,斯行健,14,122 页,图版 8,图 1－3a;图版 40,图 4－6;茎干;陕西宜君四郎庙炭河沟、延长冯家沟;晚三叠世延长群上部。

1990 沈光隆,302 页。

△短叶新芦木 *Neocalamites brevifolius* Sze,1956

1956a 斯行健,13,122 页,图版 5,图 3;茎干;登记号:PB2266;标本保存在中国科学院南京地质古生物研究所;陕西延长七里村;晚三叠世延长层上部。

1963 斯行健、李星学等,27 页,图版 8,图 2;茎干;陕西延长七里村;晚三叠世延长群上部。

蟹形新芦木 *Neocalamites carcinoides* Harris,1931

1931 Harris,25 页,图版 4,图 2,3,5－7;图版 5,图 1－5;图版 6,图 1－4,6;插图 5a－5d;茎干;东格陵兰;晚三叠世(*Lepidopteris* Zone)。

1956a 斯行健,11,120 页,图版 1,图 1,1a;图版 2,图 1,1a,2;图版 3,图 1－3;图版 4,图 1;图版 6,图 7,8;图版 9,图 1,2,2a;茎干;陕西延长七里村、宜君四郎庙炭河沟;晚三叠世延长层上部;陕西延长怀林坪;晚三叠世延长层中部。

1956 周志炎、张善桢,55,60 页,图版 1,图 1;茎干;内蒙古阿拉善旗扎哈道蓝巴格;晚三叠世延长层。

1963 李星学等,126 页,图版 93,图 3;茎干;中国西北地区;晚三叠世—早侏罗世。

1963 李佩娟,122 页,图版 51,图 1;茎干;陕西宜君;晚三叠世。

1963 斯行健、李星学等,27 页,图版 5,图 4,5;图版 6,图 1,2;图版 7,图 2,3;茎干;陕西延长和宜君,内蒙古阿拉善旗,甘肃固原(?);晚三叠世延长群中部和上部。

1968 《湘赣地区中生代含煤地层化石手册》,36 页,图版 1,图 5,6;图版 2,图 1;茎干;湘赣地区;晚三叠世—早侏罗世。

1977 长春地质学院勘探系等,图版 1,图 1;茎干;吉林浑江石人;晚三叠世小河口组。

1978 杨贤河,471页,图版156,图2;茎干;四川乡城沙孜;晚三叠世喇嘛垭组。

1978 张吉惠,464页,图版151,图6;茎干;湖南靖县;早侏罗世。

1979 顾道源、胡雨帆,图版1,图6;茎干;新疆库车克拉苏河;晚三叠世塔里奇克组。

1979 何元良等,134页,图版57,图3;茎;青海大通吕顺庄泥家沟;晚三叠世默勒群。

1979 徐仁等,12页,图版2,图1,2;有节类茎干;四川宝鼎花山;晚三叠世大荞地组中上部。

1980 何德长、沈襄鹏,7页,图版1,图1;有节类茎干;湖南浏阳澄潭江;晚三叠世安源组。

1980 黄枝高、周惠琴,68页,图版14,图1;图版15,图1;图版17,图4;图版23,图4;茎干;陕西铜川金锁关、焦坪;晚三叠世延长组上部,中三叠世晚期铜川组下段。

1980 张武等,229页,图版103,图4;图版104,图1—3;茎干;吉林通化石人公社;晚三叠世北山组。

1981 周惠琴,图版1,图2;茎干;辽宁北票羊草沟;晚三叠世羊草沟组。

1982 刘子进,117页,图版57,图1;图版58,图1;茎干;陕西,甘肃,宁夏;晚三叠世延长群上部。

1982 王国平等,238页,图版108,图6;茎干;江西萍乡安源;晚三叠世安源组。

1983 段淑英等,60页,图版6,图3,4;茎干;云南宁蒗背箩山一带;晚三叠世。

1984 陈公信,566页,图版222,图6;茎干;湖北荆门锅底坑;早侏罗世桐竹园组。

1984 顾道源,135页,图版64,图5;图版65,图1,3;茎干;新疆吐鲁番兄弟泉煤矿;晚三叠世郝家沟组。

1984 王自强,232页,图版111,图1;图版113,图3,4;茎干和叶;山西临县、吉县、永和;中—晚三叠世延长群。

1986 叶美娜等,18页,图版4,图7;图版6,图1,1a;图版8,图1,1a;茎干;四川达县铁山金窝、开江七里峡;晚三叠世须家河组。

1986 周统顺、周惠琴,64页,图版17,图1—4;图版20,图3;茎干;新疆吉木萨尔大龙口;中三叠世克拉玛依组,晚三叠世郝家沟组。

1987 胡雨帆、顾道源,219页,图版5,图4;茎干;新疆库车克拉苏河;晚三叠世塔里奇克组。

1988 李佩娟等,43页,图版98,图1;茎干;青海大柴旦大煤沟;早侏罗世火烧山组 *Cladophlebis* 层。

1989 梅美棠等,74页,图版33,图3;插图3—6,7b;茎干;中国;晚三叠世—早侏罗世。

1990 吴向午、何元良,293页,图版1,图7;图版2,图6,6a;茎干;青海玉树上拉秀、子曲河边夏雅色;晚三叠世结扎群A组。

1992 孙革、赵衍华,524页,图版217,图1,2;图版218,图1—4;图版219,图2;茎干;吉林浑江石人;晚三叠世小河口组。

1993 米家榕等,81页,图版2,图8;图版3,图2,3;茎干;吉林浑江石人北山;晚三叠世北山组(小河口组);辽宁凌源老虎沟;晚三叠世老虎沟组。

1995a 李星学(主编),图版72,图3;茎干;陕西延长七里村;晚三叠世延长组上部。(中文)

1995b 李星学(主编),图版72,图3;茎干;陕西延长七里村;晚三叠世延长组上部。(英文)

1996 米家榕等,83页,图版4,图1,9,15;茎干;河北抚宁石门寨;早侏罗世北票组。

1998 廖卓庭、吴国干(主编),图版12,图4,6,7;茎干;新疆巴里坤三塘湖三个泉;中三叠世克拉玛依组。

2002 张振来等,图版15,图7;茎干;湖北秭归泄滩;晚三叠世沙镇溪组。

?蟹形新芦木 ?*Neocalamites carcinoides* Harris

1987 何德长,71 页,图版 1,图 3;图版 2,图 3;茎干;浙江龙泉花桥;早侏罗世早期花桥组 6 层。

蟹形新芦木(比较种) *Neocalamites* cf. *carcinoides* Harris

1936 潘钟祥,11 页,图版 3,图 4－9;茎干;陕西富县;早侏罗世瓦窑堡煤系。[注:此标本后改定为 *Neocalamites carcinoides* Harris(斯行健、李星学等,1963)]

1977 长春地质学院勘探系等,图版 1,图 8,11;茎干和叶;吉林浑江石人;晚三叠世小河口组。

2002 吴向午等,149 页,图版 1,图 1;茎干;甘肃民勤唐家沟;中侏罗世宁远堡组下段。

蟹形新芦木(比较属种) *Neocalamites* cf. *N. carcinoides* Harris

1996 孙跃武等,12 页,图版 1,图 5;茎干;河北承德武家厂;早侏罗世南大岭组。

卡勒莱新芦木 *Neocalamites carrerei* (Zeiller) Halle,1908

1902－1903 *Schizoneura carrerei* Zeiller,137 页,图版 36,图 1,2;图版 37,图 1;图版 38,图 1－8;茎;越南鸿基;晚三叠世。

1908 Halle,6 页。

1920 Yabe,Hayasaka,14 页,图版 1,图 2,3;图版 5,图 8;茎干;四川江北龙王洞炭田;早三叠世。

1933c 斯行健,24 页,图版 5,图 3,4;茎干;四川宜宾南广;晚三叠世晚期—早侏罗世。

1933d 斯行健,49 页,图版 8,图 6;茎干;福建长汀马兰岭;早侏罗世。

1949 斯行健,3 页,图版 14,图 7,8;茎干;湖北秭归香溪,当阳观音寺李家店、贾家店;早侏罗世香溪煤系。[注:此标本后改定为 *Neocalamites* cf. *carrerei* (Zeiller) Halle(斯行健、李星学等,1963)]

1952 斯行健、李星学,2,20 页,图版 1,图 6;茎干;四川威远矮山子;早侏罗世。[注:此标本后改定为 *Neocalamites* cf. *carrerei* (Zeiller) Halle(斯行健、李星学等,1963)]

1954 徐仁,42 页,图版 38,图 1－3;茎干;云南禄丰一平浪;四川宜宾南广;晚三叠世。

1956 敖振宽,19 页,图版 2,图 1;茎干;广东广州小坪;晚三叠世小坪煤系。[注:此标本后改定为 *Neocalamites* cf. *carrerei* (Zeiller) Halle(斯行健、李星学等,1963)]

1956a 斯行健,10,119 页,图版 4,图 2,2a;图版 6,图 6;茎干;陕西宜君四郎庙炭河沟;晚三叠世延长层上部。

1960a 斯行健,24 页,图版 1,图 5;茎干;甘肃天祝石房沟;晚三叠世延长群。

1962 李星学等,154 页,图版 93,图 2;茎干;长江流域;晚三叠世—早侏罗世。

1963 李星学等,131 页,图版 104,图 1;茎干;中国西北地区;晚三叠世—中侏罗世。

1963 李佩娟,122 页,图版 51,图 2,3;茎干;新疆,山西,四川,陕西,甘肃等;晚三叠世—中侏罗世。

1963 周惠琴,168 页,图版 71,图 5;茎干;广东花县华岭;晚三叠世。

1963 斯行健、李星学等,29 页,图版 7,图 4,4a;图版 8,图 3;图版 10,图 4;图版 12,图 1;图版 143,图 6;图版 46,图 6;髓模和茎干;陕西延长、安定、宜君;晚三叠世延长群上部;云南广通;晚三叠世一平浪群;四川宜宾,福建长汀;晚三叠世—早侏罗世。

1964 李星学等,130 页,图版 86,图 2;茎干;华南地区;晚三叠世—中侏罗世。

1964 李佩娟,107 页,图版 1,图 3;髓模和茎干;四川广元杨家崖;晚三叠世须家河组。

1965 曹正尧,513 页,图版 1,图 5;茎干;广东高明松柏坑;晚三叠世小坪组。

1968 《湘赣地区中生代含煤地层化石手册》,37 页,图版 1,图 7;茎干;湘赣地区;晚三叠世—早侏罗世。

1974 胡雨帆等,图版 1,图 3;茎干;四川雅安观化煤矿;晚三叠世。

1974 李佩娟等,355 页,图版 186,图 6,7;茎干;四川彭县磁峰场;晚三叠世须家河组。

1976 李佩娟等,93 页,图版 2,图 5—7;图版 3,图 3,4;茎干;云南禄丰一平浪;晚三叠世一平浪组干海子段;云南祥云蚂蝗阱;晚三叠世祥云组白土田段。

1977 冯少南等,199 页,图版 71,图 8,9;茎干;广西坪山;晚三叠世;湖北兴山郑家河;晚三叠世香溪群下煤组;广东花县华岭;晚三叠世小坪组;河南渑池义马;晚三叠世延长群。

1978 杨贤河,471 页,图版 156,图 1;茎干;四川乡城沙孜;晚三叠世喇嘛垭组。

1978 张吉惠,464 页,图版 151,图 2;茎干;贵州桐梓;晚三叠世。

1978 周统顺,96 页,图版 6,图 6,7,7a;茎干;福建漳平大坑;晚三叠世大坑组。

1979 顾道源、胡雨帆,图版 1,图 7;茎干;新疆库车克拉苏河;晚三叠世塔里奇克组。

1979 何元良等,134 页,图版 59,图 1,2;茎干;青海超木超河上游;晚三叠世八宝山群;青海刚察达日格;晚三叠世默勒群下岩组。

1979 徐仁等,12 页,图版 1,图 1—4;有节类茎干;四川宝鼎;晚三叠世大荞地组中上部、大箐组下部。

1980 何德长、沈襄鹏,6 页,图版 1,图 5;有节类茎干;湖南浏阳澄潭江;晚三叠世三丘田组。

1980 黄枝高、周惠琴,67 页,图版 15,图 2;图版 23,图 1—3;茎干;陕西铜川柳林沟;晚三叠世延长组上部,中三叠世晚期铜川组。

1980 吴水波等,图版 1,图 7;茎干;吉林汪清托盘沟地区;晚三叠世。

1980 张武等,229 页,图版 105,图 6;图版 118,图 1—6;茎干;辽宁凌源刀子沟;早侏罗世郭家店组;吉林通化石人;晚三叠世北山组;吉林抚松;早侏罗世小营子组;吉林洮安红旗煤矿;早侏罗世红旗组。

1981 刘茂强、米家榕,22 页,图版 1,图 8,14,15,19;茎干和髓模;吉林临江闹枝沟;早侏罗世义和组。

1982 段淑英、陈晔,493 页,图版 1,图 3;茎干;四川宣汉七里峡;晚三叠世须家河组。

1982 刘子进,117 页,图版 58,图 2;茎干;陕西铜川柳林沟、焦坪、何家坊,宜君四郎庙;晚三叠世延长群。

1982 王国平等,238 页,图版 108,图 2,3;茎干;福建漳平大坑;晚三叠世大坑组。

1982a 吴向午,49 页,图版 2,图 2,3;茎干;西藏安多土门;晚三叠世土门格拉组。

1982 杨贤河,464 页,图版 1,图 1—4;茎干;四川威远葫芦口、江南甘溪;晚三叠世须家河组。

1982b 杨学林、孙礼文,28 页,图版 1,图 11;图版 2,图 2—7;图版 12,图 7;茎干;大兴安岭东南部红旗煤矿;早侏罗世红旗组。

1982 张武,188 页,图版 1,图 3,4;茎干;辽宁凌源;晚三叠世老虎沟组。

1983 段淑英等,图版 6,图 1,2;茎干;云南宁蒗背箩山一带;晚三叠世。

1983 孙革等,450 页,图版 1,图 3,4;茎干;吉林双阳大酱缸;晚三叠世大酱缸组。

1984 陈公信,567 页,图版 221,图 1;图版 222,图 5;茎干;湖北荆门分水岭、海慧沟;晚三叠世九里岗组,早侏罗世桐竹园组。

1984 顾道源,135 页,图版 64,图 6,7;图版 65,图 2;图版 77,图 8;茎干;新疆吐鲁番兄弟泉煤矿;晚三叠世郝家沟组;新疆库车克拉苏河;晚三叠世塔里奇克组。

1984 黄其胜,图版1,图10,11;茎干;安徽怀宁宝龙山;晚三叠世拉犁尖组。

1984 王自强,232页,图版112,图5,6;图版122,图4,5;茎;山西兴县;中—晚三叠世延长群。

1985 米家榕、孙春林,图版1,图1;茎干;吉林双阳八面石煤矿;晚三叠世小蜂蜜顶子组上段。

1986 陈晔等,38页,图版4,图1;茎干;四川理塘;晚三叠世拉纳山组。

1986 叶美娜等,18页,图版4,图6,6a;茎干;四川达县雷音铺;晚三叠世须家河组7段。

1986 周统顺、周惠琴,65页,图版17,图5;图版20,图1,2;茎干;新疆吉木萨尔大龙口;中三叠世克拉玛依组,晚三叠世郝家沟组。

1987 陈晔等,86页,图版2,图1;茎干;四川盐边箐河;晚三叠世红果组。

1987 何德长,78页,图版1,图2;茎干;浙江云和杨家山;中侏罗世毛弄组。

1987 何德长,79页,图版14,图6;茎干;湖北蒲圻跑马岭;晚三叠世鸡公山组。

1987 何德长,82页,图版17,图4;茎干;福建漳平大坑;晚三叠世文宾山组。

1987 胡雨帆、顾道源,220页,图版5,图3;茎干;新疆库车克拉苏河;晚三叠世塔里奇克组。

1987 杨贤河,4页,图版1,图1;茎干;四川荣县度佳;中侏罗世下沙溪庙组。

1988 黄其胜,图版2,图4;茎干;湖北大冶金山店;早侏罗世武昌组中部。

1988b 黄其胜、卢宗盛,图版10,图13;茎干;湖北大冶金山店;早侏罗世武昌组中部。

1989 梅美棠等,74页,图版33,图1;插图3-67a;茎干;中国;晚三叠世—早侏罗世。

1991 李洁等,53页,图版1,图2,3;茎干;新疆昆仑山野马滩北;晚三叠世卧龙岗组。

1992 孙革、赵衍华,523页,图版215,图2—5,7;茎干;吉林汪清鹿圈子村北山;晚三叠世马鹿沟组。

1993 黑龙江省地质矿产局,图版11,图7;茎干;黑龙江省;中侏罗世裴德组。

1993 米家榕等,82页,图版3,图4,7,8;图版4,图1;图版5,图1—4,8;茎干;黑龙江东宁罗圈站;晚三叠世罗圈站组;吉林双阳大酱缸;晚三叠世大酱缸组;吉林双阳八面石煤矿;晚三叠世小蜂蜜顶子组上段;吉林浑江石人北山;晚三叠世北山组(小河口组);河北平泉围场沟;晚三叠世杏石口组;辽宁凌源老虎沟;晚三叠世老虎沟组。

1993 孙革,59页,图版2,图1—7;插图16;茎干;吉林汪清天桥岭、鹿圈子村北山;晚三叠世马鹿沟组。

1993a 吴向午,104页。

1995 曾勇等,47页,图版2,图2,3;茎干;河南义马;中侏罗世义马组。

1996 米家榕等,83页,图版3,图4;图版4,图5,6,12;茎干;辽宁北票冠山、三宝,河北抚宁石门寨;早侏罗世北票组。

1998 张泓等,图版8,图2;图版9,图3;茎干;新疆拜城铁力克;早侏罗世阿合组。

1999b 吴舜卿,15页,图版1,图8(?);图版3,图1—5;图版4,图1(?),2(?),3;茎干;四川旺苍金溪、合川沥濞峡、威远新场黄石板;晚三叠世须家河组;四川会理鹿厂、麻坪;晚三叠世白果湾组;贵州六枝郎岱;晚三叠世火把冲组。

2000 孙春林等,图版1,图6;茎干;吉林白山红立;晚三叠世小营子组。

2003 邓胜徽等,图版67,图3;茎干;新疆哈密三道岭煤矿;中侏罗世西山窑组。

2003 袁效奇等,图版20,图1;木贼类茎干;陕西子长秀延河;中侏罗世延安组。

卡勒莱新芦木(比较种) *Neocalamites* cf. *carrerei* (Zeiller) Halle

1936 潘钟祥,9页,图版3,图1—3;茎干;陕西安定秦家塔、富县岩李家坪;早侏罗世瓦窑堡煤系。[注:此标本后改定为 *Neocalamites carrerei* (Zeiller) Halle(斯行健、李星学等,1963)]

1956b 斯行健,图版 2,图 6;茎干;新疆准噶尔盆地克拉玛依;晚三叠世晚期延长层上部。

1963 斯行健、李星学等,30 页,图版 8,图 4;茎干;湖北西部,四川巴县;早侏罗世香溪群;新疆准噶尔盆地;晚三叠世延长群上部;广东广州小坪;晚三叠世小坪群。

1987 胡雨帆、顾道源,221 页,图版 3,图 3;茎干;新疆吉木萨尔大龙口;晚三叠世郝家沟组。

1988a 黄其胜、卢宗盛,181 页,图版 2,图 2;茎干;河南卢氏双槐树;晚三叠世延长群下部5层。

1996 吴舜卿、周汉忠,3 页,图版 1,图 2;茎干;新疆库车库车河剖面;中三叠世克拉玛依组下段。

△当阳新芦木 *Neocalamites dangyangensis* Chen,1977

1977 陈公信,见冯少南等,200 页,图版 71,图 6;茎干;标本号:P5087;正模:P5087(图版 71,图 6);标本保存在湖北省地质局;湖北当阳三里岗;早—中侏罗世香溪群上煤组。

1979 何元良等,134 页,图版 58,图 1,1a;茎干;青海超木超河上游;晚三叠世八宝山群。

1984 陈公信,567 页,图版 221,图 2－4;茎干;湖北荆门分水岭;晚三叠世九里岗组;湖北当阳三里岗;早侏罗世桐竹园组;湖北蒲圻鸡公山;晚三叠世鸡公山组。

1984 王自强,232 页,图版 122,图 2,3;茎;河北承德;早侏罗世甲山组。

△丝状? 新芦木 *Neocalamites? filifolius* Li et Wu,1988

1988 李佩娟、吴向午,见李佩娟等,43 页,图版 8,图 2;图版 16,图 2,3;图版 84,图 4B;茎;采集号:80DP$_1$F$_{38}$;登记号:PB13345,PB1346;正模:PB13345(图版 16,图 2);标本保存在中国科学院南京地质古生物研究所;青海大柴旦大煤沟;早侏罗世甜水沟组 *Hausmannia* 层。

△海房沟新芦木 *Neocalamites haifanggouensis* Zheng,1980

1980 郑少林,见张武等,230 页,图版 117,图 3－5;插图 168;茎干;登记号:D63－D65;辽宁北票海房沟;中侏罗世蓝旗组。(注:原文未指定模式标本)

1987 张武、郑少林,267 页,图版 2,图 5;木贼类茎干;辽宁北票长皋台子山;中侏罗世蓝旗组。

1989 辽宁省地质矿产局,图版 9,图 6;茎干;辽宁北票海房沟;中侏罗世海房沟组。

△海西州新芦木 *Neocalamites haixizhouensis* Li et Wu,1988

1988 李佩娟、吴向午,见李佩娟等,43 页,图版 7,图 1;图版 8,图 1,1a;图版 9,图 1A,1a;图版 10,图 3;图版 11,图 3－5;图版 12,图 2;图版 13,图 1;图版 14,图 2;茎干;采集号:80DP$_1$F$_{38}$;登记号:PB13347－PB13355;正模:PB13347(图版 10,图 3);标本保存在中国科学院南京地质古生物研究所;青海大柴旦大煤沟;早侏罗世甜水沟组 *Hausmannia* 层。

1992 谢明忠、孙景嵩,图版 1,图 1;茎干;河北宣化;中侏罗世下花园组。

1995a 李星学(主编),图版 89,图 4;茎干;青海大柴旦大煤沟;早侏罗世甜水沟组。(中文)

1995b 李星学(主编),图版 89,图 4;茎干;青海大柴旦大煤沟;早侏罗世甜水沟组。(英文)

米氏新芦木 *Neocalamites merianii* (Brongniart) Halle,1908

1828－1838 *Equisetites merianii* Brongniart,115 页,图版 12,图 13;法国;三叠纪。

1908 Halle,11 页。

1979 何元良等,134 页,图版 57,图 4;图版 58,图 3;茎干;青海刚察达日格;晚三叠世默勒群下岩组。

1979 叶美娜,76 页,图版 1,图 2;茎干碎片;湖北利川瓦窑坡;中三叠世巴东组中段。

1983 张武等,72 页,图版 1,图 25—27;茎干;辽宁本溪林家崴子;中三叠世林家组。

米氏新芦木(比较属种) Cf. *Neocalamites merianii* (Brongniart) Halle

1960a 斯行健,25 页,图版 1,图 8,9;茎干;甘肃天祝石房沟;晚三叠世延长群。

米氏新芦木(比较种) *Neocalamites* cf. *merianii* (Brongniart) Halle

1984 陈公信,567 页,图版 222,图 10,11;茎干;湖北鄂城程潮;晚三叠世鸡公山组。

1990 吴舜卿、周汉忠,449 页,图版 1,图 4,5;茎干;新疆库车;早三叠世俄霍布拉克组。

△南漳新芦木 *Neocalamites nanzhangensis* Feng,1977

1977 冯少南等,200 页,图版 71,图 5;茎干;标本号:P25206;正模:P25206(图版 71,图 5);标本保存在湖北地质科学研究所;湖北南漳东巩;晚三叠世香溪群下煤组。

1982 张武,188 页,图版 1,图 1,2;茎干;辽宁凌源;晚三叠世老虎沟组。

1985 杨学林、孙礼文,102 页,图版 1,图 4,5;茎干;大兴安岭南部红旗煤矿;早侏罗世红旗组。

1995 曾勇等,46 页,图版 2,图 4;茎干;河南义马;中侏罗世义马组下含煤段。

那氏新芦木 *Neocalamites nathorsti* Erdtman,1921

1921 Erdtman,4 页,图版 1,图 9—14;主茎和叶枝;英国约克郡;中侏罗世。

1979 何元良等,133 页,图版 57,图 2;茎;青海大柴旦大煤沟;早侏罗世小煤沟组。

1983a 曹正尧,11 页,图版 1,图 1,2;茎;黑龙江虎林云山;中侏罗世龙爪沟群下部。

1985 李佩娟,148 页,图版 19,图 1;叶枝;新疆温宿西琼台兰冰川;早侏罗世。

1986 叶美娜等,19 页,图版 1,图 4;图版 5,图 5;茎干;四川开江正坝;早侏罗世珍珠冲组。

1988 李佩娟等,45 页,图版 10,图 2,2a;图版 12,图 1,1a;图版 14,图 1,1a;图版 15,图 2,3a;图版 20,图 1;茎干;青海大柴旦大煤沟;早侏罗世甜水沟组 *Ephedrites* 层,中侏罗世石门沟组 *Neocalamites nathorstii* 层。

1988 孙伯年、杨恕,85 页,图版 1,图 1;茎干和叶角质层;湖北秭归香溪;早—中侏罗世香溪组。

1995a 李星学(主编),图版 90,图 2;茎干;青海大柴旦大煤沟;早侏罗世甜水沟组。(中文)

1995b 李星学(主编),图版 90,图 2;茎干;青海大柴旦大煤沟;早侏罗世甜水沟组。(英文)

1995 吴舜卿,471 页,图版 1,图 2,3,6;茎干;新疆库车库车河剖面;早侏罗世塔里奇克组上部。

1998 张泓等,图版 4,图 1;图版 5,图 1,2;图版 6,图 1;图版 7,图 1,2;图版 8,图 1;茎干;新疆拜城铁力克;早侏罗世阿合组;青海大柴旦大煤沟;早侏罗世火烧山组。

那氏新芦木(比较种) *Neocalamites* cf. *nathorst* Erdtman

1980 吴舜卿等,86 页,图版 6,图 7,7a;插图 2;茎干;湖北秭归香溪;早—中侏罗世香溪组。

1984 陈公信,567 页,图版 223,图 4;茎干;湖北秭归;早侏罗世香溪组。

△皱纹新芦木 *Neocalamites rugosus* Sze,1956

1956a 斯行健,14,122 页,图版 8,图 1—3a;图版 40,图 4—6;茎干;登记号:PB2267—PB2271;标本保存在中国科学院南京地质古生物研究所;陕西宜君四郎庙炭河沟、延长冯家沟;晚三叠世延长群上部。[注:此标本曾被沈光隆(1990,302 页)改定为 *Neocalamites asperrimas* (Franke) Shen]

1960a 斯行健,24 页,图版 1,图 7;茎干;甘肃天祝石房沟;晚三叠世延长群。

1963 斯行健、李星学等,31 页,图版 9,图 1,1a,2,2a;茎干;陕西宜君、延长;晚三叠世延长群上部。

1974 胡雨帆等,图版 1,图 2;茎干;四川雅安观化煤矿;晚三叠世。

1977 长春地质学院勘探系等,图版 1,图 3,5;茎干;吉林浑江石人;晚三叠世小河口组。

1977 冯少南等,200 页,图版 71,图 3,4;茎干;湖北南漳东巩;晚三叠世香溪群下煤组。

1978 杨贤河,471 页,图版 156,图 3;茎干;四川雅安;晚三叠世须家河组。

1979 何元良等,134 页,图版 58,图 2;茎干;青海天峻祝玛盖什沟;晚三叠世默勒群下岩组。

1980 张武等,231 页,图版 105,图 4,5;茎干;吉林通化石人;晚三叠世北山组。

1981 周惠琴,图版 1,图 3;茎干;辽宁北票羊草沟;晚三叠世羊草沟组。

1982 杨贤河,464 页,图版 1,图 5,6;茎干;四川江南甘溪;晚三叠世须家河组。

1984 陈公信,567 页,图版 221,图 5;茎干;湖北南漳东巩;晚三叠世九里岗组。

1984 王自强,232 页,图版 111,图 3－5;茎;山西石楼、永和;中—晚三叠世延长群。

1987 陈晔等,86 页,图版 2,图 2,3,6;茎干;四川盐边箐河;晚三叠世红果组。

1989 梅美棠等,75 页,图版 33,图 2;茎干;中国;晚三叠世。

1993 米家榕等,82 页,图版 4,图 2,2a,3,5;图版 6,图 1;茎干;吉林浑江石人北山;晚三叠世北山组(小河口组);辽宁北票羊草沟;晚三叠世羊草沟组。

△山西新芦木 *Neocalamites shanxiensis* Wang,1984

1984 王自强,233 页,图版 110,图 17;图版 111,图 2;图版 112,图 7;茎干;登记号:P0041,P0065,P0066;正模:P0066(图版 112,图 7);副模:P0041(图版 110,图 17);标本保存在中国科学院南京地质古生物研究所;山西榆社、兴县;早—中三叠世二马营组、刘家沟组,中—晚三叠世延长群。

1986b 郑少林、张武,176 页,图版 3,图 7,8;茎干;辽宁西部喀喇沁左翼杨树沟;早三叠世红砬组。

1995 曾勇等,47 页,图版 4,图 1,2;茎干;河南义马;中侏罗世义马组下含煤段。

2000 孟繁松等,51 页,图版 1,图 1－8;茎干;湖北秭归两河口;中三叠世巴东组 1 段;重庆奉节大窝埫,湖南桑植洪家关、马合口,湖北恩施七里坪;中三叠世巴东组 2 段。

2002 张振来等,图版 13,图 11;茎干;湖北秭归郭家坝新镇狮子包;中三叠世信陵镇组。

△瘤状? 新芦木 *Neocalamites*? *tubercalatus* Li et Wu,1982

1982 李佩娟、吴向午,37 页,图版 3,图 3A,3a;茎干;采集号:热(7)f1-2;登记号:PB8492;正模:PB8492(图版 3,图 3A,3a);标本保存在中国科学院南京地质古生物研究所;四川义敦热柯区喇嘛垭;晚三叠世喇嘛垭组。

△乌灶新芦木 *Neocalamites wuzaoensis* Chen,1986

1986b 陈其奭,3 页,图版 3,图 8,9;茎干;采集号:P1116-4-A1,28;登记号:ZMf-植-00031;标本保存在浙江省自然博物馆;浙江义乌乌灶;晚三叠世乌灶组。

新芦木(未定多种) *Neocalamites* spp.

1956a *Neocalamites* sp.,斯行健,14,123 页,图版 2,图 3;茎干;陕西延长西渠口;晚三叠世延长层上部。

1956c *Neocalamites* sp.，斯行健，图版 2，图 9；茎干；甘肃固原汭水峡；晚三叠世延长层。［注：此标本后改定为？*Neocalamites carcinoides* Harris（斯行健、李星学等，1963）］

1963 *Neocalamites* sp. 1，斯行健、李星学等，32 页，图版 10，图 2；茎干；陕西延长；晚三叠世延长群上部。

1963 *Neocalamites* sp. 2，斯行健、李星学等，32 页，图版 9，图 3，4；茎干；四川雅安黄泥堡；早侏罗世（?）。

1966 *Neocalamites* sp. 1，吴舜卿，234 页，图版 1，图 2；茎干；贵州安龙龙头山；晚三叠世。

1966 *Neocalamites* sp. 2，吴舜卿，234 页，图版 1，图 3；茎干髓模；贵州安龙龙头山；晚三叠世。

1976 *Neocalamites* sp.，张志诚，184 页，图版 86，图 6，7；茎干；山西大同；中侏罗世大同组。

1976 *Neocalamites* sp. 1，李佩娟等，93 页，图版 3，图 1；茎干髓模；云南禄丰一平浪；晚三叠世一平浪组干海子段。

1976 *Neocalamites* sp. 2，李佩娟等，94 页，图版 3，图 2；茎干；云南禄丰一平浪、渔坝村；晚三叠世一平浪组干海子段和舍资段。

1976 *Neocalamites* sp. 3，李佩娟等，94 页，图版 46，图 1；茎干；云南巍山铁厂；晚三叠世巍山组挖鲁八段。

1978 *Neocalamites* sp.，王立新等，图版 4，图 9－11；茎干；山西榆社红崖头；早三叠世。

1978 *Neocalamites* sp.，杨贤河，471 页，图版 189，图 11；茎干；四川达县铁山；早一中侏罗世自流井组。

1979 *Neocalamites* sp.，叶美娜，77 页，图版 1，图 3，3a；茎干碎片；湖北利川瓦窑坡；中三叠世巴东组中段。

1979 *Neocalamites* sp.，周志炎、厉宝贤，445 页，图版 1，图 2；茎干髓部；海南琼海九曲江海洋村；早三叠世岭文群（九曲江组）。

1980 *Neocalamites* sp. 1，黄枝高、周惠琴，68 页，图版 14，图 2；茎干；陕西铜川金锁关；中三叠世晚期铜川组上段。

1980 *Neocalamites* spp.，吴舜卿等，72 页，图版 1，图 1－3；茎干；湖北秭归沙镇溪，兴山耿家河、郑家河；晚三叠世沙镇溪组。

1982 *Neocalamites* sp.，段淑英、陈晔，493 页，图版 1，图 4；茎干；四川合川炭坝；晚三叠世须家河组上部。

1982 *Neocalamites* sp.，李佩娟、吴向午，38 页，图版 1，图 3；茎干；四川义敦热柯区喇嘛垭；晚三叠世喇嘛垭组。

1982b *Neocalamites* sp.，吴向午，79 页，图版 3，图 7；茎干；西藏昌都穷卡乡希雄；晚三叠世巴贡组上段。

1982b *Neocalamites* sp.，杨学林、孙礼文，42 页，图版 13，图 4；茎干髓模；大兴安岭东南部万宝煤矿；中侏罗世万宝组。

1982 *Neocalamites* sp.，张采繁，522 页，图版 338，图 2；茎干；湖南浏阳文家市；早侏罗世。

1982b *Neocalamites* sp.，郑少林、张武，295 页，图版 1，图 14－16；茎干；黑龙江密山裴德、虎林云山；中侏罗世东胜村组。

1984 *Neocalamites* sp.，陈公信，567 页，图版 222，图 14；茎干；湖北南漳东巩；晚三叠世九里岗组。

1984 *Neocalamites* sp.，厉宝贤、胡斌，138 页，图版 1，图 4；茎干；山西大同；早侏罗世永定庄组。

1984 *Neocalamites* sp. 1,王自强,232 页,图版 112,图 2,3;茎;山西榆社;中—晚三叠世延长群。

1984 *Neocalamites* sp. 2,王喜富,298 页,图版 175,图 12,13;茎干;河北承德下板城;早三叠世和尚沟组上部。

1985 *Neocalamites* sp.,米家榕、孙春林,图版 1,图 8;茎干;吉林双阳八面石煤矿;晚三叠世小蜂蜜顶子组上段。

1985 *Neocalamites* sp.,杨学林、孙礼文,102 页,图版 1,图 1;茎干;大兴安岭南部万宝煤矿;中侏罗世万宝组。

1986b *Neocalamites* sp.,陈其奭,3 页,图版 3,图 5,6;茎干;浙江义乌乌灶;晚三叠世乌灶组。

1986 *Neocalamites* sp.,段淑英,334 页,图版 1,图 6;茎干;北京延庆下德龙湾;中侏罗世后城组。

1986 *Neocalamites* sp.,鞠魁祥、蓝善先,图版 2,图 11;茎干;江苏南京吕家山;晚三叠世范家塘组。

1986 *Neocalamites* sp.,李蔚荣等,图版 1,图 2;茎干;黑龙江密山裴德北山;中侏罗世裴德组。

1987 *Neocalamites* sp. 1,陈晔等,87 页,图版 2,图 7;茎干;四川盐边箐河;晚三叠世红果组。

1987 *Neocalamites* sp. 2,陈晔等,87 页,图版 2,图 4,5;茎干;四川盐边箐河;晚三叠世红果组。

1987 *Neocalamites* sp.,段淑英,19 页,图版 3,图 7;茎干髓模;北京西山斋堂;中侏罗世。

1988 *Neocalamites* sp. 1,李佩娟等,46 页,图版 4,图 5;茎干;青海大柴旦小煤沟;早侏罗世小煤沟组 *Zamites* 层。

1988 *Neocalamites* sp. 2,李佩娟等,47 页,图版 6,图 2,2A;茎干;青海大柴旦大煤沟;早侏罗世火烧山组 *Cladophlebis* 层。

1988 *Neocalamites* sp. 4,李佩娟等,47 页,图版 6,图 1,1a;茎干;青海大柴旦大煤沟;中侏罗世石门沟组 *Nilssonia* 层。

1989 *Neocalamites* sp.,王自强、王立新,32 页;茎干;山西交城裴家山;早三叠世刘家沟组中上部。

1990 *Neocalamites* sp.,宁夏回族自治区地质矿产局,图版 8,图 1;茎干;宁夏平罗汝箕沟;晚三叠世延长群。

1990a *Neocalamites* sp.,王自强、王立新,118 页,图版 2,图 4;茎干;山西蒲县滴水潭;早三叠世和尚沟组上段。

1990 *Neocalamites* sp. 1,吴舜卿、周汉忠,450 页,图版 1,图 2,10A,10aA,12A;茎干;新疆库车;早三叠世俄霍布拉克组。

1990 *Neocalamites* sp. 2,吴舜卿、周汉忠,450 页,图版 1,图 7,9;茎干;新疆库车;早三叠世俄霍布拉克组。

1990 *Neocalamites* sp. 3,吴舜卿、周汉忠,450 页,图版 1,图 6;茎干;新疆库车;早三叠世俄霍布拉克组。

1990 *Neocalamites* sp. 1,吴向午、何元良,294 页,图版 3,图 1;茎干;青海玉树子曲河边夏雅色;晚三叠世结扎群 A 组。

1993 *Neocalamites* sp.,王士俊,6 页,图版 1,图 3;茎干;广东乐昌关春;晚三叠世艮口群。

1995 *Neocalamites* sp.,孟繁松等,图版 11,图 1;茎干;四川奉节大木坝;中三叠世信陵镇组。

1995 *Neocalamites* sp.,王鑫,图版 1,图 7;茎干;陕西铜川;中侏罗世延安组。

1996 *Neocalamites* sp. (Cf. *N. rugosus* Sze),米家榕等,84 页,图版 4,图 4;茎干;河北抚宁

石门寨；早侏罗世北票组。

1996 *Neocalamites* sp.，米家榕等，84 页，图版 3，图 8；茎干；河北抚宁石门寨；早侏罗世北票组。

1996 *Neocalamites* sp. indet.，米家榕等，85 页，图版 2，图 14；茎干；辽宁北票三宝；中侏罗世海房沟组。

1998 *Neocalamites* sp.，张泓等，图版 7，图 3；茎干；新疆奇台北山；早侏罗世八道湾组。

1999b *Neocalamites* sp. 1，孟繁松，图版 1，图 2；茎干；湖北秭归香溪；中侏罗世陈家湾组。

1999b *Neocalamites* sp.，孟繁松，图版 1，图 14；茎干；湖北秭归泄滩；中侏罗世陈家湾组。

2002 *Neocalamites* sp.，吴向午等，150 页，图版 3，图 1；茎干；甘肃民勤唐家沟；中侏罗世宁远堡组下段。

2004 *Neocalamites* sp.，邓胜徽等，209，213 页，图版 1，图 13；茎干；内蒙古阿拉善右旗雅布赖盆地红柳沟剖面；中侏罗世新河组。

2004 *Neocalamites* sp.，孙革、梅盛吴，图版 5，图 1，2，6；茎干；中国西北地区潮水盆地、雅布赖盆地；早—中侏罗世。

新芦木？(未定多种) *Neocalamites*? spp.

1956a *Neocalamites*? sp.，斯行健，15，123 页，图版 7，图 1，2a；髓模石核；陕西宜君四郎庙炭河沟；晚三叠世延长层上部。

1961 *Neocalamites*? sp.，沈光隆，166 页，图版 1，图 1；茎干；甘肃徽成一带；侏罗纪沔县群。

1963 *Neocalamites*? sp. 3，斯行健、李星学等，32 页，图版 10，图 1，1a；髓模石核；陕西宜君；晚三叠世延长群上部。

1963 *Neocalamites*? sp. 4，斯行健、李星学等，33 页，图版 10，图 3；茎干；辽宁本溪田师傅魏家堡子、凤城赛马集碾子沟；早—中侏罗世。

1963 *Neocalamites*? sp. 5，斯行健、李星学等，33 页；茎干；山西大同窑洞海泉沟；早—中侏罗世。

1982a *Neocalamites*? sp.，吴向午，49 页，图版 3，图 1；髓模石核；西藏安多土门；晚三叠世土门格拉组。

1982b *Neocalamites*? sp.，杨学林、孙礼文，28 页，图版 1，图 10；茎干；大兴安岭东南部红旗煤矿；早侏罗世红旗组。

1983 *Neocalamites*? sp.，李杰儒，21 页，图版 1，图 1；茎干；辽宁锦西后富隆山；中侏罗世海房沟组 3 段。

1984a *Neocalamites*? sp. 1，曹正尧，4 页，图版 4，图 7；茎干；黑龙江密山裴德；中侏罗世裴德组。

1984a *Neocalamites*? sp. 2，曹正尧，4 页，图版 4，图 2；茎干；黑龙江密山新村；中侏罗世裴德组。

1984 *Neocalamites*? sp.，康明等，图版 1，图 10；茎干；河南济源杨树庄；中侏罗世杨树庄组。

1988 *Neocalamites*? sp. 3，李佩娟等，47 页，图版 6，图 2，2A；茎干；青海大柴旦大煤沟；早侏罗世火烧山组 *Cladophlebis* 层。

1994 *Neocalamites*? sp.，萧宗正等，图版 14，图 8；茎干；北京门头沟东岭；晚侏罗世东岭台组。

1996 *Neocalamites*? sp.，吴舜卿、周汉忠，3 页，图版 1，图 3，4；茎干；新疆库车库车河剖面；中三叠世克拉玛依组下段。

2000 *Neocalamites*? sp.，吴舜卿等，图版 2，图 3b；茎干；新疆库车克拉苏河；晚三叠世“克拉玛依组”上部。

？新芦木(未定种)？*Neocalamites* sp.

1956 ？*Neocalamites*（？*Equisetites*）sp.，周志炎、张善桢，55，60 页，图版 1，图 1；茎干；内蒙古阿拉善旗扎哈道蓝巴格；晚三叠世延长层。

？新芦木(？似木贼)(未定种)？*Neocalamites*（？*Equisetites*）sp.

1956 ？*Neocalamites*（？*Equisetites*）sp.，周志炎、张善桢，55，60 页，图版 1，图 1；茎干；内蒙古阿拉善旗扎哈道蓝巴格；晚三叠世延长层。

新芦木(比较属，未定种) Cf. *Neocalamites* sp.

1933d Cf. *Neocalamites* sp.，斯行健，16 页；茎干；山西大同；早侏罗世。

新芦木穗属 Genus *Neocalamostachys* Kon'no，1962

[注：此属名由 Kon'no(1962)引用，但仅有属名；种名 *Neocalamostachys pedunculatus* 由 Bureau(1964)引用]

1962 Kon'no，26 页。

1984 王自强，233 页。

1993a 吴向午，104 页。

模式种：*Neocalamostachys pedunculatus*（Kon'no）Bureau，1964

分类位置：楔叶纲木贼目(Equisetales，Sphenopsida)

总花梗新芦木穗 *Neocalamostachys pedunculatus*（Kon'no）Bureau，1964

1962 *Neocalamostachys*（*Neocalamites?*）*pedunculatus* Kon'no，26 页，图版 9，图 5，6；图版 10，图 1－9，14；插图 2A－2D；木贼类果穗；日本(Fujiyakochi)；晚三叠世(Middle Carnic)。

1964 Bureau，237 页；插图 211；木贼类果穗；日本(Fujiyakochi)；晚三叠世(Middle Carnic)。

1993a 吴向午，104 页。

2000 孙春林等，图版 1，图 8－13；木贼类果穗；吉林白山红立；晚三叠世小营子组。

新芦木穗？(未定种) *Neocalamostachys*? sp.

1984 *Neocalamostachys*? sp.，王自强，233 页，图版 111，图 6，7；孢子囊穗；山西石楼；中—晚三叠世延长群。

1993a *Neocalamostachys*? sp.，吴向午，104 页。

△新孢穗属 Genus *Neostachya* Wang，1977

1977 王喜富，188 页。

1993a 吴向午，26，228 页。

1993b 吴向午，497，516 页。

模式种：*Neostachya shanxiensis* Wang，1977

分类位置：楔叶纲木贼目(Equisetales，Sphenopsida)

△陕西新孢穗 *Neostachya shanxiensis* Wang,1977

1977 王喜富,188 页,图版 2,图 1－10;有节类生殖枝;采集号:JP672010－JP672017;登记号:76012－76019;陕西宜君焦坪;晚三叠世延长群上部。(注:原文未指定模式标本)

1993a 吴向午,26,228 页。

1993b 吴向午,497,516 页。

杯叶属 Genus *Phyllotheca* Brongniart,1828

1828 Brongniart,150 页。

1885 Schenki,171(9)页。

1963 斯行健、李星学等,33 页。

1993a 吴向午,115 页。

模式种:*Phyllotheca australis* Brongniart,1828

分类位置:楔叶纲杯叶科(Phyllothecaceae,Sphenopsida)

澳洲杯叶 *Phyllotheca australis* Brongniart,1828

1828 Brongniart,150 页;茎干;澳大利亚霍克伯里河(Hawkesbury River);石炭纪—二叠纪。

1993a 吴向午,115 页。

△华美杯叶 *Phyllotheca bella* Meng,1992

1992b 孟繁松,176 页,图版 2,图 6,7;茎干;采集号:XHP-1,WSP-1;登记号:HP86006,HP86007;正模:HP86006(图版 2,图 6);副模:HP86007(图版 2,图 7);标本保存在宜昌地质矿产研究所;海南琼海九曲江新华村、文山上村;早三叠世岭文组。

1995a 李星学(主编),图版 62,图 5,6;具轮叶的枝;海南琼海九曲江新华村;早三叠世岭文组。(中文)

1995b 李星学(主编),图版 62,图 5,6;具轮叶的枝;海南琼海九曲江新华村;早三叠世岭文组。(英文)

△双枝杯叶 *Phyllotheca bicruris* Wang Z et Wang L,1990

1990a 王自强、王立新,117 页,图版 3,图 8;营养枝叶;标本号:Z22-355;正模:Z22-355(图版 3,图 8);标本保存在中国科学院南京地质古生物研究所;山西和顺京上;早三叠世和尚沟组底部。

伞状杯叶(比较种) *Phyllotheca* cf. *deliquescens* (Goeppert) Schmalhausen

1906 Krasser,600 页;吉林火石岭;侏罗纪。

似木贼型杯叶(比较种) *Phyllotheca* cf. *equisetoides* Zigno

1906 Krasser,600 页,图版 1,图 15;孢子叶;吉林蛟河、火石岭;侏罗纪。[注:此标本后改定为 *Phyllotheca*? sp.(斯行健、李星学等,1963)]

△缘边杯叶 *Phyllotheca marginans* Meng,1992

1992b 孟繁松,177 页,图版 8,图 6－8;插图 7-2;孢子叶;采集号:HYP-1,WSP-1;登记号:HP86075－HP86077;正模:HP86076(图版 8,图 7);副模 1:HP86075(图版 8,图 6);

副模 2:HP86077(图版 8,图 8);标本保存在宜昌地质矿产研究所;海南琼海九曲江新华村、文山上村;早三叠世岭文组。

1995a 李星学(主编),图版 62,图 15;孢子叶;海南琼海九曲江海洋村;早三叠世岭文组。(中文)

1995b 李星学(主编),图版 62,图 15;孢子叶;海南琼海九曲江海洋村;早三叠世岭文组。(英文)

西伯利亚杯叶 *Phyllotheca sibirica* Heer,1876

1876 Heer,9 页,图版 1,图 5,6;西伯利亚;侏罗纪。

1906 Krasser,601 页;茎干;吉林火石岭;侏罗纪。[注:此标本后改定为 *Phyllotheca*? sp.(斯行健、李星学等,1963)]

西伯利亚杯叶(比较种) *Phyllotheca* cf. *sibirica* Heer

1988 李佩娟等,48 页,图版 5,图 8,9;叶鞘;青海大柴旦大煤沟;早侏罗世甜水沟组 *Ephedrites* 层。

△榆社杯叶 *Phyllotheca yusheensis* Wang Z,1990

1989 王自强、王立新,32 页,图版 5,图 2,3,5—7;孢子叶;山西交城窑儿头;早三叠世刘家沟组中上部。(裸名)

1990a 王自强、王立新,117 页,图版 4,图 9—12,14—16;叶和节隔膜;标本号:Z16-313,Z16-381,Z16-585,Z20-235,Z20-352,Z22-327,Z802-33;正模:Z802-33(图版 4,图 14);标本保存在中国科学院南京地质古生物研究所;山西榆社屯村、红崖头,寿阳红咀;早三叠世和尚沟组下段。

杯叶(未定多种) *Phyllotheca* spp.

1906 *Phyllotheca* sp.,Yokoyama,34 页,图版 11,图 8;木贼的根部化石;辽宁沈阳抱儿山;侏罗纪。[注:此标本后改定为 *Phyllotheca*? sp.(斯行健、李星学等,1963)]

1941 *Phyllotheca* sp.,Stockmans,Mathieu,56 页,图版 4,图 3;叶部化石;河北临榆柳江;侏罗纪。[注:此标本后改定为 *Phyllotheca*? sp.(斯行健、李星学等,1963)]

1979 *Phyllotheca* sp.,周志炎、厉宝贤,445 页,图版 1,图 3;枝;海南琼海九曲江新华村;早三叠世岭文群(九曲江组)。

1988 *Phyllotheca* sp.,李佩娟等,48 页,图版 5,图 8,9;叶鞘;青海大柴旦大煤沟;早侏罗世甜水沟组 *Ephedrites* 层。

1990a *Phyllotheca* sp.,王自强、王立新,118 页,图版 4,图 7,8;叶鞘;山西榆社屯村;早三叠世和尚沟组底部。

杯叶?(未定多种) *Phyllotheca*? spp.

1884 *Phyllotheca*? sp.,Schenki,171(9)页,图版 13(1),图 7—9;图版 14(2),图 3a,6b,8a;图版 15(3),图 4a,5;茎干;四川广元;晚三叠世—早侏罗世。

1963 *Phyllotheca*? sp. 1,斯行健、李星学等,34 页,图版 11,图 11;叶部化石;河北临榆柳江;早—中侏罗世。

1963 *Phyllotheca*? sp. 2,斯行健、李星学等,34 页,图版 52,图 2;叶鞘化石;吉林蛟河、火石岭;中—晚侏罗世。

1963 *Phyllotheca*? sp. 3,斯行健、李星学等,35 页,图版 11,图 2—8;茎干;四川广元;晚三叠

世晚期—早侏罗世。

1963 *Phyllotheca*? sp. 4,斯行健、李星学等,35 页;茎干,节部具轮生叶;吉林蛟河、火石岭;中—晚侏罗世。

1963 *Phyllotheca*? sp. 5,斯行健、李星学等,35 页,图版 11,图 12;木贼的根部化石;辽宁沈阳抱儿山;侏罗纪

1976 *Phyllotheca*? sp. ,周惠琴等,205 页,图版 106,图 7,8;轮叶;内蒙古准格尔旗五字湾;早侏罗世富县组。

1982b *Phyllotheca*? sp. ,杨学林、孙礼文,42 页,图版 13,图 18;轮叶;大兴安岭东南部万宝杜胜、黑顶山;中侏罗世万宝组。

1985 *Phyllotheca*? sp. ,杨学林、孙礼文,102 页,图版 1,图 8;轮叶;大兴安岭南部万宝黑顶山;中侏罗世万宝组。

1993a 吴向午,115 页。

肋木属 Genus *Pleuromeia* Corda,1852

1852 Corda,见 Germar,184 页。

1976 周惠琴等,205 页。

1993a 吴向午,119 页。

模式种:*Pleuromeia sternbergi* (Muenster) Corda,1852

分类位置:石松纲肋木科(Pleuromeiaceae,Lycopsida)

斯氏肋木 *Pleuromeia sternbergi* (Muenster) Corda,1852

1839 *Sigillaria sternbergi* Muenster,47 页,图版 3,图 10;德国马格德堡(Magdeburg);三叠纪(Bunter Sandstein)。

1852 Corda,见 Germar,184 页;德国马格德堡;三叠纪(Bunter Sandstein)。(注:原文将属名拼写为 *Pleuromeya*)

1978 王立新等,200 页,图版 1,图 1—12;图版 4,图 16—18;插图 2;茎干和孢子囊穗;山西榆社红崖头;早三叠世。

1984 王自强,229 页,图版 109,图 1—6;图版 175,图 1—7;山西榆社、和顺,河北峰峰、承德;早三叠世和尚沟组。

1990a 王自强、王立新,111 页,图版 5,图 8(?);图版 6;图版 10,图 6—8(?);图版 11,图 7—11;插图 3d;孢子囊穗;山西榆社、和顺、寿阳、平遥、蒲县,河北峰峰、承德,河南济源;早三叠世和尚沟组。

1993a 吴向午,119 页。

1995a 李星学(主编),图版 66,图 6—8;孢子叶和孢子囊;山西榆社红崖头;早三叠世和尚沟组。(中文)

1995b 李星学(主编),图版 66,图 6—8;孢子叶和孢子囊;山西榆社红崖头;早三叠世和尚沟组。(英文)

△肥厚肋木 *Pleuromeia altinis* Wang Z et Wang L,1989

1989 王自强、王立新,30 页,图版 1,图 1,2a,3—9;图版 2,图 4b;图版 5,图 9,11;插图 2a;植

物体和孢子囊穗;标本号:Z01-032,Z01-061,Z04-8101,Z04-8106 — Z04-8108,Z04d-152,Z04d-162,Z04-4-158;正模:Z04-8101(图版 1,图 1);标本保存在中国科学院南京地质古生物研究所;山西交城裴家山、窑儿头;早三叠世刘家沟组中上部。

△美丽肋木 *Pleuromeia epicharis* Wang Z et Wang L,1990

1990a 王自强、王立新,109 页,图版 3,图 9 — 12;图版 7,图 1 — 4;图版 8,图 1 — 4;图版 9;图版 10,图 1 — 5,9,10(?);图版 11,图 1 — 6;图版 12,13;插图 2e;植物体和孢子囊穗;标本号:Iso19-77,Iso19-78,Iso19-91 — Iso19-95,Iso19-116,Iso19-127,Iso19-128,Iso19-130,Iso19-131,Iso19-139,Iso19-142,Iso19-146a,Z26-478,Z802-41,Z802-47,Z8304-1;正模:Iso19-142(图版 7,图 3);副模 1:Iso19-128(图版 8,图 2);副模 2:Z8304-1(图版 9,图 5);标本保存在中国科学院南京地质古生物研究所;山西沁水、和顺、榆社,河南义马;早三叠世和尚沟组下段。

1996 吴佩珠、王自强,176 页,图 1;孢子囊穗、原位孢子块和原位孢子;山西和顺马坊;早三叠世和尚沟组下段。

△湖南肋木 *Pleuromeia hunanensis* Meng,1993

1993 孟繁松,144 页,图版 1,图 1 — 14;孢子叶、孢子囊和孢子囊穗;登记号:No. 9101 — No. 9114;标本保存在宜昌地质矿产研究所;湖南桑植洪家关、芙蓉桥;中三叠世巴东组下段。(注:原文未指定模式标本)

1995 孟繁松,17 页,图版 2,图 1 — 6;图版 9,图 12,13;插图 3d;孢子囊穗和孢子叶;湖南桑植洪家关、芙蓉桥;中三叠世巴东组 1 段和 2 段。

1996b 孟繁松,图版 1,图 11 — 13;大孢子叶;湖南桑植洪家关;中三叠世巴东组 2 段。

△交城肋木 *Pleuromeia jiaochengensis* Wang et Wang L X,1982

1982 王自强、王立新,218 页,图版 23,图 1 — 13;图版 24,图 1 — 15;插图 2,3;完整植物体、孢子囊穗、大孢子、茎干和根茎;标本号:Z01-00,Z01-01,Z01-08,Z01-19 — Z01-22,Z01-24,Z01-27,Z01-042,Z01-060,Z01-061,Z01-135,Z04-151,Z04-159,Z01-206;合模 1:Z01-20(图版 23,图 3);合模 2:Z01-061(图版 23,图 11);合模 3:Z01-206(图版 23,图 13);合模 4:Z04-159(图版 22,图 15);标本保存在中国科学院南京地质古生物研究所;山西交城;早三叠世刘家沟组。[注:依据《国际植物命名法规》(《维也纳法规》)第 37.2 条,1958 年起,模式标本只能是 1 块标本]

1984 王自强,229 页,图版 108,图 1 — 7;植物体和孢子囊穗;山西交城;早三叠世刘家沟组。

1989 王自强、王立新,31 页,图版 1,图 2b;图版 2,图 1 — 4a,5 — 11;图版 5,图 10,12,13;插图 2b;植物体和孢子囊穗;山西交城、文水;早三叠世刘家沟组中上部。

1995a 李星学(主编),图版 66,图 3 — 5;图版 67,图 1 — 8;孢子叶和孢子囊;山西交城;早三叠世刘家沟组。(中文)

1995b 李星学(主编),图版 66,图 3 — 5;图版 67,图 1 — 8;孢子叶和孢子囊;山西交城;早三叠世刘家沟组。(英文)

△唇形肋木 *Pleuromeia labiata* Huang et Chow,1980

1980 黄枝高、周惠琴,64 页,图版 10,图 1 — 6;图版 11,图 5 — 7;图版 12,图 6;茎干;登记号:OP199,OP200,OP204,OP207,OP209,OP254,OP256,OP260,OP264;陕西铜川何家坊;中三叠世晚期铜川组中上部。(注:原文未指定模式标本)

1982 刘子进,116 页,图版 56,图 1,2;茎干;陕西铜川何家坊;晚三叠世延长群下部铜川组。

1995a 李星学(主编),图版 68,图 1—3;茎干;陕西铜川何家坊;中三叠世晚期铜川组中上部。(中文)

1995b 李星学(主编),图版 68,图 1—3;茎干;陕西铜川何家坊;中三叠世晚期铜川组中上部。(英文)

△缘边肋木 *Pleuromeia marginulata* Meng,1995

1995 孟繁松等,15 页,图版 1,图 1—9;图版 9,图 4—6;插图 3a;带孢子囊穗的植物体;登记号:BP93001—BP93009,BS87536,BS89860,BS89866;正模:BP93001(图版 1,图 1);副模 1:BP93002(图版 1,图 2);副模 2:BP93004(图版 1,图 4);标本保存在宜昌地质矿产研究所;湖北秭归香溪;中三叠世巴东组 1 段和 2 段;湖北恩施七里坪、咸丰梅坪;四川奉节大窝塆;中三叠世巴东组 2 段。

1995a 李星学(主编),图版 64,图 1—3;植株和孢子囊穗;四川奉节大窝塆;中三叠世巴东组 2 段底部。(中文)

1995b 李星学(主编),图版 64,图 1—3;植株和孢子囊穗;四川奉节大窝塆;中三叠世巴东组 2 段底部。(英文)

1996a 孟繁松,图版 1,图 1,2;植株和孢子穗;四川奉节大窝塆;中三叠世巴东组 2 段。

1996b 孟繁松,图版 1,图 1—3;植株、孢子穗和大孢子叶;四川奉节大窝塆;中三叠世巴东组 2 段。

1999a 孟繁松,218 页,图版 1,图 1—17;图版 2,图 18;插图 1-1—1-5;孢子叶;湖北蒲圻;中三叠世陆水河组、蒲圻组;湖北恩施七里坪、咸丰梅坪,重庆奉节大窝塆;中三叠世巴东组。

2000 孟繁松,图版 2,图 1—15;图版 4,图 17,18;植物体、孢子囊穗、孢子叶和大孢子;湖北蒲圻;中三叠世陆水河组、蒲圻组;湖北恩施七里坪、咸丰梅坪,重庆奉节大窝塆;中三叠世巴东组 2 段。

2000 孟繁松等,44 页,图版 5;图版 6,图 1—7,9—17;图版 11,图 17;图版 12,图 7,11;图版 13,图 5,7,8;插图 17-7—17-17;植物体、孢子囊穗、大孢子叶、孢子和大孢子;重庆奉节大窝塆,湖北恩施七里坪、咸丰梅坪、秭归香溪;中三叠世巴东组 1 段和 2 段;湖北蒲圻;中三叠世陆水河组、蒲圻组。

△盘形肋木 *Pleuromeia pateriformis* Wang Z et Wang L,1989

1989 王自强、王立新,31 页,图版 3,图 1—15;插图 2c;植物体和孢子囊穗;标本号:Iso17-5—Iso17-19;合模:Iso17-5(图版 3,图 7),Iso17-10(图版 3,图 3),Iso17-12(图版 3,图 4),Iso17-16(图版 3,图 15);标本保存在中国科学院南京地质古生物研究所;山西隰县午城;早三叠世刘家沟组上部。[注:依据《国际植物命名法规》(《维也纳法规》)第 37.2 条,1958 年起,模式标本只能是 1 块标本]

1995 孟繁松等,图版 11,图 5;植物体具假根、茎和孢子囊穗;四川奉节大木坝;中三叠世信陵镇组。

俄罗斯肋木 *Pleuromeia rossica* Neuburg,1960

1960 Neuburg,69 页,图版 1—7;伏尔加河上游;早三叠世。

1978 王立新等,202 页,图版 2,图 1—12;图版 4,图 15,19;插图 3;孢子囊穗;山西榆社红崖头;早三叠世。

1984 王自强,229 页,图版 109,图 7—11;山西榆社、和顺;早三叠世刘家沟组、和尚沟组。

1995 孟繁松等,图版 11,图 6;单个孢子叶和孢子囊;四川奉节大木坝;中三叠世信陵镇组。

△三峡肋木 ***Pleuromeia sanxiaensis* Meng,1995**

1995 孟繁松等,17 页,图版 1,图 10—13;图版 2,图 10—15;图版 9,图 1—3;插图 3b,3c,4;带孢子囊穗的植物体;登记号:BP93010,BP93011,BP93022—BP93027,BS89866,BS92868,BS92872,BS8901;合模:BP93010,BP93011,BP93022—BP93027(图版 1,图 10—13;图版 2,图 10—15);标本保存在宜昌地质矿产研究所;四川奉节大窝塆;中三叠世巴东组 2 段。[注:依据《国际植物命名法规》(《维也纳法规》)第 37.2 条,1958 年起,模式标本只能是 1 块标本]

1995a 李星学(主编),图版 64,图 6—11;带假根、茎和孢子囊穗的植株;四川奉节大窝塆;中三叠世巴东组 2 段上部。(中文)

1995b 李星学(主编),图版 64,图 6—11;带假根、茎和孢子囊穗的植株;四川奉节大窝塆;中三叠世巴东组 2 段上部。(英文)

1996a 孟繁松,图版 1,图 7—10;大孢子叶和孢子囊穗;四川奉节大窝塆;中三叠世巴东组 2 段。

1996b 孟繁松,图版 1,图 4—10;植物体、孢子囊穗、大孢子叶、孢子和大孢子;四川奉节大窝塆;中三叠世巴东组 2 段。

1999a 孟繁松,218 页,图版 1,图 1—17;图版 2,图 18;插图 1-1—1-5;孢子叶;重庆奉节大窝塆,湖南桑植洪家关、芙蓉桥;中三叠世巴东组;湖北蒲圻;中三叠世蒲圻组。

2000 孟繁松,图版 1,图 1—16;图版 2,图 16;图版 4,图 13—16;孢子叶和大孢子;重庆奉节大窝塆,湖南桑植洪家关、芙蓉桥;中三叠世巴东组 2 段;湖北蒲圻;中三叠世蒲圻组。

2000 孟繁松等,43 页,图版 1—4;图版 6,图 8;图版 11,图 11—16,18;图版 12,图 1—6,8—10;图版 13,图 6,9,10;插图 17-1—17-6;植物体、孢子囊穗、大孢子叶、孢子和大孢子;重庆奉节大窝塆、巫山龙务坝,湖北秭归香溪,湖南桑植洪家关、芙蓉桥;中三叠世巴东组 1 段和 2 段;湖北蒲圻;中三叠世蒲圻组。

2002 张振来等,图版 12,图 1—6;图版 13,图 1—10;植物体、孢子囊穗、大孢子叶、孢子和大孢子、假根;重庆奉节大窝塆,湖北秭归香溪、郭家坝新镇狮子包;中三叠世信陵镇组。

△铜川肋木 ***Pleuromeia tongchuanensis* Chow et Huang,1980**

1980 黄枝高、周惠琴,64 页,图版 10,图 7;图版 11,图 1—4;茎干;登记号:OP201,OP202,OP206,OP210,OP250;陕西铜川何家坊;中三叠世晚期铜川组中上部。(注:原文未指定模式标本)

1995a 李星学(主编),图版 68,图 4—8;茎干;陕西铜川何家坊;中三叠世晚期铜川组中上部。(中文)

1995b 李星学(主编),图版 68,图 4—8;茎干;陕西铜川何家坊;中三叠世晚期铜川组中上部。(英文)

△五字湾肋木 ***Pleuromeia wuziwanensis* Chow et Huang,1976 (non Huang et Chow,1980)**

1976 周惠琴、黄枝高,见周惠琴等,205 页,图版 106,图 5,6;茎干;内蒙古准格尔旗五字湾;中三叠世二马营组。(注:原文未指明模式标本)

△五字湾肋木 ***Pleuromeia wuziwanensis* Huang et Chow,1980 (non Chow et Huang,1976)**

(注:此种名为 *Pleuromeia wuziwanensis* Chow et Huang,1976 的晚出等同名)

1980 黄枝高、周惠琴,65 页,图版 1,图 1—4;插图 1,2;茎干;登记号:OP3004—OP3007;陕

西铜川何家坊；中三叠世晚期二马营组上部。（注：原文未指定模式标本）

肋木(未定多种) *Pleuromeia* spp.

1990 *Pleuromeia* sp.，孟繁松，图版1，图10；孢子叶；海南琼海九曲江文山下村；早三叠世岭文组。

1992b *Pleuromeia* sp.，孟繁松，175页，图版8，图20；孢子叶；海南琼海九曲江文山下村；早三叠世岭文组。

1993a *Pleuromeia* sp. 1 (sp. nov.)，孟繁松，1687页，图1a；孢子叶；三峡地区；中三叠世安尼期。

1993a *Pleuromeia* sp. 2 (sp. nov.)，孟繁松，1687页，图1b；孢子叶；三峡地区；中三叠世安尼期。

1993a *Pleuromeia* sp. 3 (sp. nov.)，孟繁松，1687页，图1c；孢子叶；三峡地区；中三叠世安尼期。

1994 *Pleuromeia* sp. 1 (sp. nov.)，孟繁松，133页，图1a；孢子叶；三峡地区；中三叠世安尼期。

1994 *Pleuromeia* sp. 2 (sp. nov.)，孟繁松，133页，图1b；孢子叶；三峡地区；中三叠世安尼期。

1994 *Pleuromeia* sp. 3 (sp. nov.)，孟繁松，133页，图1c；孢子叶；三峡地区；中三叠世安尼期。

1995 *Pleuromeia* sp.，孟繁松等，图版11，图7，8；根托和假根；四川奉节大木坝；中三叠世信陵镇组。

肋木？(未定种) *Pleuromeia*? sp.

1980 *Pleuromeia*? sp.，张武等，225页，图版103，图2，3；茎干；辽宁本溪林家崴子；中三叠世林家组。

?肋木(未定多种) ?*Pleuromeia* spp.

1984 ?*Pleuromeia* sp.，顾道源，134页，图版70，图4，5；茎干；新疆乌鲁木齐；晚三叠世郝家沟组。

1990a ?*Pleuromeia* sp.，王自强、王立新，130页，图版21，图3；叶；山西榆社屯村；早三叠世和尚沟组底部。

1990b ?*Pleuromeia* sp.，王自强、王立新，305页，图版1，图2，5；孢子叶和孢子囊穗；山西沁县漫水；中三叠世二马营组底部。

肋木属的茎和根托 The Stems and Rhizophores of *Pleuromeia*

1978 王立新等，203页，图版3，图1－13；图版4，图20；肋木属的茎和根托；山西榆社红崖头；早三叠世。

似根属 Genus *Radicites* Potonie，1893

1893 Potonie，261页。

1956a 斯行健，62，167页。

1963　斯行健、李星学等,40 页

1993a　吴向午,127 页。

模式种:*Radicites capillacea* (Lindley et Hutton) Potonie,1893

分类位置:楔叶纲?(Sphenopsida?)

毛发似根 *Radicites capillacea* (Lindley et Hutton) Potonie,1893

1834(1831－1837)　*Pinnulalia capillacea* Lindley et Hutton,81 页,图版 111;可能为芦木类的根部化石;英国;石炭纪。

1893　Potonie,261 页,图版 34,图 2;可能为芦木类的根部化石;英国;石炭纪。

1993a　吴向午,127 页。

△大同似根 *Radicites datongensis* Wang,1984

1984　王自强,296 页,图版 145,图 3,4;根部化石;登记号:P0298,P0299;正模:P0299(图版 145,图 4);标本保存在中国科学院南京地质古生物研究所;山西怀仁;中侏罗世大同组。

△美丽似根 *Radicites eucallus* Deng,1995

1995b　邓胜徽,65,114 页,图版 29,图 1,2;根状茎;标本号:H17-488,H17-489;标本保存在石油勘探开发科学研究院;内蒙古霍林河盆地;早白垩世霍林河组。(注:原文未指定模式标本)

△辐射似根 *Radicites radiatus* Wang,1984

1984　王自强,296 页,图版 122,图 9－11;根部化石;登记号:P0161－P0163;合模 1:P0162(图版 122,图 10);合模 2:P0163(图版 122,图 11);标本保存在中国科学院南京地质古生物研究所;山西怀仁;早侏罗世永定庄组。[注:依据《国际植物命名法规》(《维也纳法规》)第 37.2 条,1958 年起,模式标本只能是 1 块标本]

1995　曾勇等,49 页,图版 1,图 5;图版 3,图 5;根部化石;河南义马;中侏罗世义马组。

△山东似根 *Radicites shandongensis* (Yabe et Ôishi) Wang,1984

1928　*Pityocladus shantungensis* Yabe et Ôishi,12 页,图版 4,图 2,3;枝;山东坊子煤田;侏罗纪。

1984　王自强,296 页,图版 145,图 3,4;根部化石;山西怀仁;中侏罗世大同组。

1995　曾勇等,49 页,图版 3,图 4;根部化石;河南义马;中侏罗世义马组下含煤段。

似根(未定多种) *Radicites* spp.

1956a　*Radicites* sp.,斯行健,62,167 页,图版 56,图 6,7;根部化石;陕西宜君四郎庙炭河沟;晚三叠世延长层上部。

1963　*Radicites* spp.,斯行健、李星学等,40 页,图版 12,图 3,4;图版 13,图 1－3;图版 52,图 6;根部化石;陕西宜君四郎庙;晚三叠世延长群上部;山东潍县坊子,山西大同,辽宁本溪;早—中侏罗世。

1976　*Radicites* sp.,李佩娟等,136 页,图版 45,图 1;根部化石;云南禄丰一平浪;晚三叠世一平浪组干海子段;云南祥云沐滂铺;晚三叠世祥云组花果山段。

1979　*Radicites* sp.,叶美娜,77 页,图版 1,图 4;根部化石;湖北利川瓦窑坡;中三叠世巴东组中段。

1982a　*Radicites* sp.,吴向午,50 页,图版 3,图 3;根部化石;西藏安多土门;晚三叠世土门格拉组。

1982 *Radicites* sp.,张采繁,541 页,图版 341,图 7;根;湖南宜章长策下坪;早侏罗世唐垅组。

1984 *Radicites* spp.,陈芬等,35 页,图版 2,图 9;图版 4,图 6;根部化石;北京西山大安山、大台、千军台;早侏罗世下窑坡组。

1984 *Radicites* sp.,厉宝贤、胡斌,138 页,图版 1,图 5;根部化石;山西大同;早侏罗世永定庄组。

1986 *Radicites* sp.,叶美娜等,21 页,图版 4,图 8;图版 6,图 3,3a;根部化石;四川达县铁山金窝;晚三叠世须家河组 7 段;四川开县温泉;中侏罗世新田沟组 3 段。

1986 *Radicites* sp.,周统顺、周惠琴,66 页,图版 20,图 5;根部化石;新疆吉木萨尔大龙口;中三叠世克拉玛依组。

1987 *Radicites* sp.,段淑英,20 页,图版 8,图 2;图版 10,图 2;根部化石;北京西山斋堂;中侏罗世。

1987a *Radicites* sp.,钱丽君等,图版 21,图 1;根部化石;陕西神木考考乌素沟;中侏罗世延安组 4 段。

1988 *Radicites* sp.,李佩娟等,48 页,图版 6,图 3,3a;图版 7,图 2B;图版 15,图 1B;根部化石;青海大柴旦大煤沟;早侏罗世火烧山组 *Cladophlebis* 层、甜水沟组 *Hausmannia* 层。

1989 *Radicites* sp.,周志炎,136 页,图版 1,图 14;根;湖南衡阳杉桥;晚三叠世杨柏冲组。

1993 *Radicites* sp.,米家榕等,83 页,图版 6,图 4;根;河北承德上谷;晚三叠世杏石口组。

1993 *Radicites* sp.,孙革,63 页,图版 18,图 4;根;吉林汪清鹿圈子村北山;晚三叠世马鹿沟组。

1993a *Radicites* sp.,吴向午,128 页。

1993c *Radicites* sp.,吴向午,76 页,图版 2,图 1;根;陕西商县凤家山-山倾村剖面;早白垩世凤家山组下段。

1996 *Radicites* sp.,米家榕等,84 页,图版 3,图 8;根;辽宁北票,河北抚宁石门寨;早侏罗世北票组。

1996 *Radicites* sp.,吴舜卿、周汉忠,4 页,图版 1,图 8;根;新疆库车库车河剖面;中三叠世克拉玛依组下段。

1999b *Radicites* sp.,吴舜卿,16 页,图版 4,图 7;根;四川万源石冠寺;晚三叠世须家河组。

裂脉叶属 Genus *Schizoneura* Schimper et Mougeot,1844

1844 Schimper,Mougeot,50 页。

1885 Schenk,174(12)页。

1963 斯行健、李星学等,35 页。

1993a 吴向午,134 页。

模式种:*Schizoneura paradoxa* Schimper et Mougeot,1844

分类位置:楔叶纲木贼目(Equisetales,Sphenopsida)

奇异裂脉叶 *Schizoneura paradoxa* Schimper et Mougeot,1844

1844 Schimper,Mougeot,50 页,图版 24－26;具节茎和营养器官;法国米卢斯(Mulhouse);早三叠世。

1993a 吴向午,134 页。

卡勒莱裂脉叶 *Schizoneura carrerei* Zeiller,1903

[注:此种后改定为 *Neocalamites carrerei* (Zeiller) Halle (Halle,1908)]

1902—1903 Zeiller,137 页,图版 36,图 1,2;图版 37,图 1;图版 38,图 1—8;茎;越南北部;晚三叠世。

1902—1903 Zeiller,299 页;茎干;云南太平场;晚三叠世。

冈瓦那裂脉叶 *Schizoneura gondwanensis* Festmantel,1880

1880 Festmantel,61 页,图版 ⅠA—ⅪA;印度;早三叠世。

1906 Krasser,602 页,图版 2,图 1;茎干;内蒙古东营房(Tung-jing-fang)和三叉口(Santscha-kou)之间;侏罗纪。[注:此标本后改定为 *Schizoneura*? sp.(斯行健、李星学等,1963)]

1990 吴舜卿、周汉忠,449 页,图版 2,图 1,3,4,7,8,10;枝叶;新疆库车;早三叠世俄霍布拉克组。

?冈瓦那裂脉叶 ?*Schizoneura gondwanensis* Festmantel

1936 潘钟祥,13 页,图版 4,图 7,7a;茎干;陕西延川怀林坪;晚三叠世延长层。[注:此标本后改定为 *Neocalamites carcinoides* Harris(斯行健、李星学等,1963)]

霍尔裂脉叶 *Schizoneura hoerensis* Schimper,1869

1869 Schimper,283 页;英国约克郡;中侏罗世。[注:此标本后改定为 *Neocalamites hoerensis* (Schimper) Halle (Halle,1908)]

1906 Yokoyama,29 页,图版 7,图 10;茎干;辽宁凤城赛马集碾子沟;侏罗纪。[注:此标本后改定为 *Neocalamites hoerensis* (Schimper) Halle(斯行健、李星学等,1963)]

?霍尔裂脉叶 ?*Schizoneura hoerensis* Schimper

1906 Yokoyama,21 页,图版 10,图 2;茎干;四川江北龙王洞;侏罗纪。[注:此标本后改定为?*Neocalamites hoerensis* (Schimper) Halle(斯行健、李星学等,1963)]

侧生裂脉叶 *Schizoneura lateralis* Schimper,1844

1925 Teilhard de Chardin, Fritel,538 页,图版 23,图 4a;茎干及节隔膜;陕西榆林油坊头(You-fang-teou);侏罗纪。[注:此标本后改定为 *Equisetites* cf. *lateralis* (Phill.) Morris(斯行健、李星学等,1963)]

△大叶裂脉叶(具刺孢穗?) *Schizoneura* (*Echinostachys*?) *megaphylla* Wang Z et Wang L,1990

1990a 王自强、王立新,118 页,图版 2,图 7(?),8—11;图版 3,图 1—6;插图 5H;叶鞘;标本号:Iso19-19,Iso19-21,Iso19-22,Z15a-279,Z15a-281,Z15a-283,Z16-28,Z17-292,Z22-243;合模 1:Z17-292(图版 3,图 4);合模 2:Z22-243(图版 3,图 5,5a);合模 3:Iso19-22(图版 2,图 8);标本保存在中国科学院南京地质古生物研究所;山西榆社屯村、和顺马坊;早三叠世和尚沟组下段。[注:依据《国际植物命名法规》(《维也纳法规》)第 37.2 条,1958 年起,模式标本只能是 1 块标本]

装饰裂脉叶 *Schizoneura ornata* Stanislavsky,1976

1976 Stanislavsky,109 页,图版 55;图版 56,图 5;插图 45C—45E;乌克兰顿巴斯;晚三叠世。

1983 张武等,72 页,图版 1,图 25 — 27;茎干和叶;辽宁本溪林家崴子;中三叠世林家组。

△天全裂脉叶 *Schizoneura tianquqnensis* Yang, 1982

1982 杨贤河,466 页,图版 9,图 1,1a;插图 X-1;枝叶;登记号:Sp233;正模:Sp233(图版 9,图 1,1a);标本保存在成都地质矿产研究所;四川天全大坪;白垩纪。

裂脉叶(未定多种) *Schizoneura* spp.

1885 *Schizoneura* sp.,Schenk,174(12)页,图版 14(2),图 10;图版 15(3),图 7;茎干;四川黄泥堡(Hoa-ni-pu);早侏罗世(?)。[注:此标本后改定为 *Neocalamites* sp.(斯行健、李星学等,1963)]

1982 *Schizoneura* sp.,张采繁,522 页,图版 357,图 11,11a;茎干;湖南浏阳文家市;早侏罗世跃龙组。

1985 *Schizoneura* sp.,王自强,图版 4,图 14;茎干;山西和顺马坊;早三叠世和尚沟组。

1986 *Schizoneura* sp.,叶美娜等,19 页,图版 5,图 1,2a;茎干;四川开江七里峡;晚三叠世须家河组 7 段。

1993a *Schizoneura* sp.,吴向午,134 页。

1995a *Schizoneura* sp.,李星学(主编),图版 62,图 4;具连合叶鞘的茎干;海南琼海九曲江文山上村;早三叠世岭文组。(中文)

1995b *Schizoneura* sp.,李星学(主编),图版 62,图 4;具连合叶鞘的茎干;海南琼海九曲江文山上村;早三叠世岭文组。(英文)

裂脉叶?(未定多种) *Schizoneura*? spp.

1963 *Schizoneura*? sp.,斯行健、李星学等,37 页,图版 11,图 1;茎干;内蒙古东营房(Tung-jing-fang)和三叉口(San-tscha-kou)之间;侏罗纪(?)。

1982b *Schizoneura*? sp.,郑少林、张武,295 页,图版 1,图 17;茎干;黑龙江密山裴德;中侏罗世东胜村组。

1983 *Schizoneura*? sp.,孙革等,450 页,图版 1,图 6;复合叶;吉林双阳大酱缸;晚三叠世大酱缸组。

裂脉叶-具刺孢穗属 Genus *Schizoneura-Echinostachys* Grauvosel-Stamm, 1978

1978 Grauvosel-Stamm,24,51 页。

1986b 郑少林、张武,177 页。

1993a 吴向午,134 页。

模式种:*Schizoneura-Echinostachys paradoxa* (Schimper et Mougeot) Grauvosel-Stamm,1978

分类位置:楔叶纲木贼目裂脉叶科(Schizoneuraceae,Equisetales,Sphenopsida)

奇异裂脉叶-具刺孢穗 *Schizoneura-Echinostachys paradoxa* (Schimper et Mougeot) Grauvosel-Stamm, 1978

1844 *Schizoneura paradoxa* Schimper et Mougeot,50 页,图版 24 — 26;有节类茎干和生殖器官;法国米卢斯;早三叠世。

1978 Grauvosel-Stamm,24,51 页,图版 6 — 13;插图 5 — 8;有节类茎干和生殖器官;法国孚

日默尔特-摩泽尔;三叠纪。

1986b 郑少林、张武,177 页,图版 2,图 1—10;图版 3,图 16,17;有节类茎干及孢子囊穗;辽宁西部喀喇沁左翼杨树沟;早三叠世红砬组。

1993a 吴向午,134 页。

卷柏属 Genus *Selaginella* Spring, 1858

1979 徐仁等,79 页。

1983 段淑英等,55 页。

1993a 吴向午,135 页。

模式种:(现生属)

分类位置:石松纲卷柏科(Selaginellaceae, Lycopsida)

△云南似卷柏 *Selaginella yunnanensis* (Hsu) Hsu, 1979

1954 *Selaginellites yunnanensis* Hsu,徐仁,42 页,图版 37,图 2—7;营养枝和生殖枝;云南广通一平浪;晚三叠世一平浪组。

1979 徐仁等,79 页。

1983 段淑英等,图版 7,图 1,2a;石松植物的营养枝;云南宁蒗背箩山一带;晚三叠世。

1993a 吴向午,135 页。

似卷柏属 Genus *Selaginellites* Zeiller, 1906

1906 Zeiller,141 页。

1951 李星学,193 页。

1963 斯行健、李星学等,13 页。

1993a 吴向午,136 页。

模式种:*Selaginellites suissei* Zeiller, 1906

分类位置:石松纲卷柏科(Selaginellaceae, Lycopsida)

索氏似卷柏 *Selaginellites suissei* Zeiller, 1906

1906 Zeiller,141 页,图版 39,图 1—5;图版 40,图 1—10;图版 41,图 4—6;石松植物的生殖枝;法国;晚石炭世。

1993a 吴向午,136 页。

△狭细似卷柏 *Selaginellites angustus* Lee, 1951

1951 李星学,193 页,图版 1,图 1—3;插图 1;石松植物的营养枝和生殖枝;山西大同新高山;侏罗纪大同煤系上部。[注:此标本后改定为 ?*Selaginellites angustus* Lee(徐仁,1954)或 *Selaginellites*? *angustus* Lee(斯行健、李星学等,1963)]

1993a 吴向午,136 页。

狭细? 似卷柏 *Selaginellites*? *angustus* Lee

1963 斯行健、李星学等,14 页,图版 1,图 9,9a;石松植物的营养枝和生殖枝;山西大同;中侏罗世或早—中侏罗世大同群上部。

1976　周惠琴等，205 页，图版 106，图 1 — 4a；枝叶；内蒙古准格尔旗五字湾；早侏罗世富县组。

1980　黄枝高、周惠琴，63 页，图版 49，图 1，2；石松植物的营养枝和生殖枝；内蒙古准格尔旗五字湾；早侏罗世富县组。

1992　黄其胜、卢宗盛，图版 1，图 4，5；石松植物的营养枝；陕西延安西杏子河；早侏罗世富县组。

？狭细似卷柏 ？*Selaginellites angustus* Lee

1954　徐仁，42 页，图版 37，图 8，9；营养枝和生殖枝；山西大同；中侏罗世（？）。

△亚洲似卷柏 *Selaginellites asiatica* Zheng et Lee，1978

1978　郑少林、李杰儒，147 页，图版 35，图 5，6c；插图 1；石松植物的营养枝和生殖枝；采集号：$CP_{27}H_{1-17}$；标本保存在沈阳地质矿产研究所；辽宁朝阳良图沟；侏罗纪郭家店组。

1980　张武等，223 页，图版 112，图 3 — 3c；插图 158；石松植物的营养枝和生殖枝；辽宁朝阳良图沟；早侏罗世郭家店组。

1989　辽宁省地质矿产局，图版 9，图 9；石松植物的营养枝和生殖枝；辽宁朝阳二十家子；中侏罗世蓝旗组。

1996　米家榕等，79 页，图版 1，图 7，13；营养枝和生殖枝；辽宁北票海房沟、何家沟；中侏罗世海房沟组。

△朝阳似卷柏 *Selaginellites chaoyangensis* Zheng et Lee，1978

1978　郑少林、李杰儒，148 页，图版 36，图 1 — 3a，5 — 5b；石松植物的营养枝和生殖枝；采集号：$CP_{27}H_{1-6}$，$CP_{27}H_{1-9}$；模式标本：$CP_{27}H_{1-9}$（图版 36，图 5）；标本保存在沈阳地质矿产研究所；辽宁朝阳良图沟；侏罗纪郭家店组。

1980　张武等，223 页，图版 112，图 4 — 7；插图 159；石松植物的营养枝和生殖枝；辽宁朝阳良图沟；早侏罗世郭家店组。

1987　张武、郑少林，266 页，图版 1，图 3；图版 2，图 2，3；石松植物的营养枝和生殖枝；辽宁朝阳良图沟拉马沟；中侏罗世海房沟组。

△镰形似卷柏 *Selaginellites drepaniformis* Zheng，1978

1978　郑少林，见郑少林、李杰儒，148 页，图版 37，图 1，1a，2 — 2b；插图 2；石松植物的营养枝和生殖枝；采集号：3_{6-1}，3_{6-2}；标本保存在沈阳地质矿产研究所；辽宁凌源刀子沟；侏罗纪郭家店组。（注：原文未指定模式标本）

1980　张武等，224 页，图版 114，图 1；石松植物的营养枝和生殖枝；辽宁凌源刀子沟；早侏罗世郭家店组。

△多产似卷柏 *Selaginellites fausta* （Wu S） Sun et Zheng，2001（中文和英文发表）

1999a　*Lycopodites fausta* Wu S，吴舜卿，10 页，图版 2，图 1 — 2a；生殖枝；辽宁北票上园黄半吉沟；晚侏罗世义县组下部尖山沟层。

2001　孙革等，69，181 页，图版 7，图 4，5；图版 35，图 1 — 9；辽宁北票上园；晚侏罗世尖山沟组。

△中国似卷柏 *Selaginellites sinensis* Zheng et Lee，1978

1978　郑少林、李杰儒，149 页，图版 34，图 1 — 1c；图版 35，图 1 — 4；图版 6，图 6；石松植物的营养枝和生殖枝；采集号：$CP_{27}H_{1-17}$；标本保存在沈阳地质矿产研究所；辽宁朝阳良图沟;侏罗纪郭家店组。

1980 张武等,224 页,图版 113,图 1,2;图版 114,图 2;插图 161;石松植物的营养枝和生殖枝;辽宁朝阳良图沟;早侏罗世郭家店组。

1996 米家榕等,79 页,图版 1,图 6,10,11;营养枝和生殖枝;辽宁北票海房沟、何家沟;中侏罗世海房沟组。

2003 许坤等,图版 6,图 9;营养枝;辽宁北票海房沟;中侏罗世海房沟组。

△匙形似卷柏 *Selaginellites spatulatus* Zheng et Lee,1978

1978 郑少林、李杰儒,149 页,图版 36,图 4,4a;图版 37,图 3,3a,4;石松植物的营养枝和生殖枝;采集号:$CP_{27}H_{1-9}$,$CP_{27}H_{1-16}$;模式标本:$CP_{27}H_{1-16}$(图版 36,图 4);标本保存在沈阳地质矿产研究所;辽宁朝阳良图沟;侏罗纪郭家店组。

1980 张武等,224 页,图版 113,图 3,3a;图版 114,图 1;插图 160;石松植物的营养枝和生殖枝;辽宁朝阳良图沟;早侏罗世郭家店组。

△孙氏似卷柏 *Selaginellites suniana* Zheng et Zhang,1994

1994 郑少林、张莹,758,762 页,图版 1,图 1－13;图版 3,图 11;插图 2;孢子叶和孢子囊穗;登记号:HS0003;标本保存在大庆石油管理局勘探开发研究院;黑龙江安达肇东县砖瓦厂;早白垩世泉头组 3 段。

△云南似卷柏 *Selaginellites yunnanensis* Hsu,1954

1954 徐仁,42 页,图版 37,图 2－7;营养枝和生殖枝;云南广通一平浪;晚三叠世一平浪组。

1958 汪龙文等,586 页,图 587;营养枝;云南;晚三叠世一平浪煤系。

1963 斯行健、李星学等,14 页,图版 1,图 3－8;营养枝和生殖枝;云南广通一平浪;晚三叠世一平浪组。

1974 胡雨帆等,图版 2,图 1;营养枝;四川雅安观化煤矿;晚三叠世。

1974 李佩娟等,354 页,图版 186,图 1－3;枝叶;四川峨眉荷叶湾;晚三叠世须家河组。

1976 李佩娟等,89 页,图版 1,图 1－4a;营养枝;云南禄丰渔坝村、一平浪;晚三叠世一平浪组干海子段。

1978 杨贤河,470 页,图版 156,图 5;图版 157,图 7;营养枝;四川乡城沙孜;晚三叠世喇嘛垭组;四川峨眉荷叶湾;晚三叠世须家河组。

1980 何德长、沈襄鹏,6 页,图版 1,图 3,3a,6;图版 2,图 4;营养枝;江西横峰刘源坑;晚三叠世安源组。

1982 李佩娟、吴向午,36 页,图版 1,图 1,1a;营养枝;四川乡城三区上热坞村;晚三叠世喇嘛垭组。

1982 杨贤河,464 页,图版 3,图 10;营养枝和生殖枝;四川威远葫芦口;晚三叠世须家河组。

1987 陈晔等,85 页,图版 1,图 2－4;营养枝;四川盐边箐河;晚三叠世红果组。

1989 梅美棠等,73 页,图版 33,图 4;营养枝;华南地区;晚三叠世。

1999b 吴舜卿,13 页,图版 1,图 1,1a;营养枝;四川峨眉荷叶湾;晚三叠世须家河组。

似卷柏(未定多种) *Selaginellites* spp.

1985 *Selaginellites* sp.,商平,图版 1,图 10;图版 7,图 3;营养枝;辽宁阜新煤田;早白垩世海州组孙家湾段。

1986a *Selaginellites* sp.,陈其奭,447 页,图版 1,图 1,2;营养枝;浙江衢县茶园里;晚三叠世茶园里组。

似卷柏?(未定多种) *Selaginellites*? spp.

1978 *Selaginellites*? sp.,周统顺,95页,图版15,图4;营养枝;福建漳平大坑;晚三叠世大坑组。

1982 *Selaginellites*? sp.,王国平等,237页,图版129,图7,8;营养枝;浙江江山峡口;晚侏罗世寿昌组。

1988 *Selaginellites*? sp.,刘子进,93页,图版1,图20;枝叶;甘肃崇信新窑厢房沟;早白垩世志丹群环河-华池组上段。

楔叶属 Genus *Sphenophyllum* Koenig,1825

1825 Koenig,图版12,图149。

1974 *Sphenophyllum* Brongniart,《古生代植物》编写小组,39页。

1990a 王自强、王立新,114页。

1993a 吴向午,139页。

模式种:*Sphenophyllum emarginatum* (Brongniart) Koenig,1825

分类位置:楔叶纲(Sphenopsida)

微缺楔叶 *Sphenophyllum emarginatum* (Brongniart) Koenig,1825

1822 *Sphenophyllites emarginatus* Brongniart,234页,图版13,图8;楔叶类的营养叶;欧洲;石炭纪。

1825 Koenig,图版12,图149;楔叶类的营养叶;欧洲;石炭纪。

1993a 吴向午,139页。

楔叶?(未定种) *Sphenophyllum*? sp.

1990a *Sphenophyllum*? sp.,王自强、王立新,114页,图版18,图1;楔叶类的营养叶;河南济源;早三叠世和尚沟组下段。

△拟带枝属 Genus *Taeniocladopsis* Sze,1956

1956a 斯行健,63,168页。

1963 斯行健、李星学等,41页。

1993a 吴向午,40,239页。

1993b 吴向午,497,520页。

模式种:*Taeniocladopsis rhizomoides* Sze,1956

分类位置:楔叶纲木贼目(Equisetales,Sphenopsida)

△假根茎型拟带枝 *Taeniocladopsis rhizomoides* Sze,1956

1956a 斯行健,63,168页,图版54,图1,1a;图版55,图1-4;根部化石(?);采集号:PB2494,PB2495-PB2499;标本保存在中国科学院南京地质古生物研究所;陕西延长周家湾;晚三叠世延长层。

1963 斯行健、李星学等,41 页,图版 12,图 2;图版 13,图 5;根部化石(?);陕西延长周家湾;晚三叠世。

1977 冯少南等,200 页,图版 71,图 10;根;河南济源西承留;晚三叠世延长群。

1980 黄枝高、周惠琴,69 页,图版 17,图 1;根状茎;陕西铜川金锁关;中三叠世晚期铜川组下段。

1982 段淑英、陈晔,494 页,图版 2,图 2;根部化石;四川合川炭坝;晚三叠世须家河组。

1982a 吴向午,50 页,图版 4,图 3—5;根部化石;西藏安多土门;晚三叠世土门格拉组。

1986 叶美娜等,20 页,图版 8,图 2;图版 56,图 5;根茎;四川达县斌郎;晚三叠世须家河组 7 段。

1989 周志炎,136 页,图版 2,图 1;根;湖南衡阳杉桥;晚三叠世杨柏冲组。

1993a 吴向午,40,239 页。

1993b 吴向午,497,520 页。

1999b 吴舜卿,16 页,图版 4,图 4,5,6(?);根茎;四川峨眉荷叶湾;晚三叠世须家河组。

拟带枝(未定多种) *Taeniocladopsis* spp.

1982b *Taeniocladopsis* sp.,杨学林、孙礼文,29 页,图版 2,图 8,9;根茎;大兴安岭东南部红旗煤矿;早侏罗世红旗组。

1990 *Taeniocladopsis* sp.,吴舜卿、周汉忠,450 页,图版 1,图 13;根茎;新疆库车;早三叠世俄霍布拉克组。

1993 *Taeniocladopsis* sp.,孙革,63 页,图版 18,图 5;根;吉林汪清鹿圈子村北山;晚三叠世马鹿沟组。

木贼科 Equietaceae

1906 Equietaceae,Yokoyama,图版 10,图 3;茎干;四川江北龙王洞;侏罗纪。[注:此标本后改定为 ? *Neocalamites* cf. *hoerensis* (Schimper) Halle(斯行健、李星学等,1963)]

茎部化石 Fragment (*Neocalamtes*?)

1956 Fragment (*Neocalamtes*?),敖振宽,27 页,图版 7,图 4;茎干;广东广州小坪;晚三叠世小坪煤系。

根部化石 Root (Rhizoma)

1933d Wurzel(=*Pityocladus shangtungensis* Yabe et Ôishi,1928,12 页,图版 4,图 2,3),斯行健,38 页,图版 11,图 9—12;根;山东潍县坊子;侏罗纪。[注:此标本后改定为 *Radicites* sp.(斯行健、李星学,1963)]

附　　录

附录1　属 名 索 引

［按中文名称的汉语拼音升序排列，属名后为页码（中文记录页码/英文记录页码），“△”号示依据中国标本建立的属名］

B

瓣轮叶属 *Lobatannularia* …… 49/186
杯叶属 *Phyllotheca* …… 69/213
△变态鳞木属 *Metalepidodendron* …… 53/191

D

大芦孢穗属 *Macrostachya* …… 52/191

F

费尔干木属 *Ferganodendron* …… 45/183
△副葫芦藓属 *Parafunaria* …… 7/134

G

△甘肃芦木属 *Gansuphyllite* …… 46/183
古地钱属 *Marchantiolites* …… 4/130

H

△湖南木贼属 *Hunanoequisetum* …… 47/185

J

脊囊属 *Annalepis* …… 12/140
卷柏属 *Selaginella* …… 80/227

L

肋木属 *Pleuromeia* …… 71/216
裂脉叶-具刺孢穗属 *Schizoneura-Echinostachys* …… 79/226

裂脉叶属 *Schizoneura* …… 77/224
△六叶属 *Hexaphyllum* …… 47/184
△龙凤山苔属 *Longfengshania* …… 3/130
芦木属 *Calamites* Suckow,1784 (non Schlotheim,1820,nec Brongniart,1828) …… 18/148
芦木属 *Calamites* Schlotheim,1820 (non Brongniart,1828,nec Suckow,1784) …… 19/149
芦木属 *Calamites* Brongniart,1828 (non Schlotheim,1820,nec Suckow,1784) …… 19/149
轮叶属 *Annularia* …… 15/144

M

木贼穗属 *Equisetostachys* …… 39/175
木贼属 *Equisetum* …… 40/176

N

△拟瓣轮叶属 *Lobatannulariopsis* …… 50/188
△拟带枝属 *Taeniocladopisis* …… 83/231
拟花藓属 *Calymperopsis* …… 1/127
拟轮叶属 *Annulariopsis* …… 15/144
△拟片叶苔属 *Riccardiopsis* …… 7/134

P

平藓属 *Neckera* …… 7/134

Q

棋盘木属 *Grammaephloios* …… 47/184

S

石松穗属 *Lycostrobus* …… 52/190
似孢子体属 *Sporogonites* …… 8/135
△似叉苔属 *Metzgerites* …… 5/131
似地钱属 *Marchantites* …… 4/131
似根属 *Radicites* …… 75/222
△似茎状地衣属 *Foliosites* …… 1/127
似卷柏属 *Selaginellites* …… 80/227
似木贼属 *Equisetites* …… 19/149
似石松属 *Lycopodites* …… 50/188
似水韭属 *Isoetites* …… 48/186
似苔属 *Hepaticites* …… 2/128
△似提灯藓属 *Mnioites* …… 5/132
似藓属 *Muscites* …… 6/133
似叶状体属 *Thallites* …… 8/136

△双生叶属 *Geminofoliolum* …… 46/184
水韭属 *Isoetes* …… 48/185
△穗藓属 *Stachybryolites* …… 8/135

W

乌斯卡特藓属 *Uskatia* …… 11/139

X

楔叶属 *Sphenophyllum* …… 83/230
△新孢穗属 *Neostachya* …… 68/213
新芦木穗属 *Neocalamostachys* …… 68/212
新芦木属 *Neocalamites* …… 54/193
△新轮叶属 *Neoannularia* …… 53/192

附录2　种 名 索 引

[按中文名称的汉语拼音升序排列,属名或种名后为页码(中文记录页码/英文记录页码),"△"号示依据中国标本建立的属名或种名]

B

瓣轮叶属 *Lobatannularia* …… 49/186

不等叶瓣轮叶 *Lobatannularia inequifolia* …… 49/187

△川滇瓣轮叶 *Lobatannularia chuandianensis* …… 49/187

△合川瓣轮叶 *Lobatannularia hechuanensis* …… 49/187

△开县瓣轮叶 *Lobatannularia kaixianensis* …… 49/187

△吕家山瓣轮叶 *Lobatannularia lujiashanensis* …… 49/187

平安瓣轮叶(比较种) *Lobatannularia* cf. *heianensis* …… 49/187

瓣轮叶(未定多种) *Lobatannularia* spp. …… 50/187

瓣轮叶?(未定种) *Lobatannularia*? sp. …… 50/188

杯叶属 *Phyllotheca* …… 69/213

澳洲杯叶 *Phyllotheca australis* …… 69/214

△华美杯叶 *Phyllotheca bella* …… 69/214

伞状杯叶(比较种) *Phyllotheca* cf. *deliquescens* …… 69/214

△双枝杯叶 *Phyllotheca bicruris* …… 69/214

似木贼型杯叶(比较种) *Phyllotheca* cf. *equisetoides* …… 69/214

西伯利亚杯叶 *Phyllotheca sibirica* …… 70/215

西伯利亚杯叶(比较种) *Phyllotheca* cf. *sibirica* …… 70/215

△榆社杯叶 *Phyllotheca yusheensis* …… 70/215

△缘边杯叶 *Phyllotheca marginans* …… 69/214

杯叶(未定多种) *Phyllotheca* spp. …… 70/215

杯叶?(未定多种) *Phyllotheca*? spp. …… 70/215

△变态鳞木属 *Metalepidodendron* …… 53/191

△下板城变态鳞木 *Metalepidodendron xiabanchengensis* …… 53/192

△中国变态鳞木 *Metalepidodendron sinensis* …… 53/191

D

大芦孢穗属 *Macrostachya* …… 52/191

漏斗状大芦孢穗 *Macrostachya infundibuliformis* …… 52/191

△纤细大芦孢穗 *Macrostachya gracilis* Wang Z et Wang L,1989 (non Wang Z et Wang L,1990) …… 53/191

△纤细大芦孢穗 *Macrostachya gracilis* Wang Z et Wang L,1990 (non Wang Z et Wang L,1989) …… 53/191

F

费尔干木属 *Ferganodendron* …… 45/183

?费尔干木(未定种)?*Ferganodendron* sp. …… 46/183
费尔干木(未定种) *Ferganodendron* sp. …… 46/183
△副葫芦藓属 *Parafunaria* …… 7/134
△中国副葫芦藓 *Parafunaria sinensis* …… 7/134

G

△甘肃芦木属 *Gansuphyllite* …… 46/183
△多脉甘肃芦木 *Gansuphyllite multivervis* …… 46/183
古地钱属 *Marchantiolites* …… 4/130
布莱尔莫古地钱 *Marchantiolites blairmorensis* …… 4/131
多孔古地钱 *Marchantiolites porosus* …… 4/130
△沟槽古地钱 *Marchantiolites sulcatus* …… 4/131

H

△湖南木贼属 *Hunanoequisetum* …… 47/185
△浏阳湖南木贼 *Hunanoequisetum liuyangense* …… 47/185

J

脊囊属 *Annalepis* …… 12/140
蔡耶脊囊 *Annalepis zeilleri* …… 12/140
蔡耶脊囊(比较种) *Annalepis* cf. *zeilleri* …… 12/141
△承德脊囊 *Annalepis chudeensis* …… 13/141
△短囊脊囊 *Annalepis brevicystis* …… 13/141
△芙蓉桥脊囊 *Annalepis furongqiqoensis* …… 13/142
△宽叶脊囊 *Annalepis latiloba* …… 13/142
△桑植脊囊 *Annalepis sangziensis* …… 14/142
△山西? 脊囊 *Annalepis? shanxiensis* …… 14/143
△狭尖脊囊 *Annalepis angusta* …… 13/141
脊囊(未定多种) *Annalepis* spp. …… 14/143
脊囊?(未定种) *Annalepis?* sp. …… 14/143
卷柏属 *Selaginella* …… 80/227
△云南似卷柏 *Selaginella yunnanensis* …… 80/227

L

肋木属 *Pleuromeia* …… 71/216
△唇形肋木 *Pleuromeia labiata* …… 72/218
俄罗斯肋木 *Pleuromeia rossica* …… 73/219
△肥厚肋木 *Pleuromeia altinis* …… 71/217
△湖南肋木 *Pleuromeia hunanensis* …… 72/217
△交城肋木 *Pleuromeia jiaochengensis* …… 72/217

肋木(未定多种) *Pleuromeia* spp. 75/221
△美丽肋木 *Pleuromeia epicharis* 72/217
△盘形肋木 *Pleuromeia pateriformis* 73/219
△三峡肋木 *Pleuromeia sanxiaensis* 74/219
斯氏肋木 *Pleuromeia sternbergi* 71/216
△铜川肋木 *Pleuromeia tongchuanensis* 74/220
△五字湾肋木 *Pleuromeia wuziwanensis* Chow et Huang, 1976 (non Huang et Chow, 1980) 74/220
△五字湾肋木 *Pleuromeia wuziwanensis* Huang et Chow, 1980 (non Chow et Huang, 1980) 74/221
△缘边肋木 *Pleuromeia marginulata* 73/218
?肋木(未定多种) ?*Pleuromeia* spp. 75/221
肋木?(未定种) *Pleuromeia*? sp. 75/221
裂脉叶-具刺孢穗属 *Schizoneura-Echinostachys* 79/226
奇异裂脉叶-具刺孢穗 *Schizoneura-Echinostachys paradoxa* 79/226
裂脉叶属 *Schizoneura* 77/224
侧生裂脉叶 *Schizoneura lateralis* 78/225
△大叶裂脉叶(具刺孢穗?) *Schizoneura* (*Echinostachys*?) *megaphylla* 78/225
?冈瓦那裂脉叶 ?*Schizoneura gondwanensis* 78/224
冈瓦那裂脉叶 *Schizoneura gondwanensis* 78/224
?霍尔裂脉叶 ?*Schizoneura hoerensis* 78/225
霍尔裂脉叶 *Schizoneura hoerensis* 78/225
卡勒莱裂脉叶 *Schizoneura carrerei* 78/224
奇异裂脉叶 *Schizoneura paradoxa* 77/224
△天全裂脉叶 *Schizoneura tianquqnensis* 79/225
装饰裂脉叶 *Schizoneura ornata* 78/225
裂脉叶(未定多种) *Schizoneura* spp. 79/225
裂脉叶?(未定多种) *Schizoneura*? spp. 79/226
△六叶属 *Hexaphyllum* 47/184
△中国六叶 *Hexaphyllum sinense* 47/185
△龙凤山苔属 *Longfengshania* 3/130
△柄龙凤山苔 *Longfengshania stipitata* 3/130
芦木属 *Calamites* Suckow, 1784 (non Schlotheim, 1820, nec Brongniart, 1828) 18/148
△山西芦木 *Calamites shanxiensis* 18/148
芦木(未定种) *Calamites* sp. 18/148
芦木属 *Calamites* Schlotheim, 1820 (non Brongniart, 1828, nec Suckow, 1784) 19/149
管状芦木 *Calamites cannaeformis* 19/149
芦木属 *Calamites* Brongniart, 1828 (non Schlotheim, 1820, nec Suckow, 1784) 19/149
辐射芦木 *Calamites radiatus* 19/149
轮叶属 *Annularia* 15/144
短镰轮叶 *Annularia shirakii* 15/144
细刺轮叶 *Annularia spinulosa* 15/144

M

木贼穗属 *Equisetostachys* ······ 39/175
木贼穗(未定多种) *Equisetostachys* spp. ······ 39/175
木贼穗(未定种) *Equisetostachys* sp. ······ 39/175
木贼穗?(未定多种) *Equisetostachys*? spp. ······ 40/176
木贼属 *Equisetum* ······ 40/176
布尔查特木贼 *Equisetum burchardtii* ······ 41/177
布列亚木贼 *Equisetum burejense* ······ 41/177
侧生木贼 *Equisetum laterale* ······ 42/179
侧生木贼(比较种) *Equisetum* cf. *laterale* ······ 43/179
多齿木贼 *Equisetum multidendatum* ······ 43/180
多枝木贼 *Equisetum ramosus* ······ 43/180
多枝木贼(比较种) *Equisetum* cf. *ramosus* ······ 43/180
费尔干木贼 *Equisetum ferganense* ······ 41/177
费尔干木贼(比较种) *Equisetum* cf. *ferganense* ······ 41/177
△芙蓉木贼 *Equisetum furongense* ······ 41/178
△郭家店木贼 *Equisetum guojiadianense* ······ 42/178
△赫勒木贼 *Equisetum hallei* ······ 42/178
△珲春木贼 *Equisetum hunchunense* ······ 42/178
宽脊木贼 *Equisetum takahashii* ······ 44/181
宽脊木贼(比较种) *Equisetum* cf. *takahashii* ······ 44/181
△拉马沟木贼 *Equisetum lamagouense* ······ 42/178
△老虎沟木贼 *Equisetum laohugouense* ······ 42/178
△李三沟木贼 *Equisetum lisangouense* ······ 43/179
洛东木贼 *Equisetum naktongense* ······ 43/180
穆氏木贼 *Equisetum mougeotii* ······ 43/179
牛凡木贼 *Equisetum ushimarense* ······ 44/181
苹氏木贼 *Equisetum beanii* ······ 40/177
△三角齿木贼 *Equisetum deltodon* ······ 41/177
沙兰木贼 *Equisetum sarrani* ······ 44/180
沙兰木贼(比较种) *Equisetum* cf. *sarrani* ······ 44/181
砂地木贼 *Equisetum arenaceus* ······ 40/176
△山东木贼 *Equisetum shandongense* ······ 44/181
△西伯利亚木贼 *Equisetum sibiricum* ······ 44/181
△西圪堵木贼 *Equisetum xigeduense* ······ 44/182
纤细木贼 *Equisetum gracile* ······ 42/178
线形木贼 *Equisetum filum* ······ 41/178
△新芦木型木贼 *Equisetum neocalamioides* ······ 43/180
亚洲木贼 *Equisetum asiaticum* ······ 40/176
伊尔米亚木贼 *Equisetum ilmijense* ······ 42/178
木贼(未定多种) *Equisetum* spp. ······ 44/182
木贼?(未定种) *Equisetum*? sp. ······ 45/183

N

△拟瓣轮叶属 *Lobatannulariopsis* ······ 50/188

△云南拟瓣轮叶 *Lobatannulariopsis yunnanensis* ······ 50/188

△拟带枝属 *Taeniocladopisis* ······ 83/231

△假根茎型拟带枝 *Taeniocladopsis rhizomoides* ······ 83/231

拟带枝(未定多种) *Taeniocladopsis* spp. ······ 84/232

拟花藓属 *Calymperopsis* ······ 1/127

△云浮拟花藓 *Calymperopsis yunfuensis* ······ 1/127

拟轮叶属 *Annulariopsis* ······ 15/144

△瓣轮叶型拟轮叶 *Annulariopsis lobatannularioides* ······ 16/145

△长叶拟轮叶 *Annulariopsis logifolia* ······ 16/145

东京拟轮叶 *Annulariopsis inopinata* ······ 15/144

东京拟轮叶(比较种) *Annulariopsis* cf. *inopinata* ······ 15/145

东京拟轮叶(比较属种) *Annulariopsis* cf. *A. inopinata* ······ 16/145

△合川拟轮叶 *Annulariopsis hechuanensis* ······ 16/145

△西北拟轮叶 *Annulariopsis xibeiensis* ······ 17/146

辛普松拟轮叶 *Annulariopsis simpsonii* ······ 16/145

△羊草沟拟轮叶 *Annulariopsis yancaogouensis* ······ 17/146

△轮叶型拟轮叶 *Annulariopsis atannularioides* ······ 16/145

△中国? 拟轮叶 *Annulariopsis? sinensis* ······ 16/146

拟轮叶(未定多种) *Annulariopsis* spp. ······ 17/146

拟轮叶?(未定多种) *Annulariopsis?* spp. ······ 18/147

△拟片叶苔属 *Riccardiopsis* ······ 7/134

△徐氏拟片叶苔 *Riccardiopsis hsüi* ······ 7/134

P

平藓属 *Neckera* ······ 7/134

△山旺平藓 *Neckera shanwanica* ······ 7/134

Q

棋盘木属 *Grammaephloios* ······ 47/184

鱼鳞状棋盘木 *Grammaephloios icthya* ······ 47/184

S

石松穗属 *Lycostrobus* ······ 52/190

△具柄石松穗 *Lycostrobus petiolatus* ······ 52/190

斯苛脱石松穗 *Lycostrobus scottii* ······ 52/190

似孢子体属 *Sporogonites* ······ 8/135

茂盛似孢子体 *Sporogonites exuberans* ······ 8/135

△云南似孢子体 *Sporogonites yunnanense* ······ 8/135

△似叉苔属 *Metzgerites* …… 5/131
△巴里坤似叉苔 *Metzgerites barkolensis* …… 5/132
△多枝似叉苔 *Metzgerites multiramea* …… 5/132
△明显似叉苔 *Metzgerites exhibens* …… 5/132
△蔚县似叉苔 *Metzgerites yuxinanensis* …… 5/132
似地钱属 *Marchantites* …… 4/131
塞桑似地钱 *Marchantites sesannensis* …… 4/131
△桃山似地钱 *Marchantites taoshanensis* …… 4/131
似地钱(未定种) *Marchantites* sp. …… 5/131
似根属 *Radicites* …… 75/222
△大同似根 *Radicites datongensis* …… 76/222
△辐射似根 *Radicites radiatus* …… 76/222
毛发似根 *Radicites capillacea* …… 76/222
△美丽似根 *Radicites eucallus* …… 76/222
△山东似根 *Radicites shandongensis* …… 76/222
似根(未定多种) *Radicites* spp. …… 76/223
△似茎状地衣属 *Foliosites* …… 1/127
△美丽似茎状地衣 *Foliosites formosus* …… 1/127
△纤细似茎状地衣 *Foliosites gracilentus* …… 2/128
似茎状地衣(未定种) *Foliosites* sp. …… 2/128
似卷柏属 *Selaginellites* …… 80/227
△朝阳似卷柏 *Selaginellites chaoyangensis* …… 81/228
△匙形似卷柏 *Selaginellites spatulatus* …… 82/229
△多产似卷柏 *Selaginellites fausta* …… 81/228
△镰形似卷柏 *Selaginellites drepaniformis* …… 81/228
△孙氏似卷柏 *Selaginellites suniana* …… 82/229
索氏似卷柏 *Selaginellites suissei* …… 80/227
狭细? 似卷柏 *Selaginellites? angustus* …… 80/227
?狭细似卷柏 ?*Selaginellites angustus* …… 81/228
△狭细似卷柏 *Selaginellites angustus* …… 80/227
△亚洲似卷柏 *Selaginellites asiatica* …… 81/228
△云南似卷柏 *Selaginellites yunnanensis* …… 82/229
△中国似卷柏 *Selaginellites sinensis* …… 81/229
似卷柏(未定多种) *Selaginellites* spp. …… 82/230
似卷柏?(未定多种) *Selaginellites*? spp. …… 83/230
似木贼属 *Equisetites* …… 19/149
△北京似木贼 *Equisetites beijingensis* …… 21/151
△扁平似木贼 *Equisetites planus* …… 28/161
布列亚似木贼 *Equisetites burejensis* …… 21/152
布列亚似木贼(比较种) *Equisetites* cf. *burejensis* …… 22/153
布氏似木贼 *Equisetites burchardti* …… 21/152
布氏似木贼(比较种) *Equisetites* cf. *burchardti* …… 21/152
侧生似木贼 *Equisetites lateralis* …… 25/157
侧生似木贼(比较种) *Equisetites* cf. *lateralis* …… 25/158
△长齿似木贼 *Equisetites longidens* …… 26/159

△长鞘似木贼 *Equisetites longevaginatus* …… 26/158
△长筒似木贼 *Equisetites longiconis* …… 26/159
朝鲜似木贼 *Equisetites koreanicus* …… 24/156
朝鲜似木贼(比较种) *Equisetites* cf. *koreanicus* …… 25/157
△稠齿似木贼 *Equisetites densatis* …… 22/153
△大卵形似木贼 *Equisetites macrovalis* …… 27/160
△短齿似木贼 *Equisetites brevidentatus* …… 21/151
△短鞘似木贼 *Equisetites brevitubatus* …… 21/152
多齿似木贼 *Equisetites multidentatus* …… 27/160
多齿似木贼(比较种) *Equisetites* cf. *multidentatus* …… 27/160
多齿似木贼(比较属种) *Equisetites* cf. *E. multidentatus* …… 27/160
多齿似木贼(亲近种) *Equisetites* aff. *multidentatus* …… 27/160
多枝似木贼 *Equisetites ramosus* …… 29/162
费尔干似木贼 *Equisetites ferganensis* …… 22/153
△高明似木贼 *Equisetites kaomingensis* …… 24/156
△呼伦似木贼 *Equisetites hulunensis* …… 23/155
△葫芦似木贼 *Equisetites hulukouensis* …… 24/155
△尖齿似木贼 *Equisetites acanthodon* …… 20/150
△坚齿似木贼 *Equisetites stenodon* …… 31/165
坚齿似木贼(比较种) *Equisetites* cf. *stenodon* …… 31/166
△荆门似木贼 *Equisetites jingmenensis* …… 24/156
巨大似木贼 *Equisetites arenaceus* …… 20/150
巨大似木贼(比较种) *Equisetites* cf. *arenaceus* …… 20/151
巨大似木贼 *Equisetites giganteus* …… 23/154
宽齿似木贼 *Equisetites platyodon* …… 28/161
宽脊似木贼 *Equisetites takahashii* …… 32/166
宽脊似木贼(比较种) *Equisetites* cf. *takahashii* …… 32/166
△乐昌似木贼 *Equisetites lechangensis* …… 26/158
△漏斗似木贼 *Equisetites funnelformis* …… 23/154
△禄丰似木贼 *Equisetites lufengensis* …… 26/159
禄丰似木贼(比较种) *Equisetites* cf. *lufengensis* …… 27/159
罗格西似木贼 *Equisetites rogersii* …… 29/162
洛东似木贼细茎变种 *Equisetites naktongensis* Tateiwa var. *tenuicaulis* …… 28/161
洛东似木贼细茎变种(比较种) *Equisetites* cf. *naktongensis* Tateiwa var. *tenuicaulis* …… 28/161
洛东似木贼 *Equisetites naktongensis* …… 28/161
敏斯特似木贼 *Equisetites münsteri* …… 19/149
敏斯特似木贼(比较种) *Equisetites* cf. *münsteri* …… 20/150
敏斯特似木贼(木贼穗)(比较属种) *Equisetites* (*Equisetostachys*) cf. *E. münsteri* …… 20/150
莫贝尔基似木贼 *Equisetites mobergii* …… 27/160
莫贝尔基似木贼(比较种) *Equisetites* cf. *mobergii* …… 27/160
穆氏似木贼(比较种) *Equisetites* cf. *mougeoti* …… 27/160
△拟三角齿似木贼 *Equisetites paradeltodon* …… 28/161
△彭县似木贼 *Equisetites pengxianensis* …… 28/161
平滑似木贼 *Equisetites laevis* …… 25/157
苹氏似木贼 *Equisetites beanii* …… 20/151

苹氏似木贼(比较种) *Equisetites* cf. *beanii* …… 21/151
△琼海似木贼 *Equisetites qionghaiensis* …… 28/162
△三角齿似木贼 *Equisetites deltodon* …… 22/153
沙兰似木贼 *Equisetites sarrani* …… 29/162
沙兰似木贼(比较种) *Equisetites* cf. *sarrani* …… 30/164
沙兰似木贼(比较属种) *Equisetites* cf. *E. sarrani* …… 30/164
△山东似木贼 *Equisetites shandongensis* …… 31/165
伸长似木贼 *Equisetites praelongus* …… 28/161
△神木似木贼 *Equisetites shenmuensis* …… 31/165
石村似木贼 *Equisetites iwamuroensis* …… 24/155
石村似木贼(比较种) *Equisetites* cf. *iwamuroensis* …… 24/155
△瘦形似木贼 *Equisetites exiliformis* …… 22/153
△双阳似木贼 *Equisetites shuangyangensis* …… 31/165
斯堪尼似木贼 *Equisetites scanicus* …… 30/164
斯堪尼似木贼(比较属种) *Equisetites* cf. *E. scanicus* …… 31/164
△四川似木贼 *Equisetites sichuanensis* …… 31/165
△铜川似木贼 *Equisetites tongchuanensis* …… 32/166
△威远似木贼 *Equisetites weiyuanensis* …… 32/166
维基尼亚似木贼 *Equisetites virginicus* …… 32/166
维基尼亚似木贼(比较种) *Equisetites* cf. *virginicus* …… 32/166
纤细似木贼 *Equisetites gracilis* …… 23/154
纤细似木贼(比较种) *Equisetites* cf. *gracilis* …… 23/155
纤细似木贼(比较属种) *Equisetites* cf. *E. gracilis* …… 23/155
△线形? 似木贼 *Equisetites? linearis* …… 26/158
△羊草沟似木贼 *Equisetites yangcaogouensis* …… 32/167
△义马似木贼 *Equisetites yimaensis* …… 32/167
皱纹似木贼 *Equisetites rugosus* …… 29/162
柱状似木贼 *Equisetites columnaris* …… 22/153
柱状似木贼(比较种) *Equisetites* cf. *columnaris* …… 22/153
△准噶尔似木贼 *Equisetites junggarensis* …… 24/156
纵条似木贼 *Equisetites intermedius* …… 24/155
似木贼(木贼穗)(未定多种) *Equisetites* (*Equisetostachys*) spp. …… 38/174
似木贼(未定多种) *Equisetites* spp. …… 33/167
似木贼(新芦木?)(未定种) *Equisetites* (*Neocalamites*?) sp. …… 38/174
似木贼?(未定多种) *Equisetites*? spp. …… 38/174
似石松属 *Lycopodites* …… 50/188
△多产似石松 *Lycopodites faustus* …… 51/189
△多枝似石松 *Lycopodites multifurcatus* …… 51/190
△华亭似石松 *Lycopodites huantingensis* …… 51/189
△华严寺似石松 *Lycopodites huayansiensis* …… 51/189
镰形似石松 *Lycopodites falcatus* …… 50/188
△卵形似石松 *Lycopodites ovatus* …… 51/190
威氏似石松 *Lycopodites williamsoni* …… 52/190
△壮丽似石松 *Lycopodites magnificus* …… 51/189
紫杉形似石松 *Lycopodites taxiformis* …… 50/188

似石松(未定种) *Lycopodites* sp. …… 52/190

似水韭属 *Isoetites* …… 48/186

△箭头似水韭 *Isoetites sagittatus* …… 49/186

交叉似水韭 *Isoetites crociformis* …… 48/186

似苔属 *Hepaticites* …… 2/128

△河北似苔 *Hepaticites hebeiensis* …… 2/128

△极小似苔 *Hepaticites minutus* …… 2/129

△近圆形似苔 *Hepaticites subrotuntus* …… 3/129

△卢氏似苔 *Hepaticites lui* …… 2/128

螺展似苔 *Hepaticites solenotus* …… 3/129

螺展似苔(比较属种) Cf. *Hepaticites solenotus* …… 3/129

启兹顿似苔 *Hepaticites kidstoni* …… 2/128

△新疆似苔 *Hepaticites xinjiangensis* …… 3/129

△雅致似苔 *Hepaticites elegans* …… 2/128

△姚氏似苔 *Hepaticites yaoi* …… 3/129

似苔(未定种) *Hepaticites* sp. …… 3/130

△似提灯藓属 *Mnioites* …… 5/132

△短叶杉型似提灯藓 *Mnioites brachyphylloides* …… 6/132

似藓属 *Muscites* …… 6/133

△镰状叶似藓 *Muscites drepanophyllus* …… 6/133

△蔓藓型似藓 *Muscites meteorioides* …… 6/133

△南天门似藓 *Muscites nantimenensis* …… 6/133

△柔弱似藓 *Muscites tenellus* …… 6/133

图氏似藓 *Muscites tournalii* …… 6/133

似藓(未定种) *Muscites* sp. …… 7/134

似叶状体属 *Thallites* …… 8/136

蔡耶似叶状体 *Thallites zeilleri* …… 10/138

△哈赫似叶状体 *Thallites hallei* …… 9/136

△厚叶似叶状体 *Thallites dasyphyllus* …… 9/136

△嘉荫似叶状体 *Thallites jiayingensis* …… 9/137

△尖山沟似叶状体 *Thallites jianshangouensis* …… 9/136

△江宁似叶状体 *Thallites jiangninensis* …… 9/136

△萍乡似叶状体 *Thallites pinghsiangensis* …… 9/137

△像钱苔似叶状体 *Thallites riccioides* …… 10/137

△宜都似叶状体 *Thallites yiduensis* …… 10/137

△云南似叶状体 *Thallites yunnanensis* …… 10/138

直立似叶状体 *Thallites erectus* …… 9/136

似叶状体(未定多种) *Thallites* spp. …… 10/138

△双生叶属 *Geminofoliolum* …… 46/184

△纤细双生叶 *Geminofoliolum gracilis* …… 46/184

水韭属 *Isoetes* …… 48/185

△二马营水韭 *Isoetes ermayingensis* …… 48/185

△穗藓属 *Stachybryolites* …… 8/135

△周氏穗藓 *Stachybryolites zhoui* …… 8/135

W

乌斯卡特藓属 *Uskatia* …… 11/139
密叶乌斯卡特藓 *Uskatia conferta* …… 11/139
乌斯卡特藓(未定种) *Uskatia* sp. …… 11/139

X

楔叶属 *Sphenophyllum* …… 83/230
微缺楔叶 *Sphenophyllum emarginatum* …… 83/230
楔叶?(未定种) *Sphenophyllum*? sp. …… 83/231
△新孢穗属 *Neostachya* …… 68/213
△陕西新孢穗 *Neostachya shanxiensis* …… 69/213
新芦木穗属 *Neocalamostachys* …… 68/212
总花梗新芦木穗 *Neocalamostachys pedunculatus* …… 68/213
新芦木穗?(未定种) *Neocalamostachys*? sp. …… 68/213
新芦木属 *Neocalamites* …… 54/193
△粗糙新芦木 *Neocalamites asperrimus* …… 57/197
△当阳新芦木 *Neocalamites dangyangensis* …… 62/204
△短叶新芦木 *Neocalamites brevifolius* …… 57/197
△海房沟新芦木 *Neocalamites haifanggouensis* …… 62/205
△海西州新芦木 *Neocalamites haixizhouensis* …… 62/205
霍尔新芦木? *Neocalamites hoerensis*? …… 56/196
霍尔新芦木 *Neocalamites hoerensis* …… 55/193
霍尔新芦木(比较种) *Neocalamites* cf. *hoerensis* …… 56/196
卡勒莱新芦木 *Neocalamites carrerei* …… 59/200
卡勒莱新芦木(比较种) *Neocalamites* cf. *carrerei* …… 61/204
△瘤状? 新芦木 *Neocalamites*? *tubercalatus* …… 64/208
米氏新芦木 *Neocalamites merianii* …… 62/205
米氏新芦木(比较种) *Neocalamites* cf. *merianii* …… 63/206
米氏新芦木(比较属种) Cf. *Neocalamites merianii* …… 63/205
那氏新芦木 *Neocalamites nathorsti* …… 63/206
那氏新芦木(比较种) *Neocalamites* cf. *nathorst* …… 63/207
△南漳新芦木 *Neocalamites nanzhangensis* …… 63/206
△拟轮叶型新芦木 *Neocalamites annulariopsis* …… 57/197
△山西新芦木 *Neocalamites shanxiensis* …… 64/208
△丝状? 新芦木 *Neocalamites*? *filifolius* …… 62/204
△乌灶新芦木 *Neocalamites wuzaoensis* …… 64/208
△细叶新芦木 *Neocalamites angustifolius* …… 57/196
?蟹形新芦木 ?*Neocalamites carcinoides* …… 59/199
蟹形新芦木 *Neocalamites carcinoides* …… 57/197
蟹形新芦木(比较种) *Neocalamites* cf. *carcinoides* …… 59/199
蟹形新芦木(比较属种) *Neocalamites* cf. *N. carcinoides* …… 59/199
△皱纹新芦木 *Neocalamites rugosus* …… 63/207

?新芦木(?似木贼)(未定种) ?*Neocalamites* (?*Equisetites*) sp. …… 68/212
新芦木(未定多种) *Neocalamites* spp. …… 64/208
?新芦木(未定种) ?*Neocalamites* sp. …… 68/212
新芦木(比较属,未定种) Cf. *Neocalamites* sp. …… 68/212
新芦木?(未定多种) *Neocalamites*? spp. …… 67/211
△新轮叶属 *Neoannularia* …… 53/192
△川滇新轮叶 *Neoannularia chuandianensis* …… 54/192
△密叶新轮叶 *Neoannularia confertifolia* …… 54/193
△三叠新轮叶 *Neoannularia triassica* Gu et Hu,1979 (non Gu et Hu,1984,nec Gu et Hu,1987) …… 54/193
△三叠新轮叶 *Neoannularia triassica* Gu et Hu,1984 (non Gu et Hu,1987,nec Gu et Hu,1979) …… 54/193
△三叠新轮叶 *Neoannularia triassica* Gu et Hu,1987 (non Gu et Hu,1984,nec Gu et Hu,1979) …… 54/193
△陕西新轮叶 *Neoannularia shanxiensis* …… 54/192

附录3　存放模式标本的单位名称

中文名称	English Name
北京自然博物馆	Beijing Natural History Museum
长春地质学院 （吉林大学地球科学学院）	Changchun College of Geology (College of Earth Sciences, Jilin University)
成都地质矿产研究所 （中国地质调查局成都地质调查中心）	Chengdu Institute of Geology and Mineral Resources (Chengdu Institute of Geology and Mineral Resources, China Geological Survey)
大庆石油管理局勘探开发研究院	Research Institute of Exploration and Development, Daqing Petroleum Adminstrative Bureau
河北地质学院 （河北地质大学）	Hebei College of Geology (Hebei University of Geology)
河南省地质局 （河南省地质矿产勘查开发局）	Geological Bureau of Henan Province (Bureau of Geology and Mineral Exploration and Development of Henan Province)
湖北地质科学研究所 （湖北省地质科学研究院）	Hubei Institute of Geological Sciences (Hubei Institute of Geosciences)
湖北省地质局	Geological Bureau of Hubei Province
湖南省地质博物馆	Geology Museum of Hunan Province
吉林省地质局区域地质调查大队 （吉林省区域地质调查大队）	Regional Geological Surveying Team, Jilin Geological Bureau (Regional Geological Surveying Team of Jilin Province)
煤炭科学研究院地质勘探分院 （煤炭科学研究总院西安分院）	Branch of Geology Exploration, China Coal Research Institute (Xi'an Branch, China Coal Research Institute)
煤炭科学研究总院西安分院	Xi'an Branch, China Coal Research Institute
南京地质矿产研究所 （中国地质调查局南京地质调查中心）	Nanjing Institute of Geology and Mineral Resources (Nanjing Institute of Geology and Mineral Resources, China Geological Survey)
瑞典自然历史博物馆古植物部	Section for Palaeobotany, Swedish Museum of Natural History

续表

中文名称	English Name
山东省地质矿产局区域地质调查队	Regional Geological Survey Team, Bureau of Geology and Mineral Resources of Shandong Province
沈阳地质矿产研究所 (中国地质调查局沈阳地质调查中心)	Shenyang Institute of Geology and Mineral Resources (Shenyang Institute of Geology and Mineral Resources, China Geological Survey)
石油勘探开发科学研究院 (中国石油化工股份有限公司石油勘探开发研究院)	Research Institute of Petroleum Exploration and Development (Research Institute of Petroleum Exploration & Development, PetroChina)
武汉地质学院北京研究生部 [中国地质大学(北京)]	Beijing Graduate School, Wuhan College of Geology [China University of Geosciences (Beijing)]
西安地质矿产研究所 (中国地质调查局西安地质调查中心)	Xi'an Institute of Geology and Mineral Resources (Xi'an Institute of Geology and Mineral Resources, China Geological Survey)
新疆石油管理局 (中国石油天然气集团公司新疆石油管理局)	Petroleum Administration of Xinjiang Uighur Autonomous Region (Petroleum Administration of Xinjiang Uighur Autonomous Region, PetroChina)
宜昌地质矿产研究所 (中国地质调查局武汉地质调查中心)	Yichang Institute of Geology and Mineral Resources (Wuhan Institute of Geology and Mineral Resources, China Geological Survey)
浙江省自然博物馆	Zhejiang Museum of Natural History
中国地质大学(北京)	China University of Geosciences (Beijing)
中国科学院南京地质古生物研究所	Nanjing Institute of Geology and Palaeontology, Chinese Academy of Sciences
中国科学院植物研究所	Institute of Botany,Chinese Academy of Sciences
中国矿业大学地质系	Department of Geology, China University of Mining and Technology
中南矿冶学院地质系古生物地史教研组	Palaeontology Section, Department of Geology, Central-South Institute of Mining and Metallurgy
中山大学生物学系植物教研室 (中山大学生命科学学院)	Botanical Section, Department of Biology, Sun Yat-sen University (School of Life Sciences, Sun Yat-sen University)

附录4　丛书属名索引(Ⅰ—Ⅵ分册)

(按中文名称的汉语拼音升序排列,属名后为分册号/中文记录页码/英文记录页码,“△”号示依据中国标本建立的属名)

A

阿措勒叶属 *Arthollia* …… Ⅵ/6/123
阿尔贝杉属 *Albertia* …… Ⅴ/1/239
爱博拉契蕨属 *Eboracia* …… Ⅱ/122/426
爱河羊齿属 *Aipteris* …… Ⅲ/2/314
爱斯特拉属 *Estherella* …… Ⅲ/62/392
安杜鲁普蕨属 *Amdrupia* …… Ⅲ/3/316
桉属 *Eucalyptus* …… Ⅵ/25/143

B

八角枫属 *Alangium* …… Ⅵ/2/118
巴克兰茎属 *Bucklandia* …… Ⅲ/22/341
芭蕉叶属 *Musophyllum* …… Ⅵ/37/157
白粉藤属 *Cissus* …… Ⅵ/16/134
△白果叶属 *Baiguophyllum* …… Ⅳ/18/192
柏木属 *Curessus* …… Ⅴ/38/283
柏型木属 *Cupressinoxylon* …… Ⅴ/37/282
柏型枝属 *Cupressinocladus* …… Ⅴ/32/276
拜拉属 *Baiera* …… Ⅳ/3/171
拜拉属 *Bayera* …… Ⅳ/19/192
板栗属 *Castanea* …… Ⅵ/11/128
瓣轮叶属 *Lobatannularia* …… Ⅰ/49/186
蚌壳蕨属 *Dicksonia* …… Ⅱ/110/412
棒状茎属 *Rhabdotocaulon* …… Ⅲ/175/543
薄果穗属 *Leptostrobus* …… Ⅳ/67/251
鲍斯木属 *Boseoxylon* …… Ⅲ/22/340
杯囊蕨属 *Kylikipteris* …… Ⅱ/146/455
杯叶属 *Phyllotheca* …… Ⅰ/69/213
北极拜拉属 *Arctobaiera* …… Ⅳ/3/171
北极蕨属 *Arctopteris* …… Ⅱ/10/280
△北票果属 *Beipiaoa* …… Ⅵ/9/125
贝尔瑙蕨属 *Bernouillia* Heer,1876 ex Seward,1910 …… Ⅱ/19/292
贝尔瑙蕨属 *Bernoullia* Heer,1876 …… Ⅱ/20/293
贝西亚果属 *Baisia* …… Ⅵ/8/125
本内苏铁果属 *Bennetticarpus* …… Ⅲ/20/338

△本内缘蕨属 *Bennetdicotis* …… Ⅵ/9/126
△本溪羊齿属 *Benxipteris* …… Ⅲ/21/339
篦羽羊齿属 *Ctenopteris* …… Ⅲ/39/363
篦羽叶属 *Ctenis* …… Ⅲ/26/346
△变态鳞木属 *Metalepidodendron* …… Ⅰ/53/191
变态叶属 *Aphlebia* …… Ⅲ/19/337
宾尼亚球果属 *Beania* …… Ⅲ/19/337
伯恩第属 *Bernettia* …… Ⅲ/22/340

C

侧羽叶属 *Pterophyllum* …… Ⅲ/139/492
叉叶属 *Dicranophyllum* …… Ⅳ/27/202
叉羽叶属 *Ptilozamites* …… Ⅲ/171/538
查米果属 *Zamiostrobus* …… Ⅲ/235/620
查米亚属 *Zamia* …… Ⅲ/233/617
查米羽叶属 *Zamiophyllum* …… Ⅲ/233/618
檫木属 *Sassafras* …… Ⅵ/57/180
铲叶属 *Saportaea* …… Ⅳ/91/280
长门果穗属 *Nagatostrobus* …… Ⅴ/80/333
△朝阳序属 *Chaoyangia* …… Ⅴ/27/270
△朝阳序属 *Chaoyangia* …… Ⅵ/14/131
△城子河叶属 *Chengzihella* …… Ⅵ/15/132
翅似查米亚属 *Pterozamites* …… Ⅲ/164/528
△垂饰杉属 *Stalagma* …… Ⅴ/157/427
茨康叶属 *Czekanowskia* …… Ⅳ/19/193
　茨康叶(瓦氏叶亚属) *Czekanowskia* (*Vachrameevia*) …… Ⅳ/26/201
枞型枝属 *Elatocladus* …… Ⅴ/52/300

D

大芦孢穗属 *Macrostachya* …… Ⅰ/52/191
△大箐羽叶属 *Tachingia* …… Ⅲ/196/570
△大舌羊齿属 *Macroglossopteris* …… Ⅲ/76/409
△大同叶属 *Datongophyllum* …… Ⅳ/26/201
大网羽叶属 *Anthrophyopsis* …… Ⅲ/16/333
大叶带羊齿属 *Macrotaeniopteris* …… Ⅲ/77/409
△大羽羊齿属 *Gigantopteris* …… Ⅲ/64/394
带似查米亚属 *Taeniozamites* …… Ⅲ/208/587
带羊齿属 *Taeniopteris* …… Ⅲ/196/571
带叶属 *Doratophyllum* …… Ⅲ/57/386
带状叶属 *Desmiophyllum* …… Ⅲ/52/380
单子叶属 *Monocotylophyllum* …… Ⅵ/36/156
德贝木属 *Debeya* …… Ⅵ/20/138

第聂伯果属 *Borysthenia* …… Ⅴ/8/247
雕鳞杉属 *Glyptolepis* …… Ⅴ/69/322
蝶蕨属 *Weichselia* …… Ⅱ/210/535
△蝶叶属 *Papilionifolium* …… Ⅲ/127/479
丁菲羊齿属 *Thinnfeldia* …… Ⅲ/211/590
顶缺银杏属 *Phylladoderma* …… Ⅳ/79/265
△渡口痕木属 *Dukouphyton* …… Ⅲ/62/392
△渡口叶属 *Dukouphyllum* …… Ⅲ/61/392
△渡口叶属 *Dukouphyllum* …… Ⅳ/28/204
短木属 *Brachyoxylon* …… Ⅴ/8/247
短叶杉属 *Brachyphyllum* …… Ⅴ/9/248
椴叶属 *Tiliaephyllum* …… Ⅵ/62/185
堆囊穗属 *Sorosaccus* …… Ⅳ/94/283
盾形叶属 *Aspidiophyllum* …… Ⅵ/7/124
盾籽属 *Peltaspermum* …… Ⅲ/130/481

E

耳羽叶属 *Otozamites* …… Ⅲ/114/460
二叉羊齿属 *Dicrodium* …… Ⅲ/54/382

F

榧属 *Torreya* …… Ⅴ/169/441
△榧型枝属 *Torreyocladus* …… Ⅴ/170/443
费尔干木属 *Ferganodendron* …… Ⅰ/45/183
费尔干杉属 *Ferganiella* …… Ⅴ/64/315
枫杨属 *Pterocarya* …… Ⅵ/50/172
△缝鞘杉属 *Suturovagina* …… Ⅴ/162/433
伏脂杉属 *Voltzia* …… Ⅴ/173/446
△辐叶属 *Radiatifolium* …… Ⅳ/87/274
△副葫芦藓属 *Parafunaria* …… Ⅰ/7/134
△副镰羽叶属 *Paradrepanozamites* …… Ⅲ/129/480
副落羽杉属 *Parataxodium* …… Ⅴ/89/345
△副球果属 *Paraconites* …… Ⅴ/89/344
副苏铁属 *Paracycas* …… Ⅲ/128/479

G

盖涅茨杉属 *Geinitzia* …… Ⅴ/68/321
△甘肃芦木属 *Gansuphyllite* …… Ⅰ/46/183
革叶属 *Scytophyllum* …… Ⅲ/185/556
格伦罗斯杉属 *Glenrosa* …… Ⅴ/68/321
格子蕨属 *Clathropteris* …… Ⅱ/74/362

葛伯特蕨属 *Goeppertella* …… Ⅱ/132/439
根茎蕨属 *Rhizomopteris* …… Ⅱ/174/490
△根状茎属 *Rhizoma* …… Ⅵ/54/176
古柏属 *Palaeocyparis* …… Ⅴ/87/342
古地钱属 *Marchantiolites* …… Ⅰ/4/130
古尔万果属 *Gurvanella* …… Ⅴ/71/324
古尔万果属 *Gurvanella* …… Ⅵ/28/146
△古果属 *Archaefructus* …… Ⅵ/5/121
古维他叶属 *Palaeovittaria* …… Ⅲ/127/478
骨碎补属 *Davallia* …… Ⅱ/110/411
△广西叶属 *Guangxiophyllum* …… Ⅲ/67/398
鬼灯檠属 *Rogersia* …… Ⅵ/55/177
桂叶属 *Laurophyllum* …… Ⅵ/32/151
棍穗属 *Gomphostrobus* …… Ⅴ/71/323

H

哈定蕨属 *Haydenia* …… Ⅱ/140/449
△哈勒角籽属 *Hallea* …… Ⅴ/71/324
哈瑞士羊齿属 *Harrisiothecium* …… Ⅲ/67/398
△哈瑞士叶属 *Tharrisia* …… Ⅲ/210/589
哈兹叶属 *Hartzia* Harris, 1935 (non Nikitin, 1965) …… Ⅳ/64/247
哈兹叶属 *Hartzia* Nikitin, 1965 (non Harris, 1935) …… Ⅵ/28/147
禾草叶属 *Graminophyllum* …… Ⅵ/27/146
合囊蕨属 *Marattia* …… Ⅱ/149/459
荷叶蕨属 *Hausmannia* …… Ⅱ/135/443
黑龙江羽叶属 *Heilungia* …… Ⅲ/68/398
黑三棱属 *Sparganium* …… Ⅵ/60/183
恒河羊齿属 *Gangamopteris* …… Ⅲ/63/393
红豆杉属 *Taxus* …… Ⅴ/167/439
红杉属 *Sequoia* …… Ⅴ/151/420
厚边羊齿属 *Lomatopteris* …… Ⅲ/76/408
厚羊齿属 *Pachypteris* …… Ⅲ/124/475
△湖北叶属 *Hubeiophyllum* …… Ⅲ/69/400
△湖南木贼属 *Hunanoequisetum* …… Ⅰ/47/185
槲寄生穗属 *Ixostrobus* …… Ⅳ/65/248
槲叶属 *Dryophyllum* …… Ⅵ/23/142
△花穗杉果属 *Amentostrobus* …… Ⅴ/3/241
△华脉蕨属 *Abropteris* …… Ⅱ/1/269
△华网蕨属 *Areolatophyllum* …… Ⅱ/12/283
桦木属 *Betula* …… Ⅵ/10/127
桦木叶属 *Betuliphyllum* …… Ⅵ/10/127
槐叶萍属 *Salvinia* …… Ⅱ/178/496

J

△鸡西叶属 *Jixia* …… Ⅵ/29/148
基尔米亚叶属 *Tyrmia* …… Ⅲ/220/602
△吉林羽叶属 *Chilinia* …… Ⅲ/23/341
脊囊属 *Annalepis* …… Ⅰ/12/140
荚蒾属 *Viburnum* …… Ⅵ/66/190
荚蒾叶属 *Viburniphyllum* …… Ⅵ/66/189
假篦羽叶属 *Pseudoctenis* …… Ⅲ/134/486
△假带羊齿属 *Pseudotaeniopteris* …… Ⅲ/138/492
假丹尼蕨属 *Pseudodanaeopsis* …… Ⅲ/138/491
△假耳蕨属 *Pseudopolystichum* …… Ⅱ/169/484
假拟节柏属 *Pseudofrenelopsis* …… Ⅴ/138/404
假苏铁属 *Pseudocycas* …… Ⅲ/137/490
假托勒利叶属 *Pseudotorellia* …… Ⅳ/82/268
假元叶属 *Pseudoprotophyllum* …… Ⅵ/50/171
尖囊蕨属 *Acitheca* …… Ⅱ/5/274
坚叶杉属 *Pagiophyllum* …… Ⅴ/82/336
△间羽蕨属 *Mixopteris* …… Ⅱ/154/466
△间羽叶属 *Mixophylum* …… Ⅲ/79/412
△江西叶属 *Jiangxifolium* …… Ⅱ/143/452
桨叶属 *Eretmophyllum* …… Ⅳ/29/204
△蛟河蕉羽叶属 *Tsiaohoella* …… Ⅲ/219/601
△蛟河羽叶属 *Tchiaohoella* …… Ⅲ/209/588
蕉带羽叶属 *Nilssoniopteris* …… Ⅲ/106/450
蕉羊齿属 *Compsopteris* …… Ⅲ/24/343
蕉羽叶属 *Nilssonia* …… Ⅲ/83/417
金钱松属 *Pseudolarix* …… Ⅴ/141/408
金松型木属 *Sciadopityoxylon* …… Ⅴ/150/419
△金藤叶属 *Stephanofolium* …… Ⅵ/61/184
金鱼藻属 *Ceratophyllum* …… Ⅵ/13/130
茎干蕨属 *Caulopteris* …… Ⅱ/22/295
△荆门叶属 *Jingmenophyllum* …… Ⅲ/71/403
卷柏属 *Selaginella* …… Ⅰ/80/227
决明属 *Cassia* …… Ⅵ/11/128
蕨属 *Pteridium* …… Ⅱ/170/485

K

卡肯果属 *Karkenia* …… Ⅳ/67/251
科达似查米亚属 *Rhiptozamites* …… Ⅲ/177/546
克拉松穗属 *Classostrobus* …… Ⅴ/28/271
克里木属 *Credneria* …… Ⅵ/18/136
克鲁克蕨属 *Klukia* …… Ⅱ/144/453

苦戈维里属 *Culgoweria* …… Ⅳ/19/192
△宽甸叶属 *Kuandiania* …… Ⅲ/71/403
宽叶属 *Euryphyllum* …… Ⅲ/63/393
奎氏叶属 *Quereuxia* …… Ⅵ/52/174
昆栏树属 *Trochodendron* …… Ⅵ/64/188

L

拉发尔蕨属 *Raphaelia* …… Ⅱ/171/486
拉谷蕨属 *Laccopteris* …… Ⅱ/146/456
△拉萨木属 *Lhassoxylon* …… Ⅴ/72/326
△刺蕨属 *Acanthopteris* …… Ⅱ/1/269
劳达尔特属 *Leuthardtia* …… Ⅲ/75/407
勒桑茎属 *Lesangeana* …… Ⅱ/147/457
肋木属 *Pleuromeia* …… Ⅰ/71/216
类香蒲属 *Typhaera* …… Ⅵ/65/188
里白属 *Hicropteris* …… Ⅱ/141/450
栎属 *Quercus* …… Ⅵ/51/173
连蕨属 *Cynepteris* …… Ⅱ/105/405
△连山草属 *Lianshanus* …… Ⅵ/33/152
连香树属 *Cercidiphyllum* …… Ⅵ/14/131
莲座蕨属 *Angiopteris* …… Ⅱ/9/278
镰刀羽叶属 *Drepanozamites* …… Ⅲ/59/388
镰鳞果属 *Drepanolepis* …… Ⅴ/47/295
△辽宁缘蕨属 *Liaoningdicotis* …… Ⅵ/33/153
△辽宁枝属 *Liaoningocladus* …… Ⅴ/73/326
△辽西草属 *Liaoxia* …… Ⅴ/74/327
△辽西草属 *Liaoxia* …… Ⅵ/34/153
列斯里叶属 *Lesleya* …… Ⅲ/74/407
裂鳞果属 *Schizolepis* …… Ⅴ/146/414
裂脉叶-具刺孢穗属 *Schizoneura-Echinostachys* …… Ⅰ/79/226
裂脉叶属 *Schizoneura* …… Ⅰ/77/224
裂叶蕨属 *Lobifolia* …… Ⅱ/148/458
林德勒枝属 *Lindleycladus* …… Ⅴ/74/327
鳞毛蕨属 *Dryopteris* …… Ⅱ/120/424
鳞杉属 *Ullmannia* …… Ⅴ/172/445
鳞羊齿属 *Lepidopteris* …… Ⅲ/72/404
△鳞籽属 *Squamocarpus* …… Ⅴ/156/426
△灵乡叶属 *Lingxiangphyllum* …… Ⅲ/75/408
菱属 *Trapa* …… Ⅵ/63/186
柳杉属 *Cryptomeria* …… Ⅴ/31/275
柳属 *Salix* …… Ⅵ/56/179
柳叶属 *Saliciphyllum* Fontaine,1889 (non Conwentz,1886) …… Ⅵ/56/178
柳叶属 *Saliciphyllum* Conwentz,1886 (non Fontaine,1889) …… Ⅵ/56/178

△六叶属 *Hexaphyllum* …… Ⅰ/47/184
△龙凤山苔属 *Longfengshania* …… Ⅰ/3/130
△龙井叶属 *Longjingia* …… Ⅵ/35/155
△龙蕨属 *Dracopteris* …… Ⅱ/119/424
芦木属 *Calamites* Schlotheim, 1820 (non Brongniart, 1828, nec Suckow, 1784) …… Ⅰ/19/149
芦木属 *Calamites* Brongniart, 1828 (non Schlotheim, 1820, nec Suckow, 1784) …… Ⅰ/19/149
芦木属 *Calamites* Suckow, 1784 (non Schlotheim, 1820, nec Brongniart, 1828) …… Ⅰ/18/148
卤叶蕨属 *Acrostichopteris* …… Ⅱ/5/274
鲁福德蕨属 *Ruffordia* …… Ⅱ/176/492
轮松属 *Cyclopitys* …… Ⅴ/45/292
轮叶属 *Annularia* …… Ⅰ/15/144
罗汉松属 *Podocarpus* …… Ⅴ/114/374
罗汉松型木属 *Podocarpoxylon* …… Ⅴ/113/374
螺旋蕨属 *Spiropteris* …… Ⅱ/189/508
螺旋器属 *Spirangium* …… Ⅲ/194/568
裸籽属 *Allicospermum* …… Ⅳ/1/169
落登斯基果属 *Nordenskioldia* …… Ⅵ/38/158
落羽杉属 *Taxodium* …… Ⅴ/166/438
落羽杉型木属 *Taxodioxylon* …… Ⅴ/165/437
△吕蕨属 *Luereticopteris* …… Ⅱ/148/458

M

马甲子属 *Paliurus* …… Ⅵ/40/160
马克林托叶属 *Macclintockia* …… Ⅵ/35/155
马斯克松属 *Marskea* …… Ⅴ/78/331
毛莨果属 *Ranunculaecarpus* …… Ⅵ/52/174
毛莨属 *Ranunculus* …… Ⅵ/53/175
△毛莨叶属 *Ranunculophyllum* …… Ⅵ/53/175
毛羽叶属 *Ptilophyllum* …… Ⅲ/164/528
毛状叶属 *Trichopitys* …… Ⅳ/115/309
毛籽属 *Problematospermum* …… Ⅴ/132/398
米勒尔茎属 *Millerocaulis* …… Ⅱ/154/465
密锥蕨属 *Thyrsopteris* …… Ⅱ/198/519
△膜质叶属 *Membranifolia* …… Ⅲ/78/410
木贼穗属 *Equisetostachys* …… Ⅰ/39/175
木贼属 *Equisetum* …… Ⅰ/40/176

N

△那琳壳斗属 *Norinia* …… Ⅲ/113/459
那氏蕨属 *Nathorstia* …… Ⅱ/154/466
△南票叶属 *Nanpiaophyllum* …… Ⅲ/79/412
南蛇藤属 *Celastrus* …… Ⅵ/13/130

南蛇藤叶属 *Celastrophyllum* …… Ⅵ/12/129
南洋杉属 *Araucaria* Juss. …… Ⅴ/4/242
南洋杉型木属 *Araucarioxylon* …… Ⅴ/4/242
△南漳叶属 *Nanzhangophyllum* …… Ⅲ/80/413
△拟爱博拉契蕨属 *Eboraciopsis* …… Ⅱ/124/430
△拟安杜鲁普蕨属 *Amdrupiopsis* …… Ⅲ/4/317
拟安马特衫属 *Ammatopsis* …… Ⅴ/3/241
△拟瓣轮叶属 *Lobatannulariopsis* …… Ⅰ/50/188
拟查米蕨属 *Zamiopsis* …… Ⅱ/211/537
拟翅籽属 Gemus *Samaropsis* …… Ⅴ/144/411
拟刺葵属 *Phoenicopsis* …… Ⅳ/69/253
　拟刺葵(苦果维尔叶亚属) *Phoenicopsis* (*Culgoweria*) …… Ⅳ/76/262
　拟刺葵(拟刺葵亚属) *Phoenicopsis* (*Phoenicopsis*) …… Ⅳ/76/263
　△拟刺葵(斯蒂芬叶亚属) *Phoenicopsis* (*Stephenophyllum*) …… Ⅳ/77/263
　拟刺葵(温德瓦狄叶亚属) *Phoenicopsis* (*Windwardia*) …… Ⅳ/78/264
拟粗榧属 *Cephalotaxopsis* …… Ⅴ/25/268
△拟带枝属 *Taeniocladopisis* …… Ⅰ/83/231
拟丹尼蕨属 *Danaeopsis* …… Ⅱ/105/406
拟合囊蕨属 *Marattiopsis* …… Ⅱ/151/462
拟花藓属 *Calymperopsis* …… Ⅰ/1/127
拟节柏属 *Frenelopsis* …… Ⅴ/67/319
拟金粉蕨属 *Onychiopsis* …… Ⅱ/155/467
△拟蕨属 *Pteridiopsis* …… Ⅱ/169/485
拟轮叶属 *Annulariopsis* …… Ⅰ/15/144
拟落叶松属 *Laricopsis* …… Ⅴ/72/325
拟密叶杉属 *Athrotaxopsis* …… Ⅴ/7/246
△拟片叶苔属 *Riccardiopsis* …… Ⅰ/7/134
△拟斯托加枝属 *Parastorgaardis* …… Ⅴ/89/344
拟松属 *Pityites* …… Ⅴ/95/350
拟无患子属 *Sapindopsis* …… Ⅵ/57/179
拟叶枝杉属 *Phyllocladopsis* …… Ⅴ/90/345
拟银杏属 *Ginkgophytopsis* …… Ⅳ/59/241
△拟掌叶属 *Psygmophyllopsis* …… Ⅳ/83/270
拟竹柏属 *Nageiopsis* …… Ⅴ/81/334
拟紫萁属 *Osmundopsis* …… Ⅱ/160/473

P

帕里西亚杉属 *Palissya* …… Ⅴ/88/343
帕里西亚杉属 *Palyssia* …… Ⅴ/88/344
帕利宾蕨属 *Palibiniopteris* …… Ⅱ/161/474
△潘广叶属 *Pankuangia* …… Ⅲ/127/478
泡桐属 *Paulownia* …… Ⅵ/40/161
平藓属 *Neckera* …… Ⅰ/7/134

苹婆叶属 *Sterculiphyllum* …… Ⅵ/61/184
葡萄叶属 *Vitiphyllum* Nathorst,1886 (non Fontaine,1889) …… Ⅵ/67/191
葡萄叶属 *Vitiphyllum* Fontaine,1889 (non Nathorst,1886) …… Ⅵ/68/191
蒲逊叶属 *Pursongia* …… Ⅲ/173/541
普拉榆属 *Planera* …… Ⅵ/42/162

Q

桤属 *Alnus* …… Ⅵ/3/119
奇脉羊齿属 *Hyrcanopteris* …… Ⅲ/69/401
△奇脉叶属 *Mironeura* …… Ⅲ/78/411
△奇羊齿属 *Aetheopteris* …… Ⅲ/1/313
奇叶杉属 *Aethophyllum* …… Ⅴ/1/239
△奇叶属 *Acthephyllum* …… Ⅲ/1/313
△奇异木属 *Allophyton* …… Ⅱ/8/277
△奇异羊齿属 *Mirabopteris* …… Ⅲ/78/411
奇异蕨属 *Paradoxopteris* Hirmer,1927 (non Mi et Liu,1977) …… Ⅱ/161/475
△奇异羊齿属 *Paradoxopteris* Mi et Liu,1977 (non Hirmer,1927) …… Ⅲ/128/480
△奇异羽叶属 *Thaumatophyllum* …… Ⅲ/210/589
棋盘木属 *Grammaephloios* …… Ⅰ/47/184
青钱柳属 *Cycrocarya* …… Ⅵ/20/138
△琼海叶属 *Qionghaia* …… Ⅲ/174/542
屈囊蕨属 *Gonatosorus* …… Ⅱ/134/441

R

△热河似查米亚属 *Rehezamites* …… Ⅲ/174/542
△日蕨属 *Rireticopteris* …… Ⅱ/175/492
榕属 *Ficus* …… Ⅵ/26/145
榕叶属 *Ficophyllum* …… Ⅵ/26/144

S

萨尼木属 *Sahnioxylon* …… Ⅲ/183/554
萨尼木属 *Sahnioxylon* …… Ⅵ/55/177
三角鳞属 *Deltolepis* …… Ⅲ/51/379
三盔种鳞属 *Tricranolepis* …… Ⅴ/171/444
△三裂穗属 *Tricrananthus* …… Ⅴ/171/443
山菅兰属 *Dianella* …… Ⅵ/21/139
山西枝属 *Shanxicladus* …… Ⅱ/180/498
杉木属 *Cunninhamia* …… Ⅴ/32/276
扇羊齿属 *Rhacopteris* …… Ⅲ/175/543
扇叶属 *Rhipidopsis* …… Ⅳ/87/274
扇状枝属 *Rhipidiocladus* …… Ⅴ/141/408

舌鳞叶属 *Glossotheca* …… Ⅲ/65/396
舌似查米亚属 *Glossozamites* …… Ⅲ/66/397
舌羊齿属 *Glossopteris* …… Ⅲ/64/395
舌叶属 *Glossophyllum* …… Ⅳ/60/242
蛇葡萄属 *Ampelopsis* …… Ⅵ/4/120
△沈括叶属 *Shenkuoia* …… Ⅵ/59/181
△沈氏蕨属 *Shenea* …… Ⅱ/180/498
石果属 *Carpites* …… Ⅵ/10/127
石花属 *Antholites* …… Ⅳ/1/169
石花属 *Antholithes* …… Ⅳ/2/170
石花属 *Antholithus* …… Ⅳ/2/170
石松穗属 *Lycostrobus* …… Ⅰ/52/190
石叶属 *Phyllites* …… Ⅵ/41/161
石籽属 *Carpolithes* 或 *Carpolithus* …… Ⅴ/15/256
史威登堡果属 *Swedenborgia* …… Ⅴ/163/434
矢部叶属 *Yabeiella* …… Ⅲ/231/616
△始木兰属 *Archimagnolia* …… Ⅵ/6/123
△始拟银杏属 *Primoginkgo* …… Ⅳ/80/266
△始水松属 *Eoglyptostrobus* …… Ⅴ/61/312
△始团扇蕨属 *Eogonocormus* Deng, 1995 (non Deng, 1997) …… Ⅱ/125/430
△始团扇蕨属 *Eogonocormus* Deng, 1997 (non Deng, 1995) …… Ⅱ/125/431
△始羽蕨属 *Eogymnocarpium* …… Ⅱ/125/431
柿属 *Diospyros* …… Ⅵ/23/141
匙叶属 *Noeggerathiopsis* …… Ⅲ/112/458
书带蕨叶属 *Vittaephyllum* …… Ⅲ/225/609
梳羽叶属 *Ctenophyllum* …… Ⅲ/37/361
鼠李属 *Rhamnus* …… Ⅵ/54/176
△束脉蕨属 *Symopteris* …… Ⅱ/191/510
双囊蕨属 *Disorus* …… Ⅱ/119/423
△双生叶属 *Geminofoliolum* …… Ⅰ/46/184
双子叶属 *Dicotylophyllum* Bandulska, 1923 (non Saporta, 1894) …… Ⅵ/23/141
双子叶属 *Dicotylophyllum* Saporta, 1894 (non Bandulska, 1923) …… Ⅵ/21/139
水韭属 *Isoetes* …… Ⅰ/48/185
水青树属 *Tetracentron* …… Ⅵ/62/185
水杉属 *Metasequoia* …… Ⅴ/79/332
水松属 *Glyptostrobus* …… Ⅴ/70/323
水松型木属 *Glyptostroboxylon* …… Ⅴ/70/322
△似八角属 *Illicites* …… Ⅵ/28/147
似白粉藤属 *Cissites* …… Ⅵ/15/133
△似百合属 *Lilites* …… Ⅵ/34/154
似孢子体属 *Sporogonites* …… Ⅰ/8/135
似蝙蝠葛属 *Menispermites* …… Ⅵ/36/155
似侧柏属 *Thuites* …… Ⅴ/168/440
△似叉苔属 *Metzgerites* …… Ⅰ/5/131

似查米亚属 *Zamites* …… Ⅲ/235/621
△似齿囊蕨属 *Odotonsorites* …… Ⅱ/155/467
似翅籽树属 *Pterospermites* …… Ⅵ/50/172
似枞属 *Elatides* …… Ⅴ/48/295
似狄翁叶属 *Dioonites* …… Ⅲ/57/386
似地钱属 *Marchantites* …… Ⅰ/4/131
似豆属 *Leguminosites* …… Ⅵ/32/152
△似杜仲属 *Eucommioites* …… Ⅵ/25/144
似根属 *Radicites* …… Ⅰ/75/222
△似狗尾草属 *Setarites* …… Ⅵ/58/181
似管状叶属 *Solenites* …… Ⅳ/93/281
似果穗属 *Strobilites* …… Ⅴ/160/430
似红豆杉属 *Taxites* …… Ⅴ/165/437
似胡桃属 *Juglandites* …… Ⅵ/30/149
△似画眉草属 *Eragrosites* …… Ⅴ/64/315
△似画眉草属 *Eragrosites* …… Ⅵ/24/142
△似金星蕨属 *Thelypterites* …… Ⅱ/197/519
△似茎状地衣属 *Foliosites* …… Ⅰ/1/127
似卷柏属 *Selaginellites* …… Ⅰ/80/227
△似卷囊蕨属 *Speirocarpites* …… Ⅱ/181/498
△似克鲁克蕨属 *Klukiopsis* …… Ⅱ/145/455
似昆栏树属 *Trochodendroides* …… Ⅵ/63/187
△似兰属 *Orchidites* …… Ⅵ/39/159
似里白属 *Gleichenites* …… Ⅱ/126/432
似蓼属 *Polygonites* Saporta, 1865 (non Wu S Q, 1999) …… Ⅵ/44/165
△似蓼属 *Polygonites* Wu S Q, 1999 (non Saporta, 1865) …… Ⅵ/45/165
似鳞毛蕨属 *Dryopterites* …… Ⅱ/120/424
似罗汉松属 *Podocarpites* …… Ⅴ/112/372
似麻黄属 *Ephedrites* …… Ⅴ/62/313
似密叶杉属 *Athrotaxites* …… Ⅴ/6/245
似膜蕨属 *Hymenophyllites* …… Ⅱ/141/450
△似木麻黄属 *Casuarinites* …… Ⅵ/12/129
似木贼属 *Equisetites* …… Ⅰ/19/149
△似南五味子属 *Kadsurrites* …… Ⅵ/31/151
似南洋杉属 *Araucarites* …… Ⅴ/5/244
似葡萄果穗属 *Staphidiophora* …… Ⅳ/110/302
似桤属 *Alnites* Hisinger, 1837 (non Deane, 1902) …… Ⅵ/2/118
似桤属 *Alnites* Deane, 1902 (non Hisinger, 1837) …… Ⅵ/2/118
△似槭树属 *Acerites* …… Ⅵ/1/117
似球果属 *Conites* …… Ⅴ/29/272
似莎草属 *Cyperacites* …… Ⅵ/20/138
似石松属 *Lycopodites* …… Ⅰ/50/188
似鼠李属 *Rhamnites* …… Ⅵ/53/175
似水韭属 *Isoetites* …… Ⅰ/48/186

似水龙骨属 *Polypodites* …… Ⅱ/168/484
似睡莲属 *Nymphaeites* …… Ⅵ/38/158
似丝兰属 *Yuccites* Martius, 1822 (non Schimper et Mougeot, 1844) …… Ⅴ/179/453
似丝兰属 *Yuccites* Schimper et Mougeot, 1844 (non Martius, 1822) …… Ⅴ/179/453
似松柏属 *Coniferites* …… Ⅴ/28/271
似松属 *Pinites* …… Ⅴ/93/349
似苏铁属 Genus *Cycadites* Buckland, 1836 (non Sternberg, 1825) …… Ⅲ/47/373
似苏铁属 Genus *Cycadites* Sternberg, 1825 (non Buckland, 1836) …… Ⅲ/46/372
似苔属 *Hepaticites* …… Ⅰ/2/128
△似提灯藓属 *Mnioites* …… Ⅰ/5/132
似铁线蕨属 *Adiantopteris* …… Ⅱ/6/276
△似铁线莲叶属 *Clematites* …… Ⅵ/17/134
似托第蕨属 *Todites* …… Ⅱ/198/520
△似乌头属 *Aconititis* …… Ⅵ/1/117
似藓属 *Muscites* …… Ⅰ/6/133
似杨属 *Populites* Goeppert, 1852 (non Viviani, 1833) …… Ⅵ/45/166
似杨属 *Populites* Viviani, 1833 (non Goeppert, 1852) …… Ⅵ/45/166
似叶状体属 *Thallites* …… Ⅰ/8/136
△似阴地蕨属 *Botrychites* …… Ⅱ/22/295
似银杏属 *Ginkgoites* …… Ⅳ/43/221
似银杏枝属 *Ginkgoitocladus* …… Ⅳ/57/239
△似雨蕨属 *Gymnogrammitites* …… Ⅱ/135/443
△似圆柏属 *Sabinites* …… Ⅴ/143/410
△似远志属 *Polygatites* …… Ⅵ/44/165
似榛属 *Corylites* …… Ⅵ/17/135
匙羊齿属 *Zamiopteris* …… Ⅲ/234/620
斯蒂芬叶属 *Stephenophyllum* …… Ⅳ/113/307
斯卡伯格穗属 *Scarburgia* …… Ⅴ/145/413
斯科勒斯比叶属 *Scoresbya* …… Ⅲ/184/554
斯托加叶属 *Storgaardia* …… Ⅴ/158/428
松柏茎属 *Coniferocaulon* …… Ⅴ/29/272
松木属 *Pinoxylon* …… Ⅴ/94/349
松属 *Pinus* …… Ⅴ/94/350
松型果鳞属 *Pityolepis* …… Ⅴ/98/355
松型果属 *Pityostrobus* …… Ⅴ/110/370
松型木属 *Pityoxylon* …… Ⅴ/112/372
松型叶属 *Pityophyllum* …… Ⅴ/101/359
松型枝属 *Pityocladus* …… Ⅴ/95/351
松型子属 *Pityospermum* …… Ⅴ/107/367
楤木属 *Aralia* …… Ⅵ/4/120
楤木叶属 *Araliaephyllum* …… Ⅵ/4/121
苏格兰木属 *Scotoxylon* …… Ⅴ/151/420
苏铁鳞片属 *Cycadolepis* …… Ⅲ/47/374
△苏铁鳞叶属 *Cycadolepophyllum* …… Ⅲ/50/377

苏铁杉属 *Podozamites* …… Ⅴ/114/375
△苏铁缘蕨属 *Cycadicotis* …… Ⅲ/45/371
△苏铁缘蕨属 *Cycadicotis* …… Ⅵ/19/137
苏铁掌苞属 *Cycadospadix* …… Ⅲ/50/378
穗蕨属 *Stachypteris* …… Ⅱ/190/509
穗杉属 *Stachyotaxus* …… Ⅴ/157/426
△穗藓属 *Stachybryolites* …… Ⅰ/8/135
桫椤属 *Cyathea* …… Ⅱ/105/405

T

台座木属 *Dadoxylon* …… Ⅴ/47/294
△太平场蕨属 *Taipingchangella* …… Ⅱ/192/512
桃金娘叶属 *Myrtophyllum* …… Ⅵ/37/157
特西蕨属 *Tersiella* …… Ⅲ/209/588
蹄盖蕨属 *Athyrium* …… Ⅱ/17/289
△天石枝属 *Tianshia* …… Ⅳ/114/308
△条叶属 *Vittifoliolum* …… Ⅳ/116/310
铁角蕨属 *Asplenium* …… Ⅱ/13/283
铁杉属 *Tsuga* …… Ⅴ/172/444
铁线蕨属 *Adiantum* …… Ⅱ/7/277
△铜川叶属 *Tongchuanophyllum* …… Ⅲ/218/599
图阿尔蕨属 *Tuarella* …… Ⅱ/209/535
△托克逊蕨属 *Toksunopteris* …… Ⅱ/209/534
托勒利叶属 *Torellia* …… Ⅳ/114/308
托列茨果属 *Toretzia* …… Ⅳ/115/308
托马斯枝属 *Thomasiocladus* …… Ⅴ/168/440

W

瓦德克勒果属 *Vardekloeftia* …… Ⅲ/224/608
△网格蕨属 *Reteophlebis* …… Ⅱ/173/489
网叶蕨属 *Dictyophyllum* …… Ⅱ/112/414
网羽叶属 *Dictyozamites* …… Ⅲ/57/386
威尔斯穗属 *Willsiostrobus* …… Ⅴ/175/448
威廉姆逊尼花属 *Williamsonia* …… Ⅲ/227/610
韦尔奇花属 *Weltrichia* …… Ⅲ/226/609
维特米亚叶属 *Vitimia* …… Ⅲ/225/608
尾果穗属 *Ourostrobus* …… Ⅴ/81/335
乌拉尔叶属 *Uralophyllum* …… Ⅲ/224/607
乌马果鳞属 *Umaltolepis* …… Ⅳ/115/309
乌斯卡特藓属 *Uskatia* …… Ⅰ/11/139
乌苏里枝属 *Ussuriocladus* …… Ⅴ/172/445
五味子属 *Schisandra* …… Ⅵ/58/181

X

西沃德杉属 *Sewardiodendron* …… Ⅴ/153/422
希默尔杉属 *Hirmerella* …… Ⅴ/72/325
△细毛蕨属 *Ciliatopteris* …… Ⅱ/25/299
狭羊齿属 *Stenopteris* …… Ⅲ/194/568
狭轴穗属 *Stenorhachis* …… Ⅳ/110/303
△夏家街蕨属 *Xiajiajienia* …… Ⅱ/210/536
香南属 *Nectandra* …… Ⅵ/38/158
香蒲属 *Typha* …… Ⅵ/65/188
△香溪叶属 *Hsiangchiphyllum* …… Ⅲ/68/399
小果穗属 *Stachyopitys* …… Ⅳ/109/302
△小蛟河蕨属 *Chiaohoella* …… Ⅱ/23/296
小威廉姆逊尼花属 *Williamsoniella* …… Ⅲ/228/612
小楔叶属 *Sphenarion* …… Ⅳ/94/283
楔拜拉属 *Sphenobaiera* …… Ⅳ/96/286
楔鳞杉属 *Sphenolepis* …… Ⅴ/154/423
楔羊齿属 *Sphenopteris* …… Ⅱ/182/499
△楔叶拜拉花属 *Sphenobaieroanthus* …… Ⅳ/108/301
△楔叶拜拉枝属 *Sphenobaierocladus* …… Ⅳ/109/302
楔叶属 *Sphenophyllum* …… Ⅰ/83/230
楔羽叶属 *Sphenozamites* …… Ⅲ/191/565
心籽属 *Cardiocarpus* …… Ⅴ/15/255
△新孢穗属 *Neostachya* …… Ⅰ/68/213
新查米亚属 *Neozamites* …… Ⅲ/80/413
△新疆蕨属 *Xinjiangopteris* Wu S Q et Zhou, 1986 (non Wu S Z, 1983) …… Ⅱ/211/537
△新疆蕨属 *Xinjiangopteris* Wu S Z, 1983 (non Wu S Q et Zhou, 1986) …… Ⅱ/211/536
△新龙叶属 *Xinlongia* …… Ⅲ/230/614
△新龙羽叶属 *Xinlongophyllum* …… Ⅲ/231/615
新芦木属 *Neocalamites* …… Ⅰ/54/193
新芦木穗属 *Neocalamostachys* …… Ⅰ/68/212
△新轮叶属 *Neoannularia* …… Ⅰ/53/192
星囊蕨属 *Asterotheca* …… Ⅱ/14/285
△星学花序属 *Xingxueina* …… Ⅵ/68/192
△星学叶属 *Xingxuephyllum* …… Ⅵ/69/193
△兴安叶属 *Xinganphyllum* …… Ⅲ/230/614
雄球果属 *Androstrobus* …… Ⅲ/5/318
雄球穗属 *Masculostrobus* …… Ⅴ/78/332
袖套杉属 *Manica* …… Ⅴ/75/328
　△袖套杉（袖套杉亚属） *Manica* (*Manica*) …… Ⅴ/76/330
　△袖套杉（长岭杉亚属） *Manica* (*Chanlingia*) …… Ⅴ/76/329
悬铃木属 *Platanus* …… Ⅵ/42/163
悬铃木叶属 *Platanophyllum* …… Ⅵ/42/162

悬羽羊齿属 *Crematopteris* …… Ⅲ/25/345
雪松型木属 *Cedroxylon* …… Ⅴ/25/268

Y

△牙羊齿属 *Dentopteris* …… Ⅲ/52/379
崖柏属 *Thuja* …… Ⅴ/169/441
△雅观木属 *Perisemoxylon* …… Ⅲ/131/483
△雅蕨属 *Pavoniopteris* …… Ⅱ/162/475
雅库蒂蕨属 *Jacutopteris* …… Ⅱ/142/451
雅库蒂羽叶属 *Jacutiella* …… Ⅲ/71/402
△亚洲叶属 *Asiatifolium* …… Ⅵ/7/123
△延吉叶属 *Yanjiphyllum* …… Ⅵ/69/193
眼子菜属 *Potamogeton* …… Ⅵ/47/168
△燕辽杉属 *Yanliaoa* …… Ⅴ/179/453
△羊齿缘蕨属 *Filicidicotis* …… Ⅵ/27/146
羊蹄甲属 *Bauhinia* …… Ⅵ/8/125
杨属 *Populus* …… Ⅵ/46/167
△耶氏蕨属 *Jaenschea* …… Ⅱ/143/452
叶枝杉型木属 *Phyllocladoxylon* …… Ⅴ/90/346
伊仑尼亚属 *Erenia* …… Ⅵ/24/143
△疑麻黄属 *Amphiephedra* …… Ⅴ/3/242
△义马果属 *Yimaia* …… Ⅳ/118/312
义县叶属 *Yixianophyllum* …… Ⅲ/232/617
△异麻黄属 *Alloephedra* …… Ⅴ/2/241
异脉蕨属 *Phlebopteris* …… Ⅱ/164/477
异木属 *Xenoxylon* …… Ⅴ/176/450
异形羊齿属 *Anomopteris* …… Ⅱ/9/279
异叶蕨属 *Thaumatopteris* …… Ⅱ/192/512
△异叶属 *Pseudorhipidopsis* …… Ⅳ/81/267
异羽叶属 *Anomozamites* …… Ⅲ/6/319
银杏木属 *Ginkgophyton* Matthew, 1910 (non Zalessky, 1918) …… Ⅳ/58/240
银杏木属 *Ginkgophyton* Zalessky, 1918 (non Matthew, 1910) …… Ⅳ/58/240
银杏属 *Ginkgo* …… Ⅳ/30/206
银杏型木属 *Ginkgoxylon* …… Ⅳ/60/242
银杏叶属 *Ginkgophyllum* …… Ⅳ/57/239
隐脉穗属 *Ruehleostachys* …… Ⅴ/143/410
硬蕨属 *Scleropteris* Andrews, 1942 (non Saporta, 1872) …… Ⅱ/180/497
硬蕨属 *Scleropteris* Saporta, 1872 (non Andrews, 1942) …… Ⅱ/179/496
△永仁叶属 *Yungjenophyllum* …… Ⅲ/232/617
鱼网叶属 *Sagenopteris* …… Ⅲ/177/546
榆叶属 *Ulmiphyllum* …… Ⅵ/65/189
元叶属 *Protophyllum* …… Ⅵ/47/168

原始柏型木属 *Protocupressinoxylon* ······ Ⅴ/133/399
△原始金松型木属 *Protosciadopityoxylon* ······ Ⅴ/137/403
原始罗汉松型木属 *Protopodocarpoxylon* ······ Ⅴ/136/402
原始落羽杉型木属 *Prototaxodioxylon* ······ Ⅴ/138/404
原始乌毛蕨属 *Protoblechnum* ······ Ⅲ/132/484
△原始水松型木属 *Protoglyptostroboxylon* ······ Ⅴ/134/399
原始雪松型木属 *Protocedroxylon* ······ Ⅴ/132/398
原始叶枝杉型木属 *Protophyllocladoxylon* ······ Ⅴ/134/400
原始银杏型木属 *Protoginkgoxylon* ······ Ⅳ/80/266
原始云杉型木属 *Protopiceoxylon* ······ Ⅴ/135/401
圆异叶属 *Cyclopteris* ······ Ⅲ/51/378
云杉属 *Picea* ······ Ⅴ/92/347
云杉型木属 *Piceoxylon* ······ Ⅴ/92/348

Z

枣属 *Zizyphus* ······ Ⅵ/70/194
△贼木属 *Phoroxylon* ······ Ⅲ/131/483
△窄叶属 *Angustiphyllum* ······ Ⅲ/6/319
樟树属 *Cinnamomum* ······ Ⅵ/15/133
掌叶属 *Psygmophyllum* ······ Ⅳ/84/270
掌状蕨属 *Chiropteris* ······ Ⅱ/24/298
针叶羊齿属 *Rhaphidopteris* ······ Ⅲ/176/544
珍珠梅属 *Sorbaria* ······ Ⅵ/60/183
榛属 *Corylus* ······ Ⅵ/18/136
榛叶属 *Corylopsiphyllum* ······ Ⅵ/18/135
△郑氏叶属 *Zhengia* ······ Ⅵ/70/193
枝脉蕨属 *Cladophlebis* ······ Ⅱ/26/300
枝羽叶属 *Ctenozamites* ······ Ⅲ/40/365
栉羊齿属 *Pecopteris* ······ Ⅱ/162/476
△中国篦羽叶属 *Sinoctenis* ······ Ⅲ/187/558
△中国似查米亚属 *Sinozamites* ······ Ⅲ/190/563
△中国叶属 *Sinophyllum* ······ Ⅳ/92/281
△中华古果属 *Sinocarpus* ······ Ⅵ/59/182
△中华缘蕨属 *Sinodicotis* ······ Ⅵ/60/183
△中间苏铁属 *Mediocycas* ······ Ⅲ/77/410
柊叶属 *Phrynium* ······ Ⅵ/41/161
皱囊蕨属 *Ptychocarpus* ······ Ⅱ/170/486
△侏罗木兰属 *Juramagnolia* ······ Ⅵ/31/150
△侏罗缘蕨属 *Juradicotis* ······ Ⅵ/30/149
锥叶蕨属 *Coniopteris* ······ Ⅱ/81/373
△准爱河羊齿属 *Aipteridium* ······ Ⅲ/1/314
准柏属 *Cyparissidium* ······ Ⅴ/45/293

准莲座蕨属 *Angiopteridium* …… Ⅱ/8/278
准马通蕨属 *Matonidium* …… Ⅱ/153/465
准脉羊齿属 *Neuropteridium* …… Ⅲ/82/415
准苏铁杉果属 *Cycadocarpidium* …… Ⅴ/38/284
准条蕨属 *Oleandridium* …… Ⅲ/113/459
准楔鳞杉属 *Sphenolepidium* …… Ⅴ/153/422
准银杏属 *Ginkgodium* …… Ⅳ/41/219
准银杏属 *Ginkgoidium* …… Ⅳ/42/220
△准枝脉蕨属 *Cladophlebidium* …… Ⅱ/26/300
紫萁座莲属 *Osmundacaulis* …… Ⅱ/159/473
紫萁属 *Osmunda* …… Ⅱ/158/471
紫杉型木属 *Taxoxylon* …… Ⅴ/167/439
棕榈叶属 *Amesoneuron* …… Ⅵ/3/119
纵裂蕨属 *Rhinipteris* …… Ⅱ/174/490
酢浆草属 *Oxalis* …… Ⅵ/40/160

Supported by Special Research Program of
Basic Science and Technology of the Ministry
of Science and Technology (2013FY113000)

Record of Megafossil Plants from China (1865–2005)

I Record of Megafossil Bryophytes, Mesozoic Megafossil Lycophytes and Sphenophytes from China

Compiled by
WU Xiangwu and WANG Guan

University of Science and Technology of China Press

Brief Introduction

This book is the first volume of *Record of Megafossil Plants from China (1865 — 2005)*. There are two parts of both Chinese and English versions, mainly documents complete data on the megafossil bryophytes, Mesozoic megafossil lycophytes and sphenophtes from China that have been officially published from 1865 to 2005. All of the records are compiled according to generic and specific taxa. Each record of the generic taxon include: author (s) who established the genus, establishing year, synonym, type species and taxonomic status. The species records are included under each genus, including detailed descriptions of original data, such as author(s) who established the species, publishing year, author(s) or identified person (s), page(s), plate(s), text-figure(s), locality(ies), ages and horizon(s). For those generic names or specific names established based on Chinese specimens, the type specimens and their depository institutions have also been recorded. Each part attaches four appendixes, including: Index of Generic Names, Index of Specific Names, Table of Institutions that House the Type Specimens and Index of Generic Names to Volumes Ⅰ—Ⅵ. At the end of the book, there are references. This volume divided into two charpters.

(1) Record of megafossil bryophytes from China (1865—2005).

In this charpter, totally 16 generic names have been documented (among them, 7 generic names were established based on Chinese specimens), and totally 53 specific names (among them, 35 specific names are established based on Chinese specimens).

(2) Record of Mesozoic megafossil lycophytes and sphenophytes from China (1865 — 2005).

In this charpter, totally 36 generic names have been documented (among them, 9 generic names were established based on Chinese specimens), and totally more than 300 specific names (among them, 134 specific names are established based on Chinese specimens).

This book is a complete collection and an easy reference document that compiled based on extensive survey of both Chinese and abroad literatures and a systematic data collections of palaeobotany. It is suitable for reading for those who are working on research, education and data base related to palaeobotany, life sciences and earth sciences.

GENERAL FOREWORD

As a branch of sciences studying organisms of the geological history, palaeontology relies utterly on the fossil record, so does the palaeobotany as a branch of palaeontology. The compilation and editing of fossil plant data started early in the 19 century. F. Unger published *Synopsis Plantarum Fossilium* and *Genera et Species Plantarium Fossilium* in 1845 and 1850 respectively, not long after the introduction of C. von Linné's binomial nomenclature to the study of fossil plants by K. M. von Sternberg in 1820. Since then, indices or catalogues of fossil plants have been successively compiled by many professional institutions and specialists. Amongst them, the most influential are catalogues of fossil plants in the Geological Department of British Museum written by A. C. Seward and others, *Fossilium Catalogus II : Palantae* compiled by W. J. Jongmans and his successor S. J. Dijkstra, *The Fossil Record (Volume 1)* and *The Fossil Revord (Volume 2)* chief-edited by W. B. Harland and others and afterwards by M. J. Benton, and *Index of Generic Names of Fossil Plants* compiled by H. N. Andrews Jr. and his successors A. D. Watt, A. M. Blazer and others. Based partly on Andrews' index, the digital database "Index Nominum Genericorum (ING)" was set up by the joint efforts of the International Association of Plant Taxonomy and the Smithsonian Institution. There are also numerous catalogues or indices of fossil plants of specific regions, periods or institutions, such as catalogues of Cretaceous and Tertiary plants of North America compiled by F. H. Knowlton, L. F. Ward and R. S. La Motte, Upper Triassic plants of the western United States by S. Ash, Carboniferous, Permian and Jurassic plants by M. Boersma and L. M. Broekmeyer, Indian fossil plants by R. N. Lakhanpal, and fossil record of plants by S. V. Meyen and index of sporophytes and gymnosperm referred to USSR by V. A. Vachrameev. All these have no doubt benefited to the academic exchanges between palaeobotanists from different countries, and contributed considerably to the development of palaeobotany.

Although China is amongst the countries with widely distributed terrestrial deposits and rich fossil resources, scientific researches on fossil plants began much later in our country than in many other countries. For a quite long time, in our country, there were only few researchers, who are engaged in palaeobotanical studies. Since the 1950s, especially the beginning of Reform and Opening to the outside world in the late 1980s, palaeobotany became blooming in our country as other disciplines of science and technology. During the development and construction of the country, both palaeobotanists and publications have been markedly increased. The editing and compilation of the fossil plant record has also been put on the agenda to meet the needs of increasing academic activities, along with participation in the "Plant Fossil Record (PFR)" project sponsored by the International Organization of Palaeobotany. Professor Wu is one of the few pioneers who have paid special attention to data accumulation and compilation of the fossil plant records in China. Back in 1993, He published *Record of Generic Names of Mesozoic Megafossil Plants from China (1865 — 1990)* and *Index of New Generic Names Founded on Mesozoic and Cenozoic Specimens from China (1865 — 1990)*. In 2006, he published the generic names after 1990. *Catalogue of the Cenozoic Megafossil Plants of China* was also Published by Liu and others (1996).

It is a time consuming task to compile a comprehensive catalogue containing the fossil records of all plant groups in the geological history. After years of hard work, all efforts finally bore fruits, and are able to publish separately according to classification and geological distribution, as well as the progress of data accumulating and editing. All data will eventually be incorporated into the databases of all China fossil records: "Palaeontological and Stratigraphical Database of China" and "Geobiodiversity Database (GBDB)".

The pubilication of *Record of Megafossil Plants from China (1865 — 2005)* is one of the milestones in the development of palaeobotany, undoubtedly it will provide a good foundation and platform for the further development of this discipline. As an aged researcher in palaeobotany, I look eagerly forward to seeing the publication of the serial fossil catalogues of China.

Zhou Zhiyi

INTRODUCTION

In China, there is a long history of plant fossil discovery, as it is well documented in ancient literatures. Among them the voluminous work *Mengxi Bitan* (*Dream Pool Essays*) by Shen Kuo (1031 – 1095) in the Beisong (Northern Song) Dynasty is probably the earliest. In its 21st volume, fossil stems [later identified as stems of *Equisctites* or pith-casts of *Neocalamites* by Deng (1976)] from Yongningguan, Yanzhou, Shaanxi (now Yanshuiguan of Yanchuan County, Yan'an City, Shaanxi Province) were named "bamboo shoots" and described in details, which based on an interesting interpretation on palaeogeography and palaeoclimate was offered.

Like the living plants, the binary nomenclature is the essential way for recognizing, naming and studying fossil plants. The binary nomenclature (nomenclatura binominalis) was originally created for naming living plants by Swedish explorer and botanist Carl von Linné in his *Species Plantarum* firstly published in 1753. The nomenclature was firstly adopted for fossil plants by the Czech mineralogist and botanist K. M. von Sternberg in his *Versuch einer Geognostisch, Botanischen Darstellung der Flora der Vorwelt* issued since 1820. The *International Code of Botanical Nomenclature* thus set up the beginning year of modern botanical and palaeobotanical nomenclature as 1753 and 1820 respectively. Our series volumes of Chinese megafossil plants also follows this rule, compile generic and specific names of living plants set up in and after 1753 and of fossil plants set up in and after 1820. As binary nomenclature was firstly used for naming fossil plants found in China by J. S. Newberry [1865 (1867)] at the Smithsonian Institute, USA, his paper *Description of Fossil Plants from the Chinese Coal-bearing Rocks* naturally becomes the starting point of the compiling of Chinese megafossil plant records of the current series.

China has a vast territory covers well developed terrestrial strata, which yield abundant fossil plants. During the past one and over a half centuries, particularly after the two milestones of the founding of PRC in 1949 and the beginning of Reform and Opening to the outside world in late 1970s, to meet the growing demands of the development and construction of the country, various scientific disciplines related to geological prospecting and meaning have been remarkably developed, among which palaeobotanical studies have been also well-developed with lots of fossil materials being accumulated. Preliminary statistics has shown that during 1865 (1867) — 2000, more than 2000 references related to Chinese megafossil plants had been published [Zhou and Wu (chief compilers), 2002]; 525 genera of Mesozoic megafossil plants discovered in China had been reported during 1865 (1867) — 1990 (Wu, 1993a), while 281 genera of Cenozoic megafossil plants found in China had been documented by 1993 (Liu et al., 1996); by the year of 2000, totally about 154 generic names have been established based on Chinese fossil plant material for the Mesozoic and Cenozoic deposits (Wu, 1993b, 2006). The above-mentioned megafossil plant records were published scatteredly in various periodicals or scientific magazines in different languages, such as Chinese, English, German, French, Japanese, Russian, etc., causing much inconvenience for the use and exchange of colleagues of palaeobotany and related fields both at home and abroad.

To resolve this problem, besides bibliographies of palaeobotany [Zhou and Wu (chief compilers), 2002], the compilation of all fossil plant records is an efficient way, which has already obtained enough attention in China since the 1980s (Wu, 1993a, 1993b, 2006). Based on the previous compilation as well as extensive searching for the bibliographies and literatures, now we are planning to publish series volumes of *Record of Megafossil Plants from China (1865 — 2005)* which is tentatively scheduled to comprise volumes of bryophytes, lycophytes, sphenophytes, filicophytes, cycadophytes, ginkgophytes, coniferophytes, angiosperms and others. These volumes are mainly focused on the Mesozoic megafossil plant data that were published from 1865 to 2005.

In each volume, only records of the generic and specific ranks are compiled, with higher ranks in the taxonomical hierarchy, e. g., families, orders, only mentioned in the item of "taxonomy" under each record. For a complete compilation and a well understanding for geological records of the megafossil plants, those genera and species with their type species and type specimens not originally described from China are also included in the volume.

Records of genera are organized alphabetically, followed by the items of author(s) of genus, publishing year of genus, type species (not necessary for genera originally set up for living plants), and taxonomy and others.

Under each genus, the type species (not necessary for genera originally set up for living plants) is firstly listed, and other species are then organized alphabetically. Every taxon with symbols of "aff." "Cf." "cf." "ex gr." or "?" and others in its name is also listed as an individual record but arranged after the species without any symbol. Undetermined species (sp.) are listed at the end of each genus entry. If there are more than one undetermined species (spp.), they will be arranged chronologically. In every record of species (including undetermined species) items of author of species, establishing year of species, and so on, will be included.

Under each record of species, all related reports (on species or specimens) officially published are covered with the exception of those shown solely as names with neither description nor illustration. For every report of the species or specimen, the following items are included: publishing year, author(s) or the person(s) who identify the specimen (species), page(s) of the literature, plate(s), figure(s), preserved organ(s), locality(ies), horizon(s) or stratum(a) and age(s). Different reports of the same specimen (species) is (are) arranged chronologically, and then alphabetically by authors' names, which may further classified into a, b, etc., if the same author(s) published more than one report within one year on the same species.

Records of generic and specific names founded on Chinese specimen(s) is (are) marked by the symbol "△". Information of these records are documented as detailed as possible based on their original publication.

To completely document *Record of Megafossil Plants from China (1865 —2005)*, we compile all records faithfully according to their original publication without doing any delection or modification, nor offering annotations. However, all related modification and comments published later are included under each record, particularly on those with obvious problems, e. g., invalidly published naked names (nom. nud.).

According to *International Code of Botanical Nomenclature (Vienna Code)* article 36. 3, in order to be validly published, a name of a new taxon of fossil plants published on or after January 1st, 1996 must be accompanied by a Latin or English description or diagnosis or by a reference to a previously and effectively published Latin or English description or diagnosis (McNeill and others, 2006; Zhou, 2007; Zhou Zhiyan, Mei Shengwu, 1996; *Brief News of Palaeobotany in China*, No. 38). The current series follows article 36. 3 and the original language(s) of description and/or diagnosis is (are) shown in the records for those published on or after January 1st, 1996.

For the convenience of both Chinese speaking and non-Chinese speaking colleagues, every record in this series is compiled as two parts that are of essentially the same contents, in Chinese and English respectively. All cited references are listed only in western language (mainly English) strictly following the format of the English part of Zhou and Wu (chief compilers) (2002). Each part attaches four appendixes: Index of Generic Names, Index of Specific Names, Table of Institutions that House the Type Specimens and Index of Generic Names to Volumes Ⅰ—Ⅵ.

The publication of series volumes of *Record of Megafossil Plants from China (1865 —2005)* is the necessity for the discipline accumulation and development. It provides further references for understanding the plant fossil biodiversity evolution and radiation of major plant groups through the geological ages. We hope that the publication of these volumes will be helpful for promoting the professional exchange at home and abroad of palaeobotany.

This book is the first volume of *Record of Megafossil Plants from China* (*1865 — 2005*). There are two parts of both Chinese and English versions, mainly documents complete data on the megafossil bryophytes, Mesozoic megafossil lycophytes and sphenophtes from China that have been officially published from 1865 to 2005. This volume divided into two charpters.

(1) Records of megafossil bryophytes from China (1865 — 2005).

In this charpter, totally 16 generic names have been documented (among them, 7 generic names were established based on Chinese specimens), and totally 53 specific names (among them, 35 specific names are established based on Chinese specimens).

(2) Records of Mesozoic megafossil lycophytes and sphenophytes from China (1865 — 2005).

In this charpter, totally 36 generic names have been documented (among them, 9 generic names were established based on Chinese specimens), and totally more than 300 specific names (among them, 134 specific names are established based on Chinese specimens).

The dispersed spore grains are not included in this book. We are grateful to receive further comments and suggestions from readers and colleagues.

This work is jointly supported by the Basic Work of Science and Technology (2013FY113000) and the State Key Program of Basic Research (2012CB822003) of the Ministry of Science and Technology, the National Natural Sciences Foundation of China (No. 41272010), the State Key Laboratory of Palaeobiology and Stratigraphy (No. 103115), the Important Directional Project (ZKZCX2-YW-154) and the Information Construction Project (INF105-SDB-1-42) of Knowledge Innovation Program of the Chinese Academy of Sciences.

We thank Prof. Wang Jun and others many colleagues and experts from the Department of Palaeobotany and Palynology of Nanjing Institute of Geology and Palaeontology (NIGPS), CAS for helpful suggestions and support. Special thanks are due to Acad. Zhou Zhiyan for his kind help and support for this work, and writing "General Foreword" of this book. We also acknowledge our sincere thanks to Prof. Yang Qun (the director of NIGPAS), Acad. Rong Jiayu, Acad. Shen Shuzhong and Prof. Yuan Xunlai (the head of State Key La-boratory of Palaeobiology and Stratigraphy), for their support for successful compilation and publication of this book. Ms. Zhang Xiaoping and Ms. Feng Man from the Liboratory of NIGPAS are appreciated for assistances of books and literatures collections.

Editor

SYSTEMATIC RECORDS

Chapter 1 Record of Megafossil Bryophytes from China (1865 — 2005)

Genus *Calymperopsis* Muell. C, emend Fleisch, 1913

1976 Wu Pancheng and others, p. 91.

Type species: (living genus)

Taxonomic status: Calymperaceae, Musci

△*Calymperopsis yunfuensis* Wu, Luo et Meng, 1976

1976 Wu Pancheng, Lou Jianshing, Meng Fansong, p. 91, pl. 7; stem and leaf; No.: P25401; Repository: Yichang Institute of Geology and Mineral Resources and Institute of Botany, the Chinese Academy of Sciences; Dajiangping of Yunfu, Guangdong; Quaternary.

1977 Feng Shaonan and others, p. 198, pl. 101, fig. 1; stem and leaf; Dajiangping of Yunfu, Guangdong; Quaternary.

1996 Liu Yusheng and others, p. 144; stem and leaf; Dajiangping of Yunfu, Guangdong; Quaternary.

△Genus *Foliosites* Ren, 1989

[Notes: This Genus was initially described as a Lichenes, but was later suggested as a Bryophyta? (Wu Xiangwu, Li Baoxian, 1992)]

1989 Ren Shouqin, in Ren Shouqin, Chen Fen, pp. 634, 639.

1992 Wu Xiangwu, Li Baoxian, p. 272.

1993a Wu Xiangwu, pp. 15, 220.

1993b Wu Xiangwu, pp. 496, 512.

Type species: *Foliosites formosus* Ren, 1989

Taxonomic status: Lichenes? or Bryophyta?

△*Foliosites formosus* Ren, 1989

1989 Ren Shouqin, in Ren Shouqin, Chen Fen, pp. 634, 639, pl. 1, figs. 1 — 4; text-fig. 1; thalli;

Reg. No. : HW043, HW044, HWS012; Holotype: HW043 (pl. 1, fig. 1); Repository: China University of Geosciences (Beijing); Wujiu Coal Basin of Hailar, Inner Mongolia; Early Cretaceous Damoguaihe Formation.

1993a Wu Xiangwu, pp. 15, 220.

1993b Wu Xiangwu, pp. 496, 512.

△*Foliosites gracilentus* Deng, 1995

1995 Deng Shenghui, pp. 9, 107, pl. 1, figs. 1, 2; pl. 2, fig. 8; text-figs. 1-A, 1-B; thalli; No. : H14-428; H17-076, H17-077; Repository: Research Institute of Petroleum Exploration and Development; Huolinhe Basin, Inner Mongolia; Early Cretaceous Huolinhe Formation. (Notes: The type specimen was not appointed in the original paper)

Foliosites sp.

1995 *Foliosites* sp. , Deng Shenghui, pp. 9, 107, pl. 1, fig. 3; text-figs. 1-C, 1-D; thallus; Huolinhe Basin, Inner Mongolia; Early Cretaceous Huolinhe Formation.

Genus *Hepaticites* Walton, 1925

1925 Walton, p. 565.

1993a Wu Xiangwu, p. 90.

Type species: *Hepaticites kidstoni* Walton, 1925

Taxonomic status: Hepaticae

Hepaticites kidstoni Walton, 1925

1925 Walton, p. 565, pl. 13, figs. 1 — 4; thalli; Preesgweene Colliery in Preesgweene of Shropshire, England; Late Carboniferous (Middle Coal Measures).

1993a Wu Xiangwu, p. 90.

△*Hepaticites elegans* Wu et Li, 1992

1992 Wu Xiangwu, Li Baoxian, pp. 261, 274, pl. 2, figs. 1 — 6; pl. 4, figs. 7, 7a; text-fig. 1; thalli; Col. No. : ADN41-03, ADN41-04, ADN41-21; Reg. No. : PB15461 — PB15464, PB15468; Holotype: PB15461 (pl. 2, figs. 1, 1a); Repository: Nanjing Institute of Geology and Palaeontology, Chinese Academy of Sciences; Yuxian, Hebei; Middle Jurassic Qiaoerjian Formation.

△*Hepaticites hebeiensis* Wu et Li, 1992

1992 Wu Xiangwu, Li Baoxian, pp. 262, 274, pl. 1, figs. 1, 2a; text-fig. 2; thalli; Col. No. : ADN41-06; Reg. No. : PB15465, PB15466; Holotype: PB15465 (pl. 1, fig. 1); Repository: Nanjing Institute of Geology and Palaeontology, Chinese Academy of Sciences; Yuxian, Hebei; Middle Jurassic Qiaoerjian Formation.

△*Hepaticites lui* Wu, 1996 (in Chinese and English)

1996 Wu Xiangwu, pp. 62, 67, pl. 1, figs. 1, 2; pl. 2, figs. 6 — 9; pl. 3, figs. 5 — 10; pl. 4, fig. 7;

thalli;Col. No. :93-SM-52;Reg. No. :PB17359 — PB17361;Syntype 1:PB17361 (pl. 3, fig. 5);Syntype 2:PB17359 (pl. 2, fig. 6);Repository:Nanjing Institute of Geology and Palaeontology, Chinese Academy of Sciences; Shuimohe of Fukang, Xinjiang; Middle Jurassic Toutunhe Formation. [Notes: According to *International Code of Botanical Nomenclature* (*Vienna Code*) article 37. 2, from the year 1958, the holotype type specimen should be unique]

△*Hepaticites minutus* Zhang et Zheng, 1983

1983 Zhang Wu, Zheng Shaolin, in Zhang wu and others, p. 71, pl. 1, figs. 1, 12; text-fig. 2; thalli; No. : LMP2010-1; Repository: Shenyang Institute of Geology and Mineral Resources; Linjiawaizi of Benxi, Liaoning; Middle Triassic Linjia Formayion.

1993a Wu Xiangwu, p. 90.

***Hepaticites solenotus* Harris, 1938**

1938 Harris, p. 65; text-figs. 23 — 25; thalli; British; Late Triassic (Rhaetic).

Cf. *Hepaticites solenotus* Harris

1992 Wu Xiangwu, Li Baoxian, pp. 263, 275, pl. 1, fig. 3; pl. 4, fig. 7; pl. 6, fig. 3; text-fig. 3; thalli; Yuxian, Hebei; Middle Jurassic Qiaoerjian Formation.

△*Hepaticites subrotuntus* Wu et Zhou, 1986

1986 Wu Shunqing, Zhou Hanzhong, pp. 637, 646, pl. 1, figs. 1 — 5; thalli; Col. No. : K329, K332 — K335; Reg. No. :PB11741 — PB11743, PB11745, PB11746; Syntypes: PB11741 — PB11743 (pl. 1, figs. 1, 3, 4); Repository: Nanjing Institute of Geology and Palaeontology, Chinese Academy of Sciences; Toksun, Xinjiang; Early Jurassic base part of Badaowan Formation. [Notes: According to *International Code of Botanical Nomenclature* (*Vienna Code*) article 37. 2, from the year 1958, the holotype type specimen should be unique]

△*Hepaticites xinjiangensis* Wu, 1996 (in Chinese and English)

1996 Wu Xiangwu, pp. 62, 67, pl. 2, figs. 1, 2; pl. 3, figs. 1, 2; thalli; Col. No. : 92-T-46; Reg. No. :PB17363; Holotype: PB17363 (pl. 2, figs. 1, 2); Repository: Nanjing Institute of Geology and Palaeontology, Chinese Academy of Sciences; Tuzi'arkneigou of Karamay, Xinjiang; Early Jurassic Badaowan Formation.

△*Hepaticites yaoi* Wu, 1996 (in Chinese and English)

1996 Wu Xiangwu, pp. 63, 68, pl. 1, figs. 3, 4; pl. 2, fig. 10; pl. 4, figs. 1 — 6; thalli; Col. No. : AFB-81; Reg. No. : PB17364, PB17365; Syntype 1: PB17364 (pl. 4, fig. 1); Syntype 2: PB17365 (pl. 4, fig. 2); Repository: Nanjing Institute of Geology and Palaeontology, Chinese Academy of Sciences; Barkol Coal Mine of Barkol Kazak Autonomous County, Xinjiang; Middle Jurassic Toutunhe Formation. [Notes: According to *International Code of Botanical Nomenclature* (*Vienna Code*) article 37. 2, from the year 1958, the holotype type specimen should be unique]

1998 Liu Lujun and others, pl. 13, fig. 3; thallus; Santanghu Coal Field of Barkol, Xinjiang; Middle Jurassic.

Hepaticites sp.

1992 *Hepaticites* sp. , Wu Xiangwu, Li Baoxian, p. 264, pl. 4, figs. 1 — 2a; text-fig. 4; thalli; Yuxian, Hebei; Middle Jurassic Qiaoerjian Formation.

△Genus *Longfengshania* Du, 1982, emend Zhang, 1988

1982 *Longfengshania* Du, Du Rulin, pp. 3, 7; algae.

1988 *Longfengshania* Du, emend Zhang, Zhang Zhongying, pp. 420, 425; Bryophyta or Bryophyta-like (Hepaticae?).

1991 *Longfengshania* Du, Liu Zhili, Du Rulin, p. 106; protometa algae.

1993 *Longfengshania* Du, Taylor T N, Taylor E L, p. 138; bryophyte (Hepatophyta).

Type species: *Longfengshania stipitata* Du, 1982

Taxonomic status: algae or Bryophyta-like (Hepaticae?)

△*Longfengshania stipitata* Du, 1982, emend Zhang, 1988

1982 *Longfengshania stipitata* Du, Du Rulin, pp. 3, 7, pl. (?), figs. 11 — 15; thalli; No. : No. 07, No. 016, No. 017, No. 019, No. 037; Repository: Hebei College of Geology; southern slope in Longfeng Mountain of Huailai, Hebei; Precambrian Changlongshan Formation of Qingbaikouan System.

1988 *Longfengshania stipitata* Du, emend Zhang, Zhang Zhongying, pp. 420, 425, pl. 1, figs. 1, 2, 4, 5; pl. 2, figs. 3 — 5, 7; text-fig. 4; Carbonaceous compressions interpreted as sporophytes consisting of capsule, seta and basal foots; Bryophyta or Bryophyta-like (Hepaticae?); Yanshan area, Hebei; Precambrian member 2 in Changlongshan Formation of Qingbaikouan System.

1993 *Longfengshania stipitata* Du, Taylor T N, Taylor E L, p. 138, fig. 5. 5 (= Zhang Zhongying, 1988); bryophyte (Hepatophyta); Yanshan area, Hebei; Precambrian member 2 in Changlongshan Formation of Qingbaikouan System.

Genus *Marchantiolites* Lundblad, 1954

1954 Lundblad, p. 393.

1993a Wu Xiangwu, p. 100.

Type species: *Marchantiolites porosus* Lundblad, 1954

Taxonomic status: Marchantiales, Hepaticae

Marchantiolites porosus Lundblad, 1954

1954 Lundblad, p. 393, pl. 3, figs. 9 — 11; pl. 4, figs. 1 — 7; thalli; Skromberga, Sweden; Early Jurassic (Lias).

1993a Wu Xiangwu, p. 100.

Marchantiolites blairmorensis **(Berry) Bronwn et Robison**

1988 Chen Fen and others, p. 31, pl. 3, fig. 1; thallus; Xinqiu Opencut Coal Mine of Fuxin, Liaoning; Early Cretaceous Fuxin Formation.

1993a Wu Xiangwu, p. 100.

△*Marchantiolites sulcatus* Wu et Li, 1992

1992 Wu Xiangwu, Li Baoxian, pp. 270, 277, pl. 3, figs. 1, 2; pl. 4, figs. 3, 4; text-fig. 8; thalli; Col. No.: ADN41-01, ADN41-02; Reg. No.: PB15485, PB15486; Holotype: PB15485 (pl. 4, fig. 3); Repository: Nanjing Institute of Geology and Palaeontology, Chinese Academy of Sciences; Yuxian, Hebei; Middle Jurassic Qiaoerjian Formation.

Genus *Marchantites* Brongniart, 1849

1849 Brongniart, p. 61.

1993a Wu Xiangwu, p. 100.

Type species: *Marchantites sesannensis* Brongniart, 1849

Taxonomic status: Marchantiales, Hepaticae

Marchantites sesannensis **Brongniart, 1849**

1849 Brongniart, p. 61; Paris Basin, France; Eocene. (Notes: The first illustration for this species seems to be in Watelet, 1866)

1866 Waltelet, p. 40, pl. 11, fig. 6; Paris Basin, France; Eocene.

1993a Wu Xiangwu, p. 100.

△*Marchantites taoshanensis* Zheng et Zhang, 1982

1982 Zheng Shaoling, Zhang Wu, p. 293, pl. 1, figs. 1a, 1a(a)—1a(d); text-fig. 1; thallus; Reg. No.: HCB002; Repository: Shenyang Institute of Geology and Mineral Resources; Taoshan of Qitaihe, Heilongjiang; Early Cretaceous Chengzihe Formation.

1993a Wu Xiangwu, p. 100.

Marchantites **sp.**

1979 *Marchantites* sp., Guo Shuangxing, p. 225; Sanshui Basin, Guangdong; Early—Middle Eocene Buxin Formation. (Only name list)

1996 *Marchantites* sp., Liu Yusheng and others, p. 144; leafy shoot; Sanshui, Guangdong; Early—Middle Eocene Buxin Formation. (Only name list)

△Genus *Metzgerites* Wu et Li, 1992

1992 Wu Xiangwu, Li Baoxian, pp. 268, 276.

1993a Wu Xiangwu, pp. 162, 246.

Type species: *Metzgerites yuxinanensis* Wu et Li, 1992

Taxonomic status: Hepaticae

△*Metzgerites yuxinanensis* Wu et Li, 1992

1992 Wu Xiangwu, Li Baoxian, pp. 268, 276, pl. 3, figs. 3 — 5a; pl. 6, figs. 1, 2; text-fig. 6; thalli; Col. No.: ADN41-01, ADN41-02; Reg. No.: PB15480 — PB15483; Holotype: PB15481 (pl. 3, fig. 4); Repository: Nanjing Institute of Geology and Palaeontology, Chinese Academy of Sciences; Yuxian, Hebei; Middle Jurassic Qiaoerjian Formation.

1993a Wu Xiangwu, pp. 162, 246.

△*Metzgerites barkolensis* Wu, 1996 (in Chinese and English)

1996 Wu Xiangwu, pp. 64, 69, pl. 1, figs. 5 — 8; pl. 2, figs. 3 — 5; pl. 3, figs. 3, 4; thalli; Col. No.: AFB-63; Reg. No.: PB17366 — PB17368; Holotype: PB17366 (pl. 1, fig. 5); Repository: Nanjing Institute of Geology and Palaeontology, Chinese Academy of Sciences; Kuisu Coal Mine of Barkol Kazak Autonomous County, Xinjiang; Middle Jurassic Xishanyao Formation.

1998 Liu Lujun and others, pl. 13, figs. 4 — 6; thalli; Kuisu Coal Mine of Barkol, Xinjiang; Middle Jurassic.

△*Metzgerites multiramea* Sun et Zheng, 2001 (in Chinese and English)

2001 Sun Ge, Zheng Shaolin, in Sun Ge and others, pp. 68, 180, pl. 6, fig. 4; pl. 7, fig. 3; pl. 34, figs. 9 — 13; thalli; Reg. No.: PB18956, PB18974, PB18976, PB18977, ZY3032; Holotype: PB18974 (pl. 7, fig. 3); Huangbanjigou of Beipiao, Liaoning; Late Jurassic Jiashangou Formation. (Notes: The repository of the type specimens was not mentioned in the original paper)

△*Metzgerites exhibens* Wu et Li, 1992

1992 Wu Xiangwu, Li Baoxian, pp. 269, 277, pl. 1, figs. 4, 4a; text-fig. 7; thallus; Col. No.: ADN41-06; Reg. No.: PB15465, PB15466; Holotype: PB15465 (pl. 1, figs. 4, 4a); Repository: Nanjing Institute of Geology and Palaeontology, Chinese Academy of Sciences; Yuxian, Hebei; Middle Jurassic Qiaoerjian Formation.

△Genus *Mnioites* Wu X W, Wu X Y et Wang, 2000 (in English)

2000 Wu Xiangwu, Wu Xiuyuang, Wang Yongdong, p. 170.

Type species: *Mnioites brachyphylloides* Wu X W, Wu X Y et Wang, 2000

Taxonomic status: Bryiidae

△*Mnioites brachyphylloides* Wu X W, Wu X Y et Wang, 2000 (in English)

2000 Wu Xiangwu, Wu Xiuyuang, Wang Yongdong, p. 170, pl. 2, fig. 5; pl. 3, figs. 1, 2d; caulidium; Col. No.: 92-T-61; Reg. No.: PB17797 — PB17799; Holotype: PB17798 (pl. 3, figs. 1 — 1c); Paratypes: PB17797 (pl. 3, figs. 2 — 2d), PB17799 (pl. 2, fig. 5); Repository: Nanjing Institute of Geology and Palaeontology, Chinese Academy of Sciences; Yuxian, Hebei; Middle Jurassic Qiaoerjian Formation.

Sciences; Tuzi'arkneigou of Karamay, Xinjiang; Middle Jurassic Xishanyao Formation.

Genus *Muscites* Brongniart, 1828

1828 Brongniart, p. 93.

1993a Wu Xiangwu, p. 103.

Type species: *Muscites tournalii* Brongniart, 1828

Taxonomic status: Musci

***Muscites tournalii* Brongniart, 1828**

1828 Brongniart, p. 93, pl. 10, figs. 1, 2; Armissan near Narbonne, France; Tertiary.

1993a Wu Xiangwu, p. 103.

△*Muscites drepanophyllus* Wu S, 1999 (in Chinese)

1999 Wu Shunqing, p. 9, pl. 2, figs. 5, 5a; caulidium; Col. No. : AEO-199; Reg. No. : PB18231; Repository: Nanjing Institute of Geology and Palaeontology, Chinese Academy of Sciences; Huangbanjigou in Shangyuan of Beipiao, Liaoning; Late Jurassic Jianshangou Bed in lower part of Yixian Formation.

2003 Wu Shunqing, fig. 224; caulidium; Huangbanjigou in Shangyuan of Beipiao, Liaoning; Late Jurassic Yixian Formation.

△*Muscites meteorioides* Sun et Zheng, 2001 (in Chinese and English)

2001 Sun Ge, Zheng Shaolin, in Sun Ge and others, pp. 68, 181, pl. 7, figs. 1, 2; pl. 34, figs. 14, 15; caulidium; Reg. No. : PB18978, PB18978A; Holotype: PB18978 (pl. 7, fig. 1); Paratype: PB18978A (pl. 7, fig. 2); Huangbanjigou of Beipiao, Liaoning; Late Jurassic Jianshangou Formation. (Notes: The repository of the type specimens was not mentioned in the original paper)

△*Muscites nantimenensis* Wang, 1984

1984 *Muscites nantimensis* Wang, Wang Ziqiang, p. 227, pl. 147, figs. 8, 9; caulidium; No: P0378, P0379; Holotype: P0379 (pl. 147, fig. 9); Repository: Nanjing Institute of Geology and Palaeontology, Chinese Academy of Sciences; Zhangjiakou, Hebei; Early Cretaceous Qingshila Formation. (Notes: *Muscites nantimensis* is probable misprint for *nantimenensis* in the original article)

1993 Wu Xiangwu, p. 103.

△*Muscites tenellus* Wu S, 1999 (in Chinese)

1999 Wu Shunqing, p. 9, pl. 1, figs. 7, 7a; caulidium; Col. No. : AEO-154; Reg. No. : PB18226 (pl. 1. figs. 7, 7a); Repository: Nanjing Institute of Geology and Palaeontology, Chinese Academy of Sciences; Huangbanjigou in Shangyuan of Beipiao, Liaoning; Late Jurassic Jianshangou Bed in lower part of Yixian Formation.

2003 Wu Shunqing, fig. 224; caulidium; Huangbanjigou in Shangyuan of Beipiao, Liaoning; Late Jurassic Jianshangou Bed in lower part of Yixian Formation.

***Muscites* sp.**

1992 *Muscites* sp. , Wu Xiangwu, Li Baoxian, pl. 5, fig. 5B; caulidium; Yuxian, Hebei; Middle Jurassic Qiaoerjian Formation.

Genus *Neckera* Hedw. , 1801

1978 Wu Pancheng, Feng Yonghua, p. 2.

Type species: (living genus)

Taxonomic status: Neckeraceae, Musci

△*Neckera shanwanica* Wu et Feng, 1978

1978 Wu Pancheng, Feng Yonghua, p. 2, pl. 1, figs. 1, 4; caulidium; Repository: Beijing Natural History Museum; Shanwang of Linqu, Shandong; Middle Miocene Shanwang Formation. (Notes: The type specimen was not designated in the original paper)

1996 Liu Yusheng and others, p. 144; caulidium; Shanwang of Linqu, Shandong; Middle Miocene Shanwang Formation.

△Genus *Parafunaria* Yang, 2004 (in English)

2004 Yang Ruidong, in Yang Ruidong and others, p. 180.

Type species: *Parafunaria sinensis* Yang, 2004

Taxonomic status: Musci?, Bryophytes?

△*Parafunaria sinensis* Yang, 2004 (in English)

2004 Yang Ruidong, in Yang Ruidong and others, p. 181, figs. 2: A — E; annular thallus, capsule and root system; No. : GTM-9-1-130, GTM-9-1-168, GTM-9-2-113, GTM-9-5-123; Holotype: GTM-9-1-168 (fig. 2B); Taijiang, Guizhou; Middle Cambrian Kaili Formation. (Notes: The repository of the type specimens was not mentioned in the original paper)

△Genus *Riccardiopsis* Wu et Li, 1992

1992 Wu Xiangwu, Li Baoxian, pp. 268, 276.

1993a Wu Xiangwu, pp. 162, 247.

Type species: *Riccardiopsis hsüi* Wu et Li, 1992

Taxonomic status: Hepaticae

△*Riccardiopsis hsüi* Wu et Li, 1992

1992 Wu Xiangwu, Li Baoxian, pp. 265, 275, pl. 4, figs. 5, 6; pl. 5, figs. 1 — 4A, 4a; pl. 6, figs.

4－6a; text-fig. 5; thalli; Col. No.: ADN41-03, ADN41-06, ADN41-07; Reg. No.: PB15472－PB15479; Holotype: PB15475 (pl. 5, fig. 2); Repository: Nanjing Institute of Geology and Palaeontology, Chinese Academy of Sciences; Yuxian, Hebei; Middle Jurassic Qiaoerjian Formation.

1993a Wu Xiangwu, pp. 162, 247.

Genus *Sporogonites* Halle, 1916

1916 Halle, p. 79.

1966 Hsu J, p. 62.

Type species: *Sporogonites exuberans* Halle, 1916

Taxonomic status: Bryophytes

Sporogonites exuberans Halle, 1916

1916 Halle, p. 79; sporogonium; Roegagen, Norway; Early Devonian.

△*Sporogonites yunnanense* Hsu, 1966

1966 Hsu J, p. 62, pl. 3, figs. 5, 6; pl. 4, fig. 1; pl. 6, figs. 1－4; text-figs. 13, 14; sporogonium; No.: 2464, 2465; Repository: Institute of Botany, the Chinese Academy of Sciences; Qujing, Yunnan; Middle Devonian "Heikou Formation".

1974 *Palaeozoic Plants from China* Writing Group of Nanjing Institute of Geology and Palaeotology, Institute of Botany, the Chinese Academy of Sciences, p. 12, pl. 1, figs. 1－3; text-fig. 14; sporogonium; Qujing, Yunnan; Middle Devonian "Heikou Formation".

2000 Hsu J, p. 225 (＝Hsu J, 1966, p. 62).

△Genus *Stachybryolites* Wu X W, Wu X Y et Wang, 2000 (in English)

2000 Wu Xiangwu, Wu Xiuyuang, Wang Yongdong, p. 168.

Type species: *Stachybryolites zhoui* Wu X W, Wu X Y et Wang, 2000

Taxonomic status: Bryiidae

△*Stachybryolites zhoui* Wu X W, Wu X Y et Wang, 2000 (in English)

2000 Wu Xiangwu, Wu Xiuyuang, Wang Yongdong, p. 168, pl. 1, figs. 1－5; pl. 2, figs. 1－4; caulidium; Col. No.: 92-T-22; Reg. No.: PB17786－PB17796; Syntype 1: PB17786 (pl. 1, figs. 1, 1a, 1b, 1c); Syntype 2: PB17791 (pl. 2, fig. 1); Syntype 3: PB17796 (pl. 2, fig. 4); Repository: Nanjing Institute of Geology and Palaeontology, Chinese Academy of Sciences; Tuzi'arkneigou of Karamay, Xinjiang; Early Jurassic Badaowan Formation. [Notes: According to *International Code of Botanical Nomenclature* (*Vienna Code*) article 37. 2, from the year 1958, the holotype type specimen should be unique]

Genus *Thallites* Walton, 1925

1925 Walton, p. 564.

1954 Hsu J, p. 41.

1993a Wu Xiangwu, p. 147.

Type species: *Thallites erectus* (Leckenby) Walton, 1925

Taxonomic status: Bryophyta?

***Thallites erectus* (Leckenby) Walton, 1925**

1864 *Marchantites* (*Fucoides*) *erectus* Leckbythe, p. 74, pl. 11, figs. 3a, 3b; thallus; Oolites of Scarborough, England; Jurassic.

1925 Walton, p. 564; thallus; Oolites of Scarborough, England; Jurassic.

1993a Wu Xiangwu, p. 147.

△***Thallites dasyphyllus* Wu S, 1999** (in Chinese)

1999 Wu Shunqing, p. 9, pl. 1, figs. 5, 5a; thallus; Col. No.: AEO-234; Reg. No.: PB18224; Repository: Nanjing Institute of Geology and Palaeontology, Chinese Academy of Sciences; Huangbanjigou in Shangyuan of Beipiao, Liaoning; Late Jurassic Jianshangou Bed in lower part of Yixian Formation.

△***Thallites hallei* Lundblad, 1971**

1971 Lundblad B, p. 31, pls. 1, 2; text-fig. 1; thalli; Holotype: (pls. 1, 2; text-fig. 1); Repository: Section for Palaeobotany, Swedish Museum of Natural History; Shihhotse valley; Taiyuan Shihezi, Shanxi (Shansi); Early Permian Lower Shihotse Series.

1981 Boersma M, Broekmeyer L M, pp. 64, 74, 90; thalli; Shanxi (Shansi); Permian.

△***Thallites jiangninensis* Gu et Zhi, 1974**

1974 Gu, Zhi (Nanjing Institute of Geology and Palaeontology, Institute of Botany, the Chinese Academy of Sciences), in *Paleozoic Plants from China* Writing Group of Nanjing Institute of Geology and Palaeontology, Institute of Botany, the Chinese Academy of Sciences, p. 13, pl. 1, figs. 4, 5; thalli; Reg. No.: PB3593; Holotype: PB3593 (pl. 1, figs. 4, 5); Repository: Nanjing Institute of Geology and Palaeontology, Chinese Academy of Sciences; Chunhua of Jiangning, Jiangsu; early Late Permian Longtan Formation.

1981 *Thallites jiangninensis* Lee et al., Boersma M, Broekmeyer L M, pp. 64, 74, 89; Jiangning, Jiangsu; Late Permian. (Notes: "Lee et al." probably misintroduced for Gu et Zhi in the original article) (in English)

△***Thallites jianshangouensis* Sun et Zheng, 2001** (in Chinese and English)

2001 Sun Ge, Zheng Shaolin, in Sun Ge and others, pp. 67, 180, pl. 6, figs. 3, 5, 6; pl. 34, figs. 1—5; thalli; Reg. No.: PB18968 — PB18971; Holotype: PB18968 (pl. 34, fig. 2); Huangbanjigou of Beipiao, Liaoning; Late Jurassic Jianshangou Formation. (Notes: The

repository of the type specimen was not mentioned in the original paper)

△*Thallites jiayingensis* **Zhang, 1984**

1984 Zhang Zhicheng, p. 116, pl. 8, figs. 6, 7; thalli; No.: MH1001, MH1002; Repository: Shenyang Institute of Geology and Mineral Resources; Taipinglinchang of Jiayin, Heilongjiang; Late Cretaceous Taipinglinchang Formation. (Notes: The type specimen was not designated in the original paper)

△*Thallites pinghsiangensis* **Hsu, 1954**

1954 *Thallites pingshiangensis* Hsu, Hsu J, p. 41, pl. 37, fig. 1; prothallus; Anyuan of Pingxiang, Jiangxi; Late Triassic. [Notes: It is probably misprinted for *pingshiangensis* in the original article (Lee H H, 1963, p. 9)]

1963 Lee H H, p. 9, pl. 1, fig. 1; thallus; Pingxiang, Jiangxi; Late Triassic Anyuan Group.

1980 Zheng Shaolin, p. 222, pl. 112, fig. 2; thallus; Beipiao, Liaoning; Early Jurassic Beipiao Formation.

1982 Wang Guoping and others. p. 238, pl. 108, fig. 1; thallus; Pingxiang, Jiangxi; Late Triassic Anyuan Formation.

1982 Zheng Shaolin, Zhang Wu, p. 243, pl. 1, fig. 1b; thallus; Taoshan of Qitaihe, Heilongjiang; Early Cretaceous Chengzihe Formation.

1982 Zhang Caifan, p. 521, pl. 357, fig. 3; thallus; Yuelong of Liuyang, Hunan; Early Jurassic Yuelong Formation.

1993a Wu Xiangwu, p. 147.

1995 Zeng Yong and others, p. 46, pl. 1, fig. 1; thallus; Yima, Henan; Middle Jurassic Yima Formation.

1996 Mi Jiarong and others, p. 78, pl. 1, fig. 5; thallus; Taiji and Dongsheng of Beipiao, Liaoning; Early Jurassic Beipiao Formation.

△*Thallites riccioides* **Wu S Q, 1999** (in Chinese)

1999 Wu Shunqing, p. 8, pl. 1, figs. 1 — 4a; thalli; Col. No.: AEO-55, AEO-56, AEO-204, AEO-205; Reg. No.: PB18220 — PB18223; Holotype: PB18221 (pl. 1. fig. 2); Repository: Nanjing Institute of Geology and Palaeontology, Chinese Academy of Sciences; Huangbanjigou in Shangyuan of Beipiao, Liaoning; Late Jurassic Jianshangou Bed in lower part of Yixian Formation.

2001 Sun Ge and others, pp. 67, 180, pl. 6, figs. 1, 2; pl. 34, figs. 6 — 8; thalli; Huangbanjigou of Beipiao, Liaoning; Late Jurassic Jianshangou Formation.

2003 Wu Shunqing, fig. 225; thallus; Huangbanjigou in Shangyuan of Beipiao, Liaoning; Late Jurassic Yixian Formation.

△*Thallites yiduensis* **Feng, 1984**

1984 Feng Shaonan, p. 293, pl. 47, fig. 11; thallus; Col. No.: 梯G-9; Reg. No.: PB25668; Holotype: PB25668 (pl. 47, fig. 11); Tizikou in Maohutang of Yidu, Hubei; Early Carbonifrous Gaolishan Formation.

△***Thallites yunnanensis*** **Chow, 1976**

1976 Chow Tseyen, in Lee Peijuan and others, p. 88, pl. 1, figs. 17, 18; thalli; Col. No.: YH067; Reg. No.: PB5138, PB5139; Holotype: PB5138 (pl. 1, fig. 8); Repository: Nanjing Institute of Geology and Palaeontology, Chinese Academy of Sciences; Jiangcheng, Yunnan; Early Cretaceous Shuicheng Formation.

Thallites zeilleri **(Seward) Harris, 1942**

1894 *Marchantites zeilleri* Seward, p. 18, pl. 1, fig. 3; thallus; England; Early Cretaceous (Wealden).

1942 Harris, p. 397; thallus; England; Early Cretaceous (Wealden).

1980 Zheng Shaolin, p. 222, pl. 112, fig. 1; thallus; Beipiao, Liaoning; Early Jurassic Beipiao Formation.

1987 He Dechang, p. 78, pl. 23, fig. 2; thallus; Shenmu, Shaanxi; Middle Jurassic Yan'an Formation.

Thallites **spp.**

1956 *Thallites* sp., Sze H C, pp. 5, 116, pl. 56, figs. 1, 2; thalli; Tanhegou near Silangmiao (Tanhokou near Shihlanmiao) of Yijun, Shaanxi (Shensi); Late Triassic upper part of Yenchang Formation.

1963 *Thallites* sp., Lee H H. p. 9, pl. 1, figs. 2, 2a; thallus; Tanhegou near Silangmiao (Tanhokou near Shihlanmiao) of Yijun, Shaanxi (Shensi); Late Triassic upper part of Yenchang Formation; Changding, Fujian (Fukien); Early Jurassic Lishan Group.

1964 *Thallites* sp., Lee Peichuan, pp. 105, 166; pl. 1, figs. 1, 1a; thallus; Hsuchiaho of Guangyuan (Kwangyuan), Sichuan (Szechuan); Late Triassic Hsuchiaho Formation.

1978 *Thallites* sp., Yang Xianhe, p. 469, pl. 158, fig. 7; thallus; Hsuchiaho of Guangyuan (Kwangyuan), Sichuan (Szechuan); Late Triassic Hsuchiaho Formation.

1978 *Thallites* sp., Zhou Tongshun, p. 95, pl. 15, figs. 1, 2, 3; thalli; Dakeng of Zhangping, Fujian; Late Triassic Dakeng Formation.

1980 *Thallites* sp., Zhao Xiuhu and others, pp. 71, 95, pl. 1, fig. 4; thallus; Qingyun of Fuyuan, Yunnan; Late Permian lower member of Hsuanwei Formation.

1982 *Thallites* sp. 1, Zheng Shaolin, Zhang Wu, p. 294, pl. 1, figs. 4, 4a; thallus; Didao of Jixi, Heilongjiang; Late Jurassic Didao Formation.

1982 *Thallites* sp. 2, Zheng Shaolin, Zhang Wu, p. 294, pl. 1, figs. 2, 3; thalli; Didao of Jixi, Heilongjiang; Late Jurassic Didao Formation.

1982 *Thallites* sp., Zhao Xiuhu, Wu Xiuyuan, p. 6, pl. 1, figs. 6, 7; thalli; Xinhua, Hunan; Early Carboniferous Tseshui Formation; Shaoguan, Guangdong; Early Carboniferous lower member of Furongshan (Fuyungshan) Formation.

1984 *Thallites* sp. 1, Wang Ziqiang, p. 226, pl. 122, fig. 1; thallus; Chengde, Hebei; Early Jurassic Jiashan Formation.

1984 *Thallites* sp. 2, Wang Ziqiang, p. 226, pl. 132, fig. 7; thallus; Xiahuayuan, Hebei; Middle Jurassic Mentougou Formation.

1984 *Thallites* sp., Zhang Zhicheng, p. 117, pl. 8, figs. 3, 4; thalli; Taipinglinchang of Jiayin,

Heilongjiang; Late Cretaceous Taipinglinchang Formation.

1985 *Thallites* sp. , Yang Xuelin, Sun Liwen, p. 101, pl. 2, fig. 16; thallus; Wanbao of southern Da Hinggan Ling; Middle Jurassic Wanbao Formation.

1987 *Thallites* sp. , Chen Ye and others, p. 85, pl. 1, figs. 1, 1a; thallus; Qinghe of Yanbian, Sichuan; Late Triassic Hongguo Formation.

1987 *Thallites* sp. , He Dechang, pl. 15, fig. 1; thallus; Shenmu, Shaanxi; Middle Jurassic Yan'an Formation.

1993 *Thallites* sp. , Mi Jiarong and others, p. 75, pl. 1, figs. 1, 1a, 3; thalli; Shanggu of Chengde, Hebei; Late Triassic Xingshikou Formatoion.

1995 *Thallites* sp. , Deng Shenghui, p. 9, pl. 1, fig. 4; thallus; Huolinhe Basin, Inner Mongolia; Early Cretaceous Huolinhe Formation.

1995 *Thallites* sp. , Zeng Yong and others, p. 46, pl. 1, fig. 2; pl. 4, fig. 7; thalli; Yima, Henan; Middle Jurassic Yima Formation.

1999 *Thallites* sp. , Wu Shunqing, p. 9, pl. 1, figs. 6, 6a; thallus; Huangbanjigou in Shangyuan of Beipiao, Liaoning; Late Jurassic Jianshangou Bed in lower part of Yixian Formation.

Genus *Uskatia* Neuburg, 1960

1960 Neuburg, p. 46.

1996 Liu Lujun, Yao Zhaoqi, p. 645.

Type species: *Uskatia conferta* Neuburg, 1960

Taxonomic status: Musci

***Uskatia conferta* Neuburg, 1960**

1960 *Uskatia conferta* Neuburg, p. 46, pls. 22, 33; pl. 34, fig. 1; Kuznetzk Basin, USSR; Permaian.

***Uskatia* sp.**

1996 *Uskatia* sp. , Liu Lujun, Yao Zhaoqi, p. 645, pl. 4, fig. 9; caulidium; Turpan-Hami Basin, Xinjiang; early Late Permian Lucaogou Formation.

Problematicum

1933 Problematicum, Sze H C, p. 51, pl. 51, fig. 8; thallus; Changting, Fujian (Fukien); Early Jurassic Lishan Group. [Notes: This specimen was later described as *Thallites* sp. (Sze H C, 1956 and Lee H H, 1963)]

Problematicum C (*Muscites* sp.)

1956 Problematicum C (*Muscites* sp.), Sze H C, pp. 61, 166, pl. 56, figs. 5, 5a; caulidium; Yanchang, Shaanxi (Shensi); Late Triassic upper part of Yenchang Formation.

1963 Problematicum 6, Sze H C, Lee H H and others, p. 363, pl. 63, fig. 1; pl. 74, fig. 10; Yanchang, Shaanxi; Late Triassic upper part of Yenchang Formation.

Chapter 2 Record of Mesozoic Megafossil Lycophytes and Sphenophytes from China (1865 — 2005)

Genus *Annalepis* Fliche, 1910

1910 Fleche, p. 272.

1979 Ye Meina, p. 75.

1993a Wu Xiangwu, p. 54.

Type species: *Annalepis zeilleri* Fliche, 1910

Taxonomic status: Lepidodendrales, Lycopsida

***Annalepis zeilleri* Fliche, 1910**

1910 Fleche, p. 272, pl. 27, figs. 3 — 5; sporophylls; Vosges, France; Triassic.

1979 Ye Meina, p. 75, pl. 1, figs. 1, 1a; text-fig. 1; sporophyll; Wayaopo of Lichuan, Hubei; Middle Triassic middle member of Badong Formation.

1984 Chen Gongxin, p. 564, pl. 261, fig. 5; sporophyll; Wayaopo of Lichuan, Hubei; Middle Triassic Badong Formation.

1984 Wang Xifu, p. 298, pl. 176, figs. 1, 2; sporophylls; Xiabancheng of Chengde, Hebei; Early Triassic upper part of Heshanggou Formation.

1984 Wang Ziqiang, p. 228, pl. 113, fig. 8; pl. 176, figs. 1, 2; sporophylls; Yushe, Shanxi; Middle — Late Triassic Yenchang Group.

1987 Meng Fansong, p. 239, pl. 24, fig. 1; sporophyll; Nashuixi of Lichuan, Hubei; Middle Triassic Badong Group.

1993a Wu Xiangwu, p. 54.

1995 Meng Fansong and others, pl. 11, figs. 11, 12; sporophylls and strobili; Damuba of Fengjie, Sichuan; Middle Triassic Xinlingzhen Formation.

1998 Meng Fansong, p. 772, pl. 2, figs. 1, 22; text-figs. 1b, 1c; sporophylls and megaspores; Hongjiaguan in Sangzhi of Hunan, Dawotang in Fengjie of Chongqing, Xiangxi in Zigui of Hubei; Middle Triassic member 1 and member 2 of Badong Formation; Yueshan of Anhui and Nanjing of Jiangsu; Middle Triassic Huangmaqing Formation.

2000 Meng Fansong, pl. 2, figs. 17 — 29; pl. 3, figs. 1 — 17; pl. 4, fig. 19; sporophylls and megaspores; Hongjiaguan in Sangzhi of Hunan, Dawotang in Fengjie of Chongqing, Xiangxi in Zigui of Hubei; Middle Triassic member 1 and member 2 of Badong Formation; Yueshan of Anhui and Nanjing of Jiangsu; Middle Triassic Huangmaqing Formation.

2000 Meng Fansong and others, p. 45, pls. 7, 8; pl. 9, figs. 1 — 7; pl. 10, fig. 7 — 18; pl. 13, figs. 1 — 4; text-figs. 18-3, 18-4, 19-1 — 19-11; sporophylls and megaspores; Hongjiaguan and

Furongqiao of Sangzhi, Hunan; Dawotang of Fengjie and Longwuba of Wushan, Chongqing; Xiangxi, Lianghekou and Lichuan of Zigui, Hubei; Middle Triassic member 1 and member 2 of Badong Formation; Yueshan of Anhui and Nanjing of Jiangsu; Middle Triassic lower part of Huangmaqing Formation.

2002 Zhang Zhenlai and others, pl. 13, figs. 12 — 21; sporophylls; Xiangxi, Taiping and Guojiaba of Zigui, Hubei; Middle Triassic Xinlingzhen Formation.

***Annalepis* cf. *zeilleri* Fliche**

1985 Wang Ziqiang, pl. 4, fig. 15; sporophyll; Shuize of Yushe, Shanxi; Late Triassic Yenchang Group.

△*Annalepis angusta* Meng, 1995

1995 Meng Fansong and others, p. 19, pl. 2, figs. 7 — 9; text-fig. 5c; plant bodies and sporophylls; Reg. No.: PB93019 — PB93021; Syntypes: PB93019 — PB93021 (pl. 2, figs. 7 — 9); Repository: Yichang Institute of Geology and Mineral Resources; Hongjiaguan of Sangzhi, Hunan; Middle Triassic member 2 of Badong Formation. [Notes: According to *International Code of Botanical Nomenclature* (*Vienna Code*) article 37. 2, from the year 1958, the holotype type specimen should be unique]

1996b Meng Fansong, pl. 2, figs. 9, 10; strobili; Hongjiaguan of Sangzhi, Hunan; Middle Triassic member 2 of Badong Formation.

△*Annalepis brevicystis* Meng, 1995

1995 Meng Fansong and others, p. 20, pl. 3, figs. 8 — 13; sporophylls; Reg. No.: PB93035 — PB93040; Syntypes: PB93035 — PB93040 (pl. 3, figs. 8 — 13); Repository: Yichang Institute of Geology and Mineral Resources; Meiping in Xianfeng and Qiliping in Enshi of Hubei, Dawotang in Fengjie of Sichuan; Middle Triassic member 2 of Badong Formation. [Notes: According to *International Code of Botanical Nomenclature* (*Vienna Code*) article 37. 2, from the year 1958, the holotype type specimen should be unique]

1996b Meng Fansong, pl. 2, figs. 11 — 14; sporophylls; Dawotang in Fengjie of Sichuan, Meiping in Xianfeng of Hubei; Middle Triassic member 2 of Badong Formation.

1998 Meng Fansong, p. 773, pl. 1, figs. 1 — 11; text-figs. 1b, 1c; sporophylls; Dawotang in Fengjie of Chongqing, Meiping in Xianfeng of Hubei; Middle Triassic member 2 of Badong Formation.

2000 Meng Fansong, pl. 3, figs. 18 — 24; pl. 4, figs. 24 — 26; sporophylls; Dawotang in Fengjie of Chongqing, Meiping in Xianfeng of Hubei; Middle Triassic member 2 of Badong Formation.

2000 Meng Fansong and others, p. 48, pl. 9, figs. 8 — 21; pl. 13, figs. 11 — 18; text-figs. 19-12 — 19-17; sporophylls; Dawotang in Fengjie of Chongqing, Meiping in Xianfeng of Hubei; Middle Triassic member 2 of Badong Formation.

△*Annalepis chudeensis* Wang X F, 1984

1984 Wang Xifu, p. 298, pl. 176, figs. 3 — 6; sporophylls; Reg. No.: HB64 — HB67; Xiabancheng of Chengde, Hebei; Early Triassic upper part of Heshanggou Formation. (Notes: The type specimen was not designated in the original paper)

△***Annalepis furongqiqoensis* Meng, 2000** (in Chines and English)

2000 Meng Fansong and others, pp. 49, 81, pl. 11, figs. 1 — 10; text-figs. 21-1— 21-10; sporophylls; Reg. No. : FP9617 — FP9626; Syntypes: FP9617 — FP9626 (pl. 11, figs. 1 — 10); Repository: Yichang Institute of Geology and Mineral Resources; Furongqiao of Sangzhi, Hunan; Middle Triassic member 3 of Badong Formation. [Notes: According to *International Code of Botanical Nomenclature* (*Vienna Code*) article 37. 2, from the year 1958, the holotype type specimen should be unique]

2000 Meng Fansong, pl. 4, figs. 1 — 6; sporophylls; Furongqiao of Sangzhi, Hunan; Middle Triassic member 3 of Badong Formation.

△***Annalepis latiloba* Meng, 1998** (in Chines and English)

1996a Meng Fansong, pl. 1, fig. 6; sporophyll; Hongjiaguan of Sangzhi, Hunan; Middle Triassic member 5 of Badong Formation. (nom. nud.)

1996b Meng Fansong, pl. 3, figs. 9, 10; sporophylls; Hongjiaguan of Sangzhi, Hunan; Middle Triassic member 4 of Badong Formation. (nom. nud.)

1998 Meng Fansong, pp. 768, 773, pl. 1, figs. 12 — 20; text-fig. 1a; sporophylls; Reg. No. : FP9611 — FP9616; Syntypes: FP9611 — FP9616 (pl. 1, figs. 12 — 20); Repository: Yichang Institute of Geology and Mineral Resources; Hongjiaguan of Sangzhi, Hunan; Middle Triassic member 4 and member 5 of Badong Formation. [Notes: According to *International Code of Botanical Nomenclature* (*Vienna Code*) article 37. 2, from the year 1958, the holotype type specimen should be unique]

2000 Meng Fansong, pl. 4, figs. 7 — 12, 20 — 23; sporophylls; Hongjiaguan of Sangzhi, Hunan; Middle Triassic member 5 of Badong Formation.

2000 Meng Fansong and others, p. 48, pl. 10, figs. 1 — 6; text-figs. 18-1, 18-2, 20-1 — 20-7; sporophylls; Hongjiaguan of Sangzhi, Hunan; Middle Triassic member 5 of Badong Formation.

△***Annalepis sangziensis* Meng, 1995**

1995 Meng Fansong, p. 18, pl. 3, figs. 1 — 7; pl. 9, figs. 7, 8; text-figs. 5b, 6; plant bodies, strobili and sporophylls; Reg. No. : PB93028 — PB93034, BS12, BS928779; Holotype: PB93031 (pl. 3, fig. 4); Paratype: PB93032, PB93034 (pl. 3, figs. 5 — 7); Repository: Yichang Institute of Geology and Mineral Resources; Xiangxi of Zigui, Hubei; Middle Triassic member 1 of Badong Formation; Hongjiaguan and Furongqiao in Sangzhi of Hunan, Nashuixi in Lichuan of Hubei, Dawotang in Fengjie of Sichuan; Middle Triassic member 2 of Badong Formation.

1995a Li Xingxue (editor-in-chief), pl. 65, figs. 1 — 4; strobili and sporophylls; Hongjiaguan of Sangzhi, Hunan; Middle Triassic member 2 of Badong Formation. (in Chinese)

1995b Li Xingxue (editor-in-chief), pl. 65, figs. 1 — 4; strobili and sporophylls; Hongjiaguan of Sangzhi, Hunan; Middle Triassic member 2 of Badong Formation. (in English)

1996a Meng Fansong, pl. 1, figs. 3 — 5; sporophylls; Hongjiaguan of Sangzhi, Hunan; Middle Triassic member 2 of Badong Formation.

1996b Meng Fansong, pl. 2, figs. 3 — 5; strobili and sporophylls; Hongjiaguan of Sangzhi, Hunan; Middle Triassic member 2 of Badong Formation.

△*Annalepis*? *shanxiensis* Wang, 1984

1984 Wang Ziqiang, p. 228, pl. 114, fig. 9; sporophyll; Reg. No. : P0115; Holotype: P0115 (pl. 114, fig. 9); Repository: Nanjing Institute of Geology and Palaeontology, Chinese Academy of Sciences; Wuning, Shanxi; Middle — Late Triassic Yenchang Group.

Annalepis spp.

1979 *Annalepis* sp. (sp. nov.), Ye Meina, p. 76, pl. 2, figs. 1, 1a; sporophyll; Wayaopo of Lichuan, Hubei; Middle Triassic middle member of Badong Formation.

1985 *Annalepis* sp., Liu Zijin and others, pl. 3, figs. 1, 2; sporophylls; Niangniangmiao of Longxian, Shaanxi; late Middle Triassic upper member of Tongchuan Formation.

1990a *Annalepis* sp., Wang Ziqiang, Wang Lixin, p. 114, pl. 8, figs. 5, 6; sporophylls; Yangzhuang of Puxian, Shanxi; Early Triassic lower member of Heshanggou Formation.

1993a *Annalepis* sp. 1 (sp. nov.), Meng Fansong, p. 1678, fig. 2a; sporophyll; Yangzi Gorge area; Middle Triassic Anisian.

1993a *Annalepis* sp. 2 (sp. nov.), Meng Fansong, p. 1678, fig. 2b; sporophyll; Yangzi Gorge area; Middle Triassic Anisian.

1993a *Annalepis* sp. 3 (sp. nov.), Meng Fansong, pl. 1678, fig. 2c; sporophyll; Yangzi Gorge area; Middle Triassic Anisian.

1994 *Annalepis* sp. 1 (sp. nov.), Meng Fansong, p. 133, fig. 2a; sporophyll; Yangzi Gorge area; Middle Triassic Anisian.

1994 *Annalepis* sp. 2 (sp. nov.), Meng Fansong, p. 133, fig. 2b; sporophyll; Yangzi Gorge area; Middle Triassic Anisian.

1994 *Annalepis* sp. 3 (sp. nov.), Meng Fansong, p. 133, fig. 2c; sporophyll; Yangzi Gorge area; Middle Triassic Anisian.

1995a *Annalepis* sp., Li Xingxue (editor-in-chief), pl. 66, fig. 2; sporophyll and sporangium; Zhangjiayan of Wupu, Shaanxi; Middle Triassic upper part of Ermaying Formation. (in Chinese)

1995b *Annalepis* sp., Li Xingxue (editor-in-chief), pl. 66, fig. 2; sporophyll and sporangium; Zhangjiayan of Wupu, Shaanxi; Middle Triassic upper part of Ermaying Formation. (in English)

1995 *Annalepis* sp., Meng Fansong and others, pl. 11, figs. 9, 10; sporophylls and sporangia; Damuba of Fengjie, Sichuan; Middle Triassic Xinlingzhen Formation.

Annalepis? sp.

1984 *Annalepis*? sp., Wang Ziqiang, p. 228, pl. 110, fig. 15; sporophyll; Qinyuan, Shanxi; Middle Triassic Ermaying Formation; Puxian, Shanxi; Early Triassic Heshanggou Formation.

Genus *Annularia* Sternbterg, 1822

1822 Sternbterg, p. 32.

1974 *Plaeozoic Plants from China* Writing Group, p. 55.

1980 Zhao Xiuhu and others, p. 95.

1993a Wu Xiangwu, p. 54.

Type species: *Annularia spinulosa* Sternbterg, 1822

Taxonomic status: Sphenopsida

***Annularia spinulosa* Sternbterg, 1822**

1822 (1820 — 1838) Sternbterg, p. 32, pl. 19, fig. 4; articulate stem with foliage; Carboniferous.

1993a Wu Xiangwu, p. 54.

***Annularia shirakii* Kawasaki, 1927**

1927 Kawasaki, p. 9, pl. 14, figs. 76, 76a; articulate stem with foliage; S. Heian-do, Chosen, Korea; Permian — Triassic Kobosam Series of Heian System.

1974 *Plaeozoic Plants from China* Writing Group, p. 55, pl. 31, figs. 8 — 11; articulate stems with foliage; Taiyuan, Shanxi; early Late Permian Upper Shihhoyse Series; Panxian, Guizhou; Qujing and Enhong, Yunnan; early Late Permian Xuanwei Formation.

1980 Zhao Xiuhu and others, p. 95, pl. 2, fig. 10; articulate stem with foliage; Qingyun of Fuyuan, Yunnan; Early Triassic "Kayitou Formation".

1993a Wu Xiangwu, p. 54.

Genus *Annulariopsis* Zeiller, 1903

1902 — 1903 Zeiller, p. 132.

1963 Sze H C, Lee H H and others, p. 37.

1993a Wu Xiangwu, p. 54.

Type species: *Annulariopsis inopinata* Zeiller, 1903

Taxonomic status: Equisetales, Sphenopsida

***Annulariopsis inopinata* Zeiller, 1903**

1902 — 1903 Zeiller, p. 132, pl. 35, figs. 2 — 7; *Annuralia*-like folige; Tonkin, Vietnam; Late Triassic.

1979 Gu Daoyuan, Hu Yufan, pl. 1, fig. 1; leaf whorl; Kelasuhe of Kuqa, Xinjiang; Late Triassic Tariqike Formation.

1982 Duan Shuying, Chen Ye, p. 492, pl. 1, fig. 5; *Annularia*-like foliage; Nanxi of Yunyang, Sichuan; Early Jurassic Zhenzhuchong Formation.

1984 Gu Daoyuan, p. 136, pl. 64, fig. 10; leaf whorl; Kelasuhe of Kuqa, Xinjiang; Late Triassic

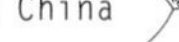

Tariqike Formation.

1987 Hu Yufan, Gu Daoyuan, p. 219, pl. 5, fig. 1; leaf whorl; Kelasuhe of Kuqa, Xinjiang; Late Triassic Tariqike Formation.

1989 Mei Meitang and others, p. 75, pl. 33, fig. 5; leaf whorl; China; Late Triassic.

1993a Wu Xiangwu, p. 54.

***Annulariopsis* cf. *inopinata* Zeiller**

1987a Qian Lijun and others, pl. 15, fig. 3; pl. 19, fig. 4; leaf whorls; Kaokaowusugou of Shenmu, Shaanxi; Middle Jurassic bed 68 in member 3 of Yan'an Formation.

1998 Zhang Hong and others, pl. 8, fig. 6; *Annuralia*-like leaf; Shenmu, Shaanxi; Middle Jurassic lower part of Yan'an Formation.

***Annulariopsis* cf. *A. inopinata* Zeiller**

1986 Ye Meina and others, p. 20, pl. 2, fig. 10; pl. 3, figs. 8, 8a; pl. 4, figs. 4, 5a; pl. 5, fig. 3; *Annuralia*-like leaves and leafy shoots; Qilixia of Kaijiang and Wenquan of Kaixian, Sichuan; Late Triassic Hsuchiaho Formation.

1993 Mi Jiarong and others, p. 83, pl. 6, figs. 2, 3, 5; calamitean stems; Beishan near Shiren of Hunjiang, Jilin; Late Triassic Beishan Formation (Xiaohekou Formation); Weichanggou of Pingquan, Hebei; Late Triassic Xingshikou Formation.

△*Annulariopsis atannularioides* Huang et Chow, 1980

1980 Huang Zhigao, Zhou Huiqin, p. 68, pl. 23, figs. 6, 7; leaf whorls; Reg. No. : OP3075, OP3076; Chuanta near Gushan of Fugu, Shaanxi; Late Triassic upper part of Yenchang Formation. (Notes: The type specimen was not designated in the original paper)

△*Annulariopsis hechuanensis* Yang, 1982

1982 Yang Xianhe, p. 465, pl. 3, fig. 8; *Annularia*-like foliage; Reg. No. : Sp189; Holotype: Sp189 (pl. 3, fig. 8); Repository: Chengdu Institute of Geology and Mineral Resources; Tanba of Hechuan, Sichuan; Late Triassic Hsuchiaho Formation.

△*Annulariopsis lobatannularioides* Huang et Chow, 1980

1980 Huang Zhigao, Zhou Huiqin, p. 69, pl. 23, figs. 8 — 10; pl. 24, fig. 1; leaf whorls; Reg. No. : OP496, OP3079, OP3080; Chuanta near Gushan of Fugu, Liulingou of Tongchuan and Gaojiata of Shenmu, Shaanxi; Late Triassic upper part and middle part of Yenchang Formation. (Notes: The type specimen was not designated in the original paper)

△*Annulariopsis logifolia* Meng, 2002 (in Chinese)

2002 Meng Fansong, in Meng Fansong and others, p. 310, pl. 1, figs. 1, 2; pl. 6, figs. 1, 2; *Annularia*-like foliage; Reg. No. : SBJ_1 XP-4 (1) — SBJ_1 XP-4 (3); Holotype: SBJ_1 XP-4 (2) (pl. 6, fig. 1); Paratype 1: SBJ_1 XP-4 (1) (pl. 1, figs. 1, 2); Paratype 2: SBJ_1 XP-4 (3) (pl. 6, fig. 2); Repository: Yichang Institute of Geology and Mineral Resources; Buzhuanghe of Zigui, Hubei; Early Jurassic Hsiangchi Formation.

***Annulariopsis simpsonii* (Phillips) Harris, 1947**

1875 *Marzaria simpsoni* Phillips, p. 204, figs. 13, 14; leaf whorls; Yorkshire, England; Middle

Jurassic.

1947 Harris, p. 654; text-figs. 3, 4A — 4D; Yorkshire, England; Middle Jurassic.

1980 Chen Fen and others, p. 427, pl. 1, fig. 6; leaf whorl; Daanshan of West Hill, Beijing; Early Jurassic Upper Yaopo Formation.

1984 Chen Fen and others, p. 35, pl. 2, figs. 6 — 8; branches with leaf whorls; Daanshan of West Hill, Beijing; Early Jurassic Upper Yaopo Formation.

1987 Duan Shuying, p. 19; text-figs. 7 — 9; leaf whorls; Zhaitang of West Hill, Beijing; Middle Jurassic.

1995 Wang Xin, p. 1, fig. 5; leaf whorl; Tongchuan, Shaanxi; Middle Jurassic Yan'an Formation.

2003 Deng Shenghui and others, pl. 64, fig. 9; leaf whorl; Sandaoling Coal Mine of Hami, Xinjiang; Middle Jurassic Xishanyao Formation.

2003 Yuan Xiaoqi and others, pl. 20, figs. 3, 4; leaf whorls; Gaotouyao of Dalad Banner, Inner Mongolia; Middle Jurassic Yan'an Formation and Zhiluo Formation.

△*Annulariopsis*? *sinensis* (Ngo) Lee, 1963

1956 *Hexaphyllum sinense* Ngo, Ngo C K, p. 25, pl. 1, fig. 2; pl. 6, figs. 1, 2; text-fig. 3; leaf whorls; Xiaoping of Guangzhou, Guangdong; Late Triassic Siaoping Coal Series.

1963 Lee H H, in Sze H C, Lee H H and others, p. 39, pl. 10, figs. 5, 6; pl. 11, fig. 10; leaf whorls; Xiaoping of Guangzhou, Guangdong; Late Triassic Siaoping Formation.

1977 Feng Shaonan and others, p. 199, pl. 72, fig. 8; *Annuralia*-like leaf; Xiaoping, Guangdong; Late Triassic Siaoping Formation.

1993a Wu Xiangwu, p. 54.

△*Annulariopsis xibeiensis* Gu et Sun, 1984

1984 Gu Daoyuan, p. 136, pl. 65, figs. 7, 8; leaf whorls; Col. No. : 65-1-1G-6 (2); Reg. No. : XPAM006, XPAM007; Holotype: XPAM006 (pl. 65, fig. 7); Repository: Petroleum Administration of Xinjiang Uighur Autonomous Region; Fanxiu Coal Mine of Kaxgar, Xinjiang; Early Jurassic Kangsu Formation.

1998 Zhang Hong and others, pl. 6, figs. 3, 4; *Annuralia*-like leaves; Kangsu of Wuqia, Xinjiang; Middle Jurassic Yangye (Yangxia) Formation.

△*Annulariopsis yancaogouensis* Zhou, 1981

1981 Zhou Huiqin, p. 150, pl. 1, fig. 4; ultimate branch with leaf whort; Reg. No. : By004; Yangcaogou of Beipiao, Liaoning; Late Triassic Yangcaogou Formation.

***Annulariopsis* spp.**

1964 *Annulariopsis* sp. , Lee P C, p. 106, pl. 1, figs. 2, 2a; *Annularia*-like foliage; Yangjiaya of Guangyuan, Sichuan; Late Triassic Hsuchiaho Formation.

1968 *Annulariopsis* sp. 1, *Fossil Atlas of Mesozoic Coal-bearing Strata in Kiangsi and Hunan Provinces*, p. 36, pl. 2, figs. 2, 3; leaf whorls; Chengtanjiang of Liuyang, Hunan; Late Triassic Sanqiutian Lower Member of Anyuan Formation.

1968 *Annulariopsis* sp. 2, *Fossil Atlas of Mesozoic Coal-bearing Strata in Kiangsi and Hunan Provinces*, p. 36, pl. 34, fig. 2; pl. 2, fig. 1; *Annularia*-like foliage; Puqian of

Hengfeng, Jiangxi; Early Jurassic Xishanwu Formation.

1978 *Annulariopsis* sp., Yang Xianhe, p. 472, pl. 158, fig. 8; *Annularia*-like foliage; Guangyuan, Sichuan; Late Triassic Hsuchiaho Formation.

1978 *Annulariopsis* sp., Zhou Tongshun, pl. 15, fig. 9; leaf whorl; Wenbinshan in Dakeng of Zhangping, Fujian; Late Triassic upper member of Wenbinshan Formation.

1980 *Annulariopsis* sp. 1, Huang Zhigao, Zhou Huiqin, p. 69, pl. 24, fig. 3; leaf whorl; Chuanta near Gushan of Fugu, Shaanxi; Late Triassic upper part of Yenchang Formation.

1980 *Annulariopsis* sp. 2, Huang Zhigao, Zhou Huiqin, p. 69, pl. 24, fig. 2; leaf whorl; Chuanta near Gushan of Fugu, Shaanxi; Late Triassic upper part of Yenchang Formation.

1980 *Annulariopsis* sp. 3, Huang Zhigao, Zhou Huiqin, p. 69, pl. 23, fig. 11; leaf whorl; Chuanta near Gushan of Fugu, Shaanxi; Late Triassic upper part of Yenchang Formation.

1980 *Annulariopsis* sp., Wu Shunqing and others, p. 72, pl. 1, fig. 4; *Annuralia*-like leaf; Zhengjiahe of Xingshan, Hubei; Late Triassic Shazhenxi Formation.

1981 *Annulariopsis* sp., Liu Maoqiang, Mi Jiarong, p. 23, pl. 1, fig. 12; leaf whorl; Naozhigou of Linjiang, Jilin; Early Jurassic Yihuo Formation.

1982 *Annulariopsis* sp., Wang Guoping and others, p. 239, pl. 108, fig. 8; *Annuralia*-like foliage; Dakeng of Zhangping, Fujian; Late Triassic Wenbinshan Formation.

1987 *Annulariopsis* sp., Chen Ye and others, p. 89, pl. 3, fig. 9; pl. 4, figs. 1, 2; leaf whorls; Qinghe of Yanbian, Sichuan; Late Triassic Hongguo Formation.

1987 *Annulariopsis* sp., He Dechang, p. 80, pl. 14, fig. 8; pl. 15, fig. 2; leaf whorls; Kuzhuqiao of Puqi, Hubei; Late Triassic Jigongshan Formation.

1992 *Annulariopsis* sp., Xie Mingzhong, Sun Jingsong, pl. 1, fig. 2; leaf whorl; Xuanhua, Hebei; Middle Jurassic Xiahuayuan Formation.

1993 *Annulariopsis* sp., Wang Shijun, p. 5, pl. 1, fig. 1; leaf whorl; Hongweikeng of Qujiang, Guangdong; Late Triassic Genkou Group.

1995a *Annulariopsis* sp., Li Xingxue (editor-in-chief), pl. 62, fig. 14; leaf whorl; Wenshanxiacun near Jiuqujiang of Qionghai, Hainan; Early Triassic Lingwen Formation. (in Chinese)

1995b *Annulariopsis* sp., Li Xingxue (editor-in-chief), pl. 62, fig. 14; leaf whorl; Wenshanxiacun near Jiuqujiang of Qionghai, Hainan; Early Triassic Lingwen Formation. (in English)

1996 *Annulariopsis* sp., Wu Shunqing, Zhou Hanzhong, p. 3, pl. 1, figs. 5 — 7; leaf whorls; Kuqa River Section of Kuqa, Xinjiang; Middle Triassic lower member of Karamay Formation.

***Annulariopsis*? spp.**

1963 *Annulariopsis*? sp., Sze H C, Lee H H and others, p. 39, pl. 11, fig. 9 (left); leaf whorl; Karamay of Junggar Basin, Xinjiang; Late Triassic upper part of Yenchang Group.

1990 *Annulariopsis*? sp., Wu Shunqing, Zhou Hanzhong, p. 450, pl. 1, figs. 8, 8a, 11; leaf whorls; Kuqa, Xinjiang; Early Triassic Ehuobulake Formation.

Genus *Calamites* Suckow, 1784 (non Schlotheim, 1820, nec Brongniart, 1828)

[Notes: This generic name *Calamites* Suckow (1784) is a conserved name before 1820, it was cited in China (Wu Xiangwu, 1993a)]

1974 *Paleozoic Plants from China* Writing Group of Nanjing Institute of Geology and Palaeontology, Institute of Botany, the Chinese Academy of Sciences, p. 48.

1993a Wu Xiangwu, p. 61.

Type species:

Taxonomic status: Equisetales, Sphenopsida

***Calamites shanxiensis* (Wang) Wang Z et Wang L, 1990**

1984 *Neocalamites shanxiensis* Wang, Wang Ziqiang, p. 233, pl. 110, fig. 17; pl. 111, fig. 2; pl. 112, fig. 7; calamitean stems; Yushe and Xingxian, Shanxi; Early — Middle Triassic Liujiagou Formation and Ermaying Formation, Middle — Late Triassic Yenchang Group.

1990a Wang Ziqiang, Wang Lixin, p. 115, pl. 1, figs. 1 — 7; pl. 2, figs. 5, 6; pl. 4, figs. 1 — 5; pl. 5, figs. 9 — 11; text-figs. 4a — 4g; calamitean stems; Shilou, Yushe and Heshun, Shanxi; Early Triassic Heshanggou Formation.

1990b Wang Ziqiang, Wang Lixin, p. 306, pl. 3, figs. 1 — 8; calamitean stems; Manshui of Qinxian, Pantuo of Pingyao, Shimenkou of Yushe and Chenjiapangou of Ningwu, Shanxi; Middle Triassic base part of Ermaying Formation, Late Triassic lower part of Yenchang Group.

1995a Li Xingxue (editor-in-chief), pl. 65, fig. 7; calamitean stem; Dawotang of Fengjie, Sichuan; Middle Triassic member 2 of Badong Formation. (in Chinese)

1995b Li Xingxue (editor-in-chief), pl. 65, fig. 7; calamitean stem; Dawotang of Fengjie, Sichuan; Middle Triassic member 2 of Badong Formation. (in English)

1995 Meng Fansong and others, p. 20, pl. 4, figs. 1 — 6; calamitean stems; Lianghekou of Zigui, Hubei; Middle Triassic member 1 of Badong Formation; Qiliping in Enshi of Hubei, Hongjiaguan and Mahekou in Sangzhi of Hunan; Middle Triassic member 2 of Badong Formation.

1996b Meng Fansong, pl. 2, figs. 1, 2; calamitean stems; Dawotang of Fengjie, Sichuan; Middle Triassic member 2 of Badong Formation.

***Calamites* sp.**

1908 *Calamites* sp., Yokoyama, p. 15, pl. 5, figs. 3, 4, 5; calamitean stems, leaf sheaths and nodal diaphragms; Dabu of Benxi, Liaoning; Paleozoic(?). [Notes: This specimen lately was referred as *Equisetites* sp. (Sze H C, Lee H H and others, 1963)]

1993a *Calamites* sp., Wu Xiangwu, p. 61.

Genus *Calamites* Schlotheim, 1820 (non Brongniart, 1828, nec Suckow, 1784)

1820 Schlotheim, p. 398.

1993a Wu Xiangwu, p. 61.

Type species: *Calamites cannaeformis* Schlotheim, 1820

Taxonomic status: Equisetales, Sphenopsida

***Calamites cannaeformis* Schlotheim, 1820**

1820 Schlotheim, p. 398, pl. 20, fig. 1; pith cast; Saxony, Germany; Late Carboniferous.

1993a Wu Xiangwu, p. 61.

Genus *Calamites* Brongniart, 1828 (non Schlotheim, 1820, nec Suckow, 1784)

[Notes: This generic name *Calamites* Brongniart, 1828 is a homonym junius of *Calamites* Schlotheim, 1820 (Wu Xiangwu, 1993a)]

1828 Brongniart, p. 121.

1993a Wu Xiangwu, p. 61.

Type species: *Calamites radiatus* Brongniart, 1828

Taxonomic status: Equisetales, Sphenopsida

***Calamites radiatus* Brongniart, 1828**

1828 Brongniart, p. 121

1993a Wu Xiangwu, p. 61.

Genus *Equisetites* Sternberg, 1833

1833 (1820 — 1838) Sternberg, p. 43.

1911 Seward, pp. 6, 35.

1963 Sze H C, Lee H H and others, p. 17.

1993a Wu Xiangwu, p. 81.

Type species: *Equisetites münsteri* Sternberg, 1833

Taxonomic status: Equisetales, Sphenopsida

***Equisetites münsteri* Sternberg, 1833**

1833 (1820 — 1838) Sternberg, p. 43, pl. 16, figs. 1 — 5; stems with foliage and terminal cones of *Equisetum*-like plant; Strullendorf near Bamberg, Germany; Late Triassic (Keuper).

1989 Zhou Zhiyan, p. 134, pl. 1, figs. 5, 6, 11, 13, 15A; articulate stems; Shanqiao of Hengyang, Hunan; Late Triassic Yangbaichong Formation.

1993a Wu Xiangwu, p. 81.

***Equisetites* cf. *münsteri* Sternberg**

1976 Lee P C and others, p. 90, pl. 1, fig. 9; calamitean stem; Eryuan, Yunnan; Late Triassic Baijizu Formation.

***Equisetites* (*Equisetostachys*) cf. *E. münsteri* Sternberg**

1989 Zhou Zhiyan, p. 135, pl. 1, fig. 10; pl. 2, figs. 4 — 6; calamitean strobili; Shanqiao of Hengyang, Hunan; Late Triassic Yangbaichong Formation.

△*Equisetites acanthodon* Sze, 1956

1956a Sze H C, pp. 9, 118, pl. 5, figs. 2, 2a; leaf sheath; Reg. No. : PB2246; Repository: Nanjing Institute of Geology and Palaeontology, Chinese Academy of Sciences; Tanhegou near Silangmiao (T'anhokou near Shilangmiao) of Yijun, Shaanxi; Late Triassic upper part of Yenchang Formation.

1963 Sze H C, Lee H H and others, p. 18, pl. 2, figs. 1, 1a; leaf sheath; Tanhegou near Silangmiao (T'anhokou near Shilangmiao) of Yijun, Shaanxi; Late Triassic upper part of Yenchang Group.

1993 Mi Jiarong and others, p. 76, pl. 1, fig. 6; articulate stem; Laohugou of Lingyuan, Liaoning; Late Triassic Laohugou Formation.

***Equisetites arenaceus* (Jaeger) Schenk, 1864**

1827 *Calamites arenaceus* Jaeger, p. 37, pls. 1, 2, 4, 6; Germany; Early Triassic.

1864 Schenk, p. 59, pl. 7, fig. 2; Germany; Late Triassic.

1977 Feng Shaonan and others, p. 201, pl. 70, fig. 2; calamitean stem; Hongjiaguan of Sangzhi, Hunan; Middle Triassic.

1979 HeYuanliang and others, p. 132, pl. 56, fig. 3; calamitean stem; Gema Coal Mine of Zaduo, Qinghai; Late Triassic upper part of Jieza Group.

1982a Wu Xiangwu, p. 48, pl. 1, figs. 1 — 4a; pl. 4, fig. 1; calamitean stems; Baqen, Suoqu and Nierong (Nyainrong), Tibet; Late Triassic Tumaingela Formation.

1982b Wu Xiangwu, p. 76, pl. 1, figs. 5A, 5a, 6; calamitean stems; Chagyab, Tibet; Late Triassic Jiapila Formation.

1990 Wu Xiangwu, He Yuanliang, p. 291, pl. 1, figs. 1, 1a, 2; calamitean stems; Gema Coal Mine of Zaduo and Zhiduo, Qinghai; Late Triassic A Formation of Jieza Group.

1995 Meng Fansong and others, p. 21, pl. 4, fig. 8; pl. 8, fig. 6; calamitean stems; Hongjiaguan of Sangzhi, Hunan; Middle Triassic member 4 of Badong Formation.

1995 Zeng Yong and others, p. 48, pl. 3, fig. 2; calamitean stem; Yima, Henan; Middle Jurassic Yima Formation.

1996b Meng Fansong, pl. 2, figs. 16; calamitean stem; Hongjiaguan of Sangzhi, Hunan; Middle Triassic member 4 of Badong Formation.

2000 Meng Fansong and others, p. 50, pl. 14, figs. 12, 13; calamitean stems; Hongjiaguan of Sangzhi, Hunan; Middle Triassic member 5 of Badong Formation.

***Equisetites* cf. *arenaceus* (Jaeger) Schenk**

1985 Liu Zijin and others, p. 115, pl. 3, figs. 3 — 5; calamitean stems; Niangniangmiao of Longxian, Shaanxi; late Middle Triassic upper member of Tongchuan Formation.

2002 Meng Fansong and others, pl. 1, fig. 1; pl. 2, fig. 4; calamitean stems; Xinpu of Guanling, Guizhou; early Late Triassic Wayao Formation.

***Equisetites beanii* (Bunbury) Seward, 1898**

1851 *Calamites beanii* Bunbury, p. 189; Yorkshire, England; Middle Jurassic.

1898 Seward, p. 270, figs. 60 — 62; Rhizomes and stems; Yorkshire, England; Middle Jurassic.

1986 Ye Meina and others, p. 14, pl. 1, figs. 2, 8; calamitean stems; Wenquan of Kaixian, Sichuan; Middle Jurassic member 2 of Xintiangou Formation.

1988 Li Peijuan and others, p. 38, pl. 1, figs. 2, 3; pl. 2, figs. 1, 3; pl. 4, fig. 1; calamitean stems; Dameigou of Da Qaidam, Qinghai; Middle Jurassic *Eboracia* Bed of Yinmagou Formation and *Nilssonia* Bed of Shimengou Formation.

1993 Mi Jiarong and others, p. 76, pl. 1, fig. 15; calamitean stem; Tianqiaoling of Wangqing, Jilin; Late Triassic Malugou Formation.

1998 Zhang Hong and others, pl. 3, figs. 3, 5; calamitean stems; Beishan of Qitai, Xinjiang; Early Jurassic Badaowan Formation.

2003 Meng Fansong and others, pl. 1, figs. 1 — 3; calamitean stems and nodal diaphragms; Shuishikou of Yunyang, Sichuan; Early Jurassic Dongyuemiao Member of Ziliujing Formation.

***Equisetites* cf. *beanii* (Bunbury) Seward**

1989 Zhou Zhiyan, p. 135, pl. 1, figs. 1 — 3; calamitean stems; Shanqiao of Hengyang, Hunan; Late Triassic Yangbaichong Formation.

△*Equisetites beijingensis* Chen et Dou, 1984

1984 Chen Fen, Dou Yawei, in Chen Fen and others, pp. 33, 119, pl. 3, fig. 1; pl. 4, figs. 1, 2; calamitean stems; Col. No. : MP-32, FH-34; Reg. No. : BM001, BM045, BM046; Syntypes 1 — 3: BM001, BM045, BM046 (pl. 3, fig. 1; pl. 4, figs. 1, 2); Repository: Beijing Graduate School, Wuhan College of Geology; Mentougou, Datai and Daanshan near West Hill, Beiling; Early Jurassic Lower Yaopo Formation; Fangshan, Beijing; Early Jurassic Upper Yaopo Formation. [Notes: According to *International Code of Botanical Nomenclature* (*Vienna Code*) article 37. 2, from the year 1958, the holotype type specimen should be unique]

△*Equisetites brevidentatus* Sze, 1956

1956a Sze H C, pp. 7, 117, pl. 5, figs. 1, 1a; calamitean stem; Reg. No. : PB2243; Repository: Nanjing Institute of Geology and Palaeontology, Chinese Academy of Sciences; Linxian, Shanxi; Late Triassic lower part of Yenchang Formation.

1963 Sze H C, Lee H H and others, p. 18, pl. 2, fig. 2; pl. 3, fig. 1; calamitean stems; Linxian, Shanxi; Late Triassic lower part of Yenchang Group.

1980 Huang Zhigao, Zhou Huiqin, p. 66, pl. 13, fig. 4; calamitean stem; Zhangxipan of Jiaxian,

Shaanxi; late Middle Triassic upper member of Tongchuan Formation.

1984 Chen Gongxin, p. 569, pl. 223, fig. 5; calamitean stem; Haihuigou of Jingmen, Hubei; Late Triassic Jiuligang Formation.

1986 Zhou Tongshun, Zhou Huiqin, p. 64, pl. 17, fig. 7; calamitean stem; Dalongkou of Jimsar, Xinjiang; Middle Triassic Karamay Formation.

1993 Mi Jiarong and others, p. 77, pl. 1, fig. 4; calamitean stem; Beishan near Shiren of Hunjiang, Jilin; Late Triassic Beishan Formation (Xiaohekou Formation).

1998 Liao Zhuoting, Wu Guogan (editors-in-chief), pl. 12, fig. 5; calamitean stem; Sangequan of Barkol, Xinjiang; Middle Triassic Karamay Formation.

△*Equisetites brevitubatus* Li et Wu X W, 1979

1979 Li Peijuan, Wu Xiangwu, in He Yuanliang and others, p. 133, pl. 57, figs. 5, 5a; text-fig. 8; calamitean stem; Col. No.: IIF316-1; Reg. No.: PB6299; Holotype: PB6299 (pl. 57, fig. 5); Repository: Nanjing Institute of Geology and Palaeontology, Chinese Academy of Sciences; Alanhu of Dulan, Qinghai; Late Triassic Babaoshan Group.

***Equisetites burchardti* Dunker, 1846**

1984 Wang Ziqiang, p. 230, pl. 149, fig. 4; pl. 150, fig. 8; pl. 158, figs. 2 — 4; calamitean stems; Luanping and Fengning, Hebei; Early Cretaceous Jiufotang Formation.

***Equisetites* cf. *burchardti* Dunker**

1983b Cao Zhengyao, p. 28, pl. 5, figs. 1 — 3; calamitean stems; Yonghong Coal Mine of Hulin, Heilongjiang; Late Jurassic Yunshan Formation.

***Equisetites burejensis* (Heer) Kryshtofovich, 1914**

1877 *Equisetum burejensis* Heer, p. 99, pl. 22, figs. 5 — 7; Heilongjiang River Basin; Early Cretaceous.

1914 Kryshtofovich, p. 82, pl. 1, figs. 1 — 3; Heilongjiang River Basin; Early Cretaceous.

1988 Chen Fen and others, p. 31, pl. 1, figs. 2 — 8; pl. 60, fig. 2; calamitean stems and rhizaorphoid stems; Fuxin, Liaoning; Early Cretaceous Fuxin Formation; Tiefa Basin, Liaoning; Early Cretaceous Lower Coal-bearing Member of Xiaoming'anbei Formation.

1988 Li Jieru, pl. 1, figs. 10, 15; calamitean stems; Suzihe Basin, Liaoning; Early Cretaceous.

1988 Sun Ge, Shang Ping, pl. 1, figs. 1, 2; calamitean stems; Huolinhe Coal Field, Inner Mongolia; Early Cretaceous Huolinhe Formation.

1993 Li Jieru and others, p. 235, pl. 1, figs. 2, 4; calamitean stems; Wafang and Jixian of Dandong, Liaoning; Early Cretaceous Xiaoling Formation.

1995b Deng Shenghui, p. 11, pl. 1, figs. 5, 6; pl. 2, fig. 2; text-figs. 3-A, 3-B; rhizomes and tubers; Huolinhe Basin, Inner Mongolia; Early Cretaceous Huolinhe Formation.

1995a Li Xingxue (editor-in-chief), pl. 99, fig. 1; rhizome and tuber; Huolinhe Basin, Inner Mongolia; Early Cretaceous Huolinhe Formation. (in Chinese)

1995b LiXingxue (editor-in-chief), pl. 99, fig. 1; rhizome and tuber; Huolinhe Basin, Inner Mongolia; Early Cretaceous Huolinhe Formation. (in English)

1997 Deng Shenghui and others, p. 19, pl. 1, figs. 10 — 14; calamitean stems; Jalai Nur, Yimin and Dayan, Inner Mongolia; Early Cretaceous Yimin Formation and Damoguaihe

Formation.

2003 Yang Xiaoju, p. 563, pl. 1, figs. 1, 2; rhizaorphoid stems; Jixi Basin, Heilongjiang; Early Cretaceous Muling Formation.

***Equisetites* cf. *burejensis* (Heer) Kryshtofovich**

1988 Chen Fen and others, p. 32, pl. 60, fig. 1; calamitean stem; Tiefa, Liaoning; Early Cretaceous Lower Coal-bearing Member of Xiaoming'anbei Formation.

***Equisetites columnaris* (Brongniart) Phillips, 1875**

1828 *Equisetum columnaris* Brongniart, p. 115, pl. 13; calamitean stem; Yorkshire, England; Middle Jurassic.

1875 Phillips, p. 197, fig. 4; Yorkshire, England; Middle Jurassic.

***Equisetites* cf. *columnaris* (Brongniart) Phillips**

1988 Li Peijuan and others, p. 38, pl. 5, figs. 1 — 3, 4(?); calamitean stems; Dameigou of Da Qaidam, Qinghai; Middle Jurassic *Eboracia* Bed of Yinmagou Formation.

△*Equisetites deltodon* Sze, 1956

1956a Sze H C, pp. 9, 118, pl. 4, figs. 3, 3a; leaf sheath; Reg. No. : PB2247; Repository: Nanjing Institute of Geology and Palaeontology, Chinese Academy of Sciences; Jiaojiaping of Yijun, Shaanxi; Late Triassic upper part of Yenchang Formation.

1963 Sze H C, Lee H H and others, p. 19, pl. 2, figs. 3, 3a; leaf sheath; Jiaojiaping of Yijun, Shaanxi; Late Triassic upper part of Yenchang Group.

1980 Huang Zhigao, Zhou Huiqin, p. 66, pl. 23, fig. 5; calamitean stem; Liulingou of Tongchuan, Shaanxi; Late Triassic upper part of Yenchang Formation.

△*Equisetites densatis* Li, 1988

1988 Li Peijuan and others, p. 39, pl. 1, fig. 4; pl. 10, fig. 1; text-fig. 14; calamitean stems; Col. No. : $80D_{2d}JF_u$; Reg. No. : PB13318, PB13319; Repository: Nanjing Institute of Geology and Palaeontology, Chinese Academy of Sciences; Dameigou of Da Qaidam, Qinghai; Middle Jurassic *Tyrmia-Sphenobaiera* Bed of Dameigou Formation. (Notes: The type specimen was not designated in the original paper)

1998 Zhang Hong and others, pl. 3, fig. 4; calamitean stem; Beishan of Qitai, Xinjiang; Early Jurassic Badaowan Formation.

△*Equisetites exiliformis* Sun et Zheng, 2001 (in Chinese and English)

2001 Sun Ge, Zheng Shaolin, in Sun Ge and others, pp. 71, 182, pl. 8, figs. 5 — 7; pl. 36, figs. 1 — 9; pl. 38, figs. 5 — 7, 8(?); rhizomes and aerial stems; No. : PB18981 — PB18985, ZY3009, ZY3011, ZY3012; Holotype: PB18982 (pl. 8, fig. 5); Repository: Nanjing Institute of Geology and Palaeontology, Chinese Academy of Sciences; Jianshangou and Huangbanjigou in Shangyuan of Beipiao, Liaoning; Late Jurassic Jianshangou Formation.

***Equisetites ferganensis* Seward, 1907**

1907 Seward, p. 18, pl. 2, figs. 23 — 31; pl. 3; Central Asia; Jurassic.

1911 Seward, pp. 6, 35, pl. 1, figs. 1 — 10a; calamitean stem; Diam River of Junggar

(Dzungaria) Basin, Xinjiang; Early — Middle Jurassic.

1941 Stockmans, Mathieu, p. 55, pl. 4, figs. 1, 2; calamitean stems and nodal diaphragms; Mentougou of West Hill, Beijing; Jurassic. [Notes: This specimen lately was referred as *Equisetites* cf. *lateralis* (Philips) Morris (Sze H C, Lee H H and others, 1963)]

1956b Sze H C, pl. 1, figs. 9, 9a; calamitean stems; Karamay of Junggar (Dzungaria) Basin, Xinjiang; late Late Triassic upper part of Yenchang Formation; pl. 3, figs. 1, 1a, 2; calamitean stems; Karamay, Junggar (Dzungaria) Basin, Xinjiang; Early — Middle Jurassic (Lias — Dogger). [Notes: This specimens (pl. 3, figs. 1, 1a, 2) lately was referred as *Equisetites* cf. *lateralis* (Philips) Morris (Sze H C, Lee H H and others, 1963)]

1963 Lee H H and others, p. 136, pl. 104, figs. 1 — 3; calamitean stems and nodal diaphragms; Northwest China; Late Triassic — Early Jurassic.

1978 Zhou Tongshun, p. 96, pl. 29, figs. 1, 2; calamitean stems and nodal diaphragms; Wuling of Zhangping, Fujian; Early Jurassic Lishan Formation.

1982 Wang Guoping and others, p. 238, pl. 108, figs. 4, 5; calamitean stems; Wuling of Zhangping, Fujian; Early Jurassic Lishan Formation.

1984 Gu Daoyuan, p. 134, pl. 64, fig. 11; pl. 65, figs. 5, 6; pl. 80, figs. 1 — 5; calamitean stems; Akya, Xinjiang; Early Jurassic Sangonghe Formation; Karamay of Junggar (Dzungaria) Basin, Xinjiang; Early Jurassic Badaowan Formation.

1985 Yang Xuelin, Sun Liwen, p. 101, pl. 1, figs. 6, 7; calamitean stems; Hongqi Coal Mine of southern Da Hinggan Ling; Early Jurassic Hongqi Formation.

1993a Wu Xiangwu, p. 81.

△*Equisetites funnelformis* Xu et Shen, 1982

1982 Xu Fuxiang, Shen Guanglong, in Liu Zijin, p. 117, pl. 56, fig. 3; calamitean stem; No. : LP00013-1; Dalinggou of Wudu, Gansu; Midlle Jurassic upper part of Longjiagou Formation.

Equisetites giganteus Burakova, 1960

1960 Burakova, p. 149, pl. 13, figs. 1, 2, 3; pl. 14, figs. 2 — 4; text-figs. 1 — 3; calamitean stems; Central Asia; Middle Jurassic.

1984 Chen Fen and others, p. 33, pl. 3, figs. 2 — 4; calamitean stems; Qianjuntai of West Hill, Beijing; Early Jurassic Lower Yaopo Formatin; Daanshan of West Hill, Beijing; Early Jurassic Upper Yaopo Formation.

Equisetites gracilis (Nathorst) Halle, 1908

1880 *Equisetum gracilis* Nathorst, p. 278.

1908 Halle, p. 15, pl. 3, figs. 12 — 18.

1996 Mi Jiarong and others, p. 80, pl. 3, fig. 2; calamitean stem and nodal diaphragm; Shimenzhai of Funing, Hebei; Early Jurassic Beipiao Formation.

1998 Zhang Hong and others, pl. 9, fig. 4; calamitean stem; Xialiushui of Zhongwei, Ningxia; Jurassic.

***Equisetites* cf. *gracilis* (Nathorst) Halle**

1995 Meng Fansong and others, p. 21, pl. 3, fig. 14; calamitean stem; Hongjiaguan of Sangzhi, Hunan; Middle Triassic member 2 of Badong Formation.

2000 Meng Fansong and others, p. 50, pl. 14, fig. 11; calamitean stem; Hongjiaguan of Sangzhi, Hunan; Middle Triassic member 2 of Badong Formation.

***Equisetites* cf. *E. gracilis* (Nathorst) Halle**

1993 Mi Jiarong and others, p. 77, pl. 1, figs. 9b, 10; calamitean stems; Tianqiaoling of Wangqing, Jilin; Late Triassic Malugou Formation; Laohugou of Lingyuan, Liaoning; Late Triassic Laohugou Formation.

△*Equisetites hulunensis* Ren, 1989

1989 Ren Shouqin, in Ren Shouqin and Chen Fen, pp. 635, 640, pl. 1, figs. 5 — 7; calamitean stems and nodal diaphragms; Reg. No. : HW023, HW034, HW067; Holotype: HW034, HW067 (pl. 1, figs. 6, 7); Repository: China University of Geosciences (Beijing); Wujiu Coal Basin of Hailar, Inner Mogolia; Early Cretaceous Damoguaihe Formation.

1995b Deng Shenghui, p. 13, pl. 2, figs. 1, 1a; calamitean stem; Huolinhe Basin, Inner Mongolia; Early Cretaceous Huolinhe Formation.

1997 Deng Shenghui and others, p. 19, pl. 2, figs. 1 — 8; calamitean stems; Jalai Nur, Inner Mongolia; Early Cretaceous Yimin Formation; Wujiu Coal Basin, Dayan Basin and Labudalin Basin, Inner Mogolia; Early Cretaceous Damoguaihe Formation.

△*Equisetites hulukouensis* Yang, 1982

1982 Yang Xianhe, p. 465, pl. 2, figs. 4, 5; calamitean stems; Reg. No. : Sp180, Sp181; Syntype 1: Sp180 (pl. 2, fig. 4); Syntype 2: Sp181 (pl. 2, fig. 5); Repository: Chengdu Institute of Geology and Mineral Resources; Hulukou of Weiyuan, Sichuan; Late Triassic Hsuchiaho Formation. [Notes: According to *International Code of Botanical Nomenclature* (*Vienna Code*) article 37. 2, from the year 1958, the holotype type specimen should be unique]

***Equisetites intermedius* Erdtman, 1922**

1922 Erdtman, p. 1, pl. 1, figs. 1 — 8; calamitean stems; Scania, Sweden; Late Triassic (Rhaetic).

1986 Ye Meina and others, p. 14, pl. 2, figs. 1A, 1a; pl. 3, figs. 2A, 2B, 2a; pl. 56, fig. 1; calamitean stems; Wenquan of Kaixian, Sichuan; Late Triassic member 3 and member 5 of Hsuchiaho Formation.

***Equisetites iwamuroensis* Kimura, 1980**

1980 Kimura, Tsujii, p. 344, pl. 38, figs. 8 — 11; pl. 39, fig. 3; calamitean stems and nodal diaphragms; Japan; Early Jurassic Iwamuro Formation.

***Equisetites* cf. *iwamuroensis* Kimura**

1996 Mi Jiarong and others, p. 81, pl. 3, fig. 3; nodal diaphragm; Shimenzhai of Funing, Hebei; Early Jurassic Beipiao Formation.

△*Equisetites jingmenensis* Chen G X, 1984

1984 Chen Gongxin, p. 568, pl. 224, figs. 4 — 6b; calamitean stems; Reg. No. : EP24 — EP26; Repository: Geological Bureau of Hubei Province; Fenshuiling of Jingmen, Hubei; Late Triassic Jiuligang Formation. (Notes: The type specimen was not designated in the original paper)

△*Equisetites junggarensis* Zhang, 1998 (in Chinese)

1998 Zhang Hong and others, p. 270, pl. 1, figs. 1 — 4; pl. 2; pl. 3, figs. 1, 2; pl. 6, fig. 2; calamitean stems; Col. No. : QB-21; Reg. No. : MP93007 — MP93009; Holotype: MP93009 (pl. 1, fig. 4); Repository: Xi'an Branch, China Coal Research Institute; Beishan of Qitai, Xinjiang; Early Jurassic Badaowan Formation; Sandaoling of Hami, Xinjiang; Middle Jurassic Xishanyao Formation.

△*Equisetites kaomingensis* Tsao, 1965

1965 Tsao Chengyao, pp. 512, 527, pl. 1, figs. 1 — 3; pl. 4, fig. 5; calamitean stems, leaf sheaths, nodal diaphragms and strobili; Col. No. : Vf5-1, Vf5-5; Reg. No. : PB3369 — PB3372; Syntypes: PB3369 — PB3372 (pl. 1, figs. 1 — 3; pl. 4, fig. 5); Repository: Nanjing Institute of Geology and Palaeontology, Chinese Academy of Sciences; Songbaikeng of Gaoming, Guangdong; Late Triassic Siaoping Formation (Siaoping Series). [Notes: According to *International Code of Botanical Nomenclature* (*Vienna Code*) article 37. 2, from the year 1958, the holotype type specimen should be unique]

1977 Feng Shaonan and others, p. 201, pl. 70, figs. 5 — 8; calamitean stems; Gaoming, Guangdong; Late Triassic Siaoping Formation.

***Equisetites koreanicus* Kon'no, 1962**

1962 Kon'no, p. 36, pl. 11, figs. 1 — 3, 7 — 9; pl. 15, figs. 1 — 9; calamitean stems; Pyongyang, North Korea; Late Triassic — Early Jurassic Lower Daido Formation.

1977 Feng Shaonan and others, p. 201, pl. 72, figs. 6, 7; calamitean stems; Dangyang, Hubei; Early — Middle Jurassic Upper Coal Formation of Hsiangchi Group.

1980 Wu Shunqing and others, p. 84, pl. 6, figs. 1 — 3; calamitean stems; Xiangxi and Shazhenxi of Zigui, Hubei; Early — Middle Jurassic Hsiangchi (Xiangxi) Formation.

1984 Chen Gongxin, p. 568, pl. 222, fig. 9; pl. 223, figs. 1 — 3; calamitean stems; Sanligang of Dangyang and Haihuigou of Jingmen, Hubei; Early Jurassic Tongzhuyuan Formation.

1986 Ye Meina and others, p. 15, pl. 1, figs. 3, 3a, 7; pl. 2, figs. 4, 6; calamitean stems; Wenquan of Kaixian, Sichuan; Late Triassic member 7 of Hsuchiaho Formation and Middle Jurassic member 2 of Xintiangou Formation; Binlang of Daxian, Sichuan; Late Triassic member 7 of Hsuchiaho Formation.

1988 LiPeijuan and others, p. 40, pl. 2, figs. 5, 6; pl. 3, figs. 2, 3; pl. 11, fig. 1(?); pl. 16, fig. 1; calamitean stems; Dameigou of Da Qaidam, Qinghai; Middle Jurassic *Eboracia* Bed of Yinmagou Formation.

1996 Huang Qisheng and others, pl. 2, fig. 6; calamitean stem with leaf sheath; Tieshan of Daxian, Sichuan; Early Jurassic upper part of Zhenzhuchong Formation.

2001 Huang Qisheng, pl. 2, fig. 4; calamitean stem with leaf sheath; Tieshan of Daxian,

Sichuan; Early Jurassic upper part of Zhenzhuchong Formation.

***Equisetites* cf. *koreanicus* Kon'no**

1984 LiBaoxian, Hu Bin, p. 137, pl. 1, fig. 3; calamitean stem; Datong, Shanxi; Early Jurassic Yongdingzhuang Formation.

1998 Huang Qisheng and others, pl. 1, fig. 5; calamitean stem; Miaoyuancun of Shangrao, Jiangxi; Early Jurassic member 3 of Linshan Formation.

1998 Zhang Hong and others, pl. 10, figs. 3, 4; nodal diaphragms and leaf sheaths; Kuhai, Qinghai; Jurassic.

***Equisetites laevis* Halle, 1908**

1908 Halle, p. 13, pl. 3, figs. 1 — 11; calamitean stems; Sweden; Late Triassic.

1986 Ye Meina and others, p. 15, pl. 1, fig. 6; pl. 3, fig. 7; calamitean stems; Tieshan of Daxian, Sichuan; Late Triassic member 3 of Hsuchiaho Formation.

***Equisetites lateralis* (Phillips) Morris, 1875**

1829 *Equisetum laterale* Phillips, p. 153, pl. 10, fig. 13; calamitean stem; Yorkshire, England; Middle Jurassic.

1875 Phillips, p. 196, pl. 10, fig. 13; calamitean stem; Yorkshire, England; Middle Jurassic.

1983 Li Jieru, pl. 1, figs. 2 — 6; calamitean stems; Houfulongshan of Jinxi, Liaoning; Middle Jurassic member 1 and member 3 of Haifanggou Formation.

1984 Gu Daoyuan, p. 135, pl. 64, figs. 1, 2; calamitean stems; Manas, Xinjiang; Early Jurassic Badaowan Formation; Karamay of Junggar (Dzungaria) Basin, Xinjiang; Late Triassic Huangshanjie Formation.

1985 Yang Xuelin, Sun Liwen, p. 101, pl. 1, figs. 2, 3, 10; calamitean stems and nodal diaphragms; Dusheng in Wanbao of southern Da Hinggan Ling; Middle Jurassic Wanbao Formation.

1986 Ye Meina and others, p. 15, pl. 3, figs. 3, 3a; calamitean stem; Tieshan of Daxian, Sichuan; Middle Jurassic member 2 of Xintiangou Formation.

1990 Bureau of Geology and Mineral Resources of Ningxia Hui Autonomous Region, pl. 9, figs. 6, 6a, 7, 7a; calamitean stems; Ruqigou of Pingluo, Ningxia; Middle Jurassic Yan'an Formation.

1992 Huang Qisheng, Lu Zongsheng, pl. 3, fig. 4; calamitean stem and leaf sheath; Kaokaowusugou of Shenmu, Shaanxi; Middle Jurassic Yan'an Formation.

1992 Sun Ge, Zhao Yanhua, p. 521, pl. 214, figs. 3, 5, 10, 11; pl. 215, fig. 1; calamitean stems; Sihetun of Huadian, Jilin; Early Jurassic (?); Tengjiajie of Shuangyang, Jilin; Early Jurassic Banshidingzi Formation.

1998 Zhang Hong and others, pl. 6, fig. 2; pl. 10, fig. 6; nodal diaphragms; Yaojie of Lanzhou, Gansu; Middle Jurassic Yaojie (Yaochieh) Formation; Sandaoling of Hami, Xinjiang; Middle Jurassic Xishanyao Formation.

1999 Shang Ping and others, pl. 1, fig. 2; calamitean stem; Turpan-Hami Basin, Xinjiang; Middle Jurassic Xishanyao Formation.

2003 Deng Shenghui and others, pl. 64, fig. 2; calamitean stem; Sandaoling Coal Mine of

Hami, Xinjiang; Middle Jurassic Xishanyao Formation.

2005 Miao Yuyan, p. 521, pl. 1, figs. 1, 2a, 5; calamitean stems; Baiyang River area of Junggar Basin, Xinjiang; Middle Jurassic Xishanyao Formation.

***Equisetites* cf. *lateralis* (Phillips) Phillips**

1931 Sze H C, p. 51, pl. 5, fig. 4; calamitean stem and nodal diaphragm; Zhaitang of West Hill, Beijing; Early Jurassic (Lias).

1933 Sze H C, p. 52, pl. 10, fig. 9; calamitean stem and nodal diaphragm; Wuwei, Gansu; Early — Middle Jurassic.

1954 Hsu J, p. 43, pl. 38, figs. 4, 5; calamitean stems; Zhaitang of West Hill, Beijing; Middle Jurassic.

1958 Wang Longwen and others, p. 616, fig. 617; calamitean stem and nodal diaphragm; Hebei; Middle Jurassic.

1963 Sze H C, Lee H H and others, p. 20, pl. 2, figs. 5, 6; pl. 3, fig. 2; calamitean stems, leaf sheaths and nodal diaphragms; Zhaitang of West Hill, Beijing; Wuwei, Gansu; Youfangtou (You-fang-teou) of Yulin, Shaanxi; Karamay of Junggar (Dzungaria) Basin, Xinjiang; Early — Middle Jurassic.

1984 Wang Ziqiang, p. 230, pl. 132, figs. 8 — 10; calamitean stems; Datong and Jingle, Shanxi; Middle Jurassic Datong Formation.

1996 Chang Jianglin, Gao Qiang, pl. 1, figs. 2, 3; calamitean stems; Mahuanggou and Liujiagou of Ningwu, Shanxi; Middle Jurassic Datong Formation.

△*Equisetites lechangensis* Wang, 1993

1993 Wang Shijun, p. 5, pl. 1, figs. 2, 4; calamitean foliage; No. : ws0434, ws0449/3; Holotype: ws0449/3 (pl. 1, fig. 2); Repository: Botanical Section, Department of Biology, Sun Yat-sen University; Ankou and Guanchun of Lechang, Guangdong; Late Triassic Genkou Group.

△*Equisetites*? *linearis* Sun et Zheng, 2001 (in Chinese and English)

2001 Sun Ge, Zheng Shaolin, in Sun Ge and others, pp. 71, 183, pl. 8, figs. 3, 4; pl. 38, figs. 1 — 4, 9 (?); calamitean stems; No. : PB18975, PB18998, PB18999; Holotype: PB18998 (pl. 8, fig. 3); Repository: Nanjing Institute of Geology and Palaeontology, Chinese Academy of Sciences; Shangyuan of Beipiao, Liaoning; Late Jurassic Jianshangou Formation.

△*Equisetites longevaginatus* Wu S, 1999 (in Chinese)

1999a Wu Shunqing, p. 10, pl. 4, figs. 1 — 3, 4(?); calamitean stems; Col. No. : AEO-168, AEO-221; Reg. No. : PB18241 — PB18244; Syntype 1: PB18241 (pl. 4, fig. 1); Syntype 2: PB18242 (pl. 4, fig. 2); Repository: Nanjing Institute of Geology and Palaeontology, Chinese Academy of Sciences; Huangbanjigou in Shangyuan of Beipiao, Liaoning; Late Jurassic Jianshangou Bed in lower part of Yixian Formation. [Notes: According to *International Code of Botanical Nomenclature* (*Vienna Code*) article 37. 2, from the year 1958, the holotype type specimen should be unique]

2001 Sun Ge and others, pp. 71, 182, pl. 8, figs. 1, 2; pl. 37, figs. 1 — 8; calamitean stems; Shangyuan of Beipiao, Liaoning; Late Jurassic Jianshangou Formation.

2001 Wu Shunqing, p. 120, fig. 153; calamitean stem; Huangbanjigou near Shangyuan of Beipiao, Liaoning; Late Jurassic Jianshangou Bed in lower part of Yixian Formation.

2003 Wu Shunqing, p. 169, fig. 228; calamitean stem; Huangbanjigou near Shangyuan of Beipiao, Liaoning; Late Jurassic Jianshangou Bed in lower part of Yixian Formation.

△*Equisetites longiconis* Li, 1982

1982 Li Peijuan, p. 79, pl. 1, figs. 1 — 3; text-fig. 2; calamitean stems; Col. No. : D23-3, D25; Reg. No. : PB7905 — PB7907; Holotype: PB7907 (pl. 1, fig. 3); Repository: Nanjing Institute of Geology and Palaeontology, Chinese Academy of Sciences; Painbo of Lhasa, Tibet; Early Cretaceous Linbuzong Formation.

△*Equisetites longidens* Lee, 1976

1976 Lee P C and others, p. 90, pl. 46, figs. 2 — 4; calamitean stems; Col. No. : YHW81, YHW83; Reg. No. : PB5482 — PB5484; Syntypes: PB5482 — PB5484 (pl. 46, figs. 2 — 4); Repository: Nanjing Institute of Geology and Palaeontology, Chinese Academy of Sciences; Shizhongshan of Jianchuan, Yunnan; Late Triassic Jianchuan Formation. [Notes: According to *International Code of Botanical Nomenclature* (*Vienna Code*) article 37. 2, from the year 1958, the holotype type specimen should be unique]

1982a Wu Xiangwu, p. 48, pl. 2, fig. 1; calamitean stem; Tumain of Amdo, Tibet; Late Triassic Tumaingela Formation.

1990 Wu Xiangwu, He Yuanliang, p. 291, pl. 2, figs. 1, 1a, 2; calamitean stems; Shanglaxiu of Yushu and Gema of Zaduo, Qinghai; Late Triassic A Formation of Jieza Group.

△*Equisetites lufengensis* Lee, 1976

1976 Lee P C and others, p. 89, pl. 1, figs. 11 — 16; calamitean stems and nodal diaphragms; Col. No. : YH5013; Reg. No. : PB5132 — PB5137; Syntypes: PB5132 — PB5137 (pl. 1, figs. 11 — 16); Repository: Nanjing Institute of Geology and Palaeontology, Chinese Academy of Sciences; Yubacun of Lufeng, Yunnan; Late Triassic Shezi Member of Yipinglang Formation. [Notes: According to *International Code of Botanical Nomenclature* (*Vienna Code*) article 37. 2, from the year 1958, the holotype type specimen should be unique]

1984 Chen Gongxin, p. 569, pl. 222, fig. 8; calamitean stem; Fenshuiling of Jingmen, Hubei; Late Triassic Jiuligang Formation.

1990 Wu Xiangwu, He Yuanliang, p. 292, pl. 1, figs. 3, 3a; pl. 3, fig. 5; calamitean stems; Gema of Zaduo, Qinghai; Late Triassic A Formation of Jieza Group.

1999b Wu Shunqing, p. 13, pl. 1, figs. 5, 5a; calamitean stems; Shiguansi of Wanyuan, Sichuan; Late Triassic Hsuchiaho Formation.

***Equisetites* cf. *lufengensis* Lee**

1984 Wang Ziqiang, p. 230, pl. 122, fig. 8; calamitean stem; Huairen, Shanxi; Early Jurassic Yongdingzhuang Formation.

1984 Liu Huaizhi, pl. (?), fig. 4; calamitean stem; Baimangxueshan of Deqen, Yunnan; Late Triassic upper member of Baimangxueshan Formation.

△***Equisetites macrovalis*** **Ren, 1995** (in Chinese and English)

1995b Ren Shouqin, in Deng Shenghui, p. 13, pl. 2, figs. 3, 4; rhizomes and calamitean stems; Huolinhe Basin, Inner Mongolia; Early Cretaceous Huolinhe Formation. (nom. nud.)

1997 Ren Shouqin, in Deng Shenghui and others, pp. 19, 101, pl. 1, fig. 15; calamitean stem; Repository: Research Institute of Petroleum Exploration and Development; Labudalin Basin of Hailar, Inner Mongolia; Early Cretaceous Damoguaihe Formation.

Equisetites mobergii **Moeller, 1908**

1908 Moeller, in Halle, p. 26, pl. 4, figs. 29 — 37; calamitean stems; Sweden; Late Triassic.

Equisetites **cf.** ***mobergii*** **Moeller**

1988 Li Peijuan and others, p. 40, pl. 1, fig. 5A; pl. 69, fig. 6A; calamitean stems; Dameigou of Da Qaidam, Qinghai; Early Jurassic *Ephedrites* Bed of Tianshuigou Formation.

Equisetites **cf.** ***mougeoti*** **(Brongniart) Wills**

1984 Wang Ziqiang, p. 230, pl. 113, figs. 1, 2; calamitean stems; Linxian, Shanxi; Middle — Late Triassic Yenchang Group.

Equisetites multidentatus **Ôishi, 1932**

1932 Ôishi, p. 266, pl. 2, figs. 1, 2; calamitean stems; Nariwa of Okayama, Japan; Late Triassic (Nariwa).

1978 Zhou Tongshun, pl. 29, figs. 1, 2; calamitean stems; Changting, Fujian; Early Jurassic Wenbinshan Formation(?).

1982 Wang Guoping and others, p. 238, pl. 108, fig. 7; calamitean stem; Changting of Zhangping, Fujian; Late Triassic Wenbinshan Formation.

1996 Mi Jiarong and others, p. 81, pl. 3, fig. 3; calamitean stem; Taiji of Beipiao, Liaoning; Early Jurassic member 2 of Beipiao Formation.

Equisetites **aff.** ***multidentatus*** **Ôishi**

1959 Sze H C, pp. 2, 19, pl. 2(?), figs. 1, 2; pl. 3(?), figs. 1, 2; pl. 5, figs. 1, 1a; calamitean stems and nodal diaphragms; Hongliugou (Hungliukou) and Quanji (Chuanchi)(?) of Qaidam Basin, Qinghai; Jurassic.

1963 Sze H C, Lee H H and others, p. 20, pl. 69, fig. 1; calamitean stem; Hongliugou (Hungliukou) and Quanji (Chuanchi)(?) of Qaidam Basin, Qinghai; Jurassic.

1995 Zeng Yong and others, p. 47, pl. 2, fig. 1; pl. 3, fig. 1; calamitean stems; Yima, Henan; Middle Jurassic Lower Coal-bearing Member of Yima Formation.

Equisetites **cf.** ***multidentatus*** **Ôishi**

1979 He Yuanliang and others, p. 132, pl. 56, figs. 4, 4a, 5; calamitean stems; Hongliugou (Hungliukou) of Qaidam Basin, Qinghai; Middle Jurassic Dameigou Formation.

1982 Li Peijuan, Wu Xiangwu, p. 36, pl. 2, fig. 3; calamitean stem; Daocheng, Sichuan; Late Triassic Lamaya Formation.

Equisetites **cf.** ***E. multidentatus*** **Ôishi**

1993 Mi Jiarong and others, p. 78, pl. 1, figs. 5, 11; calamitean stems and nodal diaphragms;

Shuiquliugou of Dongning, Heilongjiang; Late Triassic Luoquanzhan Formation.

***Equisetites naktongensis* Tateiwa, 1929**

1929 Tateiwa, figs. 8, 19a, 19b; calamitean stems; Rakutô, Korea; Early Cretaceous.

1964 Miki, p. 13, pl. 1, fig. B; calamitean stem; Lingyuan, Liaoning; Mesozoic *Lycoptera* Bed.

1997 Deng Shenghui and others, p. 20, pl. 1, figs. 3 — 6; rhizomes stems; Labudalin Basin of Hailar, Inner Mongolia; Early Cretaceous Damoguaihe Formation.

***Equisetites naktongensis* Tateiwa var. *tenuicaulis* Tateiwa, 1929**

1929 Tateiwa; text-fig. 20; calamitean stem; Rakutô, Korea; Early Cretaceous.

1940 Ôishi, p. 190, pl. 2, figs. 1, 1a; calamitean stem; Rakutô, Korea; Early Cretaceous Rakutô Bed.

***Equisetites* cf. *naktongensis* Tateiwa var. *tenuicaulis* Tateiwa**

1975 Xu Fuxiang, p. 103, pl. 3, figs. 6, 6a, 7, 7a; calamitean stems and nodal diaphragms; Houlaomiao near Tianshui, Gansu; Early — Middle Jurassic Tanheli Formation.

△*Equisetites paradeltodon* Chen G X, 1984

1984 Chen Gongxin, p. 568, pl. 224, figs. 1 — 3; calamitean stems; Reg. No.: EP16; Repository: Geological Bureau of Hubei Province; Fenshuiling of Jingmen, Hubei; Late Triassic Jiuligang Formation.

△*Equisetites pengxianensis* Wu, 1999 (in Chinese)

1999b Wu Shunqing, p. 13, pl. 2, figs. 1, 2; calamitean stems; Col. No.: 磁 Jh4-17; Reg. No.: PB10543, PB10544; Holotype: PB10543 (pl. 2, fig. 1); Repository: Nanjing Institute of Geology and Palaeontology, Chinese Academy of Sciences; Cifengchang of Pengxian, Sichuan; Late Triassic Hsuchiaho Formation.

△*Equisetites planus* Sze, 1933

1933d Sze H C, p. 50, pl. 8, fig. 10; pl. 11, fig. 8; calamitean stems; Malanling of Changting, Fujian; Early Jurassic.

1963 Sze H C, Lee H H and others, p. 21, pl. 4, figs. 1, 2; calamitean stems; Malanling of Changting, Fujian; late Late Triassic — Early Jurassic.

***Equisetites platyodon* Brongniart, 1828**

1828 Brongniart, p. 140.

1982b Wu Xiangwu, p. 77, pl. 1, figs. 5A, 5a, 6; calamitean stems; Bagong of Chagyab, Tibet; Late Triassic upper member of Bagong Formation.

1990 Wu Xiangwu, He Yuanliang, p. 292, pl. 1, fig. 5; calamitean stem; Gema of Zaduo, Qinghai; Late Triassic A Formation of Jieza Group.

***Equisetites praelongus* Halle, 1908**

1908 Halle, p. 16, pl. 3, figs. 1 — 10, 16; Sweden; Late Triassic.

1992 Sun Ge, Zhao Yanhua, p. 522, pl. 214, figs. 8, 12, 13; pl. 227, fig. 8; calamitean stems and diaphragms; Tianqiaoling of Wangqing, Jilin; Late Triassic Malugou Formation.

1993 Mi Jiarong and others, p. 78, pl. 1, figs. 7, 12; calamitean stems; Tianqiaoling of Wangqing, Jilin; Late Triassic Malugou Formation.

1993 Sun Ge, p. 56, pl. 1, figs. 1 — 10; text-figs. 13, 14; calamitean stems and diaphragms; Tianqiaoling of Wangqing, Jilin; Late Triassic Malugou Formation.

△*Equisetites qionghaiensis* Meng, 1992

1992b Meng Fansong, p. 176, pl. 2, figs. 2, 3a; calamitean stems; Col. No.: XHP-1; Reg. No.: HP86002, HP86003; Syntype 1: HP86002 (pl. 2, fig. 2); Syntype 2: HP86003 (pl. 2, fig. 3); Repository: Yichang Institute of Geology and Mineral Resources; Xinhuacun near Jiuqujiang of Qionghai, Hainan; Early Triassic Lingwen Formation. [Notes: According to *International Code of Botanical Nomenclature* (*Vienna Code*) article 37. 2, from the year 1958, the holotype type specimen should be unique]

1995a Li Xingxue (editor-in-chief), pl. 62, figs. 8, 9; calamitean stems; Xinhuacun near Jiuqujiang of Qionghai, Hainan; Early Triassic Lingwen Formation. (in Chinese)

1995b Li Xingxue (editor-in-chief), pl. 62, figs. 8, 9; calamitean stems; Xinhuacun near Jiuqujiang of Qionghai, Hainan; Early Triassic Lingwen Formation. (in English)

***Equisetites ramosus* Samylina, 1964**

1964 Samylina, p. 47, pl. 1, figs. 1 — 5; calamitean stems; Kolyma River Basin; Early Cretaceous.

1993 Li Jieru and others, p. 235, pl. 1, figs. 5, 8, 9, 10; calamitean stems; Jixian of Dandong, Liaoning; Early Cretaceous Xiaoling Formation.

1995b Deng Shenghui, p. 13, pl. 2, figs. 7, 7a; text-figs. 3 — 3D; calamitean stem; Huolinhe Basin, Inner Mongolia; Early Cretaceous Huolinhe Formation.

***Equisetites rogersii* (Bunbary) Schimper, 1869**

1856 *Calamites rogersii* Bunbary, p. 190.

1869 Schimper, p. 276.

1982b Wu Xiangwu, p. 77, pl. 2, figs. 1, 2a; pl. 19, figs. 1, 2; text-fig. 2; leaf sheaths; Qamdo, Tibet; Late Triassic upper member of Bagong Formation.

1990 Wu Xiangwu, He Yuanliang, p. 293, pl. 1, fig. 6; pl. 2, figs. 2, 3; calamitean stems; Zaduo and Yushu, Qinghai; Late Triassic A Formation of Jieza Group.

***Equisetites rugosus* Samylina, 1963**

1963 Samylina, p. 69, pl. 34, figs. 6 — 8; calamitean stems; Aldan River Basin; Early Cretaceous.

1984 Wang Ziqiang, p. 231, pl. 147, fig. 7; calamitean stem; Pingquan, Hebei; Late Jurassic Zhangjiakou Formation.

***Equisetites sarrani* (Zeiller) Harris, 1926**

1902 — 1903 *Equisetum sarrani* Zeiller, p. 144, pl. 39, figs. 1 — 13a; calamitean stems; Hong Gai, Vietnam; Late Triassic.

1926 *Equisetites* sp. B [Cf. *sarrani* (Zeiller) Harris], Harris, p. 54, pl. 2, figs. 2, 3; fragments of leaf sheaths; Scoresby Sound, East Greenland; Late Triassic (Rhaetic).

1933c Sze H C, p. 20, pl. 3, fig. 10; calamitean stem; Yibin, Sichuan; late Late Triassic — Early Jurassic.

1956a Sze H C, pp. 7, 117, pl. 2, fig. 5; pl. 4, figs. 4, 5, 5a; calamitean stems, nodal diaphragms and strobili; Qilicun (Chilitsun) of Yanchang and Yihe (Ihochen) of Suide, Shaanxi; Late Triassic upper part of Yenchang Formation.

1963 Chow Huiqin, p. 169, pl. 71, fig. 4; nodal diaphragm; Meixian, Guangdong; Late Triassic.

1963 Sze H C, Lee H H and others, p. 21, pl. 3, figs. 6, 6a; pl. 4, figs. 3 — 7; pl. 6, fig. 6; calamitean stems, nodal diaphragms and strobili; Sichuan and Hubei; Early — Middle Jurassic Hsiangchi Group; Shaanxi; Late Triassic Yenchang Group.

1968 *Fossil Atlas of Mesozoic Coal-bearing Strata in Kiangsi and Hunan Provinces*, p. 35, pl. 1, figs. 1, 1a, 2; calamitean stems and calamitean strobili; Jiangxi (Kiangsi) and Hunan; Late Triassic — Early Jurassic.

1974 Lee P C and others, p. 355, pl. 186, figs. 4, 5; calamitean stems; Mahuangjing of Xiangyun, Yunnan; Late Triassic Xiangyun Formation.

1976 Lee P C and others, p. 91, pl. 1, figs. 5, 6a; pl. 2, fig. 9 (?); calamitean stems; Mahuangjing of Xiangyun, Yunnan; Late Triassic Baitutian Member of Xiangyun Formation.

1977 Feng Shaonan and others, p. 201, pl. 70, figs. 3, 4; calamitean stems; Zigui, Hubei; Early — Middle Jurassic Upper Coal Formation of Hsiangchi Group; Tianmenao of Qujiang, Guangdong; Late Triassic Siaoping Formation.

1978 Zhang Jihui, p. 464, pl. 151, figs. 3, 5; calamitean stems; Shengquanshui of Guiyang, Guizhou; Late Triassic.

1982a Wu Xiangwu, p. 48, pl. 1, figs. 5, 5b; pl. 4, fig. 2(?); calamitean stems; Tumain of Amdo and Baqingcun, Tibet; Late Triassic Tumaingela Formation.

1982 Yang Xianhe, p. 466, pl. 2, fig. 6; pl. 14, fig. 1; calamitean stems; Hulukou of Weiyuan, Sichuan; Late Triassic Hsuchiaho Formation.

1984 Chen Gongxin, p. 568, pl. 222, figs. 12, 13; calamitean stems; Haihuigou of Jingmen and Chengchao of Echeng, Hubei; Late Triassic Jiuligang Formation and Jigongshan Formation.

1984 Zhou Zhiyan, p. 4, pl. 1, figs. 1, 2, 3(?); calamitean stems and leaf sheaths; Hebutang of Qiyang, Hunan; Early Jurassic Paijiachong Member of Guanyintan Formation; Yuanzhu of Lanshan, Hunan; Early Jurassic Dabakou Member of Guanyintan Formation; Xiwan of Zhongshan, Guangxi; Early Jurassic Daling Member of Xiwan Formation.

1986 Ye Meina and others, p. 16, pl. 2, figs. 1B, 3, 3a, 9(?); pl. 4, figs. 1, 2a; calamitean stems; Wenquan of Kaixian, Sichuan; Late Triassic member 3 and member 7 of Hsuchiaho Formation.

1993 Mi Jiarong and others, p. 79, pl. 1, figs. 8, 9a, 13, 14, 16, 17; pl. 2, figs. 1, 1a; pl. 3, fig. 5; calamitean stems and nodal diaphragms; Tianqiaoling of Wangqing, Jilin; Late Triassic Malugou Formation.

1999b Wu Shunqing, p. 14, pl. 1, figs. 3, 4a, 6, 6a; calamitean stems; Libixia of Hechuan and Heyewan of Emei, Sichuan; Late Triassic Hsuchiaho Formation.

2000 Sun Chuanlin and others, pl. 1, figs. 1 — 4; calamitean stems; Hongli of Baishan, Jilin;

Late Triassic Xiaoyingzi Formation.

***Equisetites* cf. *sarrani* (Zeiller) Harris**

1936 P'an C H, p. 11, pl. 3, figs. 4 — 9; calamitean stems; Yongping of Yanchuan, Shaanxi; Early Jurassic base part of Wayaopu Coal Series. [Notes: This specimen lately was referred as *Equisetites sarrani* (Zeiller) Harris (Sze H C, Lee H H and others, 1963)]

1949 Sze H C, p. 3, pl. 15, figs. 1 — 3; calamitean stems; Xiangxi of Zigui, Jiajiadian and Cuijiagou of Dangyang, Hubei; Early Jurassic Hsiangchi Coal Series. [Notes: This specimen lately was referred as *Equisetites sarrani* (Zeiller) Harris (Sze H C, Lee H H and others, 1963)]

1952 Sze H C, Lee H H, pp. 2, 20, pl. 1, figs. 1 — 5; calamitean stems; Aishanzi of Weiyuan and Yipinchang of Baxian, Sichuan; Early Jurassic. [Notes: This specimen lately was referred as *Equisetites sarrani* (Zeiller) Harris (Sze H C, Lee H H and others, 1963)]

1954 Hsu J, p. 43, pl. 38, figs. 1 — 3; calamitean stems; Yongping of Yanchuan, Shaanxi; Late Triassic. [Notes: This specimen lately was referred as *Equisetites sarrani* (Zeiller) Harris (Sze H C, Lee H H and others, 1963)]

1984 Wang Ziqiang, p. 231, pl. 111, figs. 8, 10; calamitean stems; Xingxian, Shanxi; Middle — Late Triassic Yenchang Group.

***Equisetites* cf. *E. sarrani* (Zeiller) Harris**

1993 Wang Shijun, p. 5, pl. 1, figs. 5, 10; calamitean foliage; Ankou and Guanchun of Lechang, Guangdong; Late Triassic Genkou Group.

***Equisetites scanicus* (Sternberg) Halle, 1908**

1825 *Bajera scanica* Sternberg, pp. 41, XXVIII, pl. 47, fig, 2.

1908 Halle, p. 22, pl. 6; pl. 7, figs. 1, 22; calamitean stems, leafy sheaths and diaphragms; Scania, Sweden; Early Jurassic.

1984 Zhou Zhiyan, p. 5, pl. 1, figs. 4 — 7; calamitean stems and leaf sheaths; Hebutang of Qiyang, Hunan; Early Jurassic Dabakou Member of Guanyintan Formation.

1986 Ye Meina and others, p. 16, pl. 1, fig. 6; pl. 2, figs. 7, 7a; pl. 3, fig. 1; calamitean stems; Jinwo near Tieshan of Daxian, Dalugou Coal Mine of Xuanhan and Wenquan of Kaixian, Sichuan; Late Triassic Hsuchiaho Formation.

1995a Li Xingxue (editor-in-chief), pl. 82, fig. 1; leaf sheath and pith cast with enlarged node; Hebutang of Qiyang, Hunan; Early Jurassic Dabakou Member of Guanyintan Formation. (in Chinese)

1995b Li Xingxue (editor-in-chief), pl. 82, fig. 1; leaf sheath and pith cast with enlarged node; Hebutang of Qiyang, Hunan; Early Jurassic Dabakou Member of Guanyintan Formation. (in English)

1998 Zhang Hong and others, pl. 7, fig. 4; calamitean stem; Beishan of Qitai, Xinjiang; Early Jurassic Badaowan Formation.

***Equisetites* cf. *E. scanicus* (Sternberg) Halle**

1993 Mi Jiarong and others, p. 79, pl. 2, figs. 2, 2a, 3; nodal diaphragms; Wujiachang and Shanggu of Chengde, Hebei; Late Triassic Xingshikou Formation.

△***Equisetites shandongensis* (Liu) ex Li et al. ,1995**

1990 *Equisetum shandongense* Liu, Liu Mingwei, p. 200, pl. 31, figs. 1 — 3; calamitean stems; Huangyadi of Laiyang, Shandong; Early Cretaceous member 3 of Laiyang Formation.

1995a Li Xingxue (editor-in-chief), pl. 111, figs. 1, 2; calamitean stems; Laiyang, Shandong; Early Cretaceous Laiyang Formation. (in Chinese)

1995b Li Xingxue (editor-in-chief), pl. 111, figs. 1, 2; calamitean stems; Laiyang, Shandong; Early Cretaceous Laiyang Formation. (in English)

△***Equisetites shenmuensis* He, 1987**

1987a He Dechang, in Qian Lijun and others, p. 78, pl. 15, figs. 2, 4, 6b; calamitean stems; Reg. No. : Sh10070; Repository: Branch of Geology Exploration, China Coal Research Institute; Kaokaowusugou of Shenmu, Shaanxi; Middle Jurassic bed 68 in member 3 of Yan'an Formation. (Notes: The type specimen was not designated in the original paper)

△***Equisetites sichuanensis* Wu, 1999** (in Chinese)

1999b Wu Shunqing, p. 14, pl. 2, figs. 3 — 4a; calamitean stems; Col. No. : 福 f43-16; Reg. No. : PB10545, PB10546; Holotype: PB10546 (pl. 2, fig. 4); Repository: Nanjing Institute of Geology and Palaeontology, Chinese Academy of Sciences; Fuancun of Huili, Sichuan; Late Triassic Baiguowan Formaion.

△***Equisetites shuangyangensis* Sun, Zhao et Li, 1983**

1983 Sun Ge, Zhao Yanhua, Li Chuntian, pp. 449, 458, pl. 1, figs. 1, 2; text-fig. 2; calamitean stems and nodal diaphragms; Col. No. : DK2-4-23 (1); Reg. No. : JD81001; Holotype: JD81001 (pl. 1, figs. 1, 2); Repository: Regional Geological Surveying Team, Jilin Geological Bureau; Dajianggang of Shuangyang, Jilin; Late Triassic Dajianggang Formation.

1992 Sun Ge, Zhao Yanhua, p. 522, pl. 214, figs. 6, 7, 9; pl. 217, figs. 3, 4; calamitean stems and diaphragms; Dajianggang of Shuangyang, Jilin; Late Triassic Dajianggang Formation; Tengjiajie of Shuanyang, Jilin; Early Jurassic Banshidingzi Formation.

△***Equisetites stenodon* Sze, 1956**

1956a Sze H C, pp. 8, 118, pl. 2 (?), fig. 4; pl. 6, figs. 1, 1a, 2; leafy sheaths and calamitean stems; Reg. No. : PB2244, PB2245, PB2254; Repository: Nanjing Institute of Geology and Palaeontology, Chinese Academy of Sciences; Fangershang of Yaoxian, Shaanxi; Late Triassic Yenchang Formation.

1963 Sze H C, Lee H H and others, p. 23, pl. 3, fig. 7; pl. 4, fig. 8; leafy sheaths and calamitean stems; Fangershang of Yaoxian, Shaanxi; Late Triassic Yenchang Group.

1980 Huang Zhigao, Zhou Huiqin, p. 66, pl. 12, figs. 4, 5; calamitean stems; Jinsuoguan of Tongchuan and Jiaxian, Shaanxi; late Middle Triassic Tongchuan Formation.

1982 Liu Zijin, p. 116, pl. 56, fig. 4; calamitean stem; Jinsuoguan of Tongchuan and Chengguan of Jiaxian, Shaanxi; Late Triassic Tongchuan Formation in lower part of Yenchang Group.

1984 Wang Ziqiang, p. 230, pl. 111, fig. 9; pl. 112, fig. 1; pl. 113, figs. 5 — 7; calamitean stems;

Jixian and Hongdong, Shanxi; Middle — Late Triassic Yenchang Group.

1986 Zhou Tongshun, Zhou Huiqin, p. 64, pl. 17, fig. 8; pl. 20, fig. 4; calamitean stems; Dalongkou of Jimsar, Xinjiang; Middle Triassic Karamay Formation.

***Equisetites* cf. *stenodon* Sze**

1979 He Yuanliang and others, p. 133, pl. 57, fig. 1; calamitean stem; Ermagou of Datong, Qinghai; Late Triassic Mole Group.

2000 Wu Shunqing and others, pl. 1, figs. 1, 1a; calamitean stem; Kuqa, Xinjiang; Late Triassic upper part of "Karamay Formation".

2002 Zhang Zhenlai and others, pl. 14, fig. 7; calamitean stem; Hongqi Coal Mine in Donglangkou of Badong, Hubei; Late Triassic Shazhenxi Formation.

***Equisetites takahashii* Kon'no, 1962**

1962 Kon'no, p. 44, pl. 17, figs. 10 — 13; text-figs. 5F — 5L; aerial stems; Ishibashi Village, about 500m east of Akaiwa, Japan; Late Triassic (upper horizon of Hiramatsu Formation).

***Equisetites* cf. *takahashii* Kon'no**

1976 Lee P C and others, p. 91, pl. 2, figs. 1 — 3; calamitean stems; Yipinglang of Lufeng, Yunnan; Late Triassic Ganhaizi Member of Yipinglang Formation.

1982 Li Peijuan, Wu Xiangwu, p. 37, pl. 3, fig. 1; calamitean stem; Daocheng, Sichuan; Late Triassic Lamaya Formation.

△*Equisetites tongchuanensis* Huang et Chow, 1980

1980 Huang Zhigao, Zhou Huiqin, p. 66, pl. 12, fig. 1; calamitean stem; Reg. No.: OP36; Jinsuoguan of Tongchuan, Shaanxi; late Middle Triassic lower member of Tongchuan Formation.

1982 Liu Zijin, p. 117, pl. 56, fig. 5; calamitean stem; Jinsuoguan of Tongchuan, Shaanxi; Late Triassic Tongchuan Formation in lower part of Yenchang Group.

1995a Li Xingxue (editor-in-chief), pl. 67, fig. 9; calamitean stem; Jinsuoguan of Tongchuan, Shaanxi; late Middle Triassic lower part of Tongchuan Formation. (in Chinese)

1995b Li Xingxue (editor-in-chief), pl. 67, fig. 9; calamitean stem; Jinsuoguan of Tongchuan, Shaanxi; late Middle Triassic lower part of Tongchuan Formation. (in English)

***Equisetites virginicus* Fontaine ex Wang, 1982**

1889 *Equisetum virginicus* Fontaine, p. 63, pl. 1, figs. 1 — 6, 8; pl. 2, figs. 1 — 3, 6, 7, 9; Virginia, USA; Late Triassic.

1982 Wang Guoping and others, p. 238.

***Equisetites* cf. *virginicus* Fontaine ex Wang**

1982 Wang Guoping and others, p. 238, pl. 129, figs. 10, 11; calamitean stems; Maershan of Laiyang, Shandong; Late Jurassic Laiyang Formation.

△*Equisetites weiyuanensis* Yang, 1982

1982 Yang Xianhe, p. 465, pl. 2, figs. 1 — 3; calamitean stems; Reg. No.: Sp177 — Sp179;

Syntypes 1 — 3: Sp177 — Sp179 (pl. 2, figs. 1 — 3); Repository: Chengdu Institute of Geology and Mineral Resources; Hulukou of Weiyuan, Sichuan; Late Triassic Hsuchiaho Formation. [Notes: According to *International Code of Botanical Nomenclature* (*Vienna Code*) article 37. 2, from the year 1958, the holotype type specimen should be unique]

△*Equisetites yimaensis* Xi, 1977

1977 Xi Yunhong, in Feng Shaonan and others, p. 202, pl. 70, fig. 1; calamitean stem; Reg. No.: P0065; Holotype: P0065 (pl. 70, fig. 1); Repository: Geological Bureau of Henan Province; Yima of Mianchi, Henan; Early — Middle Jurassic.

1984 Wang Ziqiang, p. 231, pl. 132, figs. 4, 5; calamitean stems; Datong and Huairen, Shanxi; Middle Jurassic Datong Formation.

1987 Yang Xianhe, p. 4, pl. 1, fig. 2; calamitean stem; Dujia of Rongxian, Sichuan; Middle Jurassic Lower Shaximiao Formation.

1996 Chang Jianglin, Gao Qiang, pl. 1, fig. 3; calamitean stem; Liujiagou of Ningwu, Shanxi; Middle Jurassic Datong Formation.

△*Equisetites yangcaogouensis* Mi, Zhang, Sun et al., 1993

1993 Mi Jiarong, Zhang Chuanbo, Sun Chunlin and others, p. 79, pl. 2, figs. 5, 6, 11; text-fig. 17; calamitean stems; Reg. No.: Y101 — Y103; Holotype: Y102 (pl. 2, fig. 6); Paratype: Y103 (pl. 2, fig. 11); Repository: Department of Geology, Changchun College of Geology; Yangcaogou of Beipiao, Liaoning; Late Triassic Yangcaogou Formation.

Equisetites spp.

1928 *Equisetites* sp. (Cf. *Neocalamites carrerei* Zeiller), Yabe, Ôishi, p. 4, pl. 1, fig. 1; calamitean stem; Fangzi of Weixian, Shandong; Jurassic.

1931 *Equisetites* sp., Sze H C, p. 8; calamitean stem and nodal diaphragm; Pingxiang, Jiangxi; Early Jurassic (Lias).

1931 *Equisetites* sp., Sze H C, p. 55; calamitean stem; Beipiao, Liaoning; Early Jurassic (Lias).

1931 *Equisetites* sp., Sze H C, p. 64; calamitean stem; Yanggetan (Yan-Kan-Tan) of Saratsi, Inner Mongolia; Early Jurassic (Lias).

1933 *Equisetites* sp., Yabe, Ôishi, p. 202 (8), pl. 30 (1), figs. 1 — 3; calamitean stems, leaf sheaths and calamitean diaphragms; Pingtaizi (Pingtaitzu) of Benxi, Liaoning; Early — Middle Jurassic.

1933a *Equisetites* sp. [Cf. *lateralis* (Philips) Morris], Sze H C, p. 69, pl. 9, fig. 7; calamitean stem; Xiaoshimengoukou and Xiadawa of Wuwei, Gansu; Early Jurassic. [Notes: This specimen lately was referred as *Equisetites* cf. *lateralis* (Philips) Morris (Sze H C, Lee H H and others, 1963)]

1933a *Equisetites* sp., Sze H C, p. 69; calamitean stem; Xiaokouzi and Nandaban of Wuwei, Gansu; Early Jurassic. [Notes: This specimen lately was referred as *Equisetites* cf. *lateralis* (Philips) Morris (Sze H C, Lee H H and others, 1963)]

1933c *Equisetites* sp., Sze H C, p. 7; calamitean stem; Sucaowan of Mixian, Shaanxi; Early

Jurassic.

1933d *Equisetites* sp. (? n. sp), Sze H C, p. 38, pl. 11, figs. 5, 6; calamitean stems; Fangzi of Weixian, Shandong; Early Jurassic.

1938a *Equisetites* sp., Sze H C, p. 217, pl. 1, figs. 4, 5; leaf sheaths; Xiwan, Guangxi; Early Jurassic.

1949 *Equisetites* sp., Sze H C, p. 3, pl. 3, figs. 4, 5; nodal diaphragms; Jiajiadian of Dangyang, Hubei; Early Jurassic Hsiangchi Coal Series.

1951a *Equisetites* sp. nov., Sze H C, p. 81, pl. 1, fig. 6; calamitean stem; Benxi, Liaoning; Early Cretaceous.

1956a *Equisetites* sp. (strobili of *Equisetites*), Sze H C, pp. 10, 119, pl. 5, fig. 4; pl. 7, figs. 5—7a; strobili; Qilicun of Yanchang, Shaanxi; Late Triassic upper part of Yenchang Formation; Lijiaao of Xingxian, Shanxi; Late Triassic lower part of Yenchang Formation.

1956 *Equisetites* sp. (Cf. *E. sarrani* Zeiller), Chow T Y, Chang S J, pp. 55, 60, pl. 1, fig. 3; nodal diaphragm; Alxa Banner, Inner Mongolia; Late Triassic Yenchang Formation. [Notes: This specimen lately was referred as *Equisetites sarrani* (Zeiller) Harris (Sze H C, Lee H H and others, 1963)]

1963 *Equisetites* sp. 1, Sze H C, Lee H H and others, p. 23, pl. 4, figs. 9, 10; calamitean stems; Fangzi of Weixian, Shandong; Early—Middle Jurassic.

1963 *Equisetites* sp. 2, Sze H C, Lee H H and others, p. 23, pl. 4, figs. 11, 12; calamitean stems, leaf sheaths and calamitean diaphragms; Tianshifu, Dabu and Pingtaizi (Pingtaitzu) of Benxi, Liaoning; Early—Middle Jurassic.

1963 *Equisetites* sp. 3, Sze H C, Lee H H and others, p. 24, pl. 4, fig. 13; nodal diaphragm; Jiajiadian of Dangyang, Hubei; Early Jurassic.

1963 *Equisetites* sp. 4 (? sp. nov.), Sze H C, Lee H H and others, p. 24, pl. 1, fig. 6; calamitean stem; Benxi, Liaoning; Early Cretaceous Damingshan Group.

1963 *Equisetites* sp. 5 (strobili of *Equisetites*), Sze H C, Lee H H and others, p. 24, pl. 5, figs. 1—3; strobili; Qilicun of Yanchang, Shaanxi; Late Triassic upper part of Yenchang Formation; Lijiaao of Xingxian, Shanxi; Late Triassic lower part of Yenchang Formation.

1963 *Equisetites* sp. 6, Sze H C, Lee H H and others, p. 25; calamitean stem; Yanggetan (Yan-Kan-Tan) of Saratsi, Inner Mongolia; Early—Middle Jurassic.

1963 *Equisetites* sp. 7, Sze H C, Lee H H and others, p. 25; calamitean stem and nodal diaphragm; Pingxiang, Jiangxi; Late Triassic—Early Jurassic.

1963 *Equisetites* sp. 8, Sze H C, Lee H H and others, p. 25; calamitean stem; Beipiao, Liaoning; Early—Middle Jurassic.

1963 *Equisetites* sp. 9, Sze H C, Lee H H and others, p. 25; Xiaokouzi of Wuwei, Gansu; Early—Middle Jurassic.

1963 *Equisetites* sp. 13, Sze H C, Lee H H and others, p. 26, pl. 46, figs. 4, 5; leaf sheaths; Xiwan, Guangxi; Early Jurassic.

1964 *Equisetites* sp., Lee P C, p. 108, pl. 9, fig. 1b; calamitean stem; Rongshan of Guangyuan, Sichuan; Late Triassic Hsuchiaho Formation.

1965 *Equisetites* sp. , Tsao Chengyao, p. 513, pl. 1, fig. 4; calamitean diaphragm; Songbaikeng of Gaoming, Guangdong; Late Triassic Siaoping Formation (Siaoping Series).

1966 *Equisetites* sp. , Wu Shunching, p. 234, pl. 1, figs. 1, 1a; calamitean diaphragm; Longtoushan of Anlong, Guizhou; Late Triassic.

1968 *Equisetites* sp. 1, *Fossil Atlas of Mesozoic Coal-bearing Strata in Kiangsi and Hunan Provinces*, p. 35, pl. 1, figs. 3, 4; calamitean fertile fragments; Chengtanjiang of Liuyang, Hunan; Late Triassic Zijiachong Member of Anyuan Formation.

1968 *Equisetites* spp. , *Fossil Atlas of Mesozoic Coal-bearing Strata in Kiangsi and Hunan Provinces*, p. 35, pl. 34, fig. 1; pl. 37, figs. 5, 5a; calamitean leaf sheaths; Puqian of Hengfeng, Jiangxi; Early Jurassic Xishanwu Formation.

1975 *Equisetites* sp. , Guo Shuangxing, p. 412, pl. 2, fig. 4; calamitean stem; Mount Qomolangma region, Tibet; Late Cretaceouys Xigaze Group.

1975 *Equisetites* sp. , Xu Fuxiang, p. 104, pl. 4, fig. 1; calamitean stem; Houlaomiao near Tianshui, Gansu; Early — Middle Jurassic Tanheli Formation.

1976 *Equisetites* sp. 1 (Cf. *E. platyodon* Brongniart), Lee P C and others, p. 92, pl. 3, fig. 5; pl. 46, fig. 5; calamitean stems; Yipinglang of Lufeng, Yunnan; Late Triassic Ganhaizi Member of Yipinglang Formation; Dongcun of Jianchuan, Yunnan; Late Triassic Baijizu Formation.

1976 *Equisetites* sp. 2, Lee P C and others, p. 92, pl. 2, figs. 4, 8, 8a; calamitean stems; Mahuangjing of Xiangyun, Yunnan; Late Triassic Baitutian Member of Xiangyun Formation.

1976 *Equisetites* sp. 3, Lee P C and others, p. 92, pl. 1, figs. 7, 8; calamitean stems; Jinghong, Yunnan; Middle Jurassic.

1977 *Equisetites* sp. (Cf. *Equisetites brevidentatus* Sze), Department of Geological Exploration of Changchun College of Geology and others, pl. 1, fig. 2; calamitean stem; Shiren of Hunjiang, Jilin; Late Triassic Xiaohekou Formation.

1977 *Equisetites* sp. , Department of Geological Exploration of Changchun College of Geology and others, pl. 1, fig. 10; calamitean stem; Shiren of Hunjiang, Jilin; Late Triassic Xiaohekou Formation.

1978 *Equisetites* sp. , Wang Lixin and others, pl. 4, fig. 12; calamitean stem; Hongyatou of Yushe, Shanxi; Early Triassic.

1978 *Equisetites* sp. (strobili of *Equisetites*), Zhang Jihui, p. 464, pl. 151, fig. 1; strobilus; Wangfeng of Bijie, Guizhou; Late Triassic.

1979 *Equisetites* sp. , He Yuanliang and others, p. 133, pl. 56, fig. 6; calamitean stem; Zaduo, Qinghai; Late Triassic upper part of Jieza Group.

1979 *Equisetites* sp. , Zhou Zhiyan, Li Baoxian, p. 445, pl. 1, fig. 1; calamitean stem; Shangchecun near Jiuqujiang of Qionghai, Hainan; Early Triassic Lingwen Group (Jiuqujiang Formation).

1980 *Equisetites* sp. , Chen Fen and others, p. 426, pl. 1, fig. 1; calamitean stem; Datai and Qianjuntai of West Hill, Beijing; Early Jurassic Lower Yaopo Formation.

1980 *Equisetites* sp. , He Dechang, Shen Xiangpeng, p. 6, pl. 15, fig. 5; leaf sheath; Tongrilonggou near Sandu of Zixing, Hunan; Early Jurassic Zaoshang Formation.

1980 *Equisetites* sp. 1, Huang Zhigao, Zhou Huiqin, p. 67, pl. 13, fig. 3; calamitean stem; Wangjiashan of Wupu, Shaanxi; late Middle Triassic lower member of Tongchuan Formation.

1980 *Equisetites* sp. 2, Huang Zhigao, Zhou Huiqin, p. 67, pl. 12, figs. 2, 3; calamitean stems; Jinsuoguan of Tongchuan and Honghuadian of Hancheng, Shaanxi; late Middle Triassic lower member of Tongchuan Formation.

1980 *Equisetites* sp. 3, Huang Zhigao, Zhou Huiqin, p. 67, pl. 1, fig. 9; nodal diaphragm; Zhangjiayan of Wupu, Shaanxi; late Middle Triassic lower member of Tongchuan Formation.

1980 *Equisetites* sp., Wu Shunqing and others, p. 85, pl. 6, figs. 4 — 6; leaf sheaths; Xiangxi of Zigui, Hubei; Early — Middle Jurassic Hsiangchi (Xiangxi) Formation.

1982a *Equisetites* sp. 1, Wu Xiangwu, p. 49, pl. 1, fig. 6; calamitean stem; Baqingcun, Tibet; Late Triassic Tumaingela Formation.

1982b *Equisetites* sp. 1, Wu Xiangwu, p. 78, pl. 2, figs. 4B, 4b; leaf sheath; Qamdo, Tibet; Late Triassic upper member of Bagong Formation.

1982b *Equisetites* sp. 2, Wu Xiangwu, p. 78, pl. 3, figs. 8 — 10; calamitean pith casts; Dengqen, Tibet; Middle Jurassic Yanshiping Group.

1982 *Equisetites* sp., Li Peijuan, p. 79, pl. 1, fig. 4; calamitean stem; Painbo of Lhasa, Tibet; Early Cretaceous Lingbuzong Formation.

1982 *Equisetites* sp. 1, Li Peijuan, Wu Xiangwu, p. 37, pl. 2, fig. 4; calamitean stem; Xiangcheng area, Sichuan; Late Triassic Lamaya Formation.

1982 *Equisetites* sp. 2, Li Peijuan, Wu Xiangwu, p. 37, pl. 17, fig. 2; pl. 21, figs. 1B, 16; calamitean stems; Xiangcheng area, Sichuan; Late Triassic Lamaya Formation.

1983b *Equisetites* sp. 1, Cao Zhengyao, p. 28, pl. 1, fig. 1; calamitean stem; Mishan, Heilongjiang; Late Jurassic Yunshan Formation.

1983b *Equisetites* sp. 2, Cao Zhengyao, p. 29, pl. 7, fig. 1A; calamitean stem; Ping'ancun of Mishan, Heilongjiang; Late Jurassic Yunshan Formation.

1983b *Equisetites* sp. 3, Cao Zhengyao, p. 28, pl. 1, fig. 2; pl. 3, figs. 1, 2; pl. 7, fig. 9; calamitean diaphragms; Mishan, Heilongjiang; Late Jurassic Yunshan Formation.

1983 *Equisetites* sp., Huang Qisheng, pl. 2, fig. 11; calamitean stem; Lalijian of Huaining, Anhui; Early Jurassic lower part of Xiangshan Group.

1984 *Equisetites* sp. 1, Chen Fen and others, p. 34, pl. 4, fig. 3; calamitean stem; Datai of West Hill, Beijing; Early Jurassic Lower Yaopo Formation.

1984 *Equisetites* sp., Chen Gongxin, p. 569, pl. 222, fig. 7; nodal diaphragm; Bishidu of Echeng, Hubei; Late Triassic Jiuligang Formation and Jigongshan Formation.

1984 *Equisetites* sp., Kang Ming and others, pl. 1, fig. 9; calamitean stem; Yangshuzhuang of Jiyuan, Henan; Middle Jurassic Yangshuzhuang Formation.

1984 *Equisetites* sp., Liu Huaizhi, pl. (?), fig. 3; calamitean stem; Baimangxueshan of Deqen, Yunnan; Late Triassic upper member of Baimangxueshan Formation.

1984 *Equisetites* sp., Zhou Zhiyan, p. 5, pl. 1, figs. 8, 8a; calamitean stem; Wangjiatingzi near Huangyangsi of Lingling, Hunan; Early Jurassic middle-lower (?) part of Guanyintan Formation.

1985 *Equisetites* sp. ,Cao Zhengyao, p. 277, pl. 2, figs. 2, 2a; calamitean stem; Pengzhuang of Hanshan, Anhui; Late Jurassic(?) Hanshan Formation.

1985 *Equisetites* sp. , Huang Qisheng, pl. 1, fig. 3; calamitean stem; Jinshandian of Daye, Hubei; Early Jurassic lower part of Wuchang Formation.

1985 *Equisetites* sp. ,Shang Ping, pl. 1, figs. 11, 12; pl. 2, fig. 5; calamitean stems; Fuxin Coal Field, Liaoning; Early Cretaceous Sunjiawan Member of Haizhou Formation.

1985 *Equisetites* sp. , Yang Xuelin, Sun Liwen, pl. 3, fig. 5; calamitean stem; Hongqi Coal Mine of southern Da Hinggan Ling; Early Jurassic Hongqi Formation.

1986 *Equisetites* sp. , Ju Kuixiang, Lan Shanxian, p. 2, fig. 5; calamitean stem; Lvjiashan near Nanjing, Jiangsu; Late Triassic Fanjiatang Formation.

1986 *Equisetites* sp. 1, Ye Meina and others, p. 17, pl. 2, fig. 5; calamitean stem; Jinwo near Tieshan of Daxian, Sichuan; Late Triassic member 3 of Hsuchiaho Formation.

1986 *Equisetites* sp. 2, Ye Meina and others, p. 17, pl. 2, figs. 2, 2a; calamitean stem; Wenquan of Kaixian, Sichuan; Late Triassic member 7 of Hsuchiaho Formation.

1986 *Equisetites* spp. , Ye Meina and others, p. 17, pl. 2, fig. 8; pl. 3, figs. 6, 6a; pl. 4, fig. 3; nodal diaphragms; Wenquan of Kaixian, Sichuan; Early Jurassic Zhenzhuchong Formation and Middle Jurassic member 2 of Xintiangou Formation.

1987 *Equisetites* sp. , He Dechang, p. 70, pl. 2, fig. 8; nodal diaphragm; Fengping of Suichang, Zhejiang; early Early Jurassic bed 6 of Huaqiao Formation.

1988 *Equisetites* sp. , Chen Fen and others, p. 32, pl. 1, figs. 1, 1a; calamitean stem; Fuxin, Liaoning; Early Cretaceous Shuiquan Member of Fuxin Formation.

1988b *Equisetites* sp. 1 (sp. nov.), Huang Qisheng, Lu Zongsheng, pl. 10, fig. 2; calamitean stem; Jinshandian of Daye, Hubei; Early Jurassic upper part of Wuchang Formation.

1988 *Equisetites* sp. , Li Jieru, pl. 1, figs. 12, 18, 19; calamitean stems; Suzihe Basin, Liaoning; Early Cretaceous.

1988 *Equisetites* sp. 1, Li Jieru, pl. 1, figs. 11, 14, 17; calamitean stems; Suzihe Basin, Liaoning; Early Cretaceous.

1988 *Equisetites* sp. 2, Li Jieru, pl. 1, figs. 13, 16; calamitean stems; Suzihe Basin, Liaoning; Early Cretaceous.

1988 *Equisetites* sp. 1, Li Peijuan and others, p. 41, pl. 2, fig. 7; calamitean stem; Dameigou of Da Qaidam, Qinghai; Middle Jurassic *Eboracia* Bed of Yinmagou Formation.

1988 *Equisetites* sp. 2, Li Peijuan and others, p. 41, pl. 3, figs. 6, 6a; nodal diaphragm; Dameigou of Da Qaidam, Qinghai; Early Jurassic *Cladophlebis* Bed of Huoshaoshan Formation.

1988 *Equisetites* sp. 3, Li Peijuan and others, p. 41, pl. 5, fig. 5; calamitean stem; Baishushan of Delingha, Xinjiang; Middle Jurassic *Nilssonia* Bed of Shimengou Formation.

1988 *Equisetites* sp. 4, Li Peijuan and others, p. 41, pl. 2, figs. 4, 4a; calamitean stem; Dameigou of Da Qaidam, Qinghai; Middle Jurassic *Eboracia* Bed of Yinmagou Formation.

1988 *Equisetites* sp. 5, Li Peijuan and others, p. 42, pl. 3, figs. 1, 1a; calamitean stem; Dameigou of Da Qaidam, Qinghai; Middle Jurassic *Nilssonia* Bed of Shimengou Formation.

1988 *Equisetites* sp. 6, Li Peijuan and others, p. 42, pl. 4, fig. 2; nodal diaphragm; Dameigou of Da Qaidam, Qinghai; Early Jurassic *Cladophlebis* Bed of Huoshaoshan Formation.

1988 *Equisetites* spp., Li Peijuan and others, p. 42, pl. 3, figs. 5, 5a; pl. 11, fig. 2; calamitean stems and nodal diaphragms; Dameigou of Da Qaidam, Qinghai; Middle Jurassic *Eboracia* Bed of Yinmagou Formation and *Tyrmia-Sphenobaiera* Bed of Dameigou Formation.

1988 *Equisetites* spp., Liu Zijin, p. 94, pl. 1, figs. 6 — 8; calamitean stems; Niuposigou near Shenyu and Wangjiagou near Wucunbao of Huating, Gansu; Early Cretaceous upper member in Huanhe-Huachi Formation of Zhidan Group; Zhangjiataizi of Longxian, Gansu; Early Cretaceous lower part in Jingchuan Formation of Zhidan Group.

1988 *Equisetites* sp., Sun Ge, Shang Ping. pl. 1, fig. 7b; calamitean stem; Huolinhe Coal Field, Inner Mongolia; Early Cretaceous Huolinhe Formation.

1988 *Equisetites* sp., Zhang Hanrong and others, pl. 1, fig. 2; calamitean stem; Baicaoyao of Yuxian, Hebei; Middle Jurassic Qiaoerjian Formation.

1989 *Equisetites* sp., Zhou Zhiyan, p. 135, pl. 1, figs. 4, 8, 9, 12; text-fig. 1; calamitean stems; Shanqiao of Hengyang, Hunan; Late Triassic Yangbaichong Formation.

1990a *Equisetites* sp., Wang Ziqiang, Wang Lixin, p. 118; calamitean stem; Hongyatou of Yushe, Shanxi; Early Triassic lower member of Heshanggou Formation.

1990 *Equisetites* sp. 1, Wu Xiangwu, He Yuanliang, p. 293, pl. 2, fig. 7; calamitean stem; Yushu, Qinghai; Late Triassic A Formation of Jieza Group.

1991 *Equisetites* sp., Li Jie and others, p. 53, pl. 1, fig. 1; calamitean stem; northern Yematan of Kunlun Moutain, Xinjiang; Late Triassic Wolonggang Formation.

1992b *Equisetites* sp., Meng Fansong, p. 176, pl. 2, figs. 5, 5a; calamitean stem; Xinhuacun near Jiuqujiang of Qionghai, Hainan; Early Triassic Lingwen Formation.

1992a *Equisetites* sp., Cao Zhengyao, p. 212, pl. 1, figs. 1, 2; calamitean stems; Suibin-Shuangyashan Region, Heilongjiang; Early Cretaceous member 3 of Chengzihe Formation.

1993 *Equisetites* sp., Li Jieru and others, p. 235, pl. 1, figs. 9, 12, 13; calamitean stems; Jixian of Dandong, Liaoning; Early Cretaceous Xiaoling Formation.

1993 *Equisetites* sp., Mi Jiarong and others, p. 80, pl. 2, fig. 4; nodal diaphragm; Beishan near Shiren of Hunjiang, Jilin; Late Triassic Beishan Formation (Xiaohekou Formation).

1993 *Equisetites* spp., Mi Jiarong and others, p. 80, pl. 2, figs. 9, 10; calamitean stems; Luoquanzhan of Dongning, Heilongjiang; Late Triassic Luoquanzhan Formation; Laohugou of Lingyuan, Liaoning; Late Triassic Laohugou Formation; Mentougou of West Hill, Beijing; Late Triassic Xingshikou Formation.

1993 *Equisetites* sp. [Cf. *E. gracilis* (Nathorst) Halle], Sun Ge, p. 58, pl. 1, figs. 11, 12 (?); text-fig. 15; leaf sheaths; Lujuanzicun of Wangqing, Jilin; Late Triassic Sanxianling Formation and Malugou (?) Formation.

1994 *Equisetites* sp. 1, Cao Zhengyao, fig. 3a; calamitean stem; Linhai, Zhejiang; early Early Cretaceous Guantou Formation.

1994 *Equisetites* sp. 2, Cao Zhengyao, fig. 4a; calamitean stem; Shuangyashan, Heilongjiang; early Early Cretaceous Chengzihe Formation.

1995b *Equisetites* sp., Deng Shenghui, p. 14, pl. 2, figs. 5, 6; calamitean stems; Huolinhe Basin,

Inner Mongolia; Early Cretaceous Huolinhe Formation.

1995a *Equisetites* sp., Li Xingxue (editor-in-chief), pl. 62, fig. 13; calamitean stem; Xinhuacun near Jiuqujiang of Qionghai, Hainan; Early Triassic Lingwen Formation. (in Chinese)

1995b *Equisetites* sp., Li Xingxue (editor-in-chief), pl. 62, fig. 13; calamitean stem; Xinhuacun near Jiuqujiang of Qionghai, Hainan; Early Triassic Lingwen Formation. (in English)

1995 *Equisetites* sp., Meng Fansong and others, pl. 4, figs. 11, 12; leaf sheaths; Furongqiao and Hongjiaguan of Sangzhi, Hunan; Middle Triassic member 2 of Badong Formation.

1996 *Equisetites* sp., Mi Jiarong and others, p. 81, pl. 2, fig. 11; calamitean stem; Gajia of Beipiao, Liaoning; Early Jurassic upper member of Beipiao Formation.

1997 *Equisetites* sp., Jin Ruoshi, fig. 2; calamitean stem; Oupu Basin of Huma, Heilongjiang; Late Jurassic — Early Cretaceous Jiufengshan Formation.

1997 *Equisetites* sp., Meng Fansong, Chen Dayou, pl. 1, figs. 11, 12; calamitean stems; Nanxi of Yunyang, Sichuan; Middle Jurassic Dongyuemiao Member of Ziliujing Formation.

1998 *Equisetites* sp. (sp. nov.), Liao Zhuoting, Wu Guogan (editors-in-chief), pl. 12, figs. 11, 12; calamitean stems and nodal diaphragms; Santanghu Coal Mine of Barkol, Xinjiang; Middle Jurassic Xishanyao Formation.

1999 *Equisetites* sp. 1, Cao Zhengyao, p. 40, pl. 1, fig. 3; calamitean stem; Xiaoling of Linhai, Zhejiang; Early Cretaceous Guantou Formation.

1999 *Equisetites* sp. 2, Cao Zhengyao, p. 41, pl. 1, figs. 1, 2; calamitean stems; Guliqiao of Zhuji, Zhejiang; Early Cretaceous Shouchang Formation.

1999a *Equisetites* sp. 1, Wu Shunqing, p. 11, pl. 3, fig. 1A; calamitean stem; Huangbanjigou near Shangyuan of Beipiao, Liaoning; Late Jurassic Jianshangou Bed in lower part of Yixian Formation. [Notes: This specimen lately was referred as *Equisetites exiliformis* Sun et Zheng (Sun Ge and others, 2001)]

1999a *Equisetites* sp. 2, Wu Shunqing, p. 11, pl. 3, figs. 9, 9a; leaf sheath; Huangbanjigou near Shangyuan of Beipiao, Liaoning; Late Jurassic Jianshangou Bed in lower part of Yixian Formation.

1999a *Equisetites* sp. 3, Wu Shunqing, p. 11, pl. 2, figs. 3, 4; pl. 3, fig. 1A; pl. 18, fig. 8B; rhizomes; Huangbanjigou near Shangyuan of Beipiao, Liaoning; Late Jurassic Jianshangou Bed in lower part of Yixian Formation.

1999b *Equisetites* sp. 1, Wu Shunqing, p. 14, pl. 2, fig. 6; calamitean stem; Shiguansi of Wanyuan, Sichuan; Late Triassic Hsuchiaho Formation.

1999b *Equisetites* sp. 2, Wu Shunqing, p. 15, pl. 1, fig. 7; calamitean stem; Huangshiban near Xinchang of Weiyuan, Sichuan; Late Triassic Hsuchiaho Formation.

1999b *Equisetites* sp. 3, Wu Shunqing, p. 15, pl. 2, fig. 5; calamitean stem; Shiguansi of Wanyuan, Sichuan; Late Triassic Hsuchiaho Formation.

2000 *Equisetites* sp., Meng Fansong and others, p. 50, pl. 14, figs. 9, 10; leaf sheaths; Furongqiao in Sangzhi of Hunan, Dawotang in Fengjie of Chongqing; Middle Triassic member 2 of Badong Formation.

2000 *Equisetites* sp. (Cf. *E. intermedius* Erdtman), Sun Chunlin and others, pl. 1, fig. 7; calamitean stem; Hongli of Baishan, Jilin; Late Triassic Xiaoyingzi Formation.

2002 *Equisetites* sp., Wu Xiangwu and others, p. 149, pl. 1, fig. 4B; pl. 2, figs. 3A, 3a, 4;

calamitean stems; Wutongshugou of Alxa Right Banner, Inner Mongolia; Middle Jurassic lower member of Ningyuanpu Formation.

Equisetites? spp.

1952 *Equisetites*? sp., Sze H C, p. 184, pl. 1, fig. 1; calamitean stem; Jalai Nur Coal Field of Hulun Buir League, Inner Mongolia; Jurassic.

1956a *Equisetites*? sp. (Cf. *E. rogersi* Schimper), Sze H C, pp. 9, 119, pl. 7, figs. 3, 4, 4a; leaf sheaths; Gaoyadi of Yijun, Shaanxi; Late Triassic base part of Yenchang Formation.

1963 *Equisetites*? sp. 10 (Cf. *E. rogersi* Schimper), Sze H C, Lee H H and others, p. 25, pl. 7, figs. 5, 5a; leaf sheath; Gaoyadi of Yijun, Shaanxi; Late Triassic base part of Yenchang Group.

1963 *Equisetites*? sp. 11, Sze H C, Lee H H and others, p. 25, pl. 46, fig. 8; calamitean stem; Jalai Nur of Hulun Buir League, Inner Mongolia; Late Jurassic Jalainur Group.

1963 *Equisetites*? sp. 12, Sze H C, Lee H H and others, p. 26, pl. 6, figs. 4, 5; calamitean stems; Sichuan; Early Jurassic(?).

1976 *Equisetites*? sp. 4, Lee P C and others, p. 92, pl. 1, figs. 10, 10a; nodal diaphragm; Mahuangjing of Xiangyun, Yunnan; Late Triassic Huaguoshan Member of Xiangyun Formation.

1985 *Equisetites*? sp., Cao Zhengyao, p. 277, pl. 1, figs. 7A, 8A; pl. 2, fig. 1; calamitean stems; Pengzhuang of Hanshan, Anhui; Late Jurassic(?) Hanshan Formation.

1996 *Equisetites*? sp., Wu Shunqing, Zhou Hanzhong, p. 3, pl. 1, fig. 1; calamitean stem; Kuqa River Section of Kuqa, Xinjiang; Middle Triassic lower member of Karamay Formation.

Equisetites (*Equisetostachys*) spp.

1982a *Equisetites* (*Equisetostachys*) sp. 2, Wu Xiangwu, p. 49, pl. 1, fig. 7; strobilus; Baqingcun, Tibet; Late Triassic Tumaingela Formation.

1989 *Equisetites* (*Equisetostachys*) sp., Zhou Zhiyan, p. 136, pl. 1, fig. 15b; pl. 2, figs. 2, 3; calamitean strobili; Shanqiao of Hengyang, Hunan; Late Triassic Yangbaichong Formation.

Equisetites (*Neocalamites*?) sp.

1933 *Equisetites* (*Neocalamites*?) sp., Yabe, Ôishi, p. 203 (9), pl. 30 (1), figs. 4－6; calamitean stems; Pingdingshan (Pingtingshan), Nianzigou (Nientzukou), Weijiapuzi (Weichiaputzu) and Dabu (Tapu) of Benxi, Liaoning; Early－Middle Jurassic. [Notes: This specimen lately was referred as *Neocalamites*? sp. (Sze H C, Lee H H and others, 1963)]

Rhizome of *Equisetites*

1988 Rhizome of *Equisetites*, Li Peijuan and others, p. 48, pl. 3, fig. 7; pl. 4, figs. 3, 4; pl. 5, fig. 6; pl. 8, fig. 3; rhizomes; Dameigou of Da Qaidam, Qinghai; Middle Jurassic *Eboracia* Bed of Yinmagou Formation.

Genus *Equisetostachys* Jongmans, 1927 (nom. nud.)

1927 Jongmans, p. 48.

1986 Ye Meina and others, p. 17.

1993a Wu Xiangwu, p. 81.

Type species: *Equisetostachys* sp., Jongmans

Taxonomic status: Equisetales, Sphenopsida

***Equisetostachys* sp., Jongmans, 1927** (nom. nud.)

1927 *Equisetostachys* sp., Jongmans, p. 48.

1986 *Equisetostachys* sp., Ye Meina and others, p. 17.

***Equisetostachys* spp.**

1979 *Equisetostachys* sp., He Yuanliang and others, p. 133, pl. 56, fig. 7; sporophore; Nangqian, Qinghai; Late Triassic upper part of Jieza Group.

1980 *Equisetostachys* sp., He Dechang, Shen Xiangpeng, p. 6, pl. 15, fig. 4; sporophore; Shatian of Guidong, Hunan; Early Jurassic Zaoshang Formation.

1980 *Equisetostachys* sp., Wu Shuibo and others, pl. 1, fig. 2; calamitean strobilus; Tuopangou area of Wangqing, Jilin; Late Triassic.

1984 *Equisetostachys* sp. 1, Chen Fen and others, p. 34, pl. 5, fig. 5; calamitean strobilus; Datai of West Hill, Beijing; Early Jurassic Lower Yaopo Formation.

1984 *Equisetostachys* sp., Chen Gongxin, p. 569, pl. 222, fig. 1; calamitean strobilus; Kuzhuqiao of Puqi, Hubei; Late Triassic Jigongshan Formation.

1986 *Equisetostachys* sp., Ye Meina and others, p. 17, pl. 3, figs. 2a, 2c, 4, 4a, 5, 5a; calamitean strobili; Jinwo near Tieshan of Daxian and Wenquan of Kaixian, Sichuan; Late Triassic Hsuchiaho Formation.

1988 *Equisetostachys* sp. (sp. nov. ?), Li Peijuan and others, p. 42, pl. 3, fig. 4; pl. 93, fig. 5A; strobili; Dameigou of Da Qaidam, Qinghai; Early Jurassic *Ephedrites* Bed of Tianshuigou Formation.

1992 *Equisetostachys* sp. 1, Sun Ge, Zhao Yanhua, p. 522, pl. 214, figs. 1, 2; pl. 215, fig. 6; calamitean strobili; Malugou of Wangqing, Jilin; Late Triassic Sanxianling Formation.

1992 *Equisetostachys* sp. 2, Sun Ge, Zhao Yanhua, p. 522, pl. 214, fig. 4; pl. 215, fig. 8; calamitean strobili; Tianqiaoling of Wangqing, Jilin; Late Triassic Malugou Formation.

1993 *Equisetostachys* sp., Mi Jiarong and others, p. 80, pl. 2, fig. 7; calamitean strobilus; Chengde, Hebei; Late Triassic Xingshikou Formation.

1993 *Equisetostachys* sp. 1, Sun Ge, p. 59, pl. 2, figs. 1 — 7; text-fig. 16; calamitean strobili; Malugou of Wangqing, Jilin; Late Triassic Sanxianling Formation.

1993 *Equisetostachys* sp. 2, Sun Ge, p. 60, pl. 1, figs. 13 — 17; text-fig. 16; calamitean strobili; Tianqiaoling of Wangqing, Jilin; Late Triassic Malugou Formation.

1993a Wu Xiangwu, p. 81.

1995 *Equisetostachys* sp., Wu Shunqing, p. 471, pl. 1, fig. 9; calamitean strobilus; Kuqa River Section of Kuqa, Xinjiang; Early Jurassic upper part of Tariqike Formation.

1996 *Equisetostachys* sp., Mi Jiarong and others, p. 82, pl. 1, fig. 16; pl. 2, figs. 7, 10, 12; articulatean strobili; Shimenzhai of Funing, Hebei; Early Jurassic Beipiao Formation.

1998 *Equisetostachys* sp., Zhang Hong and others, pl. 9, figs. 1, 2; calamitean strobili; Xialiushui of Zhongwei, Ningxia; Jurassic.

1999b *Equisetostachys* sp., Wu Shunqing, p. 15, pl. 2, figs. 7, 7a; calamitean strobili; Cifengchang of Pengxian, Sichuan; Late Triassic Hsuchiaho Formation.

***Equisetostachys*? spp.**

1976 *Equisetostachys*? sp., Lee P C and others, p. 93, pl. 2, figs. 10, 10a; calamitean strobilus; Mahuangjing of Xiangyun, Yunnan; Late Triassic Huaguoshan Member of Xiangyun Formation.

1982b *Equisetostachys*? sp., Yang Xuelin, Sun Liwen, p. 28, pl. 1, figs. 9, 9a; calamitean strobilus; Hongqi Coal Mine of southeastern Da Hinggan Ling; Early Jurassic Hongqi Formation.

1992 *Equisetostachys*? sp., Sun Ge, Zhao Yanhua, p. 523, pl. 219, fig. 6; calamitean strobilus; Banshidingzi of Shuangyang, Jilin; Early Jurassic Banshidingzi Formation.

Genus *Equisetum* Linné, 1753

1885 Schenk, p. 175 (13).

1993a Wu Xiangwu, p. 81.

Type species: (living genus)

Taxonomic status: Equisetales, Sphenopsida

***Equisetum arenaceus* (Jaeger) Bronn**

1827 *Calamites arenaceus* Jaeger, p. 37, pls. 1, 2, 4, 6; text-figs. 1 — 5; calamitean stems; Germany; Early Triassic.

1864 *Equisetites arenaceus* (Jaeger) Schenk, p. 59, pl. 7, fig. 2; calamitean stem; Germany; Late Triassic.

1869 Schimpper, p. 270, pl. 9, figs. 2, 4; pl. 10, fig. 3.

1979 Hsu J and others, p. 13, pl. 2, fig. 3; calamitean stem; Baoding, Sichuan; Late Triassic lower part of Daqiaodi Formation.

1982 Zhang Caifan, p. 521, pl. 334, figs. 1, 2; calamitean stems and strobili; Hongjiaguan of Sangzhi, Hunan; Middle Triassic Badong Formation.

1989 Mei Meitang and others, p. 76, pl. 34, fig. 1; calamitean stem; China; Late Triassic — Middle Jurassic.

***Equisetum asiaticum* (Prynada) ex Zhang et al., 1980**

1951 *Equisetites asiaticus* Prynada, p. 21, pl. 7, fig. 11; calamitean stem; Irkutsk Basin; Jurassic.

1980 Zhang Wu and others, p. 226, pl. 114, figs. 5, 6; calamitean stems; Shuangyang, Jilin; Early Jurassic Banshidingzi Formation; Taoan, Jilin; Early Jurassic Hongqi Formation.

***Equisetum beanii* (Bunbury) Harris, 1961**

1851 *Calamites beanii* Bunbury, p. 189; Yorkshire, England; Middle Jurassic.

1961 Harris, p. 24; text-figs. 6A, 6B; calamitean stems; Yorkshire, England; Middle Jurassic.

1987 Duan Shuying, p. 11, pl. 1, figs. 1 — 7; pl. 2, fig. 7; text-fig. 2; calamitean stems and nodal diaphragms; Zhaitang of West Hill, Beijing; Middle Jurassic.

1989 Duan Shuying, pl. 2, fig. 9; calamitean stem and nodal diaphragm; Zhaitang of West Hill, Beijing; Middle Jurassic Mentougou Coal Series.

1990 Zheng Shaolin, Zhang Wu, p. 217, pl. 1, figs. 4 — 6; calamitean stems; Tianshifu of Benxi, Liaoning; Middle Jurassic Dabu Formation.

1991 Bureau of Geology and Mineral Resources of Beijing Municipality, pl. 13, figs. 1 — 3, 5, 6; calamitean stems; Mentougou, Datai, Qianjuntai and Zhaitang of West Hill, Beijing; Early Jurassic Lower Yaopo Formation.

***Equisetum burchardtii* (Dunker) Brongniart**

1846 *Equisetites burchardtii* Dunker, p. 2, pl. 5, fig. 7.

1983a Zheng Shaolin, Zhang Wu, p. 77, pl. 1, figs. 1a, 1b; text-fig. 4; calamitean rhizomes with tuberculum; Wanlongcun of Boli, Heilongjiang; Early Cretaceous Dongshan Formation.

1989 Zheng Shaolin, Zhang Wu, pl. 1, figs. 2, 3; calamitean rhizomes with tuberculum; Nieerku near Nanzumu of Xinbin, Liaoning; Early Cretaceous Nieerku Formation.

***Equisetum burejense* Heer, 1877**

1877 Heer, p. 99, pl. 22, figs. 5 — 7; calamitean stems; Heilongjiang River Basin; Early Cretaceous.

1980 Zhang Wu and others, p. 226, pl. 151, figs. 6, 7; text-fig. 163; calamitean stems; Heitai of Mishan, Heilongjiang; Early Cretaceous Chengzihe Formation.

△*Equisetum deltodon* (Sze) ex Chen et al., 1987

1956a *Equisetites deltodon* Sze, Sze H C, pp. 9, 118, pl. 4, figs. 3, 3a; leaf sheath; Jiaojiaping of Yijun, Shaanxi; Late Triassic upper part of Yenchang Formation.

1987 Chen Ye and others, p. 87, pl. 3, fig. 1; calamitean stem; Qinghe of Yanbian, Sichuan; Late Triassic Hongguo Formation.

***Equisetum ferganense* (Seward) ex Zhang et al., 1980**

1907 *Equisetites ferganensis* Seward, p. 18, pl. 2, figs. 23 — 31; pl. 3; calamitean stems; Central Asia; Jurassic.

1980 Zhang Wu and others, p. 227, pl. 114, fig. 4; text-fig. 164; calamitean stem; Shaguotun of Jinxi, Liaoning; Early Jurassic Guojiadian Formation.

1982b Yang Xuelin, Sun Liwen, p. 41, pl. 13, figs. 11 — 13; calamitean stems and nodal diaphragms; Dusheng near Wanbao and Heidingshan of southeastern Da Hinggan Ling; Middle Jurassic Wanbao Formation.

***Equisetum* cf. *ferganense* (Seward)**

1982b Yang Xuelin, Sun Liwen, p. 27, pl. 1, figs. 3 — 5; calamitean stems; Hongqi Coal Mine of southeastern Da Hinggan Ling; Early Jurassic Hongqi Formation.

***Equisetum filum* Harris, 1979**

1979 Harris, p. 161; text-figs. 1, 2; calamitean stems; Yorkshire, England; Middle Jurassic.

1987 Zhang Wu, Zheng Shaolin, p. 267, pl. 1, fig. 6; calamitean stem; Houfulongshan of Jinxi, Liaoning; Middle Jurassic Haifanggou Formation.

△*Equisetum furongense* Hu (MS) ex Zhang, 1982

1982 Hu, in Zhang Caifan, p. 521, pl. 334, figs. 1, 2; calamitean stems and strobili; Furongqiao of Sangzhi, Hunan; Middle Triassic Badong Formation.

***Equisetum gracile* Nathorst, 1880**

1880 Nathorst, p. 278.

1980 Zhang Wu and others, p. 227, pl. 116, fig. 7; text-fig. 165; calamitean stem; Beipiao, Liaoning; Early Jurassic Beipiao Formation.

△*Equisetum guojiadianense* Zhang et Zheng, 1980

1980 Zhang Wu, Zheng Shaolin, in Zhang Wu and others, p. 227, pl. 114, figs. 7, 8; pl. 115, figs. 1 — 4; calamitean stems; Reg. No. : D21 — D26; Lingyuan, Liaoning; Early Jurassic Guojiadian Formation. (Notes: The type specimen was not designated in the original paper)

△*Equisetum hallei* (Thomas) Duan, 1987

1911 *Equisetites hallei* Thomas, p. 58, pl. 1, figs. 5 — 7; calamitean stems; Donbas, Ukraine; Middle Jurassic.

1987 Duan Shuying, p. 14, pl. 2, figs. 1 — 4, 6, 9; pl. 3, figs. 1 — 4; text-figs. 3 — 5; calamitean stems and leaf sheaths; Zhaitang of West Hill, Beijing; Middle Jurassic.

△*Equisetum hunchunense* Guo, 2000 (in English)

2000 Guo Shuangxing, p. 229, pl. 1, figs. 1 — 3, 6, 9; calamitean stems and rhizomes; Reg. No. : PB18596 — PB18600; Holotype: PB18597 (pl. 1, fig. 2); Repository: Nanjing Institute of Geology and Palaeontology, Chinese Academy of Sciences; Hunchun, Jilin; Late Cretaceous lower part of Hunchun Formation.

***Equisetum ilmijense* (Prynada) ex Zhang et al., 1980**

1962 *Equisetites ilmijense* Prynada, p. 144, fig. 25; calamitean stem; Irkutsk Basin; Jurassic.

1980 Zhang Wu and others, p. 226, pl. 114, figs. 5, 6; calamitean stems; Lingyuan, Liaoning; Early Jurassic Guojiadian Formation.

△*Equisetum lamagouense* Zhang et Zheng, 1987

1987 Zhang Wu, Zheng Shaolin, p. 266, pl. 2, figs. 6 — 10; text-fig. 7; calamitean stems; Reg. No. : SG110009 — SG1100013; Repository: Shenyang Institute of Geology and Mineral Resources; Liangtugou of Chaoyang, Liaoning; Middle Jurassic Haifanggou Formation. (Notes: The type specimen was not designated in the original paper)

△*Equisetum laohugouense* Zhang, 1982

1982 Zhang Wu, p. 187, pl. 1, figs. 5, 5a; calamitean stem; Repository: Shenyang Institute of

Geology and Mineral Resources; Lingyuan, Liaoning; Late Triassic Laohugou Formation.

***Equisetum laterale* Phillips, 1829**

1829 Phillips, p. 153, pl. 10, fig. 13; calamitean stem; Yorkshire, England; Middle Jurassic.

1980 Zhang Wu and others, p. 228, pl. 115, figs. 5, 6; calamitean stems; Shuangyang, Jilin; Early Jurassic Banshidingzi Formation.

1981 Liu Maoqiang, Mi Jiarong, p. 22, pl. 1, figs. 1, 2, 7, 11, 13; calamitean stems, leaf sheaths and nodal diaphragms; Naozhigou of Linjiang, Jilin; Early Jurassic Yihuo Formation.

1982b Yang Xuelin, Sun Liwen, p. 27, pl. 1, fig. 2; calamitean stem; Hongqi Coal Mine of southeastern Da Hinggan Ling; Early Jurassic Hongqi Formation.

1982b Yang Xuelin, Sun Liwen, p. 41, pl. 13, figs. 5 — 10; calamitean stems; Wanbao Coal Mine, Heidingshan, Xing'anbao, Dusheng and Yumin Coal Mine of southeastern Da Hinggan Ling; Middle Jurassic Wanbao Formation.

1984 Chen Fen and others, p. 32, pl. 1, figs. 1 — 13; calamitean stems, nodal diaphragms and leaf sheaths; West Hill, Beijing; Early Jurassic Lower Yaopo Formation and Upper Yaopo Formation, Middle Jurassic Longmen Formation.

1987 Duan Shuying, p. 16, pl. 2, figs. 5, 8; pl. 3, figs. 5, 6, 8, 9; text-fig. 6; calamitean stems; Zhaitang of West Hill, Beijing; Middle Jurassic.

1989 Duan Shuying, pl. 1, figs. 9, 10; calamitean stems; Zhaitang of West Hill, Beijing; Middle Jurassic Mentougou Coal Series.

1996 Mi Jiarong and others, p. 80, pl. 1, figs. 1 — 4, 9, 12, 15, 17; calamitean stems and nodal diaphragms; Taiji and Sanbao of Beipiao, Liaoning; Early Jurassic Beipiao Formation; Sanbao and Haifanggou of Beipiao, Liaoning; Middle Jurassic Haifanggou Formation; Shimenzhai of Funing, Hebei; Early Jurassic Beipiao Formation.

2003 Xu Kun and others, pl. 6, fig. 3; calamitean stem; Taiji of Beipiao, Liaoning; Early Jurassic lower member of Beipiao Formation.

2003 Yuan Xiaoqi and others, pl. 20, fig. 2; calamitean stem; Xiuyanhe of Zichang, Shaanxi; Middle Jurassic Yan'an Formation.

***Equisetum* cf. *laterale* Phillips**

1976 Chang Chichen, p. 183, pl. 86, fig. 5; calamitean stem; Datong, Shanxi; Middle Jurassic Yungang (Yunkang) Formation; Wuchuan and Shiguaizi in Baotou of Inner Mongolia, Shangyi of Hebei; Early — Middle Jurassic Shiguai Group.

1984 Chen Fen and others, p. 33, pl. 2, fig. 5; calamitean stem; Mentougou of West Hill, Beijing; Middle Jurassic Longmen Formation.

△*Equisetum lisangouense* Tan et Zhu, 1982

1982 Tan Lin, Zhu Jianan, p. 143, pl. 33, fig. 3; calamitean stem; Reg. No. : CD08; Holotype: CD08 (pl. 33, fig. 3); Urad Front Banner, Inner Mongolia; Early Cretaceous Lisangou Formation.

***Equisetum mougeotii* (Brongniart) Schimper, 1869**

1828c *Calamites mougeotii* Brongniart, p. 137, pl. 25, figs. 4, 5; calamitean stems; Meurthe-

Moselle of Vosges, France; Triassic.

1869 Schimper, p. 278, pl. 12; pl. 13, figs. 1 — 7; calamitean stems; Meurthe-Moselle of Vosges, France; Triassic.

1986b Zheng Shaolin, Zhang Wu, p. 176, pl. 1, figs. 1 — 9; calamitean stems; Yangshugou of Harqin Left Wing, western Liaoning; Early Triassic Hongla Formation.

***Equisetum multidendatum* (Ôishi) ex Zhang et al., 1980**

1932 *Equisetites multidendatus* Ôishi, p. 266, pl. 2, figs. 1, 2; calamitean stems; Nariwa of Okayama, Japan; Late Triassic (Nariwa).

1980 Zhang Wu and others, p. 228, pl. 115, figs. 11, 12; calamitean stems; Benxi, Liaoning; Middle Jurassic Dabu Formation and Sangeling Formation.

1987 Chen Ye and others, p. 87, pl. 2, fig. 8; calamitean stem; Qinghe of Yanbian, Sichuan; Late Triassic Hongguo Formation.

1987 Zhang Wu, Zheng Shaolin, p. 267, pl. 2, fig. 4; calamitean stem; Dongkuntouyingzi of Beipiao, Liaoning; Late Triassic Shimengou Formation.

1989 Mei Meitang and others, p. 76, pl. 34, fig. 2; pl. 35, fig. 1; calamitean stems; China; Late Triassic.

***Equisetum naktongense* (Tateiwa) ex Zhang et al., 1980**

1929 *Equisetites naktongensis* Tateiwa, figs. 8, 19a, 19b; calamitean stems; Rakutô, Korea; Early Cretaceous.

1980 Zhang Wu and others, p. 228, pl. 151, figs. 1 — 5; calamitean stems; Naketa, Heilongjiang; Late Jurassic Longjiang Formation; Baitazi of Linxi, Liaoning; Middle Jurassic Xinming Formation.

△*Equisetum neocalamioides* Yang, 1978

1978 Yang Xianhe, p. 470, pl. 156, fig. 4; calamitean stem; Reg. No.: Sp0003; Holotype: Sp0003 (pl. 156, fig. 4); Repository: Chengdu Institute of Geology and Mineral Resources; Xionglong of Xinlong, Sichuan; Late Triassic Lamaya Formation.

***Equisetum ramosus* (Samylina) ex Yang et Sun, 1982**

1964 *Equisetites ramosus* Samylina, p. 47, pl. 1, figs. 1 — 5; calamitean stems; Kolyma River Basin; Early Cretaceous.

1982a Yang Xuelin, Sun Liwen, p. 588.

***Equisetum* cf. *ramosus* (Samylina) ex Yang et Sun**

1982a Yang Xuelin, Sun Liwen, p. 588, pl. 2, fig. 3; calamitean stem with branch; Yingcheng of southeastern Songhuajiang-Liaohe Basin; Early Cretaceous Yingcheng Formation.

***Equisetum sarrani* Zeiller, 1903**

1902 — 1903 Zeiller, p. 144, pl. 39, figs. 1 — 13a; Hong Gai, Vietnam; Late Triassic.

1920 Yabe, Hayasaka, pl. 1, figs. 3, 5; calamitean stems; Anxi, Fujian; Early Triassic.

1974 Hu Yufan and others, pl. 1, fig. 1; calamitean stem; Guanhua Coal Mine of Yaan, Sichuan; Late Triassic.

1980 Zhang Wu and others, p. 229, pl. 116, figs. 2 — 6; calamitean stems; Shuangyang, Jilin;

Early Jurassic Banshidingzi Formation.

1982 Duan Shuying, Chen Ye, p. 493, pl. 1, fig. 2; calamitean stem; Fengjie, Sichuan; Late Triassic Hsuchiaho Formation.

1982b Yang Xuelin, Sun Liwen, p. 27, pl. 1, fig. 8; calamitean stem; Hongqi Coal Mine of southeastern Da Hinggan Ling; Early Jurassic Hongqi Formation.

1982 Zhang Caifan, p. 521, pl. 335, fig. 13; calamitean stem; Hongshanmiao of Chaling, Hunan; Late Triassic Gaojiatian Formation.

1987 Chen Ye and others, p. 88, pl. 3, figs. 2, 4, 5; calamitean stems; Qinghe of Yanbian, Sichuan; Late Triassic Hongguo Formation.

1989 Mei Meitang and others, p. 76, pl. 34, fig. 1; calamitean stem; China; Late Triassic — Middle Jurassic.

***Equisetum* cf. *sarrani* Zeiller**

1979 Hsu J and others, p. 14, pl. 2, figs. 4 — 7; nodal diaphragms; Longshuwan of Baoding and Huashan of Dukou, Sichuan; Late Triassic middle part and upper part of Daqiaodi Formation.

1982 Zhang Wu, p. 188, pl. 1, figs. 6 — 11; calamitean stems; Lingyuan, Liaoning; Late Triassic Laohugou Formation.

△*Equisetum shandongense* Liu, 1990

1990 Liu Mingwei, p. 200, pl. 31, figs. 1 — 3; calamitean stems; Col. No.: 85GDYT1-ZH23, 85GDYT1-ZH24; Reg. No.: HZ-125, HZ-143; Holotype: HZ-125 (pl. 31, fig. 2); Repository: Regional Geological Survey Team, Bureau of Geology and Mineral Resources of Shandong Province; Huangyadi of Laiyang, Shandong; Early Cretaceous member 3 of Laiyang Formation.

△*Equisetum sibiricum* (Heer) Zhang, 1980

1876 *Phyllotheca sibiricus* Heer, p. 9, pl. 1, figs. 5, 6; calamitean stems; Siberia; Jurassic.

1980 Zhang Wu and others, p. 229, pl. 116, figs. 8 — 13; calamitean stems; Beipiao, Liaoning; Early Jurassic Beipiao Formation.

***Equisetum takahashii* (Kon'no) ex Chen et al., 1987**

1962 *Equisetites takahashii* Kon'no, p. 44, pl. 17, figs. 10 — 13; text-figs. 5F — 5L; aerial stems; Ishibashi Village, about 500m east of Akaiwa, Japan; Late Triassic (upper horizon of Hiramatsu Formation).

1987 Chen Ye and others, p. 88.

***Equisetum* cf. *takahashii* (Kon'no) ex Chen et al.**

1987 Chen Ye and others, p. 88, pl. 3, fig. 3; calamitean stem; Qinghe of Yanbian, Sichuan; Late Triassic Hongguo Formation.

***Equisetum ushimarense* Yokoyama, 1889**

1889 Yokoyama, p. 39, pl. 11, figs. 1 — 3; rhizomes; Japan (Usimaru, Hukui); Early Cretaceous (Tetori Series).

1982b Zheng Shaolin, Zhang Wu, p. 294, pl. 1, figs. 7 — 11; rhizomes; Yunshan of Hulin,

Heilongjiang; Middle Jurassic Peide Formation; Nuanquan near Didao of Jixi, Heilongjiang; Late Jurassic Didao Formation.

△***Equisetum xigeduense*** **Tan et Zhu, 1982**

1982 Tan Lin, Zhu Jianan, p. 142, pl. 33, figs. 1, 1a, 2; calamitean stems; Reg. No.: CD01, CD03; Holotype: CD01 (pl. 33, fig. 1); Paratype: CD03 (pl. 33, fig. 2); Urad Front Banner, Inner Mongolia; Early Cretaceous Lisangou Formation.

Equisetum **spp.**

1885 *Equisetum* sp., Schenk, p. 175 (13), pl. 13 (1), figs. 10, 11; calamitean stems; Huangni (Hoa-ni-pu), Sichuan; Jurassic (?). [Notes: This specimen lately was referred as *Equisetites*? sp. (Sze H C, Lee H H and others, 1963)]

1976 *Equisetum* sp., Chow Huiqin and others, p. 206, pl. 107, fig. 3; nodal diaphragm; Wuziwan of Jungar Banner, Inner Mongolia; Early Jurassic Fuxian Formation.

1978 *Equisetum* sp., Yang Xianhe, p. 470, pl. 187, fig. 6; calamitean stem; Baitianba of Guangyuan, Sichuan; Early Jurassic Baitianba Formation.

1982 *Equisetum* sp., Duan Shuying, Chen Ye, p. 494, pl. 1, fig. 1; sporangium; Tieshan of Daxian, Sichuan; Late Triassic Hsuchiaho Formation.

1982b *Equisetum* sp., Yang Xuelin, Sun Liwen, p. 27, pl. 1, figs. 6, 7; pl. 2, fig. 10; calamitean stems; Hongqi Coal Mine of southeastern Da Hinggan Ling; Early Jurassic Hongqi Formation.

1982b *Equisetum* sp., Yang Xuelin, Sun Liwen, p. 42, pl. 13, figs. 14 — 17; calamitean stems; Xing'anbao and Dingjiadian of southeastern Da Hinggan Ling; Middle Jurassic Wanbao Formation.

1982 *Equisetum* sp. 1, Zhang Caifan, p. 522, pl. 335, fig. 4; calamitean stem; Huashi of Zhuzhou, Hunan; Late Triassic.

1982 *Equisetum* sp. 2, Zhang Caifan, p. 522, pl. 335, fig. 3; calamitean stem; Huashi of Zhuzhou, Hunan; Late Triassic.

1982b *Equisetum* sp. 1, Zheng Shaolin, Zhang Wu, p. 295, pl. 1, figs. 5, 6; calamitean stems; Yunshan of Hulin, Heilongjiang; Middle Jurassic Peide Formation; Nuanquan near Didao of Jixi, Heilongjiang; Late Jurassic Didao Formation.

1982b *Equisetum* sp. 2, Zheng Shaolin, Zhang Wu, p. 295, pl. 1, figs. 12, 13; calamitean stems with strobili; Lingxi of Shuangyashan, Heilongjiang; Early Cretaceous Chengzihe Formation.

1986 *Equisetum* sp., Duan Shuying and others, pl. 1, figs. 1, 2; calamitean stems; southern margin of Erdos Basin; Middle Jurassic Yan'an Formation.

1987 *Equisetum* sp., Chen Ye and others, p. 88, pl. 3, figs. 6 — 8; calamitean stems; Qinghe of Yanbian, Sichuan; Late Triassic Hongguo Formation and Laotangqing Formation.

1989 *Equisetum* sp. 1, Mei Meitang and others, p. 76, pl. 34, figs. 4, 5; nodal diaphragms; China; Late Triassic.

1989 *Equisetum* sp. 2, Mei Meitang and others, p. 76, pl. 34, fig. 6; nodal diaphragm; South China; Late Triassic.

1993a *Equisetum* sp., Wu Xiangwu, p. 81.

***Equisetum*? sp.**

1984 *Equisetum*? sp., Zhang Zhicheng, p. 117, pl. 1, fig. 1; calamitean stem; Taipinglinchang of Jiayin, Heilongjiang; Late Cretaceous Taipinglinchang Formation.

Genus *Ferganodendron* Dobruskina, 1974

1974 Dobruskina, p. 119.

1984 Wang Ziqiang, p. 227.

1993a Wu Xiangwu, p. 82.

Type species: *Ferganodendron sauktangensis* (Sixtel) Dobruskina, 1974

Taxonomic status: Lepidodendraceae, Lycoposida

***Ferganodendron sauktangensis* (Sixtel) Dobruskina, 1974**

1962 *Sigillaria sauktangensis* Sixtel, p. 302, pl. 4, figs. 1 — 6; text-figs. 3, 4; stems; South Fergana; Triassic.

1974 Dobruskina, p. 119, pl. 10, figs. 1 — 7; calamitean stems; South Fergana; Triassic.

***Ferganodendron* sp.**

1993 *Ferganodendron* sp., Mi Jiarong and others, p. 76, pl. 1, figs. 2, 2a; calamitean stem; Beishan near Shiren of Hunjiang, Jilin; Late Triassic Beishan Formation (Xiaohekou Formation).

? *Ferganodendron* sp.

1984 ? *Ferganodendron* sp., Wang Ziqiang, p. 227, pl. 113, fig. 9; calamitean stem; Yonghe, Shanxi; Middle — Late Triassic Yenchang Group.

△Genus *Gansuphyllite* Xu et Shen, 1982

1982 Xu Fuxiang, Shen Guanglong, in Liu Zijin, p. 118.

1993a Wu Xiangwu, pp. 16, 220.

1993b Wu Xiangwu, pp. 497, 512.

Type species: *Gansuphyllite multivervis* Xu et Shen, 1982

Taxonomic status: Equisetales, Sphenopsida

△*Gansuphyllite multivervis* Xu et Shen, 1982

1982 Xu Fuxiang, Shen Guanglong, in Liu Zijin, p. 118, pl. 58, fig. 5; calamitean stem and leaf whorl; No.: LP00013-3; Dalinggou of Wudu, Gansu; Middle Jurassic upper part of Longjiagou Formation.

1985 Sun Bainian, Shen Guanglong, p. 134; text-figs. 1, 2, 2a; calamitean stems with leaf whorls; Yaojie Coal Field of Lanzhou, Gansu; Middle Jurassic Yaojie Formation.

1993a Wu Xiangwu, pp. 16, 220.

1993b Wu Xiangwu, pp. 497, 512.

1995 Wang Xin, p. 1, figs. 1, 2; calamitean stems with leaf whorls; Tongchuan, Shaanxi; Middle Jurassic Yan'an Formation.

1998 Zhang Hong and others, pl. 8, fig. 7; pl. 9, fig. 5; calamiteans stems with leaf whorls; Yaojie Coal Field of Lanzhou, Gansu; Middle Jurassic Yaojie Formation.

△Genus *Geminofoliolum* Zeng, Shen et Fan, 1995

1995 Zeng Yong, Shen Shuzhong, Fan Bingheng, pp. 49, 76.

Type species: *Geminofoliolum gracilis* Zeng, Shen et Fan, 1995

Taxonomic status: Calamariaceae, Sphenopsida

△*Geminofoliolum gracilis* Zeng, Shen et Fan, 1995

1995 Zeng Yong, Shen Shuzhong, Fan Bingheng, pp. 49, 76, pl. 7, figs. 1, 2; text-fig. 9; calamitean stems; Col. No.: No. 117144, No. 117146; Reg. No.: YM94031, YM94032; Holotype: YM94032 (pl. 7, fig. 2); Paratype: YM94031 (pl. 7, fig. 1); Repository: Department of Geology, China University of Mining and Technology; Yima, Henan; Middle Jurassic Yima Formation.

Genus *Grammaephloios* Harris, 1935

1935 Harris, p. 152.

1986 Ye Meina and others, p. 13.

1993a Wu Xiangwu, p. 88.

Type species: *Grammaephloios icthya* Harris, 1935

Taxonomic status: Lycopodiales

Grammaephloios icthya Harris, 1935

1935 Harris, p. 152, pls. 23, 25, 27, 28; leaf shoots; Scoresby Sound, East Greenland; Eary Jurassic *Thaumatopteris* Zone.

1986 Ye Meina and others, p. 13, pl. 1, figs. 1, 1a; calamitean stem; Jinwo near Tieshan and Leiyinpu of Daxian, Sichuan; Early Jurassic Zhenzhuchong Formation.

1993a Wu Xiangwu, p. 88.

△Genus *Hexaphyllum* Ngo, 1956

1956 Ngo C K, p. 25.

1993a Wu Xiangwu, pp. 17, 221.

1993b Wu Xiangwu, pp. 506, 513.

Type species: *Hexaphyllum sinense* Ngo, 1956

Taxonomic status: plantae incertae sedis or Equisetales? (Sphenopsida?)

△*Hexaphyllum sinense* Ngo, 1956

1956 Ngo C K, p. 25, pl. 1, fig. 2; pl. 6, figs. 1, 2; text-fig. 3; leaf whorls; No.: A4; Reg. No.: 0015; Repository: Palaeontology Section, Department of Geology, Central-South Institute of Mining and Metallurgy; Xiaoping of Guangzhou, Guangdong; Late Triassic Siaoping Coal Series. [Notes: This specimen lately was referred as *Annulariopsis*? *sinensis* (Ngo) Lee (Sze H C, Lee H H and others, 1963)]

1993a Wu Xiangwu, pp. 17, 221.

1993b Wu Xiangwu, pp. 506, 513.

△Genus *Hunanoequisetum* Zhang, 1986

1986 Zhang Caifan, p. 191.

1993a Wu Xiangwu, pp. 18, 222.

1993b Wu Xiangwu, pp. 497, 513.

Type species: *Hunanoequisetum liuyangense* Zhang, 1986

Taxonomic status: Equisetales, Sphenopsida

△*Hunanoequisetum liuyangense* Zhang, 1986

1986 Zhang Caifan, p. 191, pl. 4, figs. 4, 4a, 5; text-fig. 1; calamitean stems; Reg. No.: PH472, PH473; Holotype: PH472 (pl. 4, fig. 4); Repository: Geology Museum of Hunan Province; Yuelong of Liuyang, Hunan; Early Jurassic Yuelong Formation.

1993a Wu Xiangwu, pp. 18, 222.

1993b Wu Xiangwu, pp. 497, 513.

Genus *Isoetes* Linné, 1753

1991 Wang Ziqiang, p. 13.

1993a Wu Xiangwu, p. 92.

Type species: (living genus)

Taxonomic status: Isoetales, Lycopsida

△*Isoetes ermayingensis* Wang Z, 1991

1990b Wang Ziqiang, Wang Lixin, p. 305; Manshui and Yuli of Qinxian, Sizhuang of Wuxiang, Pantuo of Pingyao, Shanxi; Zhangjiayan of Wupu, Shaanxi; Middle Triassic base part of Ermaying Formation. (nom. nud.)

1991 Wang Ziqiang, p. 13, pl. 1, figs. 1 — 6, 8 — 15; pls. 6, 7; pl. 9, figs. 1 — 3, 10 — 14; pl. 10;

text-figs. 7a,7b; sporophylls and sporangia; Syntype 1: leaf-tip (No. 8711-6); Syntype 2: phyllopodoum (No. 8502-29); Syntype 3: lligule (No. 8502-22); Syntype 4: sporangia (No. 8313-33, No. 8502-21, No. 8711-8); Syntype 5: sporophylls (No. 8313-a, No. 8313-27); Syntype 6: megaspores in-situ (No. 8502-21, No. 8711-8); Repository: Nanjing Institute of Geology and Palaeontology, Chinese Academy of Sciences; Wupu, Shaanxi; Middle Triassic base part of Ermaying Formation. [Notes: According to *International Code of Botanical Nomenclature* (*Vienna Code*) article 37. 2, from the year 1958, the holotype type specimen should be unique]

1993a Wu Xiangwu, p. 92.

1995a Li Xingxue (editor-in-chief), pl. 66, figs. 10 — 12; sporophylls and sporangia; Zhangjiayan of Wupu, Shaanxi; Middle Triassic base part of Ermaying Formation. (in Chinese)

1995b Li Xingxue (editor-in-chief), pl. 66, figs. 10 — 12; sporophylls and sporangia; Zhangjiayan of Wupu, Shaanxi; Middle Triassic base part of Ermaying Formation. (in English)

Genus *Isoetites* Muenster, 1842

1842 (1839 — 1843) Muenster, p. 107.

1990a Wang Ziqiang, Wang Lixin, p. 112.

1993a Wu Xiangwu, p. 92.

Type species: *Isoetites crociformis* Muenster, 1842

Taxonomic status: Isoetales, Lycopsida

Isoetites crociformis Muenster, 1842

1842 (1839 — 1843) Muenster, p. 107, pl. 4, fig. 4; Daitinnear Manheim of Bavaria, Germany; Jurassic.

1993a Wu Xiangwu, p. 92.

△*Isoetites sagittatus* Wang Z et Wang L, 1990

1990a Wang Ziqiang, Wang Lixin, p. 112, pl. 14, figs. 1 — 6; text-fig. 3; Isoetes-like plant with strobili; No.: Iso14-1 — Iso14-7; Syntype 1: Iso14-1 (pl. 14, fig. 1); Syntype 2: Iso14-7 (pl. 14, fig. 2); Syntype 3: Iso14-4 (pl. 14, fig. 4); Repository: Nanjing Institute of Geology and Palaeontology, Chinese Academy of Sciences; Yangzhuang of Puxian, Shanxi; Early Triassic lower member of Heshanggou Formation. [Notes: According to *International Code of Botanical Nomenclature* (*Vienna Code*) article 37. 2, from the year 1958, the holotype type specimen should be unique]

1993a Wu Xiangwu, p. 92.

Genus *Lobatannularia* Kawasaki, 1927

1927 (1927 — 1934) Kawasaki, p. 12.

1980 Zhang Wu and others, p. 231.

1993a Wu Xiangwu, p. 97.

Type species: *Lobatannularia inequifolia* (Tokunaga) Kawasaki, 1927

Taxonomic status: Equisetales, Sphenopsida

Lobatannularia inequifolia (Tokunaga) Kawasaki, 1927

1927 (1927 — 1934) Kawasaki, p. 12, pl. 4, figs. 13 — 15; pl. 5, figs. 16 — 22; pl. 9, fig. 38; pl. 14, figs. 74, 75; Congson, Korea; Permian — Carboniferous (Jido Series).

1993a Wu Xiangwu, p. 97.

△*Lobatannularia chuandianensis* (Wang) Duan et Chen ex Chen et al., 1987

1977 *Neoannularia chuandianensis* Wang, Wang Xifu, p. 187, pl. 1, fig. 10; text-fig. 1; articulatean shoot with whorled leaf; Moshahe of Dukou, Sichuan; Late Triassic Daqing Formation.

1987 Chen Ye and others, p. 89, pl. 4, fig. 6; articulate stem foliage; Qinghe of Yanbian, Sichuan; Late Triassic Hongguo Formation.

***Lobatannularia* cf. *heianensis* (Kodaira) Kawasaki**

1980 Zhang Wu and others, p. 231, pl. 104, figs. 4 — 6; foliage shoots; Linjiawaizi of Benxi, Liaoning; Middle Triassic Linjia Formation.

1991 Bureau of Geology and Mineral Resources of Beijing Municipality, pl. 11, figs. 1, 2; calamitean stems; Dabeisi of West Hill, Beijing; Late Permian — Middle Triassic Dabeisi Member of Shuangquan Formartion.

1993a Wu Xiangwu, p. 97.

△*Lobatannularia hechuanensis* Duan et Chen, 1982

1982 Duan Shuying, Chen Ye, p. 493, pl. 1, figs. 6 — 8; pl. 2, fig. 3; articulate stems with foliage; No. : No. 7152 — No. 7154; Tongshuba of Kaixian, Sichuan; Late Triassic Hsuchiaho Formation. (Notes: The type specimen was not designated in the original paper)

△*Lobatannularia kaixianensis* Duan et Chen, 1982

1982 Duan Shuying, Chen Ye, p. 493, pl. 2, fig. 1; articulate stem with foliage; No. : No. 7102; Tanba of Hechuan, Sichuan; Late Triassic upper part of Hsuchiaho Formation.

△*Lobatannularia lujiashanensis* Ju et Lan, 1986

1986 Ju Kuixiang, Lan Shanxian, p. 85, pl. 1, figs. 4, 11 — 13; text-fig. 5; articulate stems with foliage; Reg. No. : HPxl-109, HPxl-110, HPxl-131; Holotype: HPxl-109 (pl. 1, fig. 11); Paratype: HPxl-131 (pl. 1, fig. 12); Repository: Nanjing Institute of Geology and Mineral Resources; Lvjiashan near Nanjing, Jiangsu; Late Triassic Fanjiatang Formation.

***Lobatannularia* spp.**

1980 *Lobatannularia* sp., Zhao Xiuhu and others, p. 71; Qingyun of Fuyuan, Yunnan; Early Triassic "Kayitou Bed".

1986 *Lobatannularia* spp. , Ju Kuixiang, Lan Shanxian, p. 85, pl. 1, figs. 2, 3, 5, 10; leaf whorls; Lvjiashan near Nanjing, Jiangsu; Late Triassic Fanjiatang Formation.

1993a *Lobatannularia* sp. , Wu Xiangwu, p. 97.

Lobatannularia? sp.

1990a *Lobatannularia*? sp. , Wang Ziqiang, Wang Lixin, p. 116, pl. 4, fig. 6; text-figs. 4i, 4j; leaf whorl; Yushe, Shanxi; Early Triassic base part of Heshanggou Formation.

△Genus *Lobatannulariopsis* Yang, 1978

1978 Yang Xianhe, p. 472.

1993a Wu Xiangwu, pp. 21, 224.

1993b Wu Xiangwu, pp. 497, 515.

Type species: *Lobatannulariopsis yunnanensis* Yang, 1978

Taxonomic status: Equisetales, Sphenopsida

△*Lobatannulariopsis yunnanensis* Yang, 1978

1978 Yang Xianhe, p. 472, pl. 158, fig. 6; vegetal shoot with leaf; Reg. No. : Sp0009; Holotype: Sp0009 (pl. 158, fig. 6); Repository: Chengdu Institute of Geology and Mineral Resources; Yipinglang of Guangtong, Yunnan; Late Triassic Ganhaizi Formation.

1993a Wu Xiangwu, pp. 21, 224.

1993b Wu Xiangwu, pp. 497, 515.

Genus *Lycopodites* Brongniart, 1822

1822 Brongniart, p. 231.

1993a Wu Xiangwu, p. 98.

Type species: *Lycopodites taxiformis* Brongniart, 1822

Taxonomic status: Lycopodiales, Lycopsida

Lycopodites taxiformis Brongniart, 1822

1822 Brongniart, p. 231, pl. 13, fig. 1. [Notes: This is the first species described by Brongniart, but according to Seward (1910, p. 76), it is a confer]

1993a Wu Xiangwu, p. 98.

Lycopodites falcatus Lindley et Hutton, 1833

1833 (1831 — 1837) Lindley, Hutton, p. 171, pl. 61; lycopod shoot with leaf; Yorkshire, England; Middle Jurassic.

1979 He Yuanliang and others, p. 131, pl. 56, figs. 2, 2a; lycopod stem with branches; Lvcaoshan of Da Qaidam, Qinghai; Middle Jurassic Dameigou Formation.

1984 Chen Fen and others, p. 32, pl. 2, figs. 1 — 3; lycopod shoots with leaves; Mentougou of

West Hill, Beijing; Middle Jurassic Longmen Formation.

1988 Li Peijuan and others, p. 37, pl. 1, figs. 1, 1a; *Annularia*-like foliage; Dameigou of Da Qaidam, Qinghai; Middle Jurassic *Nilssonia* Bed of Shimengou Formation.

1988 Zhang Hanrong and others, pl. 1, fig. 1; lycopod foliage branch; Beishan near Bangoucun of Yuxian, Hebei; Early Jurassic Zhengjiayao Formation.

1990 Zheng Shaolin, Zhang Wu, p. 217, pl. 1, figs. 1 — 3; lycopod sterile and fertile shoots; Tianshifu of Benxi, Liaoning; Middle Jurassic Dabu Formation.

1996 Mi Jiarong and others, p. 78, pl. 1, fig. 8; *Annularia*-like foliage; Haifanggou of Beipiao, Liaoning; Middle Jurassic Haifanggou Formation.

1999 Shang Ping and others, pl. 1, fig. 1; lycopod fertile branch; Turpan-Hami Basin, Xinjiang; Middle Jurassic Xishanyao Formation.

△***Lycopodites faustus*** **Wu S, 1999** (in Chinese)

1999a Wu Shunqing, p. 10, pl. 2, figs. 1, 2a; lycopod fertile branches; Col. No.: AEO-9, AEO-10; Reg. No.: PB18227, PB18228; Holotype: PB18227 (pl. 2, fig. 1); Repository: Nanjing Institute of Geology and Palaeontology, Chinese Academy of Sciences; Huangbanjigou near Shangyuan of Beipiao, Liaoning; Late Jurassic Jianshangou Bed in lower part of Yixian Formation. [Notes: This species lately was referred as *Selaginellites fausta* (Wu S) Sun et Zheng (Sun Ge and others, 2001)]

2001 Wu Shunqing, p. 120, fig. 152; lycopod fertile branch; Huangbanjigou near Shangyuan of Beipiao, Liaoning; Late Jurassic Jianshangou Bed in lower part of Yixian Formation.

2003 Wu Shunqing, p. 168, figs. 226, 227; lycopod fertile branches; Huangbanjigou near Shangyuan of Beipiao, Liaoning; Late Jurassic Jianshangou Bed in lower part of Yixian Formation.

△***Lycopodites huantingensis*** **Liu, 1988**

1988 Liu Zijin, p. 93, pl. 1, figs. 1 — 4; lycopod sterile and fertile shoots; No.: Sy-9; Syntypes: pl. 1, figs. 1 — 4; Repository: Xi'an Institute of Geology and Mineral Resources; Xiazhuangli near Shenyu of Huating, Gansu; Early Cretaceous base part in Jingchuan Formation of Zhidan Group. [Notes: According to *International Code of Botanical Nomenclature* (*Vienna Code*) article 37. 2, from the year 1958, the holotype type specimen should be unique]

△***Lycopodites huayansiensis*** **Li et Hu, 1984**

1984 Li Baoxian, Hu Bin, p. 137, pl. 1, figs. 1, 2a; lycopod sterile and fertile shoots; Reg. No.: PB10397A, PB10398A; Holotype: PB10397A (pl. 1, fig. 1); Repository: Nanjing Institute of Geology and Palaeontology, Chinese Academy of Sciences; Datong, Shanxi; Early Jurassic Yongdingzhuang Formation.

△***Lycopodites magnificus*** **Zhang et Zheng, 1987**

1987 Zhang Wu, Zheng Shaolin, p. 266, pl. 2, fig. 1; lycopod strobilus; Reg. No.: SG110007; Repository: Shenyang Institute of Geology and Mineral Resources; Liangtugou of Chaoyang, Liaoning; Middle Jurassic Haifanggou Formation.

△*Lycopodites multifurcatus* Li, Ye et Zhou, 1986

1980 Li Xingxue, Ye Meina, p. 2; Shansong of Jiaohe, Jilin; Early Cretaceous Jiaohe Group. (nom. nud.)

1986 Li Xingxue, Ye Meina, Zhou Zhiyan, p. 4, pl. 1, figs. 1, 2a; pl. 2, figs. 3, 4; pl. 3, fig. 1; pl. 38, figs. 3, 3a; lycopod sterile and fertile shoots; Reg. No.: PB11571 — PB11574; Holotype: PB11571 (pl. 1, figs. 2, 2a); Repository: Nanjing Institute of Geology and Palaeontology, Chinese Academy of Sciences; Shansong of Jiaohe, Jilin; Early Cretaceous Jiaohe Group.

△*Lycopodites ovatus* Deng, 1995

1995b Deng Shenghui, pp. 10, 107, pl. 1, figs. 7 — 9; text-fig. 2; lycopod sterile shoots; No.: H14-461a, H14-461b; Repository: Research Institute of Petroleum Exploration and Development; Huolinhe Basin, Inner Mongolia; Early Cretaceous Huolinhe Formation.

1997 Deng Shenghui and others, p. 18, pl. 1, figs. 1, 2; lycopod shoots; Jalai Nur, Inner Mongolia; Early Cretaceous Damoguaihe Formation.

***Lycopodites williamsoni* Brongniart, 1828**

[Notes: The speceis was later referred as *Elatides* (Sze H C, Lee H H and others, 1963)]

1828 Brongniart, p. 83.

1874 Brongniart, p. 408; Dingjiagou (Tingkiako), Shaanxi; Jurassic.

1993a Wu Xiangwu, p. 98.

***Lycopodites* sp.**

1982b *Lycopodites* sp., Zheng Shaolin, Zhang Wu, p. 294, pl. 2, fig. 1; lycopod foliage branch; Nuanquan near Didao of Jixi, Heilongjiang; Late Jurassic Didao Formation.

Genus *Lycostrobus* Nathorst, 1908

1908 Nathorst, p. 8.

1990b Wang Ziqiang, Wang Lixin, p. 306.

1993a Wu Xiangwu, p. 98.

Type species: *Lycostrobus scottii* Nathorst, 1908

Taxonomic status: Lycopodiales, Lycopsida

***Lycostrobus scottii* Nathorst, 1908**

1908 Nathorst, p. 8, fig. 1; lycopod cone; South Sweden; Late Triassic.

1993a Wu Xiangwu, p. 98.

△*Lycostrobus petiolatus* Wang Z et Wang L, 1990

1990b Wang Ziqiang, Wang Lixin, p. 306, pl. 1, fig. 1; pl. 2, figs. 1 — 14; pl. 10, fig. 4; text-fig. 2; lycopod strobili; No.: No. 7501; Holotype: No. 7501 (pl. 1, fig. 1); Repository: Nanjing Institute of Geology and Palaeontology, Chinese Academy of Sciences; Sizhuang of

Wuxiang, Shanxi; Middle Triassic base part of Ermaying Formation.

1993a Wu Xiangwu, p. 98.

Genus *Macrostachya* Schimper, 1869

1869 (1869 — 1874) Schimper, p. 333.

1989 Wang Ziqiang, Wang Lixin, p. 32.

1993a Wu Xiangwu, p. 98.

Type species: *Macrostachya infundibuliformis* Schimper, 1869

Taxonomic status: Sphenopsida

***Macrostachya infundibuliformis* Schimper, 1869**

1869 (1869 — 1874) Schimper, p. 333, pl. 23, figs. 15 — 17; articulate cones; Zwickau of Saxony, Germany; Carboniferous.

1993a Wu Xiangwu, p. 98.

△*Macrostachya gracilis* Wang Z et Wang L, 1989 (non Wang Z et Wang L, 1990)

1989 Wang Ziqiang, Wang Lixin, p. 32, pl. 5, fig. 15; articulate cone; No.: Z08-201; Holotype: Z08-201 (pl. 5, fig. 15); Repository: Nanjing Institute of Geology and Palaeontology, Chinese Academy of Sciences; Liaocheng, Shanxi; Early Triassic upper part of Liujiagou Formation.

△*Macrostachya gracilis* Wang Z et Wang L, 1990 (non Wang Z et Wang L, 1989)

[Notes: This specific name *Macrostachya gracilis* Wang Z et Wang L, 1990 is a later isonym of *Macrostachya gracilis* Wang Z et Wang L, 1989]

1990a Wang Ziqiang, Wang Lixin, p. 116, pl. 2, figs. 2, 3; text-figs. 4i, 4j; strobili; No.: Iso20-6; Holotype: Iso20-6 (pl. 2, fig. 2); Repository: Nanjing Institute of Geology and Palaeontology, Chinese Academy of Sciences; Jingshang of Heshun, Shanxi; Early Triassic middle-lower member of Heshanggou Formation.

1993a Wu Xiangwu, p. 98.

△Genus *Metalepidodendron* Shen (MS) ex Wang X F, 1984

1984 Shen Guanglong, in Wang Xifu, p. 297.

1993a Wu Xiangwu, pp. 24, 226.

1993b Wu Xiangwu, pp. 497, 515.

Type species: *Metalepidodendron sinensis* Shen (MS) ex Wang X F, 1984

Taxonomic status: Lycopodiales, Lycopsida

△*Metalepidodendron sinensis* Shen (MS) ex Wang X F, 1984

1984 Shen Guanglong, in Wang Xifu, p. 297.

1993a Wu Xiangwu, pp. 24, 226.

1993b Wu Xiangwu, pp. 497, 515.

△*Metalepidodendron xiabanchengensis* Wang X F et Cui, 1984

1984 Wang Xifu, p. 297, pl. 175, figs. 8 — 11; calamiteam stems; Reg. No.: HB-57, HB-58; Xiabancheng of Chengde, Hebei; Early Triassic upper part of Heshanggou Formation. (Notes: The type specimen was not designated in the original paper)

1990a Wang Ziqiang, Wang Lixin, p. 114, pl. 18, fig. 1; shoot; Jiyuan, Henan; Early Triassic lower member of Heshanggou Formation. (Notes: The original is misspelled as *Mesolepidodendron xiabanchengensis* Wang X F et Cui)

1993a Wu Xiangwu, pp. 24, 226.

1993b Wu Xiangwu, pp. 497, 515.

△Genus *Neoannularia* Wang, 1977

1977 Wang Xifu, p. 186.

1993a Wu Xiangwu, pp. 26, 228.

1993b Wu Xiangwu, pp. 497, 516.

Type species: *Neoannularia shanxiensis* Wang, 1977

Taxonomic status: Equisetales, Sphenopsida

△*Neoannularia shanxiensis* Wang, 1977

1977 Wang Xifu, p. 186, pl. 1, figs. 1 — 9; articulatean shoots with whorled leaves; Col. No.: JP672001 — JP672009; Reg. No.: 76003 — 76011; Jiaoping of Yijun, Shaanxi; Late Triassic upper part of Yenchang Group. (Notes: The type specimen was not designated in the original paper)

1982 Liu Zijin, p. 118, pl. 58, figs. 3, 4; articulatean shoots with whorled leaves; Jiaoping of Tongchuan and Tuweihe of Yulin, Shaanxi; Late Triassic upper part of Yenchang Group.

1985 Wang Ziqiang, pl. 4, figs. 10 — 13; calamitean stems; Mafang of Heshun, Shanxi; Early Triassic Heshanggou (Heshangkou) Formation; Tuncun of Yushe, Shanxi; Early Triassic Heshanggou (Heshangkou) Formation.

1993a Wu Xiangwu, pp. 26, 228.

1993b Wu Xiangwu, pp. 497, 516.

△*Neoannularia chuandianensis* Wang, 1977

1977 Wang Xifu, p. 187, pl. 1, fig. 10; text-fig. 1; articulatean shoots with whorled leaves; Col. No.: DK70502; Reg. No.: 76002; Moshahe of Dukou, Sichuan; Late Triassic Daqing Formation.

1993a Wu Xiangwu, pp. 26, 228.

1993b Wu Xiangwu, pp. 497, 516.

△*Neoannularia confertifolia* Zhang et Zheng, 1984

1984 Zhang Wu, Zheng Shaolin, p. 383, pl. 1, figs. 1, 1a; text-fig. 1; articulatean shoot with whorled leaves; Reg. No. : chl-1; Repository: Shenyang Institute of Geology and Mineral Resources; Xiaofangshen of Chaoyang, western Liaoning; Late Triassic Laohugou Formation.

1993a Wu Xiangwu, pp. 26, 228.

△*Neoannularia triassica* Gu et Hu, 1979 (non Gu et Hu, 1984, nec Gu et Hu, 1987)

1979 Gu Daoyuan, Hu Yufan, p. 10, pl. 1, figs. 2 — 4; leaf whorls; Reg. No. : XPC097 — XPC099; Holotype: XPC098 (pl. 1, fig. 2); Repository: Petroleum Administration of Xinjiang Uighur Autonomous Region; Kelasuhe of Kuqa, Xinjiang; Late Triassic Tariqike Formation.

△*Neoannularia triassica* Gu et Hu, 1984 (non Gu et Hu, 1987, nec Gu et Hu, 1979)

(Notes: This specific name *Neoannularia triassica* Gu et Hu, 1984 is a later isonym of *Neoannularia triassica* Gu et Hu, 1979)

1984 Gu Daoyuan, Hu Yufan, in Gu Daoyuan, p. 136, pl. 64, figs. 8, 9; leaf whorls; Col. No. : K664; Reg. No. : XPC097, XPC098; Holotype: XPC098 (pl. 64, fig. 8); Repository: Petroleum Administration of Xinjiang Uighur Autonomous Region; Kelasuhe of Kuqa, Xinjiang; Late Triassic Tariqike Formation.

1993a Wu Xiangwu, pp. 26, 228.

△*Neoannularia triassica* Gu et Hu, 1987 (non Gu et Hu, 1984, nec Gu et Hu, 1979)

(Notes: This specific name *Neoannularia triassica* Gu et Hu, 1987 is a later isonym of *Neoannularia triassica* Gu et Hu, 1979)

1987 Gu Daoyuan, Hu Yufan, in Hu Yufan, Gu Daoyuan, p. 218, pl. 1, figs. 2 — 4; leaf whorls; Col. No. : K664; Reg. No. : XPC097, XPC098; Holotype: XPC098 (pl. 1, figs. 2, 3); Repository: Petroleum Administration of Xinjiang Uighur Autonomous Region; Kelasuhe of Kuqa, Xinjiang; Late Triassic Tariqike Formation.

Genus *Neocalamites* Halle, 1908

1908 Halle, p. 6.

1920 Yabe, Hayasaka, p. 14.

1963 Sze H C, Lee H H and others, p. 26

1993a Wu Xiangwu, p. 104.

Type species: *Neocalamites hoerensis* (Schimper) Halle, 1908

Taxonomic status: Equisetales, Sphenopsida

***Neocalamites hoerensis* (Schimper) Halle, 1908**

1869 — 1874 *Schizoneura hoerensis* Schimper, p. 283.

1908 Halle, p. 6, pls. 1, 2; calamitean stems; Helsingborg in Bjuf of Skromberga, Sweden; Early Jurassic.

1939 Matuzawa, p. 8, pl. 1, figs. 1 — 4; pl. 2, fig. 2; calamitean stems; Beipiao Coal Field (Peipiao Coal Field), Liaoning; Late Triassic — early Middle Jurassic Peipiao Coal Formation. [Notes: This specimens lately were referred as *Neocalamites* cf. *hoerensis* (Schimper) Halle (Sze H C, Lee H H and others, 1963)]

1977 Feng Shaonan and others, p. 199, pl. 71, fig. 7; calamitean stem; Nanzhang, Hubei; Late Triassic Lower Coal Formation of Hsiangchi Group.

1979 Gu Daoyuan, Hu Yufan, pl. 1, fig. 5; calamitean stem; Kelasuhe of Kuqa, Xinjiang; Late Triassic Tariqike Formation.

1979 Hsu J and others, p. 11, pl. 1, figs. 5, 6a; calamitean stems; Baoding, Sichuan; Late Triassic middle-upper part of Daqiaodi Formation.

1980 Chen Fen and others, p. 426, pl. 1, fig. 1; calamitean stem; West Hill, Beijing; Early Jurassic Lower Yaopo Formation and Upper Yaopo Formation, Middle Jurassic Longmen Formation.

1980 Wu Shuibo and others, pl. 1, figs. 8, 9; calamitean stems; Tuopangou area of Wangqing, Jilin; Late Triassic.

1980 Zhang Wu and others, p. 230, pl. 117, figs. 1, 2; calamitean stems; Beipiao, Liaoning; Early Jurassic Beipiao Formation; Fengcheng, Liaoning; Middle Jurassic Dabu Formation.

1982b Yang Xuelin, Sun Liwen, p. 28, pl. 2, fig. 1; calamitean stem; Hongqi Coal Mine of southeastern Da Hinggan Ling; Early Jurassic Hongqi Formation.

1982 Zhang Caifan, p. 522, pl. 335, figs. 1, 2; calamitean stems; Wenjiashi of Liuyang, Hunan; Early Jurassic.

1983 Sun Ge and others, p. 450, pl. 1, fig. 5; calamitean stem; Dajianggang of Shuangyang, Jilin; Late Triassic Dajianggang Formation.

1984 Chen Fen and others, p. 34, pl. 4, figs. 4, 5; pl. 5, figs. 1 — 4; calamitean stems; West Hill, Beijing; Early Jurassic Lower Yaopo Formation and Upper Yaopo Formation.

1984 Chen Gongxin, p. 567, pl. 222, figs. 2 — 4; calamitean stems; Donggong of Nanzhang, Fenshuiling and Haihuigou of Jingmen, Hubei; Late Triassic Jiuligang Formation, Early Jurassic Tongzhuyuan Formation.

1984 Gu Daoyuan, p. 135, pl. 64, figs. 3, 4; pl. 65, fig. 4; calamitean stems; Karamay of Junggar (Dzungaria) Basin, Xinjian; Late Triassic Huangshanjie Formation; Kelasuhe of Kuqa, Xinjiang; Late Triassic Tariqike Formation.

1984 Zhou Zhiyan, p. 6, pl. 1, figs. 9, 9a; calamitean stem; Hebutang of Qiyang, Hunan; Early Jurassic Dabakou Member of Guanyintan Formation.

1986 Ye Meina and others, p. 18, pl. 6, figs. 2, 2a; calamitean stem; Binlang of Daxian and Wenquan of Kaijiang, Sichuan; Late Triassic member 7 of Hsuchiaho Formation.

1987 He Dechang, p. 79, pl. 13, figs. 1, 3, 5; pl. 14, figs. 1, 3; pl. 15, fig. 4; calamitean stems; Paomaling of Puqi, Hubei; Late Triassic Jigongshan Formation.

1987 Hu Yufan, Gu Daoyuan, p. 220, pl. 5, fig. 2; calamitean stem; Kelasuhe of Kuqa, Xinjiang; Late Triassic Tariqike Formation.

1987a Qian Lijun and others, p. 79, pl. 15, fig. 5; pl. 20, fig. 1; calamitean stems; Kaokaowusugou of Shenmu, Shaanxi; Middle Jurassic bed 11 in member 1 of Yan'an

Formation.

1989 Zhou Zhiyan, p. 136, pl. 1, fig. 7; calamitean stem; Shanqiao of Hengyang, Hunan; Late Triassic Yangbaichong Formation.

1991 Bureau of Geology and Mineral Resources of Beijing Municipality, pl. 13, figs. 4, 8; calamitean stems; Daanshan of West Hill, Beijing; Early Jurassic Lower Yaopo Formation.

1991 Li Jie and others, p. 53, pl. 1, fig. 4; calamitean stem; northern Yematan of Kunlun Moutain, Xinjiang; Late Triassic Wolonggang Formation.

1992 Huang Qisheng, Lu Zongsheng, pl. 3, fig. 2; calamitean stem; Wudinghe of Hengshan, Shaanxi; Middle Jurassic Yan'an Formation.

1992 Sun Ge, Zhao Yanhua, p. 523, pl. 216, figs. 1 — 4; pl. 219, figs. 1, 3 — 5; calamitean stems; Malugou of Wangqing, Jilin; Late Triassic Sanxianling Formation; Shansonggang of Huinan, Jilin; Early Jurassic Yihuo Formation; Xiaoyingzi Coal Mine of Fusong, Jilin; Late Triassic Xiaoyingzi Formation.

1993 Mi Jiarong and others, p. 82, pl. 4, figs. 4, 4a, 6; pl. 5, figs. 6, 7; calamitean stems; Luoquanzhan of Dongning, Heilongjiang; Late Triassic Luoquanzhan Formation; Tianqiaoling of Wangqing, Jilin; Late Triassic Malugou Formation; Dajianggang of Shuangyang, Jilin; Late Triassic Dajianggang Formation; Bamianshi Coal Mine of Shuangyang, Jilin; Late Triassic upper member of Xiaofengmidingzi Formation; Laohugou of Lingyuan, Liaoning; Late Triassic Laohugou Formation; Chengde, Hebei; Late Triassic Xingshikou Formation.

1993 Sun Ge, p. 62, pl. 4, figs. 5, 6, 7(?), 8; pl. 5, figs. 1 — 7; pl. 6, figs. 5, 6; calamitean stems; Malugou of Wangqing, Jilin; Late Triassic Sanxianling Formation.

1993a Wu Xiangwu, p. 104.

1995 Wang Xin, p. 1, fig. 6; calamitean stem; Tongchuan, Shaanxi; Middle Jurassic Yan'an Formation.

1995 Zeng Yong and others, p. 46, pl. 1, figs. 3, 4; pl. 2, fig. 5; pl. 4, fig. 3; calamitean stems; Yima, Henan; Middle Jurassic Lower Coal-bearing Member of Yima Formation.

1996 Chang Jianglin, Gao Qiang, pl. 1, fig. 1; calamitean stem; Baigaofu of Ningwu, Shanxi; Middle Jurassic Datong Formation.

1996 Mi Jiarong and others, p. 84, pl. 2, fig. 13; pl. 3, figs. 1, 5 — 7, 9, 10; calamitean stems and nodal diaphragms; Beipiao of Liaoning and Shimenzhai in Funing of Hebei; Early Jurassic Beipiao Formation.

1996 Sun Yuewu and others, pl. 1, figs. 7, 9; calamitean stems and leaf whorls; Wujiachang of Chengde, Hebei; Early Jurassic Nandaling Formation.

1998 Zhang Hong and others, pl. 1, fig. 5; pl. 8, figs. 3 — 5; pl. 10, figs. 1, 2; calamitean stems; Xialiushui of Zhongwei, Ningxia; Jurassic; Tielike of Baicheng, Xinjiang; Early Jurassic Ahe Formation.

2000 Sun Chunlin and others, pl. 1, fig. 5; calamitean stem; Hongli of Baishan, Jilin; Late Triassic Xiaoyingzi Formation.

2002 Wu Xiangwu and others, p. 149, pl. 1, figs. 2, 3; pl. 2, figs. 1, 2; calamitean stems; Tangjiagou of Minqin, Gansu; Middle Jurassic lower member of Ningyuanbao

Formation; Laoyaopo of Jinchang, Gansu; Early Jurassic upper member of Jijigou Formation.

2003 Deng Shenghui and others, pl. 64, fig. 11; calamitean stem; Yanqi Basin, Xinjiang; Early Jurassic Badaowan Formation.

2003 Deng Shenghui and others, pl. 65, fig. 2; calamitean stem; Yima Basin, Henan; Middle Jurassic Yima Formation.

2003 Xu Kun and others, pl. 6, fig. 1; calamitean stem; Dongsheng Mine of Beipiao, Liaoning; Early Jurassic upper member of Beipiao Formation.

2005 Miao Yuyan, p. 521, pl. 1, fig. 6; calamitean stem; Baiyang River area of Junggar Basin, Xinjiang; Middle Jurassic Xishanyao Formation.

***Neocalamites hoerensis*? (Schimper) Halle**

1993 Wang Shijun, p. 6, pl. 1, fig. 7; calamitean stem; Ankou and Guanchun of Lechang, Guangdong; Late Triassic Genkou Group.

***Neocalamites* cf. *hoerensis* (Schimper) Halle**

1931 Sze H C, p. 51, pl. 9, fig. 4; calamitean stem; Mentougou of West Hill, Beijing; Early Jurassic (Lias).

1963 Sze H C, Lee H H and others, p. 31, pl. 7, fig. 1; pl. 8, fig. 1; pl. 13, fig. 4(?); calamitean stems; Beipiao and Nianzigou (Nientzukou) near Saimaji of Fengcheng, Liaoning; Mentougou of West Hill, Beijing; Longwangdong, Sichuan(?); Early — Middle Jurassic.

1976 Chow Huiqin and others, p. 204, pl. 105, fig. 1; calamitean stem; Urad Front Banner, Inner Mongolia; Early — Middle Jurassic Shiguai Group.

1977 Department of Geological Exploration of Changchun College of Geology and others, pl. 1, fig. 6; calamitean stem; Shiren of Hunjiang, Jilin; Late Triassic Xiaohekou Formation.

1982b Wu Xiangwu, p. 78, pl. 3, figs. 5, 6; calamitean stems; Gonjo, Tibet; Late Triassic upper member of Bagong Formation; Chagyab, Tibet; Late Triassic Jiapila Formation.

1984 Wang Ziqiang, p. 232, pl. 132, figs. 1 — 3; calamitean stems with leaves; Xiahuayuan of Hebei and Datong of Shanxi; Middle Jurassic Mentougou Formation and Datung Formation.

1985 Mi Jiarong, Sun Chunlin, pl. 1, fig. 2; calamitean stem; Bamianshi Coal Mine of Shuangyang, Jilin; Late Triassic upper member of Xiaofengmidingzi Formation.

1986 Zhou Tongshun, Zhou Huiqin, p. 65, pl. 17, fig. 6; calamitean stem; Dalongkou of Jimsar, Xinjiang; Middle Triassic Karamay Formation.

1988 Li Peijuan and others, p. 45, pl. 7, fig. 2A; pl. 15, fig. 1A; calamitean stems; Dameigou of Da Qaidam, Qinghai; Early Jurassic *Cladophlebis* Bed of Huoshaoshan Formation.

1990 Wu Xiangwu, He Yuanliang, p. 294, pl. 2, figs. 5, 5a; calamitean stem; Nangqian, Qinghai; Late Triassic Gema Formation of Jieza Group.

1995 Wu Shunqing, p. 471, pl. 1, fig. 1; calamitean stem; Kuqa River Section of Kuqa, Xinjiang; Early Jurassic upper part of Tariqike Formation.

△***Neocalamites angustifolius* Mi, Sun C, Sun Y, Cui et Ai, 1996** (in Chinese)

1996 Mi Jiarong, Sun Chunlin, Sun Yuewu, Cui Shangsen and Ai Yongliang, p. 82, pl. 2, figs. 1 — 6, 8, 9; text-fig. 1; calamitean stems and nodal diaphragms; Reg. No. : HF1026, HF1035 — HF1041; Holotype: HF1035 (pl. 2, fig. 3); Paratype 1: HF1026 (pl. 2, fig. 4); Paratype 2: HF1036 (pl. 2, fig. 8); Repository: Department of Geology, Changchun College of Geology; Shimenzhai of Funing, Hebei; Early Jurassic Beipiao Formation.

△***Neocalamites annulariopsis* Sze, 1956**

1956b Sze H C, pp. 466, 473, pl. 1, fig. 1a; leaf whorl; Reg. No. : PB2578; Repository: Nanjing Institute of Geology and Palaeontology, Chinese Academy of Sciences; Karamay of Junggar (Dzungaria) Basin, Xinjiang; late Late Triassic upper part of Yenchang Formation. [Notes: This specimen lately was referred as *Annulariopsis*? sp. (Sze H C, Lee H H and others, 1963)]

△***Neocalamites asperrimus* (Franke) Shen, 1990**

1936 *Equisetites asperrimus* Franke, p. 219; calamitean stem; Harz Mountains, Germany; Late Triassic (Keuper).

1956a *Neocalamites rugosus* Sze, Sze H C, pp. 14, 122, pl. 8, figs. 1 — 3a; pl. 40, figs. 4 — 6; calamitean stems; Tanhegou near Silangmiao (T'anhokou near Shilangmiao) of Yijun and Fengjiagou of Yanchang, Shaanxi; Late Triassic upper part of Yenchang Group.

1990 Shen Guanglong, p. 302.

△***Neocalamites brevifolius* Sze, 1956**

1956a Sze H C, pp. 13, 122, pl. 5, fig. 3; calamitean stem; Reg. No. : PB2266; Repository: Nanjing Institute of Geology and Palaeontology, Chinese Academy of Sciences; Qilicun (Chilitsun) of Yanchang, Shaanxi; Late Triassic upper part of Yenchang Formation.

1963 Sze H C, Lee H H and others, p. 27, pl. 8, fig. 2; calamitean stem; Qilicun of Yanchang, Shaanxi; Late Triassic upper part of Yenchang Group.

***Neocalamites carcinoides* Harris, 1931**

1931 Harris, p. 25, pl. 4, figs. 2, 3, 5 — 7; pl. 5, figs. 1 — 5; pl. 6, figs. 1 — 4, 6; text-figs. 5a — 5d; calamitean stems; Scoresby Sound, East Greenland; Late Triassic (*Lepidopteris* Zone).

1956a Sze H C, pp. 11, 120, pl. 1, figs. 1, 1a; pl. 2, figs. 1, 1a, 2; pl. 3, figs. 1 — 3; pl. 4, fig. 1; pl. 6, figs. 7, 8; pl. 9, figs. 1, 2, 2a; calamitean stems; Qilicun (Chilitsun) of Yanchang and Tanhegou near Silangmiao (T'anhokou near Shilangmiao) of Yijun, Shaanxi; Late Triassic upper part of Yenchang Formation; Huailinping of Yanchang, Shaanxi; Late Triassic middle part of Yenchang Formation.

1956 Chow T Y, Chang S J, pp, 55, 60, pl. 1, fig. 2; calamitean stem; Alxa Banner, Inner Mongolia; Late Triassic Yenchang Formation.

1963 Lee H H and others, p. 126, pl. 93, fig. 3; calamitean stem; Northwest China; Late Triassic — Early Jurassic.

1963 Lee P C, p. 122, pl. 51, fig. 1; calamitean stem; Yijun, Shaanxi; Late Triassic.

1963 Sze H C, Lee H H and others, p. 27, pl. 5, figs. 4, 5; pl. 6, figs. 1, 2; pl. 7, figs. 2, 3; calamitean stems and shoots; Yanchang and Yijun of Shaanxi, Alxa Banner of Inner Mongolia and Guyuan of Gansu (?); Late Triassic middle part and upper part of

Yenchang Group.

1968 *Fossil Atlas of Mesozoic Coal-bearing Strata in Kiangsi and Hunan Provinces*, p. 36, pl. 1, figs. 5, 6; pl. 2, fig. 1; calamitean stems; Jiangxi (Kiangsi) and Hunan; Late Triassic — Early Jurassic.

1977 Department of Geological Exploration of Changchun College of Geology and others, pl. 1, fig. 1; calamitean stem; Shiren of Hunjiang, Jilin; Late Triassic Xiaohekou Formation.

1978 Yang Xianhe, p. 471, pl. 156, fig. 2; calamitean stem; Shazi of Xiangcheng, Sichuan; Late Triassic Lamaya Formation.

1978 Zhang Jihui, p. 464, pl. 151, fig. 6; calamitean stem; Jingxian, Hunan; Early Jurassic.

1979 Gu Daoyuan, Hu Yufan, pl. 1, fig. 6; calamitean stem; Kelasuhe of Kuqa, Xinjiang; Late Triassic Tariqike Formation.

1979 He Yuanliang and others, p. 134, pl. 57, fig. 3; calamitean stem; Nijiagou near Lvshunzhuang of Datong, Qinghai; Late Triassic Mole Group.

1979 Hsu J and others, p. 12, pl. 2, figs. 1, 2; calamitean stems; Huashan of Baoding, Sichuan; Late Triassic middle-upper part of Daqiaodi Formation.

1980 He Dechang, Shen Xiangpeng, p. 7, pl. 1, fig. 1; calamitean stem; Chengtanjiang of Liuyang, Hunan; Late Triassic Anyuan Formation.

1980 Huang Zhigao, Zhou Huiqin, p. 68, pl. 14, fig. 1; pl. 15, fig. 1; pl. 17, fig. 4; pl. 23, fig. 4; calamitean stems; Jinsuoguan and Jiaoping of Tongchuan, Shaanxi; Late Triassic upper part of Yenchang Formation, late Middle Triassic lower member of Tongchuan Formation.

1980 Zhang Wu and others, p. 229, pl. 103, fig. 4; pl. 104, figs. 1 — 3; calamitean stems; Shiren of Tonghua, Jilin; Late Triassic Beishan Formation.

1981 Zhou Huiqin, pl. 1, fig. 2; calamitean stem; Yangcaogou of Beipiao, Liaoning; Late Triassic Yangcaogou Formation.

1982 Liu Zijin, p. 117, pl. 57, fig. 1; pl. 58, fig. 1; calamitean stems; Shaanxi, Gansu and Ningxia; Late Triassic upper part of Yenchang Formation.

1982 Wang Guoping and others, p. 238, pl. 108, fig. 6; calamitean stem; Anyuan of Pingxiang, Jiangxi; Late Triassic Anyuan Formation.

1983 Duan Shuying and others, p. 60, pl. 6, figs. 3, 4; calamitean stems; Beiluoshan of Ninglang, Yunnan (Tunnan); Late Triassic.

1984 Chen Gongxin, p. 566, pl. 222, fig. 6; calamitean stem; Guodikeng of Jingmen, Hubei; Early Jurassic Tongzhuyuan Formation.

1984 Gu Daoyuan, p. 135, pl. 64, fig. 5; pl. 65, figs. 1, 3; calamitean stems; Turpan Depression, Xinjiang; Late Triassic Haojiagou Formation.

1984 Wang Ziqiang, p. 232, pl. 111, fig. 1; pl. 113, figs. 3, 4; calamitean stems and leaves; Linxian, Jixian and Yonghe, Shanxi; Middle — Late Triassic Yenchang Group.

1986 Ye Meina and others, p. 18, pl. 4, fig. 7; pl. 6, figs. 1, 1a; pl. 8, figs. 1, 1a; calamitean stems; Jinwo near Tieshan of Daxian and Qilixia of Kaijiang, Sichuan; Late Triassic Hsuchiaho Formation.

1986 Zhou Tongshun, Zhou Huiqin, p. 64, pl. 17, figs. 1 — 4; pl. 20, fig. 3; calamitean stems; Dalongkou of Jimsar, Xinjiang; Middle Triassic Karamay Formation and Late Triassic

Haojiagou Formation.

1987 Hu Yufan, Gu Daoyuan, p. 219, pl. 5, fig. 4; calamitean stem; Kuqa, Xinjiang; Late Triassic Tariqike Formation.

1988 Li Peijuan and others, p. 43, pl. 98, fig. 1; calamitean stem; Dameigou of Da Qaidam, Qinghai; Early Jurassic *Cladophlebis* Bed of Huoshaoshan Formation.

1989 Mei Meitang and others, p. 74, pl. 33, fig. 3; text-figs. 3 — 6, 7b; calamitean stem; China; Late Triassic — Early Jurassic.

1990 Wu Xiangwu, He Yuanliang, p. 293, pl. 1, fig. 7; pl. 2, figs. 6, 6a; calamitean stems; Yushu, Qinghai; Late Triassic A Formation of Jieza Group.

1992 Sun Ge, Zhao Yanhua, p. 524, pl. 217, figs. 1, 2; pl. 218, figs. 1 — 4; pl. 219, fig. 2; calamitean stems; Shiren of Hunjiang, Jilin; Late Triassic Xiaohekou Formation.

1993 Mi Jiarong and others, p. 81, pl. 2, fig. 8; pl. 3, figs. 2, 3; calamitean stems; Beishan near Shiren of Hunjiang, Jilin; Late Triassic Beishan Formation (Xiaohekou Formation); Laohugou of Lingyuan, Liaoning; Late Triassic Laohugou Formation.

1995a Li Xingxue (editor-in-chief), pl. 72, fig. 3; calamitean stem; Qilicun of Yanchang, Shaanxi; Late Triassic upper part of Yenchang Formation. (in Chinese)

1995b Li Xingxue (editor-in-chief), pl. 72, fig. 3; calamitean stem; Qilicun of Yanchang, Shaanxi; Late Triassic upper part of Yenchang Formation. (in English)

1996 Mi Jiarong and others, p. 83, pl. 4, figs. 1, 9, 15; calamitean stems; Shimenzhai of Funing, Hebei; Early Jurassic Beipiao Formation.

1998 Liao Zhuoting, Wu Guogan (editors-in-chief), pl. 12, figs. 4, 6, 7; calamitean stems; Sangequan of Barkol, Xinjiang; Middle Triassic Karamay Formation.

2002 Zhang Zhenlai and others, pl. 15, fig. 7; calamitean stem; Xietan of Zigui, Hubei; Late Triassic Shazhenxi Formation.

? *Neocalamites carcinoides* Harris

1987 He Dechang, p. 71, pl. 1, fig. 3; pl. 2, fig. 3; calamitean stems; Huaqiao of Longquan, Zhejiang; early Early Jurassic bed 6 of Huaqiao Formation.

***Neocalamites* cf. *carcinoides* Harris**

1936 P'an C H, p. 11, pl. 3, figs. 4 — 9; calamitean stems; Fuxian, Shaanxi; Early Jurassic Wayaopu Coal Series. [Notes: This specimen lately was referred as *Neocalamites carcinoides* Harris (Sze H C, Lee H H and others, 1963)]

1977 Department of Geological Exploration of Changchun College of Geology and others, pl. 1, figs. 8, 11; calamitean stems and leaves; Shiren of Hunjiang, Jilin; Late Triassic Xiaohekou Formation.

2002 Wu Xiangwu and others, p. 149, pl. 1, fig. 1; calamitean stem; Tangjiagou of Minqin, Gansu; Middle Jurassic lower member of Ningyuanpu Formation.

***Neocalamites* cf. *N. carcinoides* Harris**

1996 Sun Yuewu and others, p. 12, pl. 1, fig. 5; calamitean stem; Wujiachang of Chengde, Hebei; Early Jurassic Nandaling Formation.

***Neocalamites carrerei* (Zeiller) Halle, 1908**

1902—1903 *Schizoneura carrerei* Zeiller, p. 137, pl. 36, figs. 1, 2; pl. 37, fig. 1; pl. 38, figs. 1—8; calamitean stems; Hong Gai, Vietnam; Late Triassic.

1908 Halle, p. 6.

1920 Yabe, Hayasaka, p. 14, pl. 1, figs. 2, 3; pl. 5, fig. 8; calamitean stems; Tantian near Longwangdong of Jiangbei, Sichuan; Early Triassic.

1933c Sze H C, p. 24, pl. 5, figs. 3, 4; calamitean stems; Nanguang near Yibin, Sichuan; late Late Triassic—Early Jurassic.

1933d Sze H C, p. 49, pl. 8, fig. 6; calamitean stem; Malanling of Changting, Fujian; Early Jurassic.

1949 Sze H C, p. 3, pl. 14, figs. 7, 8; calamitean stems; Xiangxi of Zigui, Lijiadian and Jiajiadian near Guanyinsi of Dangyang, Hubei; Early Jurassic Hsiangchi Coal Series. [Notes: This specimen lately was referred as *Neocalamites* cf. *carrerei* (Zeiller) Halle (Sze H C, Lee H H and others, 1963)]

1952 Sze H C, Lee H H, pp. 2, 20, pl. 1, fig. 6; calamitean stem; Aishanzi of Weiyuan, Sichuan; Early Jurassic. [Notes: This specimen lately was referred as *Neocalamites* cf. *carrerei* (Zeiller) Halle (Sze H C, Lee H H and others, 1963)]

1954 Hsu J, p. 42, pl. 38, figs. 1—3; calamitean stems; Yipinglang of Lufeng, Yunnan; Nanguang of Yibin, Sichuan; Late Triassic.

1956 Ngo C K, p. 19, pl. 2, fig. 1; calamitean stem; Xiaoping of Guangzhou, Guangdong; Late Triassic Siaoping Coal Series. [Notes: This specimen lately was referred as *Neocalamites* cf. *carrerei* (Zeiller) Halle (Sze H C, Lee H H and others, 1963)]

1956a Sze H C, pp. 10, 119, pl. 4, figs. 2, 2a; pl. 6, fig. 6; calamitean stems; Tanhegou near Silangmiao (T'anhokou near Shilangmiao) of Yijun, Shaanxi; Late Triassic upper part of Yenchang Formation.

1960a Sze H C, p. 24, pl. 1, fig. 5; calamitean stem; Shifanggou of Tianzhu, Gansu; Late Triassic Yenchang Group.

1962 Lee H H and others, p. 154, pl. 93, fig. 2; calamitean stem; Changjiang River Basin, China; Late Triassic—Early Jurassic.

1963 Lee H H and others, p. 131, pl. 104, fig. 1; calamitean stem; Northwest China; Late Triassic—Middle Jurassic.

1963 Lee P C, p. 122, pl. 51, figs. 2, 3; calamitean stems; Xinjiang, Shanxi, Sichuan, Shaanxi, Gansu and others; Late Triassic—Middle Jurassic.

1963 Chow Huiqin, p. 168, pl. 71, fig. 5; calamitean stem; Hualing of Huaxian, Guangdong; Late Triassic.

1963 Sze H C, Lee H H and others, p. 29, pl. 7, figs. 4, 4a; pl. 8, fig. 3; pl. 10, fig. 4; pl. 12, fig. 1; pl. 143, fig. 6; pl. 46, fig. 6; calamitean pith casts and stems; Yanchang, Anding and Yijun, Shaanxi; Late Triassic upper part of Yenchang Group; Guangtong, Yunnan; Late Triassic Yipinglang Group; Yibin of Sichuan and Changting of Fujian; Late Triassic—Early Jurassic.

1964 Lee H H and others, p. 130, pl. 86, fig. 2; calamitean stem; South China; Late Triassic—Middle Jurassic.

1964 Lee P C, p. 107, pl. 1, fig. 3; calamitean pith cast and stem; Yangjiaya of Guangyuan, Sichuan; Late Triassic Hsuchiaho Formation.

1965 Tsao Chengyao, p. 513, pl. 1, fig. 5; calamitean stem; Songbaikeng of Gaoming, Guangdong; Late Triassic Siaoping Formation (Siaoping Series).

1968 *Fossil Atlas of Mesozoic Coal-bearing Strata in Kiangsi and Hunan Provinces*, p. 37, pl. 1, fig. 7; calamitean stem; Jiangxi (Kiangsi) and Hunan; Late Triassic — Early Jurassic.

1974 Hu Yufan and others, pl. 1, fig. 3; calamitean stem; Guanhua Coal Mine of Yaan, Sichuan; Late Triassic.

1974 Lee P C and others, p. 355, pl. 186, figs. 6, 7; calamitean stems; Cifengchang of Pengxian, Sichuan; Late Triassic Hsuchiaho Formation.

1976 Lee P C and others, p. 93, pl. 2, figs. 5 — 7; pl. 3, figs. 3, 4; calamitean stems; Yipinglang of Lufeng, Yunnan; Late Triassic Ganhaizi Member of Yipinglang Formation; Mahuangjing of Xiangyun, Yunnan; Late Triassic Baitutian Member of Xiangyun Formation.

1977 Feng Shaonan and others, p. 199, pl. 71, figs. 8, 9; calamitean stems; Pingshan, Guangxi; Late Triassic; Zhengjiahe of Xingshan, Hubei; Late Triassic Lower Coal Formation of Hsiangchi Group; Hualing of Huaxian, Guangdong; Late Triassic Siaoping Formation; Yima of Mianchi, Henan; Late Triassic Yenchang Group.

1978 Yang Xianhe, p. 471, pl. 156, fig. 1; calamitean stem; Shazi of Xiangcheng, Sichuan; Late Triassic Lamaya Formation.

1978 Zhang Jihui, p. 464, pl. 151, fig. 2; calamitean stem; Tongzi, Guizhou; Late Triassic.

1978 Zhou Tongshun, p. 96, pl. 6, figs. 6, 7, 7a; calamitean stems; Dakeng of Zhangping, Fujian; Late Triassic Dakeng Formation.

1979 Gu Daoyuan, Hu Yufan, pl. 1, fig. 7; calamitean stem; Kelasuhe of Kuqa, Xinjiang; Late Triassic Tariqike Formation.

1979 He Yuanliang and others, p. 134, pl. 59, figs. 1, 2; calamitean stems; upper reaches of Chaomuchaohe, Qinghai; Late Triassic Babaoshan Group; Gangcha, Qinghai; Late Triassic Lower Rock Formation of Mole Group.

1979 Hsu J and others, p. 12, pl. 1, figs. 1 — 4; calamitean stems; Baoding, Sichuan; Late Triassic middle-upper part of Daqiaodi Formation and lower part of Daqing Formation.

1980 He Dechang, Shen Xiangpeng, p. 6, pl. 1, fig. 5; calamitean stem; Chengtanjiang of Liuyang, Hunan; Late Triassic Sanqiutian Formation.

1980 Huang Zhigao, Zhou Huiqin, p. 67, pl. 15, fig. 2; pl. 23, figs. 1 — 3; calamitean stems; Liulingou of Tongchuan, Shaanxi; Late Triassic upper part of Yenchang Formation and late Middle Triassic Tongchuan Formation.

1980 Wu Shuibo and others, pl. 1, fig. 7; calamitean stem; Tuopangou area of Wangqing, Jilin; Late Triassic.

1980 Zhang Wu and others, p. 229, pl. 105, fig. 6; pl. 118, figs. 1 — 6; calamitean stems; Daozigou of Lingyuan, Liaoning; Early Jurassic Guojiadian Formation; Shiren of Tonghua, Jilin; Late Triassic Beishan Formation; Fusong, Jilin; Early Jurassic Xiaoyingzi Formation; Hongqi Coal Mine of Tao'an, Jilin; Early Jurassic Hongqi Formation.

1981 Liu Maoqiang, Mi Jiarong, p. 22, pl. 1, figs. 8, 14, 15, 19; calamitean stems and calamitean pith casts; Naozhigou of Linjiang, Jilin; Early Jurassic Yihuo Formation.

1982 Duan Shuying, Chen Ye, p. 493, pl. 1, fig. 3; calamitean stem; Qilixia of Xuanhan, Sichuan; Late Triassic Hsuchiaho Formation.

1982 Liu Zijin, p. 117, pl. 58, fig. 2; calamitean stem; Liulingou, Jiaoping and Hejiafang of Tongchuan, Silangmiao (T'anhokou near Shilangmiao) of Yijun, Shaanxi; Late Triassic Yenchang Group.

1982 Wang Guoping and others, p. 238, pl. 108, figs. 2, 3; calamitean stems; Dakeng of Zhangping, Fujian; Late Triassic Dakeng Formation.

1982a Wu Xiangwu, p. 49, pl. 2, figs. 2, 3; calamitean stems; Tumain of Amdo, Tibet; Late Triassic Tumaingela Formation.

1982 Yang Xianhe, p. 464, pl. 1, figs. 1 — 4; calamitean stems; Hulukou of Weiyuan and Ganxi of Jiangnan, Sichuan; Late Triassic Hsuchiaho Formation.

1982b Yang Xuelin, Sun Liwen, p. 28, pl. 1, fig. 11; pl. 2, figs. 2 — 7; pl. 12, fig. 7; calamitean stems; Hongqi Coal Mine of southeastern Da Hinggan Ling; Early Jurassic Hongqi Formation.

1982 Zhang Wu, p. 188, pl. 1, figs. 3, 4; calamitean stems; Lingyuan, Liaoning; Late Triassic Laohugou Formation.

1983 Duan Shuying and others, pl. 6, figs. 1, 2; calamitean stems; Beiluoshan of Ninglang, Yunnan (Tunnan); Late Triassic.

1983 Sun Ge and others, p. 450, pl. 1, figs. 3, 4; calamitean stems; Dajianggang of Shuangyang, Jilin; Late Triassic Dajianggang Formation.

1984 Chen Gongxin, p. 567, pl. 221, fig. 1; pl. 222, fig. 5; calamitean stems; Fenshuiling and Haihuigou of Jingmen, Hubei; Late Triassic Jiuligang Formation and Early Jurassic Tongzhuyuan Formation.

1984 Gu Daoyuan, p. 135, pl. 64, figs. 6, 7; pl. 65, fig. 2; pl. 77, fig. 8; calamitean stems; Turfan Depression, Xinjiang; Late Triassic Haojiagou Formation; Kelasuhe of Kuqa, Xinjiang; Late Triassic Tariqike Formation.

1984 Huang Qisheng, pl. 1, figs. 10, 11; calamitean stems; Baolongshan of Huaining, Anhui; Late Triassic Lalijian Formation.

1984 Wang Ziqiang, p. 232, pl. 112, figs. 5, 6; pl. 122, figs. 4, 5; calamitean stems; Xingxian, Shanxi; Middle — Late Triassic Yenchang Group.

1985 Mi Jiarong, Sun Chunlin, pl. 1, fig. 1; calamitean stem; Bamianshi Coal Mine of Shuangyang, Jilin; Late Triassic upper member of Xiaofengmidingzi Formation.

1986 Chen Ye and others, p. 38, pl. 4, fig. 1; calamitean stem; Litang, Sichuan; Late Triassic Lanashan Formation.

1986 Ye Meina and others, p. 18, pl. 4, figs. 6, 6a; calamitean stem; Leiyinpu of Daxian, Sichuan; Late Triassic member 7 of Hsuchiaho Formation.

1986 Zhou Tongshun, Zhou Huiqin, p. 65, pl. 17, fig. 5; pl. 20, figs. 1, 2; calamitean stems; Dalongkou of Jimsar, Xinjiang; Middle Triassic Karamay Formation and Late Triassic Haojiagou Formation.

1987 Chen Ye and others, p. 86, pl. 2, fig. 1; calamitean stem; Qinghe of Yanbian, Sichuan;

Late Triassic Hongguo Formation.

1987 He Dechang, p. 78, pl. 1, fig. 2; calamitean stem; Yangjiashan of Yunhe, Zhejiang; Middle Jurassic Maolong Formation.

1987 He Dechang, p. 79, pl. 14, fig. 6; calamitean stem; Paomaling of Puqi, Hubei; Late Triassic Jigongshan Formation.

1987 He Dechang, p. 82, pl. 17, fig. 4; calamitean stem; Dakeng of Zhangping, Fujian; Late Triassic Wenbinshan Formation.

1987 Hu Yufan, Gu Daoyuan, p. 220, pl. 5, fig. 3; calamitean stem; Kuqa, Xinjiang; Late Triassic Tariqike Formation.

1987 Yang Xianhe, p. 4, pl. 1, fig. 1; calamitean stem; Dujia of Rongxian, Sichuan; Middle Jurassic Lower Shaximiao Formation.

1988 Huang Qisheng, pl. 2, fig. 4; calamitean stem; Jinshandian of Daye, Hubei; Early Jurassic middle part of Wuchang Formation.

1988b Huang Qisheng, Lu Zongsheng, pl. 10, fig. 13; calamitean stem; Jinshandian of Daye, Hubei; Early Jurassic middle part of Wuchang Formation.

1989 Mei Meitang and others, p. 74, pl. 33, fig. 1; text-fig. 3-67a; calamitean stem; China; Late Triassic — Early Jurassic.

1991 Li Jie and others, p. 53, pl. 1, figs. 2, 3; calamitean stems; northern Yematan of Kunlun Mountain, Xinjiang; Late Triassic Wolonggang Formation.

1992 Sun Ge, Zhao Yanhua, p. 523, pl. 215, figs. 2 — 5, 7; calamitean stems; North Hill near Lujuanzicun of Wangqing, Jilin; Late Triassic Malugou Formation.

1993 Bureau of Geology and Mineral Resources of Heilongjiang Province, pl. 11, fig. 7; calamitean stem; Heilongjiang Province; Middle Jurassic Peide Formation.

1993 Mi Jiarong and others, p. 82, pl. 3, figs. 4, 7, 8; pl. 4, fig. 1; pl. 5, figs. 1 — 4, 8; calamitean stems; Luoquanzhan of Dongning, Heilongjiang; Late Triassic Luoquanzhan Formation; Dajianggang of Shuangyang, Jilin; Late Triassic Dajianggang Formation; Bamianshi Coal Mine of Shuangyang, Jilin; Late Triassic upper member of Xiaofengmidingzi Formation; Beishan near Shiren of Hunjiang, Jilin; Late Triassic Beishan Formation (Xiaohekou Formation); Weichanggou of Pingquan, Hebei; Late Triassic Xingshikou Formation; Laohugou of Lingyuan, Liaoning; Late Triassic Laohugou Formation.

1993 Sun Ge, p. 59, pl. 2, figs. 1 — 7; text-fig. 16; calamitean stems; Tianqiaoling and North Hill near Lujuanzicun of Wangqing, Jilin; Late Triassic Malugou Formation.

1993a Wu Xiangwu, p. 104.

1995 Zeng Yong and others, pp. 47, pl. 2, figs. 2, 3; calamitean stems; Yima, Henan; Middle Jurassic Yima Formation.

1996 Mi Jiarong and others, p. 83, pl. 3, fig. 4; pl. 4, figs. 5, 6, 12; calamitean stems; Guanshan and Sanbao in Beipiao of Liaoning, Shimenzhai in Funing of Hebei; Early Jurassic Beipiao Formation.

1998 Zhang Hong and others, pl. 8, fig. 2; pl. 9, fig. 3; calamitean stems; Tielike of Baicheng, Xinjiang; Early Jurassic Ahe Formation.

1999b Wu Shunqing, p. 15, pl. 1, fig. 8(?); pl. 3, figs. 1 — 5; pl. 4, figs. 1(?), 2(?), 3; calamitean stems; Jinxi of Wangcang, Libixia of Hechuan and Huangshiban near Xinchang of

Weiyuan, Sichuan; Late Triassic Hsuchiaho Formation; Luchang and Maping of Huili, Sichuan; Late Triassic Baiguowan Formaion; Langdai of Liuzhi, Guizhou; Late Triassic Huobachong Formation.

2000 Sun Chunlin and others, pl. 1, fig. 6; calamitean stem; Hongli of Baishan, Jilin; Late Triassic Xiaoyingzi Formation.

2003 Deng Shenghui and others, pl. 67, fig. 3; calamitean stem; Sandaoling Coal Mine of Hami, Xinjiang; Middle Jurassic Xishanyao Formation.

2003 Yuan Xiaoqi and others, pl. 20, fig. 1; calamitean stem; Xiuyanhe of Zichang, Shaanxi; Middle Jurassic Yan'an Formation.

***Neocalamites* cf. *carrerei* (Zeiller) Halle**

1936 P'an C H, p. 9, pl. 3, figs. 1 — 3; calamitean stems; Qinjiata of Anding and Yanlijiaping of Fuxian, Shaanxi; Early Jurassic Wayaopu Coal Series. [Notes: This specimen lately was referred as *Neocalamites carrerei* (Zeiller) Halle (Sze H C, Lee H H and others, 1963)]

1956b Sze H C, pl. 2, fig. 6; calamitean stem; Karamay of Junggar (Dzungaria) Basin, Xinjiang; late Late Triassic upper part of Yenchang Formation.

1963 Sze H C, Lee H H and others, p. 30, pl. 8, fig. 4; calamitean stem; western Hubei and Baxian of Sichuan; Early Jurassic Hsiangchi Group; Junggar Basin, Xinjiang; Late Triassic upper part of Yenchang Group; Xiaoping of Guangzhou, Guangdong; Late Triassic Siaoping Group.

1987 Hu Yufan, Gu Daoyuan, p. 221, pl. 3, fig. 3; calamitean stem; Dalongkou of Jimsar, Xinjiang; Late Triassic Haojiagou Formation.

1988a Huang Qisheng, Lu Zongsheng, p. 181, pl. 2, fig. 2; calamitean stem; Shuanghuaishu of Lushi, Henan; Late Triassic bed 5 in lower part of Yenchang Formation.

1996 Wu Shunqing, Zhou Hanzhong, p. 3, pl. 1, fig. 2; calamitean stem; Kuqa River Section of Kuqa, Xinjiang; Middle Triassic lower member of Karamay Formation.

△*Neocalamites dangyangensis* Chen, 1977

1977 Chen Gongxin, in Feng Shaonan and others, p. 200, pl. 71, fig. 6; calamitean stem; Reg. No.: P5087; Holotype: P50987 (pl. 71, fig. 6); Repository: Geological Bureau of Hubei Province; Sanligang of Dangyang, Hubei; Early — Middle Jurassic Upper Coal Formation of Hsiangchi Group.

1979 He Yuanliang and others, p. 134, pl. 58, figs. 1, 1a; calamitean stem; upper reaches of Chaomuchaohe in Qinghai; Late Triassic Babaoshan Group.

1984 Chen Gongxin, p. 567, pl. 221, figs. 2 — 4; calamitean stems; Fenshuiling of Jingmen, Hubei; Late Triassic Jiuligang Formation; Sanligang of Dangyang, Hubei; Early Jurassic Tongzhuyuan Formation; Jigongshan of Puqi, Hubei; Late Triassic Jigongshan Formation.

1984 Wang Ziqiang, p. 232, pl. 122, figs. 2, 3; calamitean stems; Chengde, Hebei; Early Jurassic Jiashan Formation.

△*Neocalamites*? *filifolius* Li et Wu, 1988

1988 Li Peijuan, Wu Xiangwu, in Li Peijuan and others, p. 43, pl. 8, fig. 2; pl. 16, figs. 2, 3; pl.

84, fig. 4B; calamitean stems; Col. No.: $80DP_1F_{38}$; Reg. No.: PB13345, PB1346; Holotype: PB13345 (pl. 16, fig. 2); Repository: Nanjing Institute of Geology and Palaeontology, Chinese Academy of Sciences; Dameigou of Da Qaidam, Qinghai; Early Jurassic *Hausmannia* Bed of Tianshuigou Formation.

△*Neocalamites haifanggouensis* Zheng, 1980

1980 Zheng Shaolin, in Zhang Wu and others, p. 230, pl. 117, figs. 3 — 5; text-fig. 168; calamitean stems; Reg. No.: D63 — D65; Repository: Shenyang Institute of Geology and Mineral Resources; Haifanggou of Beipiao, Liaoning; Middle Jurassic Lanqi Formation. (Notes: The type specimen was not designated in the original paper)

1987 Zhang Wu, Zheng Shaolin, p. 267, pl. 2, fig. 5; calamitean stem; Taizishan near Changgao of Beipiao, Liaoning; Middle Jurassic Lanqi Formation.

1989 Bureau of Geology and Mineral Resources of Liaoning Province, pl. 9, fig. 6; calamitean stem; Haifanggou of Beipiao, Liaoning; Middle Jurassic Haifanggou Formation.

△*Neocalamites haixizhouensis* Li et Wu, 1988

1988 Li Peijuan, Wu Xiangwu, in Li Peijuan and others, p. 43, pl. 7, fig. 1; pl. 8, figs. 1, 1a; pl. 9, figs. 1A, 1a; pl. 10, fig. 3; pl. 11, figs. 3 — 5; pl. 12, fig. 2; pl. 13, fig. 1; pl. 14, fig. 2; calamitean stems; Col. No.: $80DP_1F_{38}$; Reg. No.: PB13347 — PB13355; Holotype: PB13347 (pl. 10, fig. 3); Repository: Nanjing Institute of Geology and Palaeontology, Chinese Academy of Sciences; Dameigou of Da Qaidam, Qinghai; Early Jurassic *Hausmannia* Bed of Tianshuigou Formation.

1992 Xie Mingzhong, Sun Jingsong, pl. 1, fig. 1; calamitean stem; Xuanhua, Hebei; Middle Jurassic Xiahuayuan Formation.

1995a Li Xingxue (editor-in-chief), pl. 89, fig. 4; calamitean stem; Dameigou of Da Qaidam, Qinghai; Early Jurassic Tianshuigou Formation. (in Chinese)

1995b Li Xingxue (editor-in-chief), pl. 89, fig. 4; calamitean stem; Dameigou of Da Qaidam, Qinghai; Early Jurassic Tianshuigou Formation. (in English)

***Neocalamites merianii* (Brongniart) Halle, 1908**

1828 — 1838 *Equisetites merianii* Brongniart, p. 115, pl. 12, fig. 13; France; Triassic.

1908 Halle, p. 11.

1979 He Yuanliang and others, p. 134, pl. 57, fig. 4; pl. 58, fig. 3; calamitean stems; Gangcha, Qinghai; Late Triassic Lower Rock Formation of Mole Group.

1979 Ye Meina, p. 76, pl. 1, fig. 2; calamitean stem; Wayaopo of Lichuan, Hubei; Middle Triassic middle member of Badong Formation.

1983 Zhang Wu and others, p. 72, pl. 1, figs. 25 — 27; calamitean stems with leaves; Linjiawaizi of Benxi, Liaoning; Middle Triassic Linjia Formation.

Cf. *Neocalamites merianii* (Brongniart) Halle

1960a Sze H C, p. 25, pl. 1, figs. 8, 9; calamitean stems; Shifanggou of Tianzhu, Gansu; Late Triassic Yenchang Group.

***Neocalamites* cf. *merianii* (Brongniart) Halle**

1984 Chen Gongxin, p. 567, pl. 222, figs. 10, 11; calamitean stems; Chengchao of Echeng, Hubei; Late Triassic Jigongshan Formation.

1990 Wu Shunqing, Zhou Hanzhong, p. 449, pl. 1, figs. 4, 5; calamitean stems; Kuqa, Xinjiang; Early Triassic Ehuobulake Formation.

△*Neocalamites nanzhangensis* Feng, 1977

1977 Feng Shaonan and others, p. 200, pl. 71, fig. 5; calamitean stem; Reg. No.: P25206; Holotype: P25206 (pl. 71, fig. 5); Repository: Hubei Institute of Geological Sciences; Donggong of Nanzhang, Hubei; Late Triassic Lower Coal Formation of Hsiangchi Group.

1982 Zhang Wu, p. 188, pl. 1, figs. 1, 2; calamitean stems; Lingyuan, Liaoning; Late Triassic Laohugou Formation.

1985 Yang Xuelin, Sun Liwen, p. 102, pl. 1, figs. 4, 5; calamitean stems; Hongqi Coal Mine of southern Da Hinggan Ling; Early Jurassic Hongqi Formation.

1995 Zeng Yong and others, p. 46, pl. 2, fig. 4; calamitean stem; Yima, Henan; Middle Jurassic Lower Coal-bearing Member of Yima Formation.

***Neocalamites nathorsti* Erdtman, 1921**

1921 Erdtman, p. 4, pl. 1, figs. 9 — 14; calamitean stems and leafy shoots; Yorkshire, England; Middle Jurassic.

1979 He Yuanliang and others, p. 133, pl. 57, fig. 2; calamitean stem; Dameigou of Da Qaidam, Qinghai; Early Jurassic Xiaomeigou Formation.

1983a Cao Zhengyao, p. 11, pl. 1, figs. 1, 2; calamitean stems; Yunshan of Hulin, Heilongjiang; Middle Jurassic lower part of Longzhaogou Group.

1985 Li Peijuan, p. 148, pl. 19, fig. 1; calamitean shoot with leaf; Wensu, Xinjiang; Early Jurassic.

1986 Ye Meina and others, p. 19, pl. 1, fig. 4; pl. 5, fig. 5; calamitean stems; Zhengba of Kaijiang, Sichuan; Early Jurassic Zhenzhuchong Formation.

1988 Li Peijuan and others, p. 45, pl. 10, figs. 2, 2a; pl. 12, figs. 1, 1a; pl. 14, figs. 1, 1a; pl. 15, figs. 2, 3a; pl. 20, fig. 1; calamitean stems; Dameigou of Da Qaidam, Qinghai; Early Jurassic *Ephedrites* Bed of Tianshuigou Formation and Middle Jurassic *Neocalamites nathorstii* Bed of Shimengou Formation.

1988 Sun Bainian, Yang Shu, p. 85, pl. 1, fig. 1; calamitean stem and cuticle; Xiangxi of Zigui, Hubei; Early — Middle Jurassic Hsiangchi (Xiangxi) Formation.

1995a Li Xingxue (editor-in-chief), pl. 90, fig. 2; calamitean stem; Dameigou of Da Qaidam, Qinghai; Early Jurassic Tianshuigou Formation. (in Chinese)

1995b Li Xingxue (editor-in-chief), pl. 90, fig. 2; calamitean stem; Dameigou of Da Qaidam, Qinghai; Early Jurassic Tianshuigou Formation. (in English)

1995 Wu Shunqing, p. 471, pl. 1, figs. 2, 3, 6; calamitean stems; Kuqa River Section of Kuqa, Xinjiang; Early Jurassic upper part of Tariqike Formation.

1998 Zhang Hong and others, pl. 4, fig. 1; pl. 5, figs. 1, 2; pl. 6, fig. 1; pl. 7, figs. 1, 2; pl. 8, fig. 1; calamitean stems; Tielike of Baicheng, Xinjiang; Early Jurassic Ahe Formation; Dameigou of Da Qaidam, Qinghai; Early Jurassic Huoshaoshan Formation.

***Neocalamites* cf. *nathorst* Erdtman**

1980 Wu Shunqing and others, p. 86, pl. 6, figs. 7, 7a; text-fig. 2; calamitean stem; Xiangxi of Zigui, Hubei; Early — Middle Jurassic Hsiangchi Formation.

1984 Chen Gongxin, p. 567, pl. 223, fig. 4; calamitean stem; Zigui, Hubei; Early Jurassic Hsiangchi Formation.

△*Neocalamites rugosus* Sze, 1956

1956a Sze H C, pp. 14, 122, pl. 8, figs. 1 — 3a; pl. 40, figs. 4 — 6; calamitean stems; Reg. No.: PB2267 — PB2271; Repository: Nanjing Institute of Geology and Palaeontology, Chinese Academy of Sciences; Tanhegou near Silangmiao (T'anhokou near Shilangmiao) of Yijun and Fengjiagou of Yanchang, Shaanxi; Late Triassic upper part of Yenchang Group. [Notes: This specimens lately were referred by Shen Guanglong (1990, p. 302) as *Neocalamites asperrimas* (Franke) Shen]

1960a Sze H C, p. 24, pl. 1, fig. 7; calamitean stem; Shifanggou of Tianzhu, Gansu; Late Triassic Yenchang Group.

1963 Sze H C, Lee H H and others, p. 31, pl. 9, figs. 1, 1a, 2, 2a; calamitean stems; Yijun and Yanchang, Shaanxi; Late Triassic upper part of Yenchang Group.

1974 Hu Yufan and others, pl. 1, fig. 2; calamitean stem; Guanhua Coal Mine of Yaan, Sichuan; Late Triassic.

1977 Department of Geological Exploration of Changchun College of Geology and others, pl. 1, figs. 3, 5; calamitean stems; Shiren of Hunjiang, Jilin; Late Triassic Xiaohekou Formation.

1977 Feng Shaonan and others, p. 200, pl. 71, figs. 3, 4; calamitean stems; Donggong of Nanzhang, Hubei; Late Triassic Lower Coal Formation of Hsiangchi Group.

1978 Yang Xianhe, p. 471, pl. 156, fig. 3; calamitean stem; Yaan, Sichuan; Late Triassic Hsuchiaho Formation.

1979 He Yuanliang and others, p. 134, pl. 58, fig. 2; calamitean stem; Tianjun, Qinghai; Late Triassic Lower Rock Formation of Mole Group.

1980 Zhang Wu and others, p. 231, pl. 105, figs. 4, 5; calamitean stems; Shiren of Tonghua, Jilin; Late Triassic Beishan Formation.

1981 Zhou Huiqin, pl. 1, fig. 3; calamitean stem; Yangcaogou of Beipiao, Liaoning; Late Triassic Yangcaogou Formation.

1982 Yang Xianhe, p. 464, pl. 1, figs. 5, 6; calamitean stems; Ganxi of Jiangnan, Sichuan; Late Triassic Hsuchiaho Formation.

1984 Chen Gongxin, p. 567, pl. 221, fig. 5; calamitean stem; Donggong of Nanzhang, Hubei; Late Triassic Jiuligang Formation.

1984 Wang Ziqiang, p. 232, pl. 111, figs. 3 — 5; calamitean stems; Shilou and Yonghe, Shanxi; Middle — Late Triassic Yenchang Group.

1987 Chen Ye and others, p. 86, pl. 2, figs. 2, 3, 6; calamitean stems; Qinghe of Yanbian, Sichuan; Late Triassic Hongguo Formation.

1989 Mei Meitang and others, p. 75, pl. 33, fig. 2; calamitean stem; China; Late Triassic.

1993 Mi Jiarong and others, p. 82, pl. 4, figs. 2, 2a, 3, 5; pl. 6, fig. 1; calamitean stems; Beishan near Shiren of Hunjiang, Jilin; Late Triassic Beishan Formation (Xiaohekou Formation); Yangcaogou of Beipiao, Liaoning; Late Triassic Yangcaogou Formation.

△***Neocalamites shanxiensis*** **Wang, 1984**

1984 Wang Ziqiang, p. 233, pl. 110, fig. 17; pl. 111, fig. 2; pl. 112, fig. 7; calamitean stems; Reg. No. : P0041, P0065, P0066; Holotype: P0066 (pl. 112, fig. 7); Paratype: P0041 (pl. 110, fig. 17); Repository: Nanjing Institute of Geology and Palaeontology, Chinese Academy of Sciences; Yushe and Xingxian, Shanxi; Early — Middle Ermaying Formation and Liujiagou Formation, Middle — Late Triassic Yenchang Group.

1986b Zheng Shaolin, Zhang Wu, p. 176, pl. 3, figs. 7, 8; calamitean stems; Yangshugou of Harqin Left Wing, western Liaoning; Early Triassic Hongla Formation.

1995 Zeng Yong and others, p. 47, pl. 4, figs. 1, 2; calamitean stems; Yima, Henan; Middle Jurassic Lower Coal-bearing Member of Yima Formation.

2000 Meng Fansong and others, p. 51, pl. 1, figs. 1 — 8; calamitean stems; Lianghekou of Zigui, Hubei; Middle Triassic member 1 of Badong Formation; Dawotang in Fengjie of Chongqing, Hongjiaguan and Mahekou in Sangzhi of Hunan; Qiliping of Enshi, Hubei; Middle Triassic member 2 of Badong Formation.

2002 Zhang Zhenlai and others, pl. 13, fig. 11; calamitean stem; Guojiaba of Zigui, Hubei; Middle Triassic Xinlingzhen Formation.

△***Neocalamites? tubercalatus*** **Li et Wu, 1982**

1982 Li Peijuan, Wu Xiangwu, p. 37, pl. 3, figs. 3A, 3a; calamitean stem; Col. No. : 热 (7) f1-2; Reg. No. : PB8492; Holotype: PB8492 (pl. 3, figs. 3A, 3a); Repository: Nanjing Institute of Geology and Palaeontology, Chinese Academy of Sciences; Lamaya of Yidun, Sichuan; Late Triassic Lamaya Formation.

△***Neocalamites wuzaoensis*** **Chen, 1986**

1986b Chen Qishi, p. 3, pl. 3, figs. 8, 9; calamitean stems; Col. No. : P1116-4-A1, 28; Reg. No. : ZMf-植-00031; Repository: Zhejiang Museum of Natural History; Wuzao of Yiwu, Zhejiang; Late Triassic Wuzao Formation.

Neocalamites **spp.**

1956a *Neocalamites* sp., Sze H C, pp. 14, 123, pl. 2, fig. 3; calamitean stem; Xiqukou of Yanchang, Shaanxi; Late Triassic upper part of Yenchang Formation.

1956c *Neocalamites* sp., Sze H C, pl. 2, fig. 9; calamitean stem; Ruishuixia (Juishuihsia) of Guyuan, Gansu; Late Triassic Yenchang Formation. [Notes: This specimen lately was referred as ? *Neocalamites carcinoides* Harris (Sze H C, Lee H H and others, 1963)]

1963 *Neocalamites* sp. 1, Sze H C, Lee H H and others, p. 32, pl. 10, fig. 2; calamitean stem; Xiqukou of Yanchang, Shaanxi; Late Triassic upper part of Yenchang Group.

1963 *Neocalamites* sp. 2, Sze H C, Lee H H and others, p. 32, pl. 9, figs. 3, 4; articulate stems; Huangnibao (Hoa-ni-pu) of Yaan, Sichuan; Early Jurassic(?).

1966 *Neocalamites* sp. 1, Wu Shunching, p. 234, pl. 1, fig. 2; calamitean stem; Longtoushan of Anlong, Guizhou; Late Triassic.

1966 *Neocalamites* sp. 2, Wu Shunching, p. 234, pl. 1, fig. 3; calamitean pith cast; Longtoushan of Anlong, Guizhou; Late Triassic.

1976 *Neocalamites* sp., Chang Chichen, p. 184, pl. 86, figs. 6, 7; calamitean stems; Datong, Shanxi; Middle Jurassic Datong Formation.

1976 *Neocalamites* sp. 1, Lee P C and others, p. 93, pl. 3, fig. 1; calamitean pith cast; Yipinglang of Lufeng, Yunnan; Late Triassic Ganhaizi Member of Yipinglang Formation.

1976 *Neocalamites* sp. 2, Lee P C and others, p. 94, pl. 3, fig. 2; calamitean stem; Yipinglang and Yubacun of Lufeng, Yunnan; Late Triassic Ganhaizi Member and Shezi Member of Yipinglang Formation.

1976 *Neocalamites* sp. 3, Lee P C and others, p. 94, pl. 46, fig. 1; calamitean stem; Tiechang of Weishan, Yunnan; Late Triassic Waluba Member of Weishan Formation.

1978 *Neocalamites* sp., Wang Lixin and others, pl. 4, figs. 9 — 11; calamitean stems; Hongyatou of Yushe, Shanxi; Early Triassic.

1978 *Neocalamites* sp., Yang Xianhe, p. 471, pl. 189, fig. 11; calamitean stem; Tieshan of Daxian, Sichuan (Szechuan); Early — Middle Jurassic Ziliujing Formation.

1979 *Neocalamites* sp., Ye Meina, p. 77, pl. 1, figs. 3, 3a; calamitean stem; Wayaopo of Lichuan, Hubei; Middle Triassic middle member of Badong Formation.

1979 *Neocalamites* sp., Zhou Zhiyan, Li Baoxian, p. 445, pl. 1, fig. 2; calamitean pith cast; Haiyangcun near Jiuqujiang of Qionghai, Hainan; Early Triassic Lingwen Group (Jiuqujiang Formation).

1980 *Neocalamites* sp. 1, Huang Zhigao, Zhou Huiqin, p. 68, pl. 14, fig. 2; calamitean stem; Jinsuoguan of Tongchuan, Shaanxi; late Middle Triassic upper member of Tongchuan Formation.

1980 *Neocalamites* spp., Wu Shunqing and others, p. 72, pl. 1, figs. 1 — 3; calamitean stems; Shanzhenxi of Zigui, Gengjiahe and Zhengjiahe of Xingshan, Hubei; Late Triassic Shazhenxi Formation.

1982 *Neocalamites* sp., Duan Shuying, Chen Ye, p. 493, pl. 1, fig. 4; calamitean stem; Tanba of Hechuan, Sichuan; Late Triassic upper part of Hsuchiaho Formation.

1982 *Neocalamites* sp., Li Peijuan, Wu Xiangwu, p. 38, pl. 1, fig. 3; calamitean stem; Lamaya of Yidun, Sichuan; Late Triassic Lamaya Formation.

1982b *Neocalamites* sp., Wu Xiangwu, p. 79, pl. 3, fig. 7; calamitean stem; Qamdo, Tibet; Late Triassic upper member of Bagong Formation.

1982b *Neocalamites* sp., Yang Xuelin, Sun Liwen, p. 42, pl. 13, fig. 4; calamitean pith cast; Wanbao Coal Mine of southeastern Da Hinggan Ling; Middle Jurassic Wanbao Formation.

1982 *Neocalamites* sp., Zhang Caifan, p. 522, pl. 338, fig. 2; calamitean stem; Wenjiashi of Liuyang, Hunan; Early Jurassic.

1982b *Neocalamites* sp., Zheng Shaolin, Zhang Wu, p. 295, pl. 1, figs. 14 — 16; calamitean stems; Peide of Mishan and Yunshan of Hulin, Heilongjiang; Middle Jurassic Dongshengcun Formation.

1984 *Neocalamites* sp., Chen Gongxin, p. 567, pl. 222, fig. 14; calamitean stem; Donggong of Nanzhang, Hubei; Late Triassic Jiuligang Formation.

1984 *Neocalamites* sp., Li Baoxian, Hu Bin, p. 138, pl. 1, fig. 4; calamitean stem; Datong, Shanxi; Early Jurassic Yongdingzhuang Formation.

1984 *Neocalamites* sp. 1, Wang Ziqiang, p. 232, pl. 112, figs. 2, 3; calamitean stems; Yushe, Shanxi; Middle — Late Triassic Yenchang Group.

1984 *Neocalamites* sp. 2, Wang Xifu, p. 298, pl. 175, figs. 12, 13; calamitean stems; Xiabancheng of Chengde, Hebei; Early Triassic upper part of Heshanggou Formation.

1985 *Neocalamites* sp., Mi Jiarong, Sun Chunlin, pl. 1, fig. 8; calamitean stem; Bamianshi Coal Mine of Shuangyang, Jilin; Late Triassic upper member of Xiaofengmidingzi Formation.

1985 *Neocalamites* sp., Yang Xuelin, Sun Liwen, p. 102, pl. 1, fig. 1; calamitean stem; Wanbao Coal Mine of southern Da Hinggan Ling; Middle Jurassic Wanbao Formation.

1986b *Neocalamites* sp., Chen Qishi, p. 3, pl. 3, figs. 5, 6; calamitean stems; Wuzao of Yiwu, Zhejiang; Late Triassic Wuzao Formation.

1986 *Neocalamites* sp., Duan Shuying, p. 334, pl. 1, fig. 6; calamitean stem; Xiadelongwan of Yanqing, Beijing; Middle Jurassic Houcheng Formation.

1986 *Neocalamites* sp., Ju Kuixiang, Lan Shanxian, p. 2, fig. 11; calamitean stem; Lvjiashan near Nanjing, Jiangsu; Late Triassic Fanjiatang Formation.

1986 *Neocalamites* sp., Li Weirong and others, pl. 1, fig. 2; calamitean stem; Beishan in Peide of Mishan, Heilongjiang; Middle Jurassic Peide Formation.

1987 *Neocalamites* sp. 1, Chen Ye and others, p. 87, pl. 2, fig. 7; calamitean stem; Qinghe of Yanbian, Sichuan; Late Triassic Hongguo Formation.

1987 *Neocalamites* sp. 2, Chen Ye and others, p. 87, pl. 2, figs. 4, 5; calamitean stems; Qinghe of Yanbian, Sichuan; Late Triassic Hongguo Formation.

1987 *Neocalamites* sp., Duan Shuying, p. 19, pl. 3, fig. 7; calamitean pith cast; Zhaitang of West Hill, Beijing; Middle Jurassic.

1988 *Neocalamites* sp. 1, Li Peijuan and others, p. 46, pl. 4, fig. 5; calamitean stem; Xiaomeigou of Da Qaidam, Qinghai; Early Jurassic *Zamites* Bed of Xiaomeigou Formation.

1988 *Neocalamites* sp. 2, Li Peijuan and others, p. 47, pl. 6, figs. 2, 2A; calamitean stem; Dameigou of Da Qaidam, Qinghai; Early Jurassic *Cladophlebis* Bed of Huoshaoshan Formation.

1988 *Neocalamites* sp. 4, Li Peijuan and others, p. 47, pl. 6, figs. 1, 1a; calamitean stem; Dameigou of Da Qaidam, Qinghai; Middle Jurassic *Nilssonia* Bed of Shimengou Formation.

1989 *Neocalamites* sp., Wang Ziqiang, Wang Lixin, p. 32; calamitean stem; Peijiashan of Jiaocheng, Shanxi; Early Triassic middle-upper part of Liujiagou Formation.

1990 *Neocalamites* sp., Bureau of Geology and Mineral Resources of Ningxia Hui Autonomous Region, pl. 8, fig. 1; calamitean stem; Rujigou of Pingluo, Ningxia; Late Triassic Yenchang Group.

1990a *Neocalamites* sp., Wang Ziqiang, Wang Lixin, p. 118, pl. 2, fig. 4; calamitean stem; Dishuitan of Puxian, Shanxi; Early Triassic upper member of Heshanggou Formation.

1990 *Neocalamites* sp. 1, Wu Shunqing, Zhou Hanzhong, p. 450, pl. 1, figs. 2, 10A, 10aA, 12A; calamitean stems; Kuqa, Xinjiang; Early Triassic Ehuobulake Formation.

1990 *Neocalamites* sp. 2, Wu Shunqing, Zhou Hanzhong, p. 450, pl. 1, figs. 7, 9; calamitean stems; Kuqa, Xinjiang; Early Triassic Ehuobulake Formation.

1990 *Neocalamites* sp. 3, Wu Shunqing, Zhou Hanzhong, p. 450, pl. 1, fig. 6; calamitean stem; Kuqa, Xinjiang; Early Triassic Ehuobulake Formation.

1990 *Neocalamites* sp. 1, Wu Xiangwu, He Yuanliang, p. 294, pl. 3, fig. 1; calamitean stem; Yushu, Qinghai; Late Triassic A Formation of Jieza Group.

1993 *Neocalamites* sp., Wang Shijun, p. 6, pl. 1, fig. 3; calamitean stem; Guanchun of Lechang, Guangdong; Late Triassic Genkou Group.

1995 *Neocalamites* sp., Meng Fansong and others, pl. 11, fig. 1; calamitean stem; Damuba of Fengjie, Sichuan; Middle Triassic Xinlingzhen Formation.

1995 *Neocalamites* sp., Wang Xin, pl. 1, fig. 7; calamitean stem; Tongchuan, Shaanxi; Middle Jurassic Yan'an Formation.

1996 *Neocalamites* sp. (Cf. *N. rugosus* Sze), Mi Jiarong and others, p. 84, pl. 4, fig. 4; calamitean stem; Shimenzhai of Funing, Hebei; Early Jurassic Beipiao Formation.

1996 *Neocalamites* sp., Mi Jiarong and others, p. 84, pl. 3, fig. 8; calamitean stem; Shimenzhai of Funing, Hebei; Early Jurassic Beipiao Formation.

1996 *Neocalamites* sp. indet, Mi Jiarong and others, p. 85, pl. 2, fig. 14; calamitean stem; Sanbao of Beipiao, Liaoning; Middle Jurassic Haifanggou Formation.

1998 *Neocalamites* sp., Zhang Hong and others, pl. 7, fig. 3; calamitean stem; Beishan of Qitai, Xinjiang; Early Jurassic Badaowan Formation.

1999b *Neocalamites* sp. 1, Meng Fansong, pl. 1, fig. 2; calamitean stem; Xiangxi of Zigui, Hubei; Middle Jurassic Chenjiawan Formation.

1999b *Neocalamites* sp., Meng Fansong, pl. 1, fig. 14; calamitean stem; Xietan of Zigui, Hubei; Middle Jurassic Chenjiawan Formation.

2002 *Neocalamites* sp., Wu Xiangwu and others, p. 150, pl. 3, fig. 1; calamitean stem; Tangjiagou of Minqin, Gansu; Middle Jurassic lower member of Ningyuanpu Formation.

2004 *Neocalamites* sp., Deng Shenghui and others, pp. 209, 213, pl. 1, fig. 13; calamitean stem; Hongliugou Section of Yabulai Basin, Inner Mongolia; Middle Jurassic Xinhe Formation.

2004 *Neocalamites* sp., Sun Ge, Mei Shengwu, pl. 5, figs. 1, 2, 6; calamitean stems; Chaoshui Basin and Yabulai Basin, Northwest China; Early — Middle Jurassic.

Neocalamites? spp.

1956a *Neocalamites*? sp., Sze H C, pp. 15, 123, pl. 7, figs. 1, 2a; calamitean pith casts; Tanhegou near Silangmiao (T'anhokou near Shilangmiao) of Yijun, Shaanxi; Late Triassic upper part of Yenchang Formation.

1961 *Neocalamites*? sp., Shen Kuanglung, p. 166, pl. 1, fig. 1; calamitean stem; Huicheng Section, Gansu; Jurassic Mienhsien Group.

1963 *Neocalamites*? sp. 3, Sze H C, Lee H H and others, p. 32, pl. 10, figs. 1, 1a; calamitean pith cast; Yijun, Shaanxi; Late Triassic upper part of Yenchang Group.

1963 *Neocalamites*? sp. 4, Sze H C, Lee H H and others, p. 33, pl. 10, fig. 3; calamitean stem; Weijiapuzi (Weichiaputzu) near Tianshifu of Benxi and Nianzigou (Nientzukou) near

Saimaji of Fengcheng, Liaoning; Early — Middle Jurassic.

1963 *Neocalamites*? sp. 5, Sze H C, Lee H H and others, p. 33; calamitean stem; Haiquangou near Yaodong of Datong, Shanxi; Early — Middle Jurassic.

1982a *Neocalamites*? sp., Wu Xiangwu, p. 49, pl. 3, fig. 1; calamitean pith cast; Tumain of Amdo, Tibet; Late Triassic Tumaingela Formation.

1982b *Neocalamites*? sp., Yang Xuelin, Sun Liwen, p. 28, pl. 1, fig. 10; calamitean stem; Hongqi Coal Mine of southeastern Da Hinggan Ling; Early Jurassic Hongqi Formation.

1983 *Neocalamites*? sp., Li Jieru, p. 21, pl. 1, fig. 1; calamitean stem; Houfulongshan of Jinxi, Liaoning; Middle Jurassic member 3 of Haifanggou Formation.

1984a *Neocalamites*? sp. 1, Cao Zhengyao, p. 4, pl. 4, fig. 7; calamitean stem; Peide of Mishan, Heilongjiang; Middle Jurassic Peide Formation.

1984a *Neocalamites*? sp. 2, Cao Zhengyao, p. 4, pl. 4, fig. 2; calamitean stem; Xincun of Mishan, Heilongjiang; Middle Jurassic Peide Formation.

1984 *Neocalamites*? sp., Kang Ming and others, pl. 1, fig. 10; calamitean stem; Yangshuzhuang of Jiyuan, Henan; Middle Jurassic Yangshuzhuang Formation.

1988 *Neocalamites*? sp. 3, Li Peijuan and others, p. 47, pl. 6, figs. 2, 2A; calamitean stem; Dameigou of Da Qaidam, Qinghai; Early Jurassic *Cladophlebis* Bed of Huoshaoshan Formation.

1994 *Neocalamites*? sp., Xiao Zongzheng and others, pl. 14, fig. 8; calamitean stem; Mentougou of West Hill, Beijing; Late Jurassic Donglingtai Formation.

1996 *Neocalamites*? sp., Wu Shunqing, Zhou Hanzhong, p. 3, pl. 1, figs. 3, 4; calamitean stems; Kuqa River Section of Kuqa, Xinjiang; Middle Triassic lower member of Karamay Formation.

2000 *Neocalamites*? sp., Wu Shunqing and others, pl. 2, fig. 3b; calamitean stem; Kuqa, Xinjiang; Late Triassic upper part of "Karamay Formation".

? *Neocalamites* sp.

1956 ? *Neocalamites* (? *Equisetites*) sp., Chow T Y, Chang S J, pp. 55, 60, pl. 1, fig. 1; calamitean stem; Alxa Banner, Inner Mongolia; Late Triassic Yenchang Formation.

? *Neocalamites* (? *Equisetites*) sp.

1956 ? *Neocalamites* (? *Equisetites*) sp., Chow T Y, Chang S J, pp, 55, 60, pl. 1, fig. 2; calamitean diaphragm; Alxa Banner, Inner Mongolia; Late Triassic Yenchang Formation.

Cf. *Neocalamites* sp.

1933d Cf. *Neocalamites* sp., Sze H C, p. 16; calamitean stem; Datong, Shanxi; Early Jurassic.

Genus *Neocalamostachys* Kon'no, 1962

(Notes: This generic name is cites by Kon'no, 1962, p. 26; *Neocalamostachys pedunculatus* is used by Bureau, 1964)

1962 Kon'no, p. 26.

1984 Wang Ziqiang, p. 233.

1993a Wu Xiangwu, p. 104.

Type species: *Neocalamostachys pedunculatus* (Kon'no) Bureau, 1964

Taxonomic status: Equisetales, Sphenopsida

Neocalamostachys pedunculatus (Kon'no) Bureau, 1964

1962 *Neocalamostachys* (*Neocalamites*?) *Pedunculatus* Kon'no, p. 26, pl. 9, figs. 5, 6; pl. 10, figs. 1 — 9, 14; text-figs. 2A — 2D; strobili; Fujiyakochi, Japan; Late Triassic (Middle Carnic).

1964 Bureau, p. 237; text-fig. 211; strobilus; Fujiyakochi, Japan; Late Triassic (Middle Carnic).

1993a Wu Xiangwu, p. 104.

2000 Sun Chuanlin and others, pl. 1, figs. 8 — 13; strobili; Hongli of Baishan, Jilin; Late Triassic Xiaoyingzi Formation.

Neocalamostachys? sp.

1984 *Neocalamostachys*? sp., Wang Ziqiang, p. 233, pl. 111, figs. 6, 7; strobili; Shilou, Shanxi; Middle — Late Triassic Yenchang Group.

1993a *Neocalamostachys*? sp., Wu Xiangwu, p. 104.

△Genus *Neostachya* Wang, 1977

1977 Wang Xifu, p. 188.

1993a Wu Xiangwu, pp. 26, 228.

1993b Wu Xiangwu, pp. 497, 516.

Type species: *Neostachya shanxiensis* Wang, 1977

Taxonomic status: Equisetales, Sphenopsida

△*Neostachya shanxiensis* Wang, 1977

1977 Wang Xifu, p. 188, pl. 2, figs. 1 — 10; articulatean ferticle shoots; Col. No.: JP672010 — JP672017; Reg. No.: 76012 — 76019; Jiaoping of Yijun, Shaanxi; Late Triassic upper part of Yenchang Group. (Notes: The type specimen was not designated in the original paper)

1993a Wu Xiangwu, pp. 26, 228.

1993b Wu Xiangwu, pp. 497, 516.

Genus *Phyllotheca* Brongniart, 1828

1828 Brongniart, p. 150.

1885 Schenki, p. 171 (9).

1963 Sze H C, Lee H H and others, p. 34.

1993a Wu Xiangwu, p. 115.

Type species: *Phyllotheca australis* Brongniart, 1828

Taxonomic status: Phyllothecaceae, Sphenopsida

***Phyllotheca australis* Brongniart, 1828**

1828 Brongniart, p. 150; articulate stem and foliage; Hawkesbury River near Port Jackson, Australia; Permian — Carboniferous.

1993a Wu Xiangwu, p. 115.

△*Phyllotheca bella* Meng, 1992

1992b Meng Fansong, p. 176, pl. 2, figs. 6, 7; calamitean stems; Col. No.: XHP-1, WSP-1; Reg. No.: HP86006, HP86007; Holotype: HP86006 (pl. 2, fig. 6); Paratype: HP86007 (pl. 2, fig. 7); Repository: Yichang Institute of Geology and Mineral Resources; Xinhuacun and Wenshanshangcun near Jiuqujiang of Qionghai, Hainan; Early Triassic Lingwen Formation.

1995a Li Xingxue (editor-in-chief), pl. 62, figs. 5, 6; shoots with leaf whorls; Xinhuacun near Jiuqujiang of Qionghai, Hainan; Early Triassic Lingwen Formation. (in Chinese)

1995b Li Xingxue (editor-in-chief), pl. 62, figs. 5, 6; shoots with leaf whorls; Xinhuacun near Jiuqujiang of Qionghai, Hainan; Early Triassic Lingwen Formation. (in English)

△*Phyllotheca bicruris* Wang Z et Wang L, 1990

1990a Wang Ziqiang, Wang Lixin, p. 117, pl. 3, fig. 8; articulate foliage branch; No.: Z22-355; Holotype: Z22-355 (pl. 3, fig. 8); Repository: Nanjing Institute of Geology and Palaeontology, Chinese Academy of Sciences; Jingshang of Heshun, Shanxi; Early Triassic base part of Heshanggou Formation.

***Phyllotheca* cf. *deliquescens* (Goeppert) Schmalhausen**

1906 Krasser, p. 600; Huoshiling (Ho-shi-ling-tza), Jilin; Jurassic.

***Phyllotheca* cf. *equisetoides* Zigno**

1906 Krasser, p. 600, pl. 1, fig. 15; sporophyll; Jiaohe (Thiao-ho) and Huoshiling (Ho-shi-ling-tza), Jilin; Jurassic. [Notes: This specimen lately was referred as *Phyllotheca*? sp. (Sze H C, Lee H H and others, 1963)]

△*Phyllotheca marginans* Meng, 1992

1992b Meng Fansong, p. 177, pl. 8, figs. 6 — 8; text-fig. 7-2; sporophylls; Col. No.: HYP-1, WSP-1; Reg. No.: HP86075 — HP86077; Holotype: HP86076 (pl. 8, fig. 7); Paratype 1: HP86075 (pl. 8, fig. 6); Paratype 2: HP86077 (pl. 8, fig. 8); Repository: Yichang Institute of Geology and Mineral Resources; Xinhuacun and Wenshanshangcun near Jiuqujiang of Qionghai, Hainan; Early Triassic Lingwen Formation.

1995a Li Xingxue (editor-in-chief), pl. 62, fig. 15; sporophyll; Haiyangcun near Jiuqujiang of Qionghai, Hainan; Early Triassic Lingwen Formation. (in Chinese)

1995b Li Xingxue (editor-in-chief), pl. 62, fig. 15; sporophyll; Haiyangcun near Jiuqujiang of Qionghai, Hainan; Early Triassic Lingwen Formation. (in English)

***Phyllotheca sibirica* Heer, 1876**

1876 Heer, p. 9, pl. 1, figs. 5, 6; Siberia; Jurassic.

1906 Krasser, p. 601; calamitean stem; Huoshiling (Ho-shi-ling-tza), Jilin; Jurassic. [Notes: This specimen lately was referred as *Phyllotheca*? sp. (Sze H C, Lee H H and others, 1963)]

***Phyllotheca* cf. *sibirica* Heer**

1988 Li Peijuan and others, p. 48, pl. 5, figs. 8, 9; leaf sheaths; Dameigou of Da Qaidam, Qinghai; Early Jurassic *Ephedrites* Bed of Tianshuigou Formation.

△*Phyllotheca yusheensis* Wang Z, 1990

1989 Wang Ziqiang, Wang Lixin, p. 32, pl. 5, figs. 2, 3, 5 — 7; sporphylls; Yaoertou of Jiaocheng, Shanxi; Early Triassic middle-upper part of Liujiagou Formation. (nom. nud.)

1990a Wang Ziqiang, Wang Lixin, p. 117, pl. 4, figs. 9 — 12, 14 — 16; leaf sheaths and nodal diaphragms; No.: Z16-313, Z16-381, Z16-585, Z20-235, Z20-352, Z22-327, Z802-33; Holotype: Z802-33 (pl. 4, fig. 14); Repository: Nanjing Institute of Geology and Palaeontology, Chinese Academy of Sciences; Tuncun and Hongyatou of Yushe, Hongzui of Shouyang, Shanxi; Early Triassic lower member of Heshanggou Formation.

***Phyllotheca* spp.**

1906 *Phyllotheca* sp., Yokoyama, p. 34, pl. 11, fig. 8; articulate rhizome; Baoershan of Shenyang, Liaoning; Jurassic. [Notes: This specimen lately was referred as *Phyllotheca*? sp. (Sze H C, Lee H H and others, 1963)]

1941 *Phyllotheca* sp., Stockmans, Mathieu, p. 56, pl. 4, fig. 3; articulate leaf whorl; Liujiang of Linyu, Hebei; Jurassic. [Notes: This specimen lately was referred as *Phyllotheca*? sp. (Sze H C, Lee H H and others, 1963)]

1979 *Phyllotheca* sp., Zhou Zhiyan, Li Baoxian, p. 445, pl. 1, fig. 3; articulate shoot; Xinhuacun near Jiuqujiang of Qionghai, Hainan; Early Triassic Lingwen Group (Jiuqujiang Formation).

1988 *Phyllotheca* sp., Li Peijuan and others, p. 48, pl. 5, figs. 8, 9; leaf sheaths; Dameigou of Da Qaidam, Qinghai; Early Jurassic *Ephedrites* Bed of Tianshuigou Formation.

1990a *Phyllotheca* sp., Wang Ziqiang, Wang Lixin, p. 118, pl. 4, figs. 7, 8; leaf sheaths; Tuncun of Yushe, Shanxi; Earlly Triassic base part of Heshanggou Formation.

***Phyllotheca*? spp.**

1884 *Phyllotheca*? sp., Schenki, p. 171 (9), pl. 13 (1), figs. 7 — 9; pl. 14 (2), figs. 3a, 6b, 8a; pl. 15 (3), figs. 4a, 5; calamitean stems; Guangyuan, Sichuan; Late Triassic — Early Jurassic.

1963 *Phyllotheca*? sp. 1, Sze H C, Lee H H and others, p. 34, pl. 11, fig. 11; articulate leaf whorl; Liujiang of Linyu, Hebei; Early — Middle Jurassic.

1963 *Phyllotheca*? sp. 2, Sze H C, Lee H H and others, p. 34, pl. 52, fig. 2; leaf sheath; Jiaohe and Huoshiling (Huoshaling), Jilin; Middle — Late Jurassic.

1963 *Phyllotheca*? sp. 3, Sze H C, Lee H H and others, p. 35, pl. 11, figs. 2 — 8; calamitean stems; Guangyuan, Sichuan; late Late Triassic — Early Jurassic.

1963 *Phyllotheca*? sp. 4, Sze H C, Lee H H and others, p. 35; calamitean stem with leaf whorl; Jiaohe and Huoshiling (Huoshaling), Jilin; Middle — Late Jurassic.

1963 *Phyllotheca*? sp. 5, Sze H C, Lee H H and others, p. 35, pl. 11, fig. 12; *Equisetum*-root; Baoershan of Shenyang, Liaoning; Jurassic.

1976 *Phyllotheca*? sp., Chow Huiqin and others, p. 205, pl. 106, figs. 7, 8; *annuralia*-like leaves; Wuziwan of Jungar Banner, Inner Mongolia; Early Jurassic Fuxian Formation.

1982b *Phyllotheca*? sp., Yang Xuelin, Sun Liwen, p. 42, pl. 13, fig. 18; leaf whorl; Dusheng and Heidingshan near Wanbao of southeastern Da Hinggan Ling; Middle Jurassic Wanbao Formation.

1985 *Phyllotheca*? sp., Yang Xuelin, Sun Liwen, p. 102, pl. 1, fig. 8; leaf whorl; Heidingshan (Heitingshan) near Wanbao of southern Da Hinggan Ling; Middle Jurassic Wanbao Formation.

1993a Wu Xiangwu, p. 115.

Genus *Pleuromeia* Corda, 1852

1852 Corda, in Germar, p. 184.

1976 Chow Huiqin and others, p. 205.

1993a Wu Xiangwu, p. 119.

Type species: *Pleuromeia sternbergi* (Muenster) Corda, 1852

Taxonomic status: Pleuromeiaceae, Lycopsida

Pleuromeia sternbergi (Muenster) Corda, 1852

1839 *Sigillaria sternbergi* Muenster, p. 47, pl. 3, fig. 10; Magdeburg of Prussian Saxony, Germany; Triassic (Bunter Sandstein).

1852 Corda, in Germar, p. 184; Magdeburg of Prussian Saxony, Germany; Triassic (Bunter Sandstein). (Notes: Original spelling given by Croda is *Pleuromeya*)

1978 Wang Lixin and others, p. 200, pl. 1, figs. 1 — 12; pl. 4, figs. 16 — 18; text-fig. 2; calamitean stems and strobili; Hongyatou of Yushe, Shanxi; Early Triassic.

1984 Wang Ziqiang, p. 229, pl. 109, figs. 1 — 6; pl. 175, figs. 1 — 7; Yushe and Heshun of Shanxi, Fengfeng and Chengde of Hebei; Early Triassic Heshanggou Formation.

1990a Wang Ziqiang, Wang Lixin, p. 111, pl. 5, fig. 8(?); pl. 6; pl. 10, figs. 6 — 8(?); pl. 11; figs. 7 — 11; text-fig. 3d; strobili; Yushe, Heshun, Shouyang, Pingyao and Puxian of Shanxi, Fengfeng and Chengde of Hebei, Jiyuan of Henan; Early Triassic Heshanggou Formation.

1993a Wu Xiangwu, p. 119.

1995a Li Xingxue (editor-in-chief), pl. 66, figs. 6 — 8; sporophylls and sporangia; Hongyatou of Yushe, Shanxi; Early Triassic Heshanggou Formation. (in Chinese)

1995b Li Xingxue (editor-in-chief), pl. 66, figs. 6 — 8; sporophylls and sporangia; Hongyatou of Yushe, Shanxi; Early Triassic Heshanggou Formation. (in English)

△***Pleuromeia altinis*** **Wang Z et Wang L, 1989**

1989 Wang Ziqiang, Wang Lixin, p. 30, pl. 1, figs. 1, 2a, 3 — 9; pl. 2, fig. 4b; pl. 5, figs. 9, 11; text-fig. 2a; whole plants and strobili; No.: Z01-032, Z01-061, Z04-8101, Z04-8106 — Z04-8108, Z04d-152, Z04d-162, Z04-4-158; Holotype: Z04-8101 (pl. 1, fig. 1); Repository: Nanjing Institute of Geology and Palaeontology, Chinese Academy of Sciences; Peijiashan and Yaoertou of Jiaocheng, Shanxi; Early Triassic middle-upper part of Liujiagou Formation.

△***Pleuromeia epicharis*** **Wang Z et Wang L, 1990**

1990a Wang Ziqiang, Wang Lixin, p. 109, pl. 3, figs. 9 — 12; pl. 7, figs. 1 — 4; pl. 8, figs. 1 — 4; pl. 9; pl. 10, figs. 1 — 5, 9, 10(?); pl. 11, figs. 1 — 6; pls. 12, 13; text-fig. 2e; plants with strobili; No.: Iso19-77, Iso19-78, Iso19-91 — Iso19-95, Iso19-116, Iso19-127, Iso19-128, Iso19-130, Iso19-131, Iso19-139, Iso19-142, Iso19-146a, Z26-478, Z802-41, Z802-47, Z8304-1; Holotype: Iso19-142 (pl. 7, fig. 3); Paratype 1: Iso19-128 (pl. 8, fig. 2); Paratype 2: Z8304-1 (pl. 9, fig. 5); Repository: Nanjing Institute of Geology and Palaeontology, Chinese Academy of Sciences; Qinshui, Heshun and Yushe of Shanxi, Yima of Henan; Early Triassic lower member of Heshanggou Formation.

1996 Wu Peizhu, Wang Ziqiang, p. 176, fig. 1; strobilus, megaspore-mass and megaspore in site; Mafang of Heshun, Shanxi; Early Triassic lower member of Heshanggou Formation.

△***Pleuromeia hunanensis*** **Meng, 1993**

1993 Meng Fansong, p. 144, pl. 1, figs. 1 — 14; sporophylls, sporangia and strobili; Reg. No.: No. 9101 — No. 9114; Repository: Yichang Institute of Geology and Mineral Resources; Hongjiaguan and Furongqiao of Sangzhi, Hunan; Middle Triassic lower member of Badong Formation. (Notes: The type specimen was not designated in the original paper)

1995 Meng Fansong, p. 17, pl. 2, figs. 1 — 6; pl. 9, figs. 12, 13; text-fig. 3d; strobili and sporophylls; Hongjiaguan and Furongqiao of Sangzhi, Hunan; Middle Triassic member 1 and member 2 of Badong Formation.

1996b Meng Fansong, pl. 1, figs. 11 — 13; sporophylls; Hongjiaguan of Sangzhi, Hunan; Middle Triassic member 2 of Badong Formation.

△***Pleuromeia jiaochengensis*** **Wang et Wang L X, 1982**

1982 Wang Ziqiang, Wang Lixin, p. 218, pl. 23, figs. 1 — 13; pl. 24, figs. 1 — 15; text-figs. 2, 3; complete plants, strobili, megaspores, stems and rhizomes; No.: Z01-00, Z01-01, Z01-08, Z01-19 — Z01-22, Z01-24, Z01-27, Z01-042, Z01-060, Z01-061, Z01-135, Z04-151, Z04-159, Z01-206; Syntype 1: Z01-20 (pl. 23, fig. 3); Syntype 2: Z01-061 (pl. 23, fig. 11); Syntype 3: Z01-206 (pl. 23, fig. 13); Syntype 4: Z04-159 (pl. 22, fig. 15); Repository: Nanjing Institute of Geology and Palaeontology, Chinese Academy of Sciences; Jiaocheng, Shanxi; Early Triassic Liujiagou Formation. [Notes: According to *International Code of Botanical Nomenclature* (*Vienna Code*) article 37. 2, from the year 1958, the holotype type specimen should be unique]

1984 Wang Ziqiang, p. 229, pl. 108, figs. 1 — 7; whole plants and strobili; Jiaocheng, Shanxi;

Early Triassic Liujiagou Formation.

1989 Wang Ziqiang, Wang Lixin, p. 31, pl. 1, fig. 2b; pl. 2, figs. 1 — 4a, 5 — 11; pl. 5, figs. 10, 12, 13; text-fig. 2b; whole plants and strobili; Jiaocheng and Wenshui, Shanxi; Early Triassic middle-upper part of Liujiagou Formation.

1995a Li Xingxue (editor-in-chief), pl. 66, figs. 3 — 5; pl. 67, figs. 1 — 8; whole plants and strobili; Jiaocheng, Shanxi; Early Triassic Liujiagou Formation. (in Chinese)

1995b Li Xingxue (editor-in-chief), pl. 66, figs. 3 — 5; pl. 67, figs. 1 — 8; whole plants and strobili; Jiaocheng, Shanxi; Early Triassic Liujiagou Formation. (in English)

△*Pleuromeia labiata* Huang et Chow, 1980

1980 Huang Zhigao, Zhou Huiqin, p. 64, pl. 10, figs. 1 — 6; pl. 11, figs. 5 — 7; pl. 12, fig. 6; segmental stems; Reg. No.: OP199, OP200, OP204, OP207, OP209, OP254, OP256, OP260, OP264; Hejiafang of Tongchuan, Shaanxi; late Middle Triassic middle-upper part of Tongchuan Formation. (Notes: The type specimen was not designated in the original paper)

1982 Liu Zijin, p. 116, pl. 56, figs. 1, 2; segmental stems; Hejiafang of Tongchuan, Shaanxi; Late Triassic Tongchuan Formation in lower part of Yenchang Group.

1995a Li Xingxue (editor-in-chief), pl. 68, figs. 1 — 3; segmental stems; Hejiafang of Tongchuan, Shaanxi; late Middle Triassic middle-upper part of Tongchuan Formation. (in Chinese)

1995b Li Xingxue (editor-in-chief), pl. 68, figs. 1 — 3; segmental stems; Hejiafang of Tongchuan, Shaanxi; late Middle Triassic middle-upper part of Tongchuan Formation. (in English)

△*Pleuromeia marginulata* Meng, 1995

1995 Meng Fansong and others, p. 15, pl. 1, figs. 1 — 9; pl. 9, figs. 4 — 6; text-fig. 3a; plant bodies with strobili; Reg. No.: BP93001 — BP93009, BS87536, BS89860, BS89866; Holotype: BP93001 (pl. 1, fig. 1); Paratype 1: BP93002 (pl. 1, fig. 2); Paratype 2: BP93004 (pl. 1, fig. 4); Repository: Yichang Institute of Geology and Mineral Resources; Xiangxi of Zigui, Hubei; Middle Triassic member 1 and member 2 of Badong Formation; Qiliping of Enshi and Meiping of Xianfeng, Hubei; Dawotang of Fengjie, Sichuan; Middle Triassic member 2 of Badong Formation.

1995a Li Xingxue (editor-in-chief), pl. 64, figs. 1 — 3; plant bodies and strobili; Dawotang of Fengjie, Sichuan; Middle Triassic base part in member 2 of Badong Formation. (in Chinese)

1995b Li Xingxue (editor-in-chief), pl. 64, figs. 1 — 3; plant bodies and strobili; Dawotang of Fengjie, Sichuan; Middle Triassic base part in member 2 of Badong Formation. (in English)

1996a Meng Fansong, pl. 1, figs. 1, 2; plant bodies and strobili; Dawotang of Fengjie, Sichuan; Middle Triassic member 2 of Badong Formation.

1996b Meng Fansong, pl. 1, figs. 1 — 3; plant bodies, strobili and sporophylls; Dawotang of Fengjie, Sichuan; Middle Triassic member 2 of Badong Formation.

1999a Meng Fansong, p. 218, pl. 1, figs. 1 — 17; pl. 2, fig. 18; text-figs. 1-1 — 1-5; sporophylls; Puqi, Hubei; Middle Triassic Lushuihe Formation and Puqi Formation; Qiliping in Enshi and Meiping in Xianfeng of Hubei, Dawotang in Fengjie of Chongqing; Middle Triassic

Badong Formation.

2000 Meng Fansong, pl. 2, figs. 1 — 15; pl. 4, figs. 17, 18; plant bodies, strobili, sporophylls and megaspores; Puqi, Hubei; Middle Triassic Lushuihe Formation and Puqi Formation; Qiliping in Enshi and Meiping in Xianfeng of Hubei, Dawotang in Fengjie of Chongqing; Middle Triassic member 2 of Badong Formation.

2000 Meng Fansong and others, p. 44, pl. 5; pl. 6, figs. 1 — 7, 9 — 17; pl. 11, fig. 17; pl. 12, figs. 7, 11; pl. 13, figs. 5, 7, 8; text-figs. 17-7 — 17-17; plant bodies, strobili, sporophylls, sporangia and megaspores; Dawotang in Fengjie of Chongqing, Qiliping in Enshi, Meiping in Xianfeng and Xiangxi in Zigui of Hubei; Middle Triassic member 1 and member 2 of Badong Formation; Puqi, Hubei; Middle Triassic Lushuihe Formation and Puqi Formation.

△*Pleuromeia pateriformis* Wang Z et Wang L, 1989

1989 Wang Ziqiang, Wang Lixin, p. 31, pl. 3, figs. 1 — 15; text-fig. 2c; whole plants and strobili; No.: Iso17-5 — Iso17-19; Syntypes: Iso17-5 (pl. 3, fig. 7), Iso17-10 (pl. 3, fig. 3), Iso17-12 (pl. 3, fig. 4), Iso17-16 (pl. 3, fig. 15); Repository: Nanjing Institute of Geology and Palaeontology, Chinese Academy of Sciences; Wucheng of Xixian, Shanxi; Early Triassic upper part of Liujiagou Formation. [Notes: According to *International Code of Botanical Nomenclature* (*Vienna Code*) article 37. 2, from the year 1958, the holotype type specimen should be unique]

1995 Meng Fansong and others, pl. 11, fig. 5; plant containing rhizoid, stem and strobilus; Damuba of Fengjie, Sichuan; Middle Triassic Xinlingzhen Formation.

***Pleuromeia rossica* Neuburg, 1960**

1960 Neuburg, p. 69, pls. 1 — 7; upper reaches of Volga River; Early Triassic.

1978 Wang Lixin and others, p. 202, pl. 2, figs. 1 — 12; pl. 4, figs. 15, 19; text-fig. 3; strobili; Hongyatou of Yushe, Shanxi; Early Triassic.

1984 Wang Ziqiang, p. 229, pl. 109, figs. 7 — 11; Yushe and Heshun, Shanxi; Early Triassic Liujiagou Formation and Heshanggou Formation.

1995 Meng Fansong and others, pl. 11, fig. 6; sporophyll and sporangium; Damuba of Fengjie, Sichuan; Middle Triassic Xinlingzhen Formation.

△*Pleuromeia sanxiaensis* Meng, 1995

1995 Meng Fansong and others, p. 17, pl. 1, figs. 10 — 13; pl. 2, figs. 10 — 15; pl. 9, figs. 1 — 3; text-figs. 3b, 3c, 4; plant bodies with strobili; Reg. No.: BP93010, BP93011, BP93022 — BP93027, BS89866, BS92868, BS92872, BS8901; Syntypes: BP93010, BP93011, BP93022 — BP93027 (pl. 1, figs. 10 — 13; pl. 2, figs. 10 — 15); Repository: Yichang Institute of Geology and Mineral Resources; Dawotang of Fengjie, Sichuan; Middle Triassic member 2 of Badong Formation. [Notes: According to *International Code of Botanical Nomenclature* (*Vienna Code*) article 37. 2, from the year 1958, the holotype type specimen should be unique]

1995a Li Xingxue (editor-in-chief), pl. 64, figs. 6 — 11; plants containing rhizoids, stems, strobili sporophylls and sporangia; Dawotang of Fengjie, Sichuan; Middle Triassic upper part in member 2 of Badong Formation. (in Chinese)

1995b Li Xingxue (editor-in-chief), pl. 64, figs. 6 — 11; plants containing rhizoids, stems, strobili sporophylls and sporangia; Dawotang of Fengjie, Sichuan; Middle Triassic upper part in member 2 of Badong Formation. (in English)

1996a Meng Fansong, pl. 1, figs. 7 — 10; sporophylls and strobili; Dawotang of Fengjie, Sichuan; Middle Triassic member 2 of Badong Formation.

1996b Meng Fansong, pl. 1, figs. 4 — 10; plant bodies, strobili, sporophylls, sporangia and megaspores; Dawotang of Fengjie, Sichuan; Middle Triassic member 2 of Badong Formation.

1999a Meng Fansong, p. 218, pl. 1, figs. 1 — 17; pl. 2, fig. 18; text-figs. 1-1 — 1-5; sporophylls; Dawotang of Fengjie, Chongqing; Hongjiaguan and Furongqiao of Sangzhi, Hunan; Middle Triassic Badong Formation; Puqi, Hubei; Middle Triassic Puqi Formation.

2000 Meng Fansong, pl. 1, figs. 1 — 16; pl. 2, fig. 16; pl. 4, figs. 13 — 16; plant bodies, strobili, sporophylls and megaspores; Dawotang of Fengjie, Chongqing; Hongjiaguan and Furongqiao of Sangzhi, Hunan; Middle Triassic member 2 of Badong Formation; Puqi, Hubei; Middle Triassic Puqi Formation.

2000 Meng Fansong and others, p. 43, pls. 1 — 4; pl. 6, fig. 8; pl. 11, figs. 11 — 16, 18; pl. 12, figs. 1 — 6, 8 — 10; pl. 13, figs. 6, 9, 10; text-figs. 17-1 — 17-6; plant bodies, strobili, sporophylls, sporangia and megaspores; Dawotang in Fengjie and Longwuba in Wushan of Chongqing, Xiangxi in Zigui of Hubei, Hongjiaguan and Furongqiao in Sangzhi of Hunan; Middle Triassic member 1 and member 2 of Badong Formation; Puqi, Hubei; Middle Triassic Puqi Formation.

2002 Zhang Zhenlai and others, pl. 12, figs. 1 — 6; pl. 13, figs. 1 — 10; plants containing rhizoids, stems, strobili, sporophylls and sporangia; Dawotang in Fengjie of Chongqing, Xiangxi and Guojiaba in Zigui of Hubei; Middle Triassic Xinlingzhen Formation.

△*Pleuromeia tongchuanensis* Chow et Huang, 1980

1980 Huang Zhigao, Zhou Huiqin, p. 64, pl. 10, fig. 7; pl. 11, figs. 1 — 4; segmental stems; Reg. No.: OP201, OP202, OP206, OP210, OP250; Hejiafang of Tongchuan, Shaanxi; late Middle Triassic middle-upper part of Tongchuan Formation. (Notes: The type specimen was not designated in the original paper)

1995a Li Xingxue (editor-in-chief), pl. 68, figs. 4 — 8; segmental stems; Hejiafang of Tongchuan, Shaanxi; late Middle Triassic middle-upper part of Tongchuan Formation. (in Chinese)

1995b Li Xingxue (editor-in-chief), pl. 68, figs. 4 — 8; segmental stems; Hejiafang of Tongchuan, Shaanxi; late Middle Triassic middle-upper part of Tongchuan Formation. (in English)

△*Pleuromeia wuziwanensis* Chow et Huang, 1976 (non Huang et Chow, 1980)

1976 Chow Huiqin, Huang Zhigao, in Chow Huiqin and others, p. 205, pl. 106, figs. 5, 6; segmental stems; Wuziwan of Jungar Banner, Inner Mongolia; Middle Triassic Ermaying Formation. (Notes: The type specimen was not designated in the original paper)

△*Pleuromeia wuziwanensis* Huang et Chow, 1980 (non Chow et Huang, 1976)

(Notes: This specific name *Pleuromeia wuziwanensis* Huang et Chow, 1980 is a later isonym of *Pleuromeia wuziwanensis* Chow et Huang, 1976)

1980 Huang Zhigao, Zhou Huiqin, p. 65, pl. 1, figs. 1 — 4; text-figs. 1, 2; segmental stems; Reg. No.: OP3004 — OP3007; Hejiafang of Tongchuan, Shaanxi; late Middle Triassic upper part of Ermaying Formation. (Notes: The type specimen was not designated in the original paper)

***Pleuromeia* spp.**

1990 *Pleuromeia* sp., Meng Fansong, pl. 1, fig. 10; sporophyll; Wenshanxiacun near Jiuqujiang of Qionghai, Hainan; Early Triassic Lingwen Formation.

1992b *Pleuromeia* sp., Meng Fansong, p. 175, pl. 8, fig. 20; sporophyll; Wenshanxiacun near Jiuqujiang of Qionghai, Hainan; Early Triassic Lingwen Formation.

1993a *Pleuromeia* sp. 1 (sp. nov.), Meng Fansong, p. 1687, fig. 1a; sporophyll; Three Gorges area; Middle Triassic Anisian.

1993a *Pleuromeia* sp. 2 (sp. nov.), Meng Fansong, p. 1687, fig. 1b; sporophyll; Three Gorges area; Middle Triassic Anisian.

1993a *Pleuromeia* sp. 3 (sp. nov.), Meng Fansong, p. 1687, fig. 1c; sporophyll; Three Gorges area; Middle Triassic Anisian.

1994 *Pleuromeia* sp. 1 (sp. nov.), Meng Fansong, p. 133, fig. 1a; sporophyll; Three Gorges area; Middle Triassic Anisian.

1994 *Pleuromeia* sp. 2 (sp. nov.), Meng Fansong, p. 133, fig. 1b; sporophyll; Three Gorges area; Middle Triassic Anisian.

1994 *Pleuromeia* sp. 3 (sp. nov.), Meng Fansong, p. 133, fig. 1c; sporophyll; Three Gorges area; Middle Triassic Anisian.

1995 *Pleuromeia* sp., Meng Fansong and others, pl. 11, figs. 7, 8; rhizomes and rhizophores; Damuba of Fengjie, Sichuan; Middle Triassic Xinlingzhen Formation.

***Pleuromeia*? sp.**

1980 *Pleuromeia*? sp., Zhang Wu and others, p. 225, pl. 103, figs. 2, 3; segmental stems; Lingiawaizi of Benxi, Liaoning; Middle Triassic Linjia Formation.

? *Pleuromeia* spp.

1984 ? *Pleuromeia* sp., Gu Daoyuan, p. 134, pl. 70, figs. 4, 5; segmental stems; Urumchi, Xinjiang; Late Triassic Haojiagou Formation.

1990a ? *Pleuromeia* sp., Wang Ziqiang, Wang Lixin, p. 130, pl. 21, fig. 3; leaf; Tuncun of Yushe, Shanxi; Early Triassic base part of Heshanggou Formation.

1990b ? *Pleuromeia* sp., Wang Ziqiang, Wang Lixin, p. 305, pl. 1, figs. 2, 5; sporophylls and strobili; Manshui of Qinxian, Shanxi; Middle Triassic base part of Ermaying Formation.

The Stems and Rhizophores of *Pleuromeia*

1978 Wang Lixin and others, p. 203, pl. 3, figs. 1 — 13; pl. 4, fig. 20; stems and rhizophores of *Pleuromeia*; Hongyatou of Yushe, Shanxi; Early Triassic.

Genus *Radicites* Potonie, 1893

1893 Potonie, p. 261.

1956a Sze H C, pp. 62, 167.

1963 Sze H C, Lee H H and others, p. 40.

1993a Wu Xiangwu, p. 127.

Type species: *Radicites capillacea* (Lindley et Hutton) Potonie, 1893

Taxonomic status: Sphenopsida?

***Radicites capillacea* (Lindley et Hutton) Potonie, 1893**

1834 (1831 — 1837) *Pinnulalia capillacea* Lindley et Hutton, p. 81, pl. 111; probable calamitean root; England; Carboniferous.

1893 Potonie, p. 261, pl. 34, fig. 2; probable calamitean root; England; Carboniferous.

1993a Wu Xiangwu, p. 127.

△*Radicites datongensis* Wang, 1984

1984 Wang Ziqiang, p. 296, pl. 145, figs. 3, 4; calamitean roots; Reg. No.: P0298, P0299; Holotype: P0299 (pl. 145, fig. 4); Repository: Repository: Nanjing Institute of Geology and Palaeontology, Chinese Academy of Sciences; Huairen, Shanxi; Middle Jurassic Datung Formation.

△*Radicites eucallus* Deng, 1995

1995b Deng Shenghui, pp. 65, 114, pl. 29, figs. 1, 2; rhizomes and root tubrcles; No.: H17-488, H17-489; Repository: Research Institute of Petroleum Exploration and Development; Huolinhe Basin, Inner Mongolia; Early Cretaceous Huolinhe Formation. (Notes: The type specimen was not designated in the original paper)

△*Radicites radiatus* Wang, 1984

1984 Wang Ziqiang, p. 296, pl. 122, figs. 9 — 11; calamitean roots; Reg. No.: P0161 — P0163, Sytype 1: P0162 (pl. 122, fig. 10); Sytype 2: P0163 (pl. 122, fig. 11); Repository: Repository: Nanjing Institute of Geology and Palaeontology, Chinese Academy of Sciences; Huairen, Shanxi; Early Jurassic Yongdingzhuang Formation. [Notes: According to *International Code of Botanical Nomenclature* (*Vienna Code*) article 37.2, from the year 1958, the holotype type specimen should be unique]

1995 Zeng Yong and others, p. 49, pl. 1, fig. 5; pl. 3, fig. 5; root-remains; Yima, Henan; Middle Jurassic Yima Formation.

△*Radicites shandongensis* (Yabe et Ôishi) Wang, 1984

1928 *Pityocladus shantungensis* Yabe et Ôishi, p. 12, pl. 4, figs. 2, 3; shoots; Fangzi Coal Field, Shandong; Jurassic.

1984 Wang Ziqiang, p. 296, pl. 145, figs. 3, 4; calamitean roots; Huairen, Shanxi; Middle Jurassic Datung Formation.

1995 Zeng Yong and others, p. 49, pl. 3, fig. 4; root-remain; Yima, Henan; Middle Jurassic Lower Coal-bearing Member of Yima Formation.

***Radicites* spp.**

1956a *Radicites* sp. , Sze H C, pp. 62, 167, pl. 56, figs. 6, 7; root-remains; Tanhegou near Silangmiao (T'anhokou near Shilangmiao) of Yijun, Shaanxi; Late Triassic upper part of Yenchang Formation.

1963 *Radicites* spp. , Sze H C, Lee H H and others, p. 40, pl. 12, figs. 3, 4; pl. 13, figs. 1 — 3; pl. 52, fig. 6; root-remains; Silangmiao (Shilangmiao) of Yijun, Shaanxi; ; Late Triassic upper part of Yenchang Group; Fangzi in Weixian of Shandong, Datong of Shanxi and Benxi of Liaoning; Early — Middle Jurassic.

1976 *Radicites* sp. , Lee P C and others, p. 136, pl. 45, fig. 1; root-remain; Yipinglang of Lufeng, Yunnan; Late Triassic Ganhaizi Member of Yipinglang Formation; Mupangpu of Xiangyun, Yunnan; Late Triassic Huaguoshan Member of Xiangyun Formation.

1979 *Radicites* sp. , Ye Meina, p. 77, pl. 1, fig. 4; root; Wayaopo of Lichuan, Hubei; Middle Triassic middle member of Badong Formation.

1982a *Radicites* sp. , Wu Xiangwu, p. 50, pl. 3, fig. 3; root-remain; Tumain of Amdo, Tibet; Late Triassic Tumaingela Formation.

1982 *Radicites* sp. , Zhang Caifan, p. 541, pl. 341, fig. 7; root; Xiaping near Changce of Yizhang, Hunan; Early Jurassic Tanglong Formation.

1984 *Radicites* spp. , Chen Fen and others, p. 35, pl. 2, fig. 9; pl. 4, fig. 6; root-remains; Daanshan, Datai and Qianjuntai of West Hill, Beijing; Early Jurassic Lower Yaopo Formation.

1984 *Radicites* sp. , Li Baoxian, Hu Bin, p. 138, pl. 1, fig. 5; root-remain; Datong, Shanxi; Early Jurassic Yongdingzhuang Formation.

1986 *Radicites* sp. , Ye Meina and others, p. 21, pl. 4, fig. 8; pl. 6, figs. 3, 3a; root-remains; Jinwo near Tieshan of Daxian, Sichuan; Late Triassic member 7 of Hsuchiaho Formation; Wenquan of Kaixian, Sichuan; Middle Jurassic member 3 of Xintiangou Formation.

1986 *Radicites* sp. , Zhou Tongshun, Zhou Huiqin, p. 66, pl. 20, fig. 5; root-remain; Dalongkou of Jimsar, Xinjiang; Middle Triassic Karamay Formation.

1987 *Radicites* sp. , Duan Shuying, p. 20, pl. 8, fig. 2; pl. 10, fig. 2; root-remains; Zhaitang of West Hill, Beijing; Middle Jurassic.

1987a *Radicites* sp. , Qian Lijun and others, pl. 21, fig. 1; root-remain; Kaokaowusugou of Shenmu, Shaanxi; Middle Jurassic member 4 of Yan'an Formation.

1988 *Radicites* sp. , Li Peijuan and others, p. 48, pl. 6, figs. 3, 3a; pl. 7, fig. 2B; pl. 15, fig. 1B; calamitean roots; Dameigou of Da Qaidam, Qinghai; Early Jurassic *Cladophlebis* Bed of Huoshaoshan Formation and *Hausmannia* Bed of Tianshuigou Formation

1989 *Radicites* sp. , Zhou Zhiyan, p. 136, pl. 1, fig. 14; root; Shanqiao of Hengyang, Hunan; Late Triassic Yangbaichong Formation.

1993 *Radicites* sp. , Mi Jiarong and others, p. 83, pl. 6, fig. 4; root; Chengde, Hebei; Late Triassic Xingshikou Formation.

1993 *Radicites* sp., Sun Ge, p. 63, pl. 18, fig. 4; root; North Hill near Lujuanzicun of Wangqing, Jilin; Late Triassic Malugou Formation.

1993a *Radicites* sp., Wu Xiangwu, p. 128.

1993c *Radicites* sp., Wu Xiangwu, p. 76, pl. 2, fig. 1; root; Fengjiashan-Shanqingcun Section of Shangxian, Shaanxi; Early Cretaceous lower member of Fengjiashan Formation.

1996 *Radicites* sp., Mi Jiarong and others, p. 84, pl. 3, fig. 8; root; Beipiao, Liaoning; Shimenzhai of Funing, Hebei; Early Jurassic Beipiao Formation.

1996 *Radicites* sp., Wu Shunqing, Zhou Hanzhong, p. 4, pl. 1, fig. 8; root; Kuqa River Section of Kuqa, Xinjiang; Middle Triassic lower member of Karamay Formation.

1999b *Radicites* sp., Wu Shunqing, p. 16, pl. 4, fig. 7; root; Shiguansi of Wanyuan, Sichuan; Late Triassic Hsuchiaho Formation.

Genus *Schizoneura* Schimper et Mougeot, 1844

1844 Schimper, Mougeot, p. 50.

1885 Schenk, p. 174 (12).

1963 Sze H C, Lee H H and others, p. 35.

1993a Wu Xiangwu, p. 134.

Type species: *Schizoneura paradoxa* Schimper et Mougeot, 1844

Taxonomic status: Equisetales, Sphenopsida

Schizoneura paradoxa Schimper et Mougeot, 1844

1844 Schimper, Mougeot, p. 50, pls. 24 — 26; articulate stems and foliage; Mulhouse, France; Early Triassic.

1993a Wu Xiangwu, p. 134.

Schizoneura carrerei Zeiller, 1903

[Notes: This species lately was referred as *Neocalamites carrerei* (Zeiller) Halle (Halle, 1908)]

1902 — 1903 Zeiller, p. 137, pl. 36, figs. 1, 2; pl. 37, fig. 1; pl. 38, figs. 1 — 8; articulate stems; Hong Gai, Vietnam; Late Triassic.

1902 — 1903 Zeiller, p. 299; articulate stem; Taipingchang (Tai-Pin-Tchang), Yunnan; Late Triassic.

Schizoneura gondwanensis Festmantel, 1880

1880 Festmantel, p. 61, pls. ⅠA — ⅩA; India; Early Triassic.

1906 Krasser, p. 602, pl. 2, fig. 1; articulate stem; between Dongyingfang (Tung-jing-fang) and Sanchakou (San-tscha-kou), Inner Mongolia; Jurassic. [Notes: This specimen lately was referred as *Schizoneura*? sp. (Sze H C, Lee H H and others, 1963)]

1990 Wu Shunqing, Zhou Hanzhong, p. 449, pl. 2, figs. 1, 3, 4, 7, 8, 10; shoots with leaf whorls; Kuqa, Xinjiang; Early Triassic Ehuobulake Formation.

? *Schizoneura gondwanensis* Festmantel

1936 P'an C H, p. 13, pl. 4, figs. 7, 7a; articulate stem; Huailinping of Yanchuan, Shaanxi; Late

Triassic Yenchang Formation. [Notes: This specimen lately was referred as *Neocalamites carcinoides* Harris (Sze H C, Lee H H and others, 1963)]

Schizoneura hoerensis Schimper, 1869

1869 Schimper, p. 283; Yorkshire, England; Middle Jurassic. [Notes: This specimen lately was referred as *Neocalamites hoerensis* (Schimper) Halle (Halle, 1908)]

1906 Yokoyama, p. 29, pl. 7, fig. 10; articulate stem; Nianzigou near Saimaji of Fengcheng, Liaoning; Jurassic. [Notes: This specimen lately was referred as *Neocalamites hoerensis* (Schimper) Halle (Sze H C, Lee H H and others, 1963)]

? _Schizoneura hoerensis_ Schimper

1906 Yokoyama, p. 21, pl. 10, fig. 2; articulate stem; Longwangdong of Jiangbei, Sichuan; Jurassic. [Notes: This specimen lately was referred as ? *Neocalamites hoerensis* (Schimper) Halle (Sze H C, Lee H H and others, 1963)]

Schizoneura lateralis Schimper, 1844

1925 Teilhard de Chardin, Fritel, p. 538, pl. 23, fig. 4a; articulate stem and nodal diaphragm; Youfangtou (You-fang-teou) of Yulin, Shaanxi; Jurassic. [Notes: This specimen lately was referred as *Equisetites* cf. *lateralis* (Phill.) Morris (Sze H C, Lee H H and others, 1963)]

△_Schizoneura_ (_Echinostachys_?) _megaphylla_ Wang Z et Wang L, 1990

1990a Wang Ziqiang, Wang Lixin, p. 118, pl. 2, figs. 7(?), 8 — 11; pl. 3, figs. 1 — 6; text-fig. 5H; leaf sheaths; No.: Iso19-19, Iso19-21, Iso19-22, Z15a-279, Z15a-281, Z15a-283, Z16-28, Z17-292, Z22-243; Syntype 1: Z17-292 (pl. 3, fig. 4); Syntype 2: Z22-243 (pl. 3, figs. 5, 5a); Syntype 3: Iso19-22 (pl. 2, fig. 8); Repository: Nanjing Institute of Geology and Palaeontology, Chinese Academy of Sciences; Tuncun of Yushe and Mafang of Heshun, Shanxi; Early Triassic lower member of Heshanggou Formation. [Notes: According to *International Code of Botanical Nomenclature* (*Vienna Code*) article 37. 2, from the year 1958, the holotype type specimen should be unique]

Schizoneura ornata Stanislavsky, 1976

1976 Stanislavsky, p. 109, pl. 55; pl. 56, fig. 5; text-figs. 45C — 45E; Donbas, Ukraine; Late Triassic.

1983 Zhang Wu and others, p. 72, pl. 1, figs. 25 — 27; articulate stems and leaves; Linjiawaizi of Benxi, Liaoning; Middle Triassic Linjia Formation.

△_Schizoneura tianquqnensis_ Yang, 1982

1982 Yang Xianhe, p. 466, pl. 9, figs. 1, 1a; text-fig. X-1; articulate stem with foliage; Reg. No.: Sp233; Holotype: Sp233 (pl. 9, figs. 1, 1a); Repository: Chengdu Institute of Geology and Mineral Resources; Daping of Tianquan, Sichuan; Cretaceous.

Schizoneura spp.

1885 *Schizoneura* sp., Schenk, p. 174 (12), pl. 14 (2), fig. 10; pl. 15 (3), fig. 7; articulate stems; Huangnibao (Hoa-ni-pu), Sichuan; Early Jurassic (?). [Notes: This specimen lately was referred as *Neocalamites* sp. (Sze H C, Lee H H and others, 1963)]

1982 *Schizoneura* sp., Zhang Caifan, p. 522, pl. 357, figs. 11, 11a; articulate stem; Wenjiashi of Liuyang, Hunan; Early Jurassic Yuelong Formation.

1985 *Schizoneura* sp., Wang Ziqiang, pl. 4, fig. 14; articulate stem; Mafang of Heshun, Shanxi; Early Triassic Heshanggou Formation.

1986 *Schizoneura* sp., Ye Meina and others, p. 19, pl. 5, figs. 1, 2a; articulate stems; Qilixia of Kaijiang, Sichuan; Late Triassic member 7 of Hsuchiaho Formation.

1993a *Schizoneura* sp., Wu Xiangwu, p. 134.

1995a *Schizoneura* sp., Li Xingxue (editor-in-chief), pl. 62, fig. 4; articulate stem with fused sheath; Wenshanshangcun near Jiuqujiang of Qionghai, Hainan; Early Triassic Lingwen Formation. (in Chinese)

1995b *Schizoneura* sp., Li Xingxue (editor-in-chief), pl. 62, fig. 4; articulate stem with fused sheath; Wenshanshangcun near Jiuqujiang of Qionghai, Hainan; Early Triassic Lingwen Formation. (in English)

Schizoneura? spp.

1963 *Schizoneura*? sp., Sze H C, Lee H H and others, p. 37, pl. 11, fig. 1; articulate stem; between Dongyingfang (Tung-jing-fang) and Sanchakou (San-tscha-kou), Inner Mongolia; Jurassic(?).

1982b *Schizoneura*? sp., Zheng Shaolin, Zhang Wu, p. 295, pl. 1, fig. 17; articulate stem; Peide of Mishan, Heilongjiang; Middle Jurassic Dongshengcun Formation.

1983 *Schizoneura*? sp., Sun Ge and others, p. 450, pl. 1, fig. 6; fused sheath; Dajianggang of Shuangyang, Jilin; Late Triassic Dajianggang Formation.

Genus *Schizoneura-Echinostachys* Grauvosel-Stamm, 1978

1978 Grauvosel-Stamm, pp. 24, 51.

1986b Zheng Shaolin, Zhang Wu, p. 177.

1993a Wu Xiangwu, p. 134.

Type species: *Schizoneura-Echinostachys paradoxa* (Schimper et Mougeot) Grauvosel-Stamm, 1978

Taxonomic status: Schizoneuraceae, Equisetales, Sphenopsida

Schizoneura-Echinostachys paradoxa (Schimper et Mougeot) Grauvosel-Stamm, 1978

1844 *Schizoneura paradoxa* Schimper et Mougeot, p. 50, pls. 24 — 26; articulate stems and foliage; Mulhouse, Germany; Early Triassic.

1978 Grauvosel-Stamm, pp. 24, 51, pls. 6 — 13; text-figs. 5 — 8; articulate stems and foliage; Meurthe-Moselle of Vosges, France; Triassic.

1986b Zheng Shaolin, Zhang Wu, p. 177, pl. 2, figs. 1 — 10; pl. 3, figs. 16, 17; articulate stems and strobili; Yangshugou of Harqin Left Wing, western Liaoning; Early Triassic Hongla Formation.

1993a Wu Xiangwu, p. 134.

Genus *Selaginella* Spring, 1858

1979 Hsu J and others, p. 79.

1983 Duan Shuying and others, p. 55.

1993a Wu Xiangwu, p. 135.

Type species: (living genus)

Taxonomic status: Selaginellaceae, Lycopsida

△*Selaginella yunnanensis* (Hsu) Hsu, 1979

1954 *Selaginellites yunnanensis* Hsu, Hsu J, p. 42, pl. 37, figs. 2 — 7; lycopod sterile and fertile shoots; Yipinglang of Guangtong, Yunnan; Late Triassic Yipinglang Formation.

1979 Hsu J and others, p. 79.

1983 Duan Shuying and others, pl. 7, figs. 1, 2a; lycopod sterile shoots; Beiluoshan of Ninglang, Yunnan; Late Triassic.

1993a Wu Xiangwu, p. 135.

Genus *Selaginellites* Zeiller, 1906

1906 Zeiller, p. 141.

1951 Lee H H, p. 193.

1963 Sze H C, Lee H H and others, p. 13.

1993a Wu Xiangwu, p. 136.

Type species: *Selaginellites suissei* Zeiller, 1906

Taxonomic status: Selaginellaceae, Lycopsida

***Selaginellites suissei* Zeiller, 1906**

1906 Zeiller, p. 141, pl. 39, figs. 1 — 5; pl. 40, figs. 1 — 10; pl. 41, figs. 4 — 6; lycopod fertile shoots; Blanzy, France; Late Carboniferous.

1993a Wu Xiangwu, p. 136.

△*Selaginellites angustus* Lee, 1951

1951 Lee H H, p. 193, pl. 1, figs. 1 — 3; text-fig. 1; lycopod sterile and fertile shoots; Xingaoshan of Datong, Shanxi; Jurassic upper part of Datong Coal Series. [Notes: This specimen lately was referred as ? *Selaginellites angustus* Lee (Hsu J, 1954) or *Selaginellites*? *angustus* Lee (Sze H C, Lee H H and others, 1963)]

1993a Wu Xiangwu, p. 136.

***Selaginellites*? *angustus* Lee**

1963 Sze H C, Lee H H and others, p. 14, pl. 1, figs. 9, 9a; lycopod sterile and fertile shoot; Datong, Shanxi; Middle Jurassic or Early — Middle Jurassic upper part of Datong Group.

1976 Chow Huiqin and others, p. 205, pl. 106, figs. 1 — 4a; lycopod sterile and fertile shoots; Wuziwan of Jungar Banner, Inner Mongolia; Early Jurassic Fuxian Formation.

1980 Huang Zhigao, Zhou Huiqin, p. 63, pl. 49, figs. 1, 2; lycopod sterile and fertile shoots; Wuziwan of Jungar Banner, Inner Mongolia; Early Jurassic Fuxian Formation.

1992 Huang Qisheng, Lu Zongsheng, pl. 1, figs. 4, 5; lycopod sterile shoots; Xixingzihe of Yan'an, Shaanxi; Early Jurassic Fuxian Formation.

? *Selaginellites angustus* Lee

1954 Hsu J, p. 42, pl. 37, figs. 8, 9; sterile and fertile shoots; Datong, Shanxi; Middle Jurassic(?).

△*Selaginellites asiatica* Zheng et Lee, 1978

1978 Zheng Shaolin, Li Jieru, p. 147, pl. 35, figs. 5, 6c; text-fig. 1; lycopod sterile and fertile shoots; Col. No.: $CP_{27}H_{1\text{-}17}$; Repository: Shenyang Institute of Geology and Mineral Resources; Liangtugou of Chaoyang, Liaoning; Jurassic Guojiadian Formation.

1980 Zhang Wu and others, p. 223, pl. 112, figs. 3 — 3c; text-fig. 158; lycopod sterile and fertile shoot; Liangtugou of Chaoyang, Liaoning; Early Jurassic Guojiadian Formation.

1989 Bureau of Geology and Mineral Resources of Liaoning Province, pl. 9, fig. 9; lycopod sterile and fertile shoot; Chaoyang, Liaoning; Middle Jurassic Lanqi Formation.

1996 Mi Jiarong and others, p. 79, pl. 1, figs. 7, 13; lycopod sterile and fertile shoots; Haifanggou and Hejiagou of Beipiao, Liaoning; Middle Jurassic Haifanggou Formation.

△*Selaginellites chaoyangensis* Zheng et Lee, 1978

1978 Zheng Shaolin, Li Jieru, p. 148, pl. 36, figs. 1 — 3a, 5 — 5b; lycopod sterile and fertile shoots; Col. No.: CP_{27} $H_{1\text{-}6}$, CP_{27} $H_{1\text{-}9}$; Holotype: CP_{27} $H_{1\text{-}9}$ (pl. 36, fig. 5); Repository: Shenyang Institute of Geology and Mineral Resources; Liangtugou of Chaoyang, Liaoning; Jurassic Guojiadian Formation.

1980 Zhang Wu and others, p. 223, pl. 112, figs. 4 — 7; text-fig. 159; lycopod sterile and fertile shoots; Liangtugou of Chaoyang, Liaoning; Early Jurassic Guojiadian Formation.

1987 Zhang Wu, Zheng Shaolin, p. 266, pl. 1, fig. 3; pl. 2, figs. 2, 3; lycopod sterile and fertile shoots; Liangtugou of Chaoyang, Liaoning; Middle Jurassic Haifanggou Formation.

△*Selaginellites drepaniformis* Zheng, 1978

1978 Zheng Shaolin, in Zheng Shaolin, Li Jieru, p. 148, pl. 37, figs. 1, 1a, 2 — 2b; text-fig. 2; lycopod sterile and fertile shoots; Col. No.: $3_{6\text{-}1}$, $3_{6\text{-}2}$; Repository: Shenyang Institute of Geology and Mineral Resources; Daozigou of Lingyuan, Liaoning; Jurassic Guojiadian Formation. (Notes: The type specimen was not designated in the original paper)

1980 Zhang Wu and others, p. 224, pl. 114, fig. 1; lycopod sterile and fertile shoot; Daozigou of Lingyuan, Liaoning; Early Jurassic Guojiadian Formation.

△*Selaginellites fausta* (Wu S) Sun et Zheng, 2001 (in Chinese and English)

1999a *Lycopodites fausta* Wu S, Wu Shunqing, p. 10, pl. 2, figs. 1 — 2a; lycopod fertile branches; Huangbanjigou in Shangyuan of Beipiao, Liaoning; Late Jurassic Jianshangou Bed in lower part of Yixian Formation.

2001 Sun Ge and others, pp. 69, 181, pl. 7, figs. 4, 5; pl. 35, figs. 1 — 9; Shangyuan of Beipiao, Liaoning; Late Jurassic Jianshangou Formation.

△***Selaginellites sinensis*** **Zheng et Lee, 1978**

1978 Zheng Shaolin, Li Jieru, p. 149, pl. 34, figs. 1 — 1c; pl. 35, figs. 1 — 4; pl. 6, fig. 6; lycopod sterile and fertile shoots; Col. No.: $CP_{27}H_{1-17}$; Repository: Shenyang Institute of Geology and Mineral Resources; Liangtugou of Chaoyang, Liaoning; Jurassic Guojiadian Formation.

1980 Zhang Wu and others, p. 224, pl. 113, figs. 1, 2; pl. 114, fig. 2; text-fig. 161; lycopod sterile and fertile shoots; Liangtugou of Chaoyang, Liaoning; Early Jurassic Guojiadian Formation.

1996 Mi Jiarong and others, p. 79, pl. 1, figs. 6, 10, 11; lycopod sterile and fertile shoots; Haifanggou and Hejiagou of Beipiao, Liaoning; Middle Jurassic Haifanggou Formation.

2003 Xu Kun and others, pl. 6, fig. 9; lycopod sterile shoot; Haifanggou of Beipiao, Liaoning; Middle Jurassic Haifanggou Formation.

△***Selaginellites spatulatus*** **Zheng et Lee, 1978**

1978 Zheng Shaolin, Li Jieru, p. 149, pl. 36, figs. 4, 4a; pl. 37, figs. 3, 3a, 4; lycopod sterile and fertile shoots; Col. No.: $CP_{27}H_{1-9}$, $CP_{27}H_{1-16}$; Holotype: $CP_{27}H_{1-16}$ (pl. 36, fig. 4); Repository: Shenyang Institute of Geology and Mineral Resources; Liangtugou of Chaoyang, Liaoning; Jurassic Guojiadian Formation.

1980 Zhang Wu and others, p. 224, pl. 113, figs. 3, 3a; pl. 114, fig. 1; text-fig. 160; lycopod sterile and fertile shoots; Liangtugou of Chaoyang, Liaoning; Early Jurassic Guojiadian Formation.

△***Selaginellites suniana*** **Zheng et Zhang, 1994**

1994 Zheng Shaolin, Zhang Ying, pp. 758, 762, pl. 1, figs. 1 — 13; pl. 3, fig. 11; text-fig. 2; sporophylls and strobili; Reg. No.: HS0003; Repository: Research Institute of Exploration and Development, Daqing Petroleum Adminstrative Bureau; Anda, Heilongjiang; Early Cretaceous member 3 of Quantou Formation.

△***Selaginellite yunnanensis*** **Hsu, 1954**

1954 Hsu J, p. 42, pl. 37, figs. 2 — 7; lycopod sterile and fertile shoots; Yipinglang of Guangtong, Yunnan; Late Triassic Yipinglang Formation.

1958 Wang Longwen and others, p. 586, fig. 587; lycopod foliage shoot; Yunnan; Late Triassic Yipinglang Coal Series.

1963 Sze H C, Lee H H and others, p. 14, pl. 1, figs. 3 — 8; lycopod sterile and fertile shoots; Yipinglang of Guangtong, Yunnan; Late Triassic Yipinglang Formation.

1974 Hu Yufan and others, pl. 2, fig. 1; lycopod branch with foliage; Guanhua Coal Mine of Yaan, Sichuan; Late Triassic.

1974 Lee P C and others, p. 354, pl. 186, figs. 1 — 3; lycopod foliage shoot; Heyewan of Emei, Sichuan; Late Triassic Hsuchiaho Formation.

1976 Lee P C and others, p. 89, pl. 1, figs. 1 — 4a; lycopod foliage shoot; Yubacun and Yipinglang of Lufeng, Yunnan; Late Triassic Ganhaizi Member of Yipinglang Formation.

1978 Yang Xianhe, p. 470, pl. 156, fig. 5; pl. 157, fig. 7; lycopod foliage shoot; Shazi of Xiangcheng, Sichuan; Late Triassic Lamaya Formation; Heyewan of Emei, Sichuan; Late Triassic Hsuchiaho Formation.

1980 He Dechang, Shen Xiangpeng, p. 6, pl. 1, figs. 3, 3a, 6; pl. 2, fig. 4; lycopod foliage shoot; Liuyuankeng of Hengfeng, Jiangxi; Late Triassic Anyuan Formation.

1982 Li Peijuan, Wu Xiangwu, p. 36, pl. 1, figs. 1, 1a; lycopod foliage shoot; Xiangcheng area, Sichuan; Late Triassic Lamaya Formation.

1982 Yang Xianhe, p. 464, pl. 3, fig. 10; lycopod sterile and fertile shoot; Hulukou of Weiyuan, Sichuan; Late Triassic Hsuchiaho Formation.

1987 Chen Ye and others, p. 85, pl. 1, figs. 2 — 4; lycopod foliage shoot; Qinghe of Yanbian, Sichuan; Late Triassic Hongguo Formation.

1989 Mei Meitang and others, p. 73, pl. 33, fig. 4; lycopod foliage shoot; South China; Late Triassic.

1999b Wu Shunqing, p. 13, pl. 1, figs. 1, 1a; lycopod foliage shoot; Heyewan of Emei, Sichuan; Late Triassic Hsuchiaho Formation.

***Selaginellites* spp.**

1985 *Selaginellites* sp., Shang Ping, pl. 1, fig. 10; pl. 7, fig. 3; lycopod foliage shoot; Fuxin Coal Field, Liaoning; Early Cretaceous Sunjiawan Member of Haizhou Formation.

1986a *Selaginellites* sp., Chen Qishi, p. 447, pl. 1, figs. 1, 2; lycopod foliage shoot; Chayuanli of Quxian, Zhejiang; Late Triassic Chayuanli Formation.

***Selaginellites*? spp.**

1978 *Selaginellites*? sp., Zhou Tongshun, p. 95, pl. 15, fig. 4; lycopod foliage shoot; Dakeng of Zhangping, Fujian; Late Triassic Dakeng Formation.

1982 *Selaginellites*? sp., Wang Guoping and others, p. 237, pl. 129, figs. 7, 8; lycopod foliage shoot; Xiakou of Jiangshan, Zhejiang; Late Jurassic Shouchang Formation.

1988 *Selaginellites*? sp., Liu Zijin, p. 93, pl. 1, fig. 20; lycopod foliage shoot; Xiangfanggou of Chongxin, Gansu; Early Cretaceous upper member in Huanhe-Huachi Formation of Zhidan Group.

Genus *Sphenophyllum* Koenig, 1825

1825 Koenig, pl. 12, fig. 149.

1974 *Sphenophyllum* Brongniart, *Paleozoic Plants from China* Writing Group, p. 39.

1990a Wang Ziqiang, Wang Lixin, p. 114.

1993a Wu Xiangwu, p. 139.

Type species: *Sphenophyllum emarginatum* (Brongniart) Koenig, 1825

Taxonomic status: Sphenopsida

***Sphenophyllum emarginatum* (Brongniart) Koenig, 1825**

1822 *Sphenophyllites emarginatus* Brongniart, p. 234, pl. 13, fig. 8; sphenophyllaceous

foliage; Europe; Carboniferous.

1825 Koenig, pl. 12, fig. 149; sphenophyllaceous foliage; Europe; Carboniferous.

1993a Wu Xiangwu, p. 139.

***Sphenophyllum*? sp.**

1990a *Sphenophyllum*? sp., Wang Ziqiang, Wang Lixin, p. 114, pl. 18, fig. 1; sphenophyllaceous foliage; Jiyuan, Henan; Early Triassic lower member of Heshanggou Formation.

△Genus *Taeniocladopsis* Sze, 1956

1956a Sze H C, pp. 63, 168.

1963 Sze H C, Lee H H and others, p. 41.

1993a Wu Xiangwu, pp. 40, 239.

1993b Wu Xiangwu, pp. 497, 520.

Type species: *Taeniocladopsis rhizomoides* Sze, 1956

Taxonomic status: Equisetales, Sphenopsida

△*Taeniocladopsis rhizomoides* Sze, 1956

1956a Sze H C, pp. 63, 168, pl. 54, figs. 1, 1a; pl. 55, figs. 1 — 4; root-remains(?); Col. No.: PB2494, PB2495 — PB2499; Repository: Nanjing Institute of Geology and Palaeontology, Chinese Academy of Sciences; Zhoujiawan of Yanchang, Shaanxi; Late Triassic Yenchang Formation.

1963 Sze H C, Lee H H and others, p. 41, pl. 12, fig. 2; pl. 13, fig. 5; root-remains(?); Zhoujiawan of Yanchang, Shaanxi; Late Triassic.

1977 Feng Shaonan and others, p. 200, pl. 71, fig. 10; root; Xichengliu of Jiyuan, Henan; Late Triassic Yenchang Group.

1980 Huang Zhigao, Zhou Huiqin, p. 69, pl. 17, fig. 1; rhizome; Jinsuoguan of Tongchuan, Shaanxi; late Middle Triassic lower member of Tongchuan Formation.

1982 Duan Shuying, Chen Ye, p. 494, pl. 2, fig. 2; root-remain; Tanba of Hechuan, Sichuan; Late Triassic Hsuchiaho Formation.

1982a Wu Xiangwu, p. 50, pl. 4, figs. 3 — 5; root-remains; Tumain of Amdo, Tibet; Late Triassic Tumaingela Formation.

1986 Ye Meina and others, p. 20, pl. 8, fig. 2; pl. 56, fig. 5; root-remains; Binlang of Daxian, Sichuan; Late Triassic member 7 of Hsuchiaho Formation.

1989 Zhou Zhiyan, p. 136, pl. 2, fig. 1; root; Shanqiao of Hengyang, Hunan; Late Triassic Yangbaichong Formation.

1993a Wu Xiangwu, pp. 40, 239.

1993b Wu Xiangwu, pp. 497, 520.

1999b Wu Shunqing, p. 16, pl. 4, figs. 4, 5, 6(?); root-remains; Heyewan of Emei, Sichuan; Late Triassic Hsuchiaho Formation.

***Taeniocladopsis* spp.**

1982b *Taeniocladopsis* sp. ,Yang Xuelin,Sun Liwen,p. 29,pl. 2,figs. 8,9; rhizomes; Hongqi Coal Mine of southeastern Da Hinggan Ling;Early Jurassic Hongqi Formation.

1990 *Taeniocladopsis* sp. , Wu Shunqing, Zhou Hanzhong, p. 450, pl. 1, fig. 13; rhizome; Kuqa,Xinjiang;Early Triassic Ehuobulake Formation.

1993 *Taeniocladopsis* sp. ,Sun Ge,p. 63,pl. 18,fig. 5; root; North Hill near Lujuanzicun of Wangqing,Jilin;Late Triassic Malugou Formation.

Equietaceae

1906 Equietaceae, Yokoyama, pl. 10, fig. 3; calamitean stem; Longwangdong of Jiangbei, Sichuan; Jurassic. [Notes: This specimen lately was referred as ? *Neocalamites* cf. *hoerensis* (Schimper) Halle (Sze H C,Lee H H and others,1963)]

Fragment (*Neocalamtes*?)

1956 Fragment (*Neocalamtes*?), Ngo C K, p. 27, pl. 7, fig. 4; calamitean stem; Xiaoping of Guangzhou,Guangdong;Late Triassic Siaoping Coal Series.

Root (Rhizoma)

1933d Wurzel (=*Pityocladus shangtungensis* Yabe et Ôishi,1928,p. 12,pl. 4,figs. 2,3),Sze H C,p. 38,pl. 11,figs. 9—12;roots;Fangzi of Weixian,Shandong;Jurassic. [Notes:This specimen lately was referred as *Radicites* sp. (Sze H C,Lee H H and others,1963)]

APPENDIXES

Appendix 1 Index of Generic Names

[Arranged alphabetically, generic names and the page numbers (in English part / in Chinese part), "△" indicates the generic name established based on Chinese material]

A

Annalepis 脊囊属 ······ 140/12
Annularia 轮叶属 ······ 144/15
Annulariopsis 拟轮叶属 ······ 144/15

C

Calamites Suckow, 1784 (non Schlotheim, 1820 nec Brongniart, 1828) 芦木属 ······ 148/18
Calamites Schlotheim, 1820 (non Brongniart, 1828, nec Suckow, 1784) 芦木属 ······ 149/19
Calamites Brongniart, 1828 (non Schlotheim, 1820, nec Suckow, 1784) 芦木属 ······ 149/19
Calymperopsis 拟花藓属 ······ 127/1

E

Equisetites 似木贼属 ······ 149/19
Equisetostachys 木贼穗属 ······ 175/39
Equisetum 木贼属 ······ 176/40

F

Ferganodendron 费尔干木属 ······ 183/45
△*Foliosites* 似茎状地衣属 ······ 127/1

G

△*Gansuphyllite* 甘肃芦木属 ······ 183/46
△*Geminofoliolum* 双生叶属 ······ 184/46
Grammaephloios 棋盘木属 ······ 184/47

H

Hepaticites 似苔属 ······ 128/2

△*Hexaphyllum* 六叶属 ············ 184/47
△*Hunanoequisetum* 湖南木贼属 ············ 185/47

I

Isoetes 水韭属 ············ 185/48
Isoetites 似水韭属 ············ 186/48

L

Lobatannularia 瓣轮叶属 ············ 186/49
△*Lobatannulariopsis* 拟瓣轮叶属 ············ 188/50
△*Longfengshania* 龙凤山苔属 ············ 130/3
Lycopodites 似石松属 ············ 188/50
Lycostrobus 石松穗属 ············ 190/52

M

Marchantiolites 古地钱属 ············ 130/4
Marchantites 似地钱属 ············ 131/4
Macrostachya 大芦孢穗属 ············ 191/52
△*Metalepidodendron* 变态鳞木属 ············ 191/53
△*Metzgerites* 似叉苔属 ············ 131/5
△*Mnioites* 似提灯藓属 ············ 132/5
Muscites 似藓属 ············ 133/6

N

Neckera 平藓属 ············ 134/7
△*Neoannularia* 新轮叶属 ············ 192/53
Neocalamites 新芦木属 ············ 193/54
Neocalamostachys 新芦木穗属 ············ 212/68
△*Neostachya* 新孢穗属 ············ 213/68

P

△*Parafunaria* 副葫芦藓属 ············ 134/7
Phyllotheca 杯叶属 ············ 213/69
Pleuromeia 肋木属 ············ 216/71

R

Radicites 似根属 ············ 222/75
△*Riccardiopsis* 拟片叶苔属 ············ 134/7

S

Schizoneura 裂脉叶属 ······ 224/77
Schizoneura-Echinostachys 裂脉叶-具刺孢穗属 ······ 226/79
Selaginella 卷柏属 ······ 227/80
Selaginellites 似卷柏属 ······ 227/80
Sphenophyllum 楔叶属 ······ 230/83
Sporogonites 似孢子体属 ······ 135/8
△*Stachybryolites* 穗藓属 ······ 135/8

T

△*Taeniocladopisis* 拟带枝属 ······ 231/83
Thallites 似叶状体属 ······ 136/8

U

Uskatia 乌斯卡特藓属 ······ 139/11

Appendix 2 Index of Specific Names

[Arranged alphabetically, generic names or specific names and the page numbers (in English part / in Chinese part),"△" indicates the generic or specific name established based on Chinese material]

A

Annalepis 脊囊属 …… 140/12

△*Annalepis angusta* 狭尖脊囊 …… 141/13

△*Annalepis brevicystis* 短囊脊囊 …… 141/13

△*Annalepis chudeensis* 承德脊囊 …… 141/13

△*Annalepis furongqiqoensis* 芙蓉桥脊囊 …… 142/13

△*Annalepis latiloba* 宽叶脊囊 …… 142/13

△*Annalepis sangziensis* 桑植脊囊 …… 142/14

△*Annalepis*? *shanxiensis* 山西? 脊囊 …… 143/14

Annalepis zeilleri 蔡耶脊囊 …… 140/12

Annalepis cf. *zeilleri* 蔡耶脊囊(比较种) …… 141/12

Annalepis spp. 脊囊(未定多种) …… 143/14

Annalepis? sp. 脊囊?(未定种) …… 143/14

Annularia 轮叶属 …… 144/15

Annularia spinulosa 细刺轮叶 …… 144/15

Annularia shirakii 短镰轮叶 …… 144/15

Annulariopsis 拟轮叶属 …… 144/15

△*Annulariopsis atannularioides* 轮叶型拟轮叶 …… 145/16

△*Annulariopsis hechuanensis* 合川拟轮叶 …… 145/16

Annulariopsis inopinata 东京拟轮叶 …… 144/15

Annulariopsis cf. *inopinata* 东京拟轮叶(比较种) …… 145/15

Annulariopsis cf. *A. inopinata* 东京拟轮叶(比较属种) …… 145/16

△*Annulariopsis lobatannularioides* 瓣轮叶型拟轮叶 …… 145/16

△*Annulariopsis logifolia* 长叶拟轮叶 …… 145/16

Annulariopsis simpsonii 辛普松拟轮叶 …… 145/16

△*Annulariopsis*? *sinensis* 中国? 拟轮叶 …… 146/16

△*Annulariopsis xibeiensis* 西北拟轮叶 …… 146/17

△*Annulariopsis yancaogouensis* 羊草沟拟轮叶 …… 146/17

Annulariopsis spp. 拟轮叶(未定多种) …… 146/17

Annulariopsis? spp. 拟轮叶?(未定多种) …… 147/18

C

Calamites Suckow, 1784 (non Schlotheim, 1820, nec Brongniart, 1828) 芦木属 …… 148/18

△*Calamites shanxiensis* 山西芦木 …… 148/18

Calamites sp. 芦木(未定种) …… 148/18
Calamites Schlotheim, 1820 (non Brongniart, 1828, nec Suckow, 1784) 芦木属 …… 149/19
Calamites cannaeformis 管状芦木 …… 149/19
Calamites Brongniart, 1828 (non Schlotheim, 1820, nec Suckow, 1784) 芦木属 …… 149/19
Calamites radiatus 辐射芦木 …… 149/19
Calymperopsis 拟花藓属 …… 127/1
△*Calymperopsis yunfuensis* 云浮拟花藓 …… 127/1

E

Equisetites 似木贼属 …… 149/19
△*Equisetites acanthodon* 尖齿似木贼 …… 150/20
Equisetites arenaceus 巨大似木贼 …… 150/20
Equisetites cf. *arenaceus* 巨大似木贼(比较种) …… 151/20
Equisetites beanii 苹氏似木贼 …… 151/20
Equisetites cf. *beani* 苹氏似木贼(比较种) …… 151/21
△*Equisetites beijingensis* 北京似木贼 …… 151/21
△*Equisetites brevidentatus* 短齿似木贼 …… 151/21
△*Equisetites brevitubatus* 短鞘似木贼 …… 152/21
Equisetites burchardti 布氏似木贼 …… 152/21
Equisetites cf. *burchardti* 布氏似木贼(比较种) …… 152/21
Equisetites burejensis 布列亚似木贼 …… 152/21
Equisetites cf. *burejensis* 布列亚似木贼(比较种) …… 153/22
Equisetites columnaris 柱状似木贼 …… 153/22
Equisetites cf. *columnaris* 柱状似木贼(比较种) …… 153/22
△*Equisetites deltodon* 三角齿似木贼 …… 153/22
△*Equisetites densatis* 稠齿似木贼 …… 153/22
△*Equisetites exiliformis* 瘦形似木贼 …… 153/22
Equisetites ferganensis 费尔干似木贼 …… 153/22
△*Equisetites funnelformis* 漏斗似木贼 …… 154/23
Equisetites giganteus 巨大似木贼 …… 154/23
Equisetites gracilis 纤细似木贼 …… 154/23
Equisetites cf. *gracilis* 纤细似木贼(比较种) …… 155/23
Equisetites cf. *E. gracilis* 纤细似木贼(比较属种) …… 155/23
△*Equisetites hulunensis* 呼伦似木贼 …… 155/23
△*Equisetites hulukouensis* 葫芦似木贼 …… 155/24
Equisetites intermedius 纵条似木贼 …… 155/24
Equisetites iwamuroensis 石村似木贼 …… 155/24
Equisetites cf. *iwamuroensis* 石村似木贼(比较种) …… 155/24
△*Equisetites jingmenensis* 荆门似木贼 …… 156/24
△*Equisetites junggarensis* 准噶尔似木贼 …… 156/24
△*Equisetites kaomingensis* 高明似木贼 …… 156/24
Equisetites koreanicus 朝鲜似木贼 …… 156/24
Equisetites cf. *koreanicus* 朝鲜似木贼(比较种) …… 157/25

Equisetites laevis 平滑似木贼 …… 157/25
Equisetites lateralis 侧生似木贼 …… 157/25
Equisetites cf. *lateralis* 侧生似木贼(比较种) …… 158/25
△*Equisetites lechangensis* 乐昌似木贼 …… 158/26
△*Equisetites? linearis* 线形? 似木贼 …… 158/26
△*Equisetites longevaginatus* …… 158/26
△*Equisetites longiconis* 长筒似木贼 …… 159/26
△*Equisetites longidens* 长齿似木贼 …… 159/26
△*Equisetites lufengensis* 禄丰似木贼 …… 159/26
Equisetites cf. *lufengensis* 禄丰似木贼(比较种) …… 159/27
△*Equisetites macrovalis* 大卵形似木贼 …… 160/27
Equisetites mobergii 莫贝尔基似木贼 …… 160/27
Equisetites cf. *mobergii* 莫贝尔基似木贼(比较种) …… 160/27
Equisetites cf. *mougeoti* 穆氏似木贼(比较种) …… 160/27
Equisetites multidentatus 多齿似木贼 …… 160/27
Equisetites aff. *multidentatus* 多齿似木贼(亲近种) …… 160/27
Equisetites cf. *multidentatus* 多齿似木贼(比较种) …… 160/27
Equisetites cf. *E. multidentatus* 多齿似木贼(比较属种) …… 160/27
Equisetites münsteri 敏斯特似木贼 …… 149/19
Equisetites cf. *münsteri* 敏斯特似木贼(比较种) …… 150/20
Equisetites (*Equisetostachys*) cf. *E. münsteri* 敏斯特似木贼(木贼穗)(比较属种) …… 150/20
Equisetites naktongensis 洛东似木贼 …… 161/28
Equisetites naktongensis Tateiwa var. *tenuicaulis* 洛东似木贼细茎变种 …… 161/28
Equisetites cf. *naktongensis* Tateiwa var. *tenuicaulis* 洛东似木贼细茎变种(比较种) …… 161/28
△*Equisetites paradeltodon* 拟三角齿似木贼 …… 161/28
△*Equisetites pengxianensis* 彭县似木贼 …… 161/28
△*Equisetites planus* 扁平似木贼 …… 161/28
Equisetites platyodon 宽齿似木贼 …… 161/28
Equisetites praelongus 伸长似木贼 …… 161/28
△*Equisetites qionghaiensis* 琼海似木贼 …… 162/28
Equisetites ramosus 多枝似木贼 …… 162/29
Equisetites rogersii 罗格西似木贼 …… 162/29
Equisetites rugosus 皱纹似木贼 …… 162/29
Equisetites sarrani 沙兰似木贼 …… 162/29
Equisetites cf. *sarrani* 沙兰似木贼(比较种) …… 164/30
Equisetites cf. *E. sarrani* 沙兰似木贼(比较属种) …… 164/30
Equisetites scanicus 斯堪尼似木贼 …… 164/30
Equisetites cf. *E. scanicus* 斯堪尼似木贼(比较属种) …… 164/31
△*Equisetites shandongensis* 山东似木贼 …… 165/31
△*Equisetites shenmuensis* 神木似木贼 …… 165/31
△*Equisetites sichuanensis* 四川似木贼 …… 165/31
△*Equisetites shuangyangensis* 双阳似木贼 …… 165/31
△*Equisetites stenodon* 坚齿似木贼 …… 165/31
Equisetites cf. *stenodon* 坚齿似木贼(比较种) …… 166/31
Equisetites takahashii 宽脊似木贼 …… 166/32

Equisetites cf. *takahashii* 宽脊似木贼(比较种) …… 166/32
△*Equisetites tongchuanensis* 铜川似木贼 …… 166/32
Equisetites virginicus 维基尼亚似木贼 …… 166/32
Equisetites cf. *virginicus* 维基尼亚似木贼(比较种) …… 166/32
△*Equisetites weiyuanensis* 威远似木贼 …… 166/32
△*Equisetites yimaensis* 义马似木贼 …… 167/32
△*Equisetites yangcaogouensis* 羊草沟似木贼 …… 167/32
Equisetites spp. 似木贼(未定多种) …… 167/33
Equisetites? spp. 似木贼?(未定多种) …… 174/38
Equisetites (*Equisetostachys*) spp. 似木贼(木贼穗)(未定多种) …… 174/38
Equisetites (*Neocalamites*?) sp. 似木贼(新芦木?)(未定种) …… 174/38
Equisetostachys 木贼穗属 …… 175/39
Equisetostachys sp. 木贼穗(未定种) …… 175/39
Equisetostachys spp. 木贼穗(未定多种) …… 175/39
Equisetostachys? spp. 木贼穗?(未定多种) …… 176/40
Equisetum 木贼属 …… 176/40
Equisetum arenaceus 砂地木贼 …… 176/40
Equisetum asiaticum 亚洲木贼 …… 176/40
Equisetum beanii 苹氏木贼 …… 177/40
Equisetum burchardtii 布尔查特木贼 …… 177/41
Equisetum burejense 布列亚木贼 …… 177/41
△*Equisetum deltodon* 三角齿木贼 …… 177/41
Equisetum ferganense 费尔干木贼 …… 177/41
Equisetum cf. *ferganense* 费尔干木贼(比较种) …… 177/41
Equisetum filum 线形木贼 …… 178/41
△*Equisetum furongense* 芙蓉木贼 …… 178/41
Equisetum gracile 纤细木贼 …… 178/42
△*Equisetum guojiadianense* 郭家店木贼 …… 178/42
△*Equisetum hallei* 赫勒木贼 …… 178/42
△*Equisetum hunchunense* 珲春木贼 …… 178/42
Equisetum ilmijense 伊尔米亚木贼 …… 178/42
△*Equisetum lamagouense* 拉马沟木贼 …… 178/42
△*Equisetum laohugouense* 老虎沟木贼 …… 178/42
Equisetum laterale 侧生木贼 …… 179/42
Equisetum cf. *laterale* 侧生木贼(比较种) …… 179/43
△*Equisetum lisangouense* 李三沟木贼 …… 179/43
Equisetum mougeotii 穆氏木贼 …… 179/43
Equisetum multidendatum 多齿木贼 …… 180/43
Equisetum naktongense 洛东木贼 …… 180/43
△*Equisetum neocalamioides* 新芦木型木贼 …… 180/43
Equisetum ramosus 多枝木贼 …… 180/43
Equisetum cf. *ramosus* 多枝木贼(比较种) …… 180/43
Equisetum sarrani 沙兰木贼 …… 180/44
Equisetum cf. *sarrani* 沙兰木贼(比较种) …… 181/44
△*Equisetum shandongense* 山东木贼 …… 181/44

△*Equisetum sibiricum* 西伯利亚木贼 …… 181/44
Equisetum takahashii 宽脊木贼 …… 181/44
Equisetum cf. *takahashii* 宽脊木贼(比较种) …… 181/44
Equisetum ushimarense 牛凡木贼 …… 181/44
△*Equisetum xigeduense* 西圪堵木贼 …… 182/44
Equisetum spp. 木贼(未定多种) …… 182/44
Equisetum? sp. 木贼?(未定种) …… 183/45

F

Ferganodendron 费尔干木属 …… 183/45
Ferganodendron sauktangensis 塞克坦费尔干木 …… 183/45
Ferganodendron sp. 费尔干木(未定种) …… 183/46
?*Ferganodendron* sp. ?费尔干木(未定种) …… 183/46
△*Foliosites* 似茎状地衣属 …… 127/1
△*Foliosites formosus* 美丽似茎状地衣 …… 127/1
△*Foliosites gracilentus* 纤细似茎状地衣 …… 128/2
Foliosites sp. 似茎状地衣(未定种) …… 128/2

G

△*Gansuphyllite* 甘肃芦木属 …… 183/46
△*Gansuphyllite multivervis* 多脉甘肃芦木 …… 183/46
△*Geminofoliolum* 双生叶属 …… 184/46
△*Geminofoliolum gracilis* 纤细双生叶 …… 184/46
Grammaephloios 棋盘木属 …… 184/47
Grammaephloios icthya 鱼鳞状棋盘木 …… 184/47

H

Hepaticites 似苔属 …… 128/2
△*Hepaticites elegans* 雅致似苔 …… 128/2
△*Hepaticites hebeiensis* 河北似苔 …… 128/2
Hepaticites kidstoni 启兹顿似苔 …… 128/2
△*Hepaticites lui* 卢氏似苔 …… 128/2
△*Hepaticites minutus* 极小似苔 …… 129/2
Hepaticites solenotus 螺展似苔 …… 129/3
Cf. *Hepaticites solenotus* 螺展似苔(比较属种) …… 129/3
△*Hepaticites subrotuntus* 近圆形似苔 …… 129/3
△*Hepaticites xinjiangensis* 新疆似苔 …… 129/3
△*Hepaticites yaoi* 姚氏似苔 …… 129/3
Hepaticites sp. 似苔(未定种) …… 130/3
△*Hexaphyllum* 六叶属 …… 184/47
△*Hexaphyllum sinense* 中国六叶 …… 185/47
△*Hunanoequisetum* 湖南木贼属 …… 185/47

△*Hunanoequisetum liuyangense* 浏阳湖南木贼 …… 185/47

I

Isoetes 水韭属 …… 185/48
△*Isoetes ermayingensis* 二马营水韭 …… 185/48
Isoetites 似水韭属 …… 186/48
Isoetites crociformis 交叉似水韭 …… 186/48
△*Isoetites sagittatus* 箭头似水韭 …… 186/49

L

Lobatannularia 瓣轮叶属 …… 186/49
△*Lobatannularia chuandianensis* 川滇瓣轮叶 …… 187/49
Lobatannularia cf. *heianensis* 平安瓣轮叶(比较种) …… 187/49
△*Lobatannularia hechuanensis* 合川瓣轮叶 …… 187/49
Lobatannularia inequifolia 不等叶瓣轮叶 …… 187/49
△*Lobatannularia kaixianensis* 开县瓣轮叶 …… 187/49
△*Lobatannularia lujiashanensis* 吕家山瓣轮叶 …… 187/49
Lobatannularia spp. 瓣轮叶(未定多种) …… 187/50
Lobatannularia? sp. 瓣轮叶?(未定种) …… 188/50
△*Lobatannulariopsis* 拟瓣轮叶属 …… 188/50
△*Lobatannulariopsis yunnanensis* 云南拟瓣轮叶 …… 188/50
△*Longfengshania* 龙凤山苔属 …… 130/3
△*Longfengshania stipitata* 柄龙凤山苔 …… 130/3
Lycopodites 似石松属 …… 188/50
Lycopodites falcatus 镰形似石松 …… 188/50
△*Lycopodites faustus* 多产似石松 …… 189/51
△*Lycopodites huantingensis* 华亭似石松 …… 189/51
△*Lycopodites huayansiensis* 华严寺似石松 …… 189/51
△*Lycopodites magnificus* 壮丽似石松 …… 189/51
△*Lycopodites multifurcatus* 多枝似石松 …… 190/51
△*Lycopodites ovatus* 卵形似石松 …… 190/51
Lycopodites taxiformis 紫杉形似石松 …… 188/50
Lycopodites williamsoni 威氏似石松 …… 190/52
Lycopodites sp. 似石松(未定种) …… 190/52
Lycostrobus 石松穗属 …… 190/52
Lycostrobus scottii 斯苛脱石松穗 …… 190/52
△*Lycostrobus petiolatus* 具柄石松穗 …… 190/52

M

Macrostachya 大芦孢穗属 …… 191/52

△*Macrostachya gracilis* Wang Z et Wang L,1989 (non Wang Z et Wang L,1990)
纤细大芦孢穗 …… 191/53
△*Macrostachya gracilis* Wang Z et Wang L,1990 (non Wang Z et Wang L,1989)
纤细大芦孢穗 …… 191/53
Macrostachya infundibuliformis 漏斗状大芦孢穗 …… 191/52
Marchantiolites 古地钱属 …… 130/4
Marchantiolites blairmorensis 布莱尔莫古地钱 …… 131/4
Marchantiolites porosus 多孔古地钱 …… 130/4
△*Marchantiolites sulcatus* 沟槽古地钱 …… 131/4
Marchantites 似地钱属 …… 131/4
Marchantites sesannensis 塞桑似地钱 …… 131/4
△*Marchantites taoshanensis* 桃山似地钱 …… 131/4
Marchantites sp. 似地钱(未定种) …… 131/5
△*Metalepidodendron* 变态鳞木属 …… 191/53
△*Metalepidodendron sinensis* 中国变态鳞木 …… 191/53
△*Metalepidodendron xiabanchengensis* 下板城变态鳞木 …… 192/53
△*Metzgerites* 似叉苔属 …… 131/5
△*Metzgerites barkolensis* 巴里坤似叉苔 …… 132/5
△*Metzgerites exhibens* 明显似叉苔 …… 132/5
△*Metzgerites multiramea* 多枝似叉苔 …… 132/5
△*Metzgerites yuxinanensis* 蔚县似叉苔 …… 132/5
△*Mnioites* 似提灯藓属 …… 132/5
△*Mnioites brachyphylloides* 短叶杉型似提灯藓 …… 132/6
Muscites 似藓属 …… 133/6
△*Muscites drepanophyllus* 镰状叶似藓 …… 133/6
△*Muscites meteorioides* 蔓藓型似藓 …… 133/6
△*Muscites nantimenensis* 南天门似藓 …… 133/6
△*Muscites tenellus* 柔弱似藓 …… 133/6
Muscites tournalii 图氏似藓 …… 133/6
Muscites sp. 似藓(未定种) …… 134/7

N

Neckera 平藓属 …… 134/7
△*Neckera shanwanica* 山旺平藓 …… 134/7
△*Neoannularia* 新轮叶属 …… 192/53
△*Neoannularia chuandianensis* 川滇新轮叶 …… 192/54
△*Neoannularia confertifolia* 密叶新轮叶 …… 193/54
△*Neoannularia shanxiensis* 陕西新轮叶 …… 192/54
△*Neoannularia triassica* Gu et Hu,1979 (non Gu et Hu,1984,nec Gu et Hu,1987)
三叠新轮叶 …… 193/54
△*Neoannularia triassica* Gu et Hu,1984 (non Gu et Hu,1987,nec Gu et Hu,1979)
三叠新轮叶 …… 193/54
△*Neoannularia triassica* Gu et Hu,1987 (non Gu et Hu,1984,nec Gu et Hu,1979)
三叠新轮叶 …… 193/54

Neocalamites 新芦木属 …… 193/54
△*Neocalamites angustifolius* 细叶新芦木 …… 196/57
△*Neocalamites annulariopsis* 拟轮叶型新芦木 …… 197/57
△*Neocalamites asperrimus* 粗糙新芦木 …… 197/57
△*Neocalamites brevifolius* 短叶新芦木 …… 197/57
Neocalamites carcinoides 蟹形新芦木 …… 197/57
? *Neocalamites carcinoides* ? 蟹形新芦木 …… 199/59
Neocalamites cf. *carcinoides* 蟹形新芦木(比较种) …… 199/59
Neocalamites cf. *N. carcinoides* 蟹形新芦木(比较属种) …… 199/59
Neocalamites carrerei 卡勒莱新芦木 …… 200/59
Neocalamites cf. *carrerei* 卡勒莱新芦木(比较种) …… 204/61
△*Neocalamites dangyangensis* 当阳新芦木 …… 204/62
△*Neocalamites*? *filifolius* 丝状? 新芦木 …… 204/62
△*Neocalamites haifanggouensis* 海房沟新芦木 …… 205/62
△*Neocalamites haixizhouensis* 海西州新芦木 …… 205/62
Neocalamites hoerensis 霍尔新芦木 …… 193/55
Neocalamites hoerensis? 霍尔新芦木? …… 196/56
Neocalamites cf. *hoerensis* 霍尔新芦木(比较种) …… 196/56
Neocalamites merianii 米氏新芦木 …… 205/62
Cf. *Neocalamites merianii* 米氏新芦木(比较属种) …… 205/63
Neocalamites cf. *merianii* 米氏新芦木(比较种) …… 206/63
△*Neocalamites nanzhangensis* 南漳新芦木 …… 206/63
Neocalamites nathorsti 那氏新芦木 …… 206/63
Neocalamites cf. *nathorst* 那氏新芦木(比较种) …… 207/63
△*Neocalamites rugosus* 皱纹新芦木 …… 207/63
△*Neocalamites shanxiensis* 山西新芦木 …… 208/64
△*Neocalamites*? *tubercalatus* 瘤状? 新芦木 …… 208/64
△*Neocalamites wuzaoensis* 乌灶新芦木 …… 208/64
Neocalamites spp. 新芦木(未定多种) …… 208/64
Neocalamites? spp. 新芦木?(未定多种) …… 211/67
? *Neocalamites* sp. ? 新芦木(未定种) …… 212/68
Cf. *Neocalamites* sp. 新芦木(比较属,未定种) …… 212/68
Neocalamostachys 新芦木穗属 …… 212/68
Neocalamostachys pedunculatus 总花梗新芦木穗 …… 213/68
Neocalamostachys? sp. 新芦木穗?(未定种) …… 213/68
△*Neostachya* 新孢穗属 …… 213/68
△*Neostachya shanxiensis* 陕西新孢穗 …… 213/69

P

△*Parafunaria* 副葫芦藓属 …… 134/7
△*Parafunaria sinensis* 中国副葫芦藓 …… 134/7
Phyllotheca 杯叶属 …… 213/69
Phyllotheca australis 澳洲杯叶 …… 214/69
△*Phyllotheca bella* 华美杯叶 …… 214/69

△*Phyllotheca bicruris* 双枝杯叶 ······ 214/69
Phyllotheca cf. *deliquescens* 伞状杯叶(比较种) ······ 214/69
Phyllotheca cf. *equisetoides* 似木贼型杯叶(比较种) ······ 214/69
△*Phyllotheca marginans* 缘边杯叶 ······ 214/69
Phyllotheca sibirica 西伯利亚杯叶 ······ 215/70
Phyllotheca cf. *sibirica* 西伯利亚杯叶(比较种) ······ 215/70
△*Phyllotheca yusheensis* 榆社杯叶 ······ 215/70
Phyllotheca spp. 杯叶(未定多种) ······ 215/70
Phyllotheca? spp. 杯叶?(未定多种) ······ 215/70
Pleuromeia 肋木属 ······ 216/71
△*Pleuromeia altinis* 肥厚肋木 ······ 217/71
△*Pleuromeia epicharis* 美丽肋木 ······ 217/72
△*Pleuromeia hunanensis* 湖南肋木 ······ 217/72
△*Pleuromeia jiaochengensis* 交城肋木 ······ 217/72
△*Pleuromeia labiata* 唇形肋木 ······ 218/72
△*Pleuromeia marginulata* 缘边肋木 ······ 218/73
△*Pleuromeia pateriformis* 盘形肋木 ······ 219/73
Pleuromeia rossica 俄罗斯肋木 ······ 219/73
△*Pleuromeia sanxiaensis* 三峡肋木 ······ 219/74
Pleuromeia sternbergi 斯氏肋木 ······ 216/71
△*Pleuromeia tongchuanensis* 铜川肋木 ······ 220/74
△*Pleuromeia wuziwanensis* Chow et Huang,1976 (non Huang et Chow,1980) 五字湾肋木 ······ 220/74
△*Pleuromeia wuziwanensis* Huang et Chow,1980 (non Chow et Huang,1980) 五字湾肋木 ······ 221/74
Pleuromeia spp. 肋木(未定多种) ······ 221/75
Pleuromeia? sp. 肋木?(未定种) ······ 221/75
?*Pleuromeia* spp. ?肋木(未定多种) ······ 221/75

R

Radicites 似根属 ······ 222/75
Radicites capillacea 毛发似根 ······ 222/76
△*Radicites datongensis* 大同似根 ······ 222/76
△*Radicites eucallus* 美丽似根 ······ 222/76
△*Radicites radiatus* 辐射似根 ······ 222/76
△*Radicites shandongensis* 山东似根 ······ 222/76
Radicites spp. 似根(未定多种) ······ 223/76
△*Riccardiopsis* 拟片叶苔属 ······ 134/7
△*Riccardiopsis hsüi* 徐氏拟片叶苔 ······ 134/7

S

Schizoneura 裂脉叶属 ······ 224/77
Schizoneura carrerei 卡勒莱裂脉叶 ······ 224/78

Schizoneura gondwanensis 冈瓦那裂脉叶 …… 224/78
?*Schizoneura gondwanensis* ?冈瓦那裂脉叶 …… 224/78
Schizoneura hoerensis 霍尔裂脉叶 …… 225/78
?*Schizoneura hoerensis* ?霍尔裂脉叶 …… 225/78
Schizoneura lateralis 侧生裂脉叶 …… 225/78
△*Schizoneura* (*Echinostachys*?) *megaphylla* 大叶裂脉叶(具刺孢穗?) …… 225/78
Schizoneura ornata 装饰裂脉叶 …… 225/78
Schizoneura paradoxa 奇异裂脉叶 …… 224/77
△*Schizoneura tianquqnensis* 天全裂脉叶 …… 225/79
Schizoneura spp. 裂脉叶(未定多种) …… 225/79
Schizoneura? spp. 裂脉叶?(未定多种) …… 226/79
Schizoneura-Echinostachys 裂脉叶-具刺孢穗属 …… 226/79
Schizoneura-Echinostachys paradoxa 奇异裂脉叶-具刺孢穗 …… 226/79
Selaginella 卷柏属 …… 227/80
△*Selaginella yunnanensis* 云南似卷柏 …… 227/80
Selaginellites 似卷柏属 …… 227/80
△*Selaginellites angustus* 狭细似卷柏 …… 227/80
Selaginellites? *angustus* 狭细? 似卷柏 …… 227/80
?*Selaginellites angustus* ?狭细似卷柏 …… 228/81
△*Selaginellites asiatica* 亚洲似卷柏 …… 228/81
△*Selaginellites chaoyangensis* 朝阳似卷柏 …… 228/81
△*Selaginellites drepaniformis* 镰形似卷柏 …… 228/81
△*Selaginellites fausta* 多产似卷柏 …… 228/81
△*Selaginellites sinensis* 中国似卷柏 …… 229/81
△*Selaginellites spatulatus* 匙形似卷柏 …… 229/82
Selaginellites suissei 索氏似卷柏 …… 227/80
△*Selaginellites suniana* 孙氏似卷柏 …… 229/82
△*Selaginellites yunnanensis* 云南似卷柏 …… 229/82
Selaginellites spp. 似卷柏(未定多种) …… 230/82
Selaginellites? spp. 似卷柏?(未定多种) …… 230/83
Sphenophyllum 楔叶属 …… 230/83
Sphenophyllum emarginatum 微缺楔叶 …… 230/83
Sphenophyllum? sp. 楔叶?(未定种) …… 231/83
Sporogonites 似孢子体属 …… 135/8
Sporogonites exuberans 茂盛似孢子体 …… 135/8
△*Sporogonites yunnanense* 云南似孢子体 …… 135/8
△*Stachybryolites* 穗藓属 …… 135/8
△*Stachybryolites zhoui* 周氏穗藓 …… 135/8

T

△*Taeniocladopsis* 拟带枝属 …… 231/83
△*Taeniocladopsis rhizomoides* 假根茎型拟带枝 …… 231/83
Taeniocladopsis spp. 拟带枝(未定多种) …… 232/84
Thallites 似叶状体属 …… 136/8

△*Thallites dasyphyllus* 厚叶似叶状体 …… 136/9
Thallites erectus 直立似叶状体 …… 136/9
△*Thallites hallei* 哈赫似叶状体 …… 136/9
△*Thallites jiangninensis* 江宁似叶状体 …… 136/9
△*Thallites jianshangouensis* 尖山沟似叶状体 …… 136/9
△*Thallites jiayingensis* 嘉荫似叶状体 …… 137/9
△*Thallites pinghsiangensis* 萍乡似叶状体 …… 137/9
△*Thallites riccioides* 像钱苔似叶状体 …… 137/10
△*Thallites yiduensis* 宜都似叶状体 …… 137/10
△*Thallites yunnanensis* 云南似叶状体 …… 138/10
Thallites zeilleri 蔡耶似叶状体 …… 138/10
Thallites spp. 似叶状体(未定多种) …… 138/10

U

Uskatia 乌斯卡特藓属 …… 139/11
Uskatia conferta 密叶乌斯卡特藓 …… 139/11
Uskatia sp. 乌斯卡特藓(未定种) …… 139/11

Appendix 3 Table of Institutions that House the Type Specimens

English Name	中文名称
Beijing Natural History Museum	北京自然博物馆
Changchun College of Geology (College of Earth Sciences, Jilin University)	长春地质学院 (吉林大学地球科学学院)
Chengdu Institute of Geology and Mineral Resources (Chengdu Institute of Geology and Mineral Resources, China Geological Survey)	成都地质矿产研究所 (中国地质调查局成都地质调查中心)
Research Institute of Exploration and Development, Daqing Petroleum Adminstrative Bureau	大庆石油管理局勘探开发研究院
Hebei College of Geology (Hebei University of Geology)	河北地质学院 (河北地质大学)
Geological Bureau of Henan Province (Bureau of Geology and Mineral Exploration and Development of Henan Province)	河南省地质局 (河南省地质矿产勘查开发局)
Hubei Institute of Geological Sciences (Hubei Institute of Geosciences)	湖北地质科学研究所 (湖北省地质科学研究院)
Geological Bureau of Hubei Province	湖北省地质局
Geology Museum of Hunan Province	湖南省地质博物馆
Regional Geological Surveying Team, Jilin Geological Bureau (Regional Geological Surveying Team of Jilin Province)	吉林省地质局区域地质调查大队 (吉林省区域地质调查大队)
Branch of Geology Exploration, China Coal Research Institute (Xi'an Branch, China Coal Research Institute)	煤炭科学研究院地质勘探分院 (煤炭科学研究总院西安分院)
Xi'an Branch, China Coal Research Institute	煤炭科学研究总院西安分院
Nanjing Institute of Geology and Mineral Resources (Nanjing Institute of Geology and Mineral Resources, China Geological Survey)	南京地质矿产研究所 (中国地质调查局南京地质调查中心)

Continued table

English Name	中文名称
Section for Palaeobotany, Swedish Museum of Natural History	瑞典自然历史博物馆古植物部
Regional Geological Survey Team, Bureau of Geology and Mineral Resources of Shandong Province	山东省地质矿产局区域地质调查队
Shenyang Institute of Geology and Mineral Resources (Shenyang Institute of Geology and Mineral Resources, China Geological Survey)	沈阳地质矿产研究所（中国地质调查局沈阳地质调查中心）
Research Institute of Petroleum Exploration and Development (Research Institute of Petroleum Exploration & Development, PetroChina)	石油勘探开发科学研究院（中国石油化工股份有限公司石油勘探开发研究院）
Beijing Graduate School, Wuhan College of Geology [China University of Geosciences (Beijing)]	武汉地质学院北京研究生部［中国地质大学(北京)］
Xi'an Institute of Geology and Mineral Resources (Xi'an Institute of Geology and Mineral Resources, China Geological Survey)	西安地质矿产研究所（中国地质调查局西安地质调查中心）
Petroleum Administration of Xinjiang Uighur Autonomous Region (Petroleum Administration of Xinjiang Uighur Autonomous Region, PetroChina)	新疆石油管理局（中国石油天然气集团公司新疆石油管理局）
Yichang Institute of Geology and Mineral Resources (Wuhan Institute of Geology and Mineral Resources, China Geological Survey)	宜昌地质矿产研究所（中国地质调查局武汉地质调查中心）
Zhejiang Museum of Natural History	浙江省自然博物馆
China University of Geosciences (Beijing)	中国地质大学(北京)
Nanjing Institute of Geology and Palaeontology, Chinese Academy of Sciences	中国科学院南京地质古生物研究所
Institute of Botany, Chinese Academy of Sciences	中国科学院植物研究所
Department of Geology, China University of Mining and Technology	中国矿业大学地质系
Palaeontology Section, Department of Geology, Central-South Institute of Mining and Metallurgy	中南矿冶学院地质系古生物地史教研组
Botanical Section, Department of Biology, Sun Yat-sen University (School of Life Sciences, Sun Yat-sen University)	中山大学生物学系植物教研室（中山大学生命科学学院）

Appendix 4 Index of Generic Names to Volumes Ⅰ—Ⅵ

(Arranged alphabetically, generic name and the volume number / the page number in English part / the page number in Chinese part, "△" indicates the generic name established based on Chinese material)

A

△*Abropteris* 华脉蕨属 …… Ⅱ/269/1

△*Acanthopteris* 刺蕨属 …… Ⅱ/269/1

△*Acerites* 似槭树属 …… Ⅵ/117/1

Acitheca 尖囊蕨属 …… Ⅱ/274/5

△*Aconititis* 似乌头属 …… Ⅵ/117/1

Acrostichopteris 卤叶蕨属 …… Ⅱ/274/5

△*Acthephyllum* 奇叶属 …… Ⅲ/313/1

Adiantopteris 似铁线蕨属 …… Ⅱ/276/6

Adiantum 铁线蕨属 …… Ⅱ/277/7

△*Aetheopteris* 奇羊齿属 …… Ⅲ/313/1

Aethophyllum 奇叶杉属 …… Ⅴ/239/1

△*Aipteridium* 准爱河羊齿属 …… Ⅲ/314/1

Aipteris 爱河羊齿属 …… Ⅲ/314/2

Alangium 八角枫属 …… Ⅵ/118/2

Albertia 阿尔贝杉属 …… Ⅴ/239/1

Allicospermum 裸籽属 …… Ⅳ/169/1

△*Alloephedra* 异麻黄属 …… Ⅴ/241/2

△*Allophyton* 奇异木属 …… Ⅱ/277/8

Alnites Hisinger, 1837 (non Deane, 1902) 似桤属 …… Ⅵ/118/2

Alnites Deane, 1902 (non Hisinger, 1837) 似桤属 …… Ⅵ/118/2

Alnus 桤属 …… Ⅵ/119/3

Amdrupia 安杜鲁普蕨属 …… Ⅲ/316/3

△*Amdrupiopsis* 拟安杜鲁普蕨属 …… Ⅲ/317/4

△*Amentostrobus* 花穗杉果属 …… Ⅴ/241/3

Amesoneuron 棕榈叶属 …… Ⅵ/119/3

Ammatopsis 拟安马特衫属 …… Ⅴ/241/3

Ampelopsis 蛇葡萄属 …… Ⅵ/120/4

△*Amphiephedra* 疑麻黄属 …… Ⅴ/242/3

Androstrobus 雄球果属 …… Ⅲ/318/5

Angiopteridium 准莲座蕨属 …… Ⅱ/278/8

Angiopteris 莲座蕨属 …… Ⅱ/278/9

△*Angustiphyllum* 窄叶属 …… Ⅲ/319/6

Annalepis 脊囊属 …… Ⅰ/140/12

Annularia 轮叶属 …… Ⅰ/144/15

Annulariopsis 拟轮叶属 …… Ⅰ/144/15

Anomopteris 异形羊齿属 ………………………………………………………… Ⅱ/279/9
Anomozamites 异羽叶属 ………………………………………………………… Ⅲ/319/6
Antholites 石花属 ………………………………………………………… Ⅳ/169/1
Antholithes 石花属 ………………………………………………………… Ⅳ/170/2
Antholithus 石花属 ………………………………………………………… Ⅳ/170/2
Anthrophyopsis 大网羽叶属 ………………………………………………………… Ⅲ/333/16
Aphlebia 变态叶属 ………………………………………………………… Ⅲ/337/19
Aralia 楤木属 ………………………………………………………… Ⅵ/120/4
Araliaephyllum 楤木叶属 ………………………………………………………… Ⅵ/121/4
Araucaria 南洋杉属 ………………………………………………………… Ⅴ/242/4
Araucarioxylon 南洋杉型木属 ………………………………………………………… Ⅴ/242/4
Araucarites 似南洋杉属 ………………………………………………………… Ⅴ/244/5
△*Archaefructus* 古果属 ………………………………………………………… Ⅵ/121/5
△*Archimagnolia* 始木兰属 ………………………………………………………… Ⅵ/123/6
Arctobaiera 北极拜拉属 ………………………………………………………… Ⅳ/171/3
Arctopteris 北极蕨属 ………………………………………………………… Ⅱ/280/10
△*Areolatophyllum* 华网蕨属 ………………………………………………………… Ⅱ/283/12
Arthollia 阿措勒叶属 ………………………………………………………… Ⅵ/123/6
△*Asiatifolium* 亚洲叶属 ………………………………………………………… Ⅵ/123/7
Aspidiophyllum 盾形叶属 ………………………………………………………… Ⅵ/124/7
Asplenium 铁角蕨属 ………………………………………………………… Ⅱ/283/13
Asterotheca 星囊蕨属 ………………………………………………………… Ⅱ/285/14
Athrotaxites 似密叶杉属 ………………………………………………………… Ⅴ/245/6
Athrotaxopsis 拟密叶杉属 ………………………………………………………… Ⅴ/246/7
Athyrium 蹄盖蕨属 ………………………………………………………… Ⅱ/289/17

B

Baiera 拜拉属 ………………………………………………………… Ⅳ/171/3
△*Baiguophyllum* 白果叶属 ………………………………………………………… Ⅳ/192/18
Baisia 贝西亚果属 ………………………………………………………… Ⅵ/125/8
Bauhinia 羊蹄甲属 ………………………………………………………… Ⅵ/125/8
Bayera 拜拉属 ………………………………………………………… Ⅳ/192/19
Beania 宾尼亚球果属 ………………………………………………………… Ⅲ/337/19
△*Beipiaoa* 北票果属 ………………………………………………………… Ⅵ/125/9
△*Bennetdicotis* 本内缘蕨属 ………………………………………………………… Ⅵ/126/9
Bennetticarpus 本内苏铁果属 ………………………………………………………… Ⅲ/338/20
△*Benxipteris* 本溪羊齿属 ………………………………………………………… Ⅲ/339/21
Bernettia 伯恩第属 ………………………………………………………… Ⅲ/340/22
Bernouillia Heer,1876 ex Seward,1910 贝尔瑙蕨属 ………………………………………………………… Ⅱ/293/19
Bernoullia Heer,1876 贝尔瑙蕨属 ………………………………………………………… Ⅱ/292/20
Betula 桦木属 ………………………………………………………… Ⅵ/127/10
Betuliphyllum 桦木叶属 ………………………………………………………… Ⅵ/127/10
Borysthenia 第聂伯果属 ………………………………………………………… Ⅴ/247/8

Boseoxylon 鲍斯木属 …… Ⅲ/340/22
△*Botrychites* 似阴地蕨属 …… Ⅱ/295/22
Brachyoxylon 短木属 …… Ⅴ/247/8
Brachyphyllum 短叶杉属 …… Ⅴ/248/9
Bucklandia 巴克兰茎属 …… Ⅲ/341/22

C

Calamites Schlotheim, 1820 (non Brongniart, 1828, nec Suckow, 1784) 芦木属 …… Ⅰ/149/19
Calamites Brongniart, 1828 (non Schlotheim, 1820, nec Suckow, 1784) 芦木属 …… Ⅰ/149/19
Calamites Suckow, 1784 (non Schlotheim, 1820, nec Brongniart, 1828) 芦木属 …… Ⅰ/148/18
Calymperopsis 拟花藓属 …… Ⅰ/127/1
Cardiocarpus 心籽属 …… Ⅴ/255/14
Carpites 石果属 …… Ⅵ/127/10
Carpolithes 或 *Carpolithus* 石籽属 …… Ⅴ/256/15
Cassia 决明属 …… Ⅵ/128/11
Castanea 板栗属 …… Ⅵ/128/11
△*Casuarinites* 似木麻黄属 …… Ⅵ/129/12
Caulopteris 茎干蕨属 …… Ⅱ/295/22
Cedroxylon 雪松型木属 …… Ⅴ/268/25
Celastrophyllum 南蛇藤叶属 …… Ⅵ/129/12
Celastrus 南蛇藤属 …… Ⅵ/130/13
Cephalotaxopsis 拟粗榧属 …… Ⅴ/268/25
Ceratophyllum 金鱼藻属 …… Ⅵ/130/13
Cercidiphyllum 连香树属 …… Ⅵ/131/14
△*Chaoyangia* 朝阳序属 …… Ⅴ/270/27
△*Chaoyangia* 朝阳序属 …… Ⅵ/131/14
△*Chengzihella* 城子河叶属 …… Ⅵ/132/15
△*Chiaohoella* 小蛟河蕨属 …… Ⅱ/296/23
△*Chilinia* 吉林羽叶属 …… Ⅲ/341/23
Chiropteris 掌状蕨属 …… Ⅱ/298/24
△*Ciliatopteris* 细毛蕨属 …… Ⅱ/299/25
Cinnamomum 樟树属 …… Ⅵ/133/15
Cissites 似白粉藤属 …… Ⅵ/133/15
Cissus 白粉藤属 …… Ⅵ/134/16
△*Cladophlebidium* 准枝脉蕨属 …… Ⅱ/300/26
Cladophlebis 枝脉蕨属 …… Ⅱ/300/26
Classostrobus 克拉松穗属 …… Ⅴ/271/27
Clathropteris 格子蕨属 …… Ⅱ/362/74
△*Clematites* 似铁线莲叶属 …… Ⅵ/134/17
Compsopteris 蕉羊齿属 …… Ⅲ/343/24
Coniferites 似松柏属 …… Ⅴ/271/28
Coniferocaulon 松柏茎属 …… Ⅴ/272/29
Coniopteris 锥叶蕨属 …… Ⅱ/373/81

Conites 似球果属 …… Ⅴ/272/29
Corylites 似榛属 …… Ⅵ/135/17
Corylopsiphyllum 榛叶属 …… Ⅵ/135/18
Corylus 榛属 …… Ⅵ/136/18
Credneria 克里木属 …… Ⅵ/136/18
Crematopteris 悬羽羊齿属 …… Ⅲ/345/25
Cryptomeria 柳杉属 …… Ⅴ/275/31
Ctenis 篦羽叶属 …… Ⅲ/346/26
Ctenophyllum 梳羽叶属 …… Ⅲ/361/37
Ctenopteris 篦羽羊齿属 …… Ⅲ/363/39
Ctenozamites 枝羽叶属 …… Ⅲ/365/40
Culgoweria 苦戈维里属 …… Ⅳ/192/19
Cunninhamia 杉木属 …… Ⅴ/276/32
Cupressinocladus 柏型枝属 …… Ⅴ/276/32
Cupressinoxylon 柏型木属 …… Ⅴ/282/37
Curessus 柏木属 …… Ⅴ/283/38
Cyathea 桫椤属 …… Ⅱ/405/105
△*Cycadicotis* 苏铁缘蕨属 …… Ⅲ/371/45
△*Cycadicotis* 苏铁缘蕨属 …… Ⅵ/137/19
Cycadocarpidium 准苏铁杉果属 …… Ⅴ/284/38
Cycadolepis 苏铁鳞片属 …… Ⅲ/374/47
△*Cycadolepophyllum* 苏铁鳞叶属 …… Ⅲ/377/50
Cycadospadix 苏铁掌苞属 …… Ⅲ/378/50
Cyclopitys 轮松属 …… Ⅴ/292/45
Cyclopteris 圆异叶属 …… Ⅲ/378/51
Cycrocarya 青钱柳属 …… Ⅵ/138/20
Cynepteris 连蕨属 …… Ⅱ/405/105
Cyparissidium 准柏属 …… Ⅴ/293/45
Cyperacites 似莎草属 …… Ⅵ/138/20
Czekanowskia 茨康叶属 …… Ⅳ/193/19
Czekanowskia (*Vachrameevia*) 茨康叶(瓦氏叶亚属) …… Ⅳ/201/26

D

Dadoxylon 台座木属 …… Ⅴ/294/47
Danaeopsis 拟丹尼蕨属 …… Ⅱ/406/105
△*Datongophyllum* 大同叶属 …… Ⅳ/201/26
Davallia 骨碎补属 …… Ⅱ/411/110
Debeya 德贝木属 …… Ⅵ/138/20
Deltolepis 三角鳞属 …… Ⅲ/379/51
△*Dentopteris* 牙羊齿属 …… Ⅲ/379/52
Desmiophyllum 带状叶属 …… Ⅲ/380/52
Dianella 山菅兰属 …… Ⅵ/139/21
Dicksonia 蚌壳蕨属 …… Ⅱ/412/110

Dicotylophyllum Bandulska, 1923 (non Saporta, 1894) 双子叶属 …… Ⅵ/141/23
Dicotylophyllum Saporta, 1894 (non Bandulska, 1923) 双子叶属 …… Ⅵ/139/21
Dicranophyllum 叉叶属 …… Ⅳ/202/27
Dicrodium 二叉羊齿属 …… Ⅲ/382/54
Dictyophyllum 网叶蕨属 …… Ⅱ/414/112
Dictyozamites 网羽叶属 …… Ⅲ/386/57
Dioonites 似狄翁叶属 …… Ⅲ/386/57
Diospyros 柿属 …… Ⅵ/141/23
Disorus 双囊蕨属 …… Ⅱ/423/119
Doratophyllum 带叶属 …… Ⅲ/386/57
△*Dracopteris* 龙蕨属 …… Ⅱ/424/119
Drepanolepis 镰鳞果属 …… Ⅴ/295/47
Drepanozamites 镰刀羽叶属 …… Ⅲ/388/59
Dryophyllum 槲叶属 …… Ⅵ/142/23
Dryopteris 鳞毛蕨属 …… Ⅱ/424/120
Dryopterites 似鳞毛蕨属 …… Ⅱ/424/120
△*Dukouphyllum* 渡口叶属 …… Ⅲ/392/61
△*Dukouphyllum* 渡口叶属 …… Ⅳ/204/28
△*Dukouphyton* 渡口痕木属 …… Ⅲ/392/62

E

Eboracia 爱博拉契蕨属 …… Ⅱ/426/122
△*Eboraciopsis* 拟爱博拉契蕨属 …… Ⅱ/430/124
Elatides 似枞属 …… Ⅴ/295/48
Elatocladus 枞型枝属 …… Ⅴ/300/52
△*Eoglyptostrobus* 始水松属 …… Ⅴ/312/61
△*Eogonocormus* Deng, 1995 (non Deng, 1997) 始团扇蕨属 …… Ⅱ/430/125
△*Eogonocormus* Deng, 1997 (non Deng, 1995) 始团扇蕨属 …… Ⅱ/431/125
△*Eogymnocarpium* 始羽蕨属 …… Ⅱ/431/125
Ephedrites 似麻黄属 …… Ⅴ/313/62
Equisetites 似木贼属 …… Ⅰ/149/19
Equisetostachys 木贼穗属 …… Ⅰ/175/39
Equisetum 木贼属 …… Ⅰ/176/40
△*Eragrosites* 似画眉草属 …… Ⅴ/315/63
△*Eragrosites* 似画眉草属 …… Ⅵ/142/24
Erenia 伊仑尼亚属 …… Ⅵ/143/24
Eretmophyllum 桨叶属 …… Ⅳ/204/29
Estherella 爱斯特拉属 …… Ⅲ/392/62
Eucalyptus 桉属 …… Ⅵ/143/25
△*Eucommioites* 似杜仲属 …… Ⅵ/144/25
Euryphyllum 宽叶属 …… Ⅲ/393/63

F

Ferganiella 费尔干杉属 …… Ⅴ/315/64
Ferganodendron 费尔干木属 …… Ⅰ/183/45
Ficophyllum 榕叶属 …… Ⅵ/144/26
Ficus 榕属 …… Ⅵ/145/26
△*Filicidicotis* 羊齿缘蕨属 …… Ⅵ/146/27
△*Foliosites* 似茎状地衣属 …… Ⅰ/127/1
Frenelopsis 拟节柏属 …… Ⅴ/319/67

G

Gangamopteris 恒河羊齿属 …… Ⅲ/393/63
△*Gansuphyllite* 甘肃芦木属 …… Ⅰ/183/46
Geinitzia 盖涅茨杉属 …… Ⅴ/321/68
△*Geminofoliolum* 双生叶属 …… Ⅰ/184/46
Genus *Cycadites* Buckland,1836 (non Sternberg,1825) 似苏铁属 …… Ⅲ/373/47
Genus *Cycadites* Sternberg,1825 (non Buckland,1836) 似苏铁属 …… Ⅲ/372/46
△*Gigantopteris* 大羽羊齿属 …… Ⅲ/394/64
Ginkgodium 准银杏属 …… Ⅳ/219/41
Ginkgoidium 准银杏属 …… Ⅳ/220/42
Ginkgoites 似银杏属 …… Ⅳ/221/43
Ginkgoitocladus 似银杏枝属 …… Ⅳ/239/57
Ginkgophyllum 银杏叶属 …… Ⅳ/239/57
Ginkgophyton Matthew,1910 (non Zalessky,1918) 银杏木属 …… Ⅳ/240/58
Ginkgophyton Zalessky,1918 (non Matthew,1910) 银杏木属 …… Ⅳ/240/58
Ginkgophytopsis 拟银杏属 …… Ⅳ/241/59
Ginkgoxylon 银杏型木属 …… Ⅳ/242/60
Ginkgo 银杏属 …… Ⅳ/206/30
Gleichenites 似里白属 …… Ⅱ/432/126
Glenrosa 格伦罗斯杉属 …… Ⅴ/321/68
Glossophyllum 舌叶属 …… Ⅳ/242/60
Glossopteris 舌羊齿属 …… Ⅲ/395/64
Glossotheca 舌鳞叶属 …… Ⅲ/396/65
Glossozamites 舌似查米亚属 …… Ⅲ/397/66
Glyptolepis 雕鳞杉属 …… Ⅴ/322/69
Glyptostroboxylon 水松型木属 …… Ⅴ/322/70
Glyptostrobus 水松属 …… Ⅴ/323/70
Goeppertella 葛伯特蕨属 …… Ⅱ/439/132
Gomphostrobus 棍穗属 …… Ⅴ/323/71
Gonatosorus 屈囊蕨属 …… Ⅱ/441/134
Graminophyllum 禾草叶属 …… Ⅵ/146/27
Grammaephloios 棋盘木属 …… Ⅰ/184/47

△*Guangxiophyllum* 广西叶属 …… Ⅲ/398/67
Gurvanella 古尔万果属 …… Ⅴ/324/70
Gurvanella 古尔万果属 …… Ⅵ/146/28
△*Gymnogrammitites* 似雨蕨属 …… Ⅱ/443/135

H

△*Hallea* 哈勒角籽属 …… Ⅴ/324/71
Harrisiothecium 哈瑞士羊齿属 …… Ⅲ/398/67
Hartzia Harris, 1935 (non Nikitin, 1965) 哈兹叶属 …… Ⅳ/247/64
Hartzia Nikitin, 1965 (non Harris, 1935) 哈兹籽属 …… Ⅵ/147/28
Hausmannia 荷叶蕨属 …… Ⅱ/443/135
Haydenia 哈定蕨属 …… Ⅱ/449/140
Heilungia 黑龙江羽叶属 …… Ⅲ/398/68
Hepaticites 似苔属 …… Ⅰ/128/2
△*Hexaphyllum* 六叶属 …… Ⅰ/184/47
Hicropteris 里白属 …… Ⅱ/450/141
Hirmerella 希默尔杉属 …… Ⅴ/325/72
△*Hsiangchiphyllum* 香溪叶属 …… Ⅲ/399/68
△*Hubeiophyllum* 湖北叶属 …… Ⅲ/400/69
△*Hunanoequisetum* 湖南木贼属 …… Ⅰ/185/47
Hymenophyllites 似膜蕨属 …… Ⅱ/450/141
Hyrcanopteris 奇脉羊齿属 …… Ⅲ/401/69

I

△*Illicites* 似八角属 …… Ⅵ/147/28
Isoetes 水韭属 …… Ⅰ/185/48
Isoetites 似水韭属 …… Ⅰ/186/48
Ixostrobus 槲寄生穗属 …… Ⅳ/248/65

J

Jacutiella 雅库蒂羽叶属 …… Ⅲ/402/71
Jacutopteris 雅库蒂蕨属 …… Ⅱ/451/142
△*Jaenschea* 耶氏蕨属 …… Ⅱ/452/143
△*Jiangxifolium* 江西叶属 …… Ⅱ/452/143
△*Jingmenophyllum* 荆门叶属 …… Ⅲ/403/71
△*Jixia* 鸡西叶属 …… Ⅵ/148/29
Juglandites 似胡桃属 …… Ⅵ/149/30
△*Juradicotis* 侏罗缘蕨属 …… Ⅵ/149/30
△*Juramagnolia* 侏罗木兰属 …… Ⅵ/150/31

K

△*Kadsurrites* 似南五味子属 …… Ⅵ/151/31
Karkenia 卡肯果属 …… Ⅳ/251/67
Klukia 克鲁克蕨属 …… Ⅱ/453/144
△*Klukiopsis* 似克鲁克蕨属 …… Ⅱ/455/145
△*Kuandiania* 宽甸叶属 …… Ⅲ/403/71
Kylikipteris 杯囊蕨属 …… Ⅱ/455/146

L

Laccopteris 拉谷蕨属 …… Ⅱ/456/146
Laricopsis 拟落叶松属 …… Ⅴ/325/72
Laurophyllum 桂叶属 …… Ⅵ/151/32
Leguminosites 似豆属 …… Ⅵ/152/32
Lepidopteris 鳞羊齿属 …… Ⅲ/404/72
Leptostrobus 薄果穗属 …… Ⅳ/251/67
Lesangeana 勒桑茎属 …… Ⅱ/457/147
Lesleya 列斯里叶属 …… Ⅲ/407/74
Leuthardtia 劳达尔特属 …… Ⅲ/407/75
△*Lhassoxylon* 拉萨木属 …… Ⅴ/326/72
△*Lianshanus* 连山草属 …… Ⅵ/152/33
△*Liaoningdicotis* 辽宁缘蕨属 …… Ⅵ/153/33
△*Liaoningocladus* 辽宁枝属 …… Ⅴ/326/73
△*Liaoxia* 辽西草属 …… Ⅴ/326/74
△*Liaoxia* 辽西草属 …… Ⅵ/153/34
△*Lilites* 似百合属 …… Ⅵ/154/34
Lindleycladus 林德勒枝属 …… Ⅴ/327/74
△*Lingxiangphyllum* 灵乡叶属 …… Ⅲ/408/75
Lobatannularia 瓣轮叶属 …… Ⅰ/186/49
△*Lobatannulariopsis* 拟瓣轮叶属 …… Ⅰ/188/50
Lobifolia 裂叶蕨属 …… Ⅱ/458/148
Lomatopteris 厚边羊齿属 …… Ⅲ/408/76
△*Longfengshania* 龙凤山苔属 …… Ⅰ/130/3
△*Longjingia* 龙井叶属 …… Ⅵ/155/35
△*Luereticopteris* 吕蕨属 …… Ⅱ/458/148
Lycopodites 似石松属 …… Ⅰ/188/50
Lycostrobus 石松穗属 …… Ⅰ/190/52

M

Macclintockia 马克林托叶属 …… Ⅵ/155/35
△*Macroglossopteris* 大舌羊齿属 …… Ⅲ/409/76

Macrostachya 大芦孢穗属 …… Ⅰ/191/52
Macrotaeniopteris 大叶带羊齿属 …… Ⅲ/409/77
Manica 袖套杉属 …… Ⅴ/328/75
△*Manica* (*Chanlingia*) 袖套杉(长岭杉亚属) …… Ⅴ/329/76
△*Manica* (*Manica*) 袖套杉(袖套杉亚属) …… Ⅴ/330/76
Marattia 合囊蕨属 …… Ⅱ/459/149
Marattiopsis 拟合囊蕨属 …… Ⅱ/462/151
Marchantiolites 古地钱属 …… Ⅰ/130/4
Marchantites 似地钱属 …… Ⅰ/131/4
Marskea 马斯克松属 …… Ⅴ/331/78
Masculostrobus 雄球穗属 …… Ⅴ/332/78
Matonidium 准马通蕨属 …… Ⅱ/465/153
△*Mediocycas* 中间苏铁属 …… Ⅲ/410/77
△*Membranifolia* 膜质叶属 …… Ⅲ/410/78
Menispermites 似蝙蝠葛属 …… Ⅵ/155/36
△*Metalepidodendron* 变态鳞木属 …… Ⅰ/191/53
Metasequoia 水杉属 …… Ⅴ/332/79
△*Metzgerites* 似叉苔属 …… Ⅰ/131/5
Millerocaulis 米勒尔茎属 …… Ⅱ/465/154
△*Mirabopteris* 奇异羊齿属 …… Ⅲ/411/78
△*Mironeura* 奇脉叶属 …… Ⅲ/411/78
△*Mixophylum* 间羽叶属 …… Ⅲ/412/79
△*Mixopteris* 间羽蕨属 …… Ⅱ/466/154
△*Mnioites* 似提灯藓属 …… Ⅰ/132/5
Monocotylophyllum 单子叶属 …… Ⅵ/156/36
Muscites 似藓属 …… Ⅰ/133/6
Musophyllum 芭蕉叶属 …… Ⅵ/157/37
Myrtophyllum 桃金娘叶属 …… Ⅵ/157/37

N

Nagatostrobus 长门果穗属 …… Ⅴ/333/80
Nageiopsis 拟竹柏属 …… Ⅴ/334/81
△*Nanpiaophyllum* 南票叶属 …… Ⅲ/412/79
△*Nanzhangophyllum* 南漳叶属 …… Ⅲ/413/80
Nathorstia 那氏蕨属 …… Ⅱ/466/154
Neckera 平藓属 …… Ⅰ/134/7
Nectandra 香南属 …… Ⅵ/158/38
△*Neoannularia* 新轮叶属 …… Ⅰ/192/53
Neocalamites 新芦木属 …… Ⅰ/193/54
Neocalamostachys 新芦木穗属 …… Ⅰ/212/68
△*Neostachya* 新孢穗属 …… Ⅰ/213/68
Neozamites 新查米亚属 …… Ⅲ/413/80
Neuropteridium 准脉羊齿属 …… Ⅲ/415/82

Nilssonia 蕉羽叶属 …… Ⅲ/417/83
Nilssoniopteris 蕉带羽叶属 …… Ⅲ/450/106
Noeggerathiopsis 匙叶属 …… Ⅲ/458/112
Nordenskioldia 落登斯基果属 …… Ⅵ/158/38
△*Norinia* 那琳壳斗属 …… Ⅲ/459/113
Nymphaeites 似睡莲属 …… Ⅵ/158/38

O

△*Odotonsorites* 似齿囊蕨属 …… Ⅱ/467/155
Oleandridium 准条蕨属 …… Ⅲ/459/113
Onychiopsis 拟金粉蕨属 …… Ⅱ/467/155
△*Orchidites* 似兰属 …… Ⅵ/159/39
Osmundacaulis 紫萁座莲属 …… Ⅱ/473/159
Osmunda 紫萁属 …… Ⅱ/471/158
Osmundopsis 拟紫萁属 …… Ⅱ/473/160
Otozamites 耳羽叶属 …… Ⅲ/460/114
Ourostrobus 尾果穗属 …… Ⅴ/335/81
Oxalis 酢浆草属 …… Ⅵ/160/40

P

Pachypteris 厚羊齿属 …… Ⅲ/475/124
Pagiophyllum 坚叶杉属 …… Ⅴ/336/82
Palaeocyparis 古柏属 …… Ⅴ/342/87
Palaeovittaria 古维他叶属 …… Ⅲ/478/127
Palibiniopteris 帕利宾蕨属 …… Ⅱ/474/161
Palissya 帕里西亚杉属 …… Ⅴ/343/88
Paliurus 马甲子属 …… Ⅵ/160/40
Palyssia 帕里西亚杉属 …… Ⅴ/344/88
△*Pankuangia* 潘广叶属 …… Ⅲ/478/127
△*Papilionifolium* 蝶叶属 …… Ⅲ/479/127
△*Paraconites* 副球果属 …… Ⅴ/344/89
Paracycas 副苏铁属 …… Ⅲ/479/128
Paradoxopteris Hirmer,1927 (non Mi et Liu,1977) 奇异蕨属 …… Ⅱ/475/161
△*Paradoxopteris* Mi et Liu,1977 (non Hirmer,1927) 奇异羊齿属 …… Ⅲ/480/128
△*Paradrepanozamites* 副镰羽叶属 …… Ⅲ/480/129
△*Parafunaria* 副葫芦藓属 …… Ⅰ/134/7
△*Parastorgaardis* 拟斯托加枝属 …… Ⅴ/344/89
Parataxodium 副落羽杉属 …… Ⅴ/345/89
Paulownia 泡桐属 …… Ⅵ/161/40
△*Pavoniopteris* 雅蕨属 …… Ⅱ/475/162
Pecopteris 栉羊齿属 …… Ⅱ/476/162
Peltaspermum 盾籽属 …… Ⅲ/481/130

△*Perisemoxylon* 雅观木属 …… Ⅲ/483/131
Phlebopteris 异脉蕨属 …… Ⅱ/477/164
Phoenicopsis 拟刺葵属 …… Ⅳ/253/69
△*Phoenicopsis* (*Stephenophyllum*) 拟刺葵(斯蒂芬叶亚属) …… Ⅳ/263/77
Phoenicopsis (*Windwardia*) 拟刺葵(温德瓦狄叶亚属) …… Ⅳ/264/78
Phoenicopsis (*Culgoweria*) 拟刺葵(苦果维尔叶亚属) …… Ⅳ/262/76
Phoenicopsis (*Phoenicopsis*) 拟刺葵(拟刺葵亚属) …… Ⅳ/263/76
△*Phoroxylon* 贼木属 …… Ⅲ/483/131
Phrynium 柊叶属 …… Ⅵ/161/41
Phylladoderma 顶缺银杏属 …… Ⅳ/265/79
Phyllites 石叶属 …… Ⅵ/161/41
Phyllocladopsis 拟叶枝杉属 …… Ⅴ/345/90
Phyllocladoxylon 叶枝杉型木属 …… Ⅴ/346/90
Phyllotheca 杯叶属 …… Ⅰ/213/69
Picea 云杉属 …… Ⅴ/347/92
Piceoxylon 云杉型木属 …… Ⅴ/348/92
Pinites 似松属 …… Ⅴ/349/93
Pinoxylon 松木属 …… Ⅴ/349/94
Pinus 松属 …… Ⅴ/350/94
Pityites 拟松属 …… Ⅴ/350/95
Pityocladus 松型枝属 …… Ⅴ/351/95
Pityolepis 松型果鳞属 …… Ⅴ/355/98
Pityophyllum 松型叶属 …… Ⅴ/359/101
Pityospermum 松型子属 …… Ⅴ/367/107
Pityostrobus 松型果属 …… Ⅴ/370/110
Pityoxylon 松型木属 …… Ⅴ/372/112
Planera 普拉榆属 …… Ⅵ/162/42
Platanophyllum 悬铃木叶属 …… Ⅵ/162/42
Platanus 悬铃木属 …… Ⅵ/163/42
Pleuromeia 肋木属 …… Ⅰ/216/71
Podocarpites 似罗汉松属 …… Ⅴ/372/112
Podocarpoxylon 罗汉松型木属 …… Ⅴ/374/113
Podocarpus 罗汉松属 …… Ⅴ/374/114
Podozamites 苏铁杉属 …… Ⅴ/375/114
△*Polygatites* 似远志属 …… Ⅵ/165/44
Polygonites Saporta, 1865 (non Wu S Q, 1999) 似蓼属 …… Ⅵ/165/44
△*Polygonites* Wu S Q, 1999 (non Saporta, 1865) 似蓼属 …… Ⅵ/165/45
Polypodites 似水龙骨属 …… Ⅱ/484/168
Populites Goeppert, 1852 (non Viviani, 1833) 似杨属 …… Ⅵ/166/45
Populites Viviani, 1833 (non Goeppert, 1852) 似杨属 …… Ⅵ/166/45
Populus 杨属 …… Ⅵ/167/46
Potamogeton 眼子菜属 …… Ⅵ/168/47
△*Primoginkgo* 始拟银杏属 …… Ⅳ/266/80
Problematospermum 毛籽属 …… Ⅴ/398/132

Protoblechnum 原始鸟毛蕨属 ………………………………………… Ⅲ/484/132
Protocedroxylon 原始雪松型木属 ………………………………………… Ⅴ/398/132
Protocupressinoxylon 原始柏型木属 ………………………………………… Ⅴ/399/133
Protoginkgoxylon 原始银杏型木属 ………………………………………… Ⅳ/266/80
△*Protoglyptostroboxylon* 原始水松型木属 ………………………………………… Ⅴ/399/134
Protophyllocladoxylon 原始叶枝杉型木属 ………………………………………… Ⅴ/400/134
Protophyllum 元叶属 ………………………………………… Ⅵ/168/47
Protopiceoxylon 原始云杉型木属 ………………………………………… Ⅴ/401/135
Protopodocarpoxylon 原始罗汉松型木属 ………………………………………… Ⅴ/402/136
△*Protosciadopityoxylon* 原始金松型木属 ………………………………………… Ⅴ/403/137
Prototaxodioxylon 原始落羽杉型木属 ………………………………………… Ⅴ/404/138
Pseudoctenis 假篦羽叶属 ………………………………………… Ⅲ/486/134
Pseudocycas 假苏铁属 ………………………………………… Ⅲ/490/137
Pseudodanaeopsis 假丹尼蕨属 ………………………………………… Ⅲ/491/138
Pseudofrenelopsis 假拟节柏属 ………………………………………… Ⅴ/404/138
Pseudolarix 金钱松属 ………………………………………… Ⅴ/408/141
△*Pseudopolystichum* 假耳蕨属 ………………………………………… Ⅱ/484/169
Pseudoprotophyllum 假元叶属 ………………………………………… Ⅵ/171/50
△*Pseudorhipidopsis* 异叶属 ………………………………………… Ⅳ/267/81
△*Pseudotaeniopteris* 假带羊齿属 ………………………………………… Ⅲ/492/138
Pseudotorellia 假托勒利叶属 ………………………………………… Ⅳ/268/82
△*Psygmophyllopsis* 拟掌叶属 ………………………………………… Ⅳ/270/83
Psygmophyllum 掌叶属 ………………………………………… Ⅳ/270/84
△*Pteridiopsis* 拟蕨属 ………………………………………… Ⅱ/485/169
Pteridium 蕨属 ………………………………………… Ⅱ/485/170
Pterocarya 枫杨属 ………………………………………… Ⅵ/172/50
Pterophyllum 侧羽叶属 ………………………………………… Ⅲ/492/139
Pterospermites 似翅籽树属 ………………………………………… Ⅵ/172/50
Pterozamites 翅似查米亚属 ………………………………………… Ⅲ/528/164
Ptilophyllum 毛羽叶属 ………………………………………… Ⅲ/528/164
Ptilozamites 叉羽叶属 ………………………………………… Ⅲ/538/171
Ptychocarpus 皱囊蕨属 ………………………………………… Ⅱ/486/170
Pursongia 蒲逊叶属 ………………………………………… Ⅲ/541/173

Q

△*Qionghaia* 琼海叶属 ………………………………………… Ⅲ/542/174
Quercus 栎属 ………………………………………… Ⅵ/173/51
Quereuxia 奎氏叶属 ………………………………………… Ⅵ/174/52

R

△*Radiatifolium* 辐叶属 ………………………………………… Ⅳ/274/87
Radicites 似根属 ………………………………………… Ⅰ/222/75

Ranunculaecarpus 毛茛果属 …… Ⅵ/174/52
△*Ranunculophyllum* 毛茛叶属 …… Ⅵ/175/53
Ranunculus 毛茛属 …… Ⅵ/175/53
Raphaelia 拉发尔蕨属 …… Ⅱ/486/171
△*Rehezamites* 热河似查米亚属 …… Ⅲ/542/174
△*Reteophlebis* 网格蕨属 …… Ⅱ/489/173
Rhabdotocaulon 棒状茎属 …… Ⅲ/543/175
Rhacopteris 扇羊齿属 …… Ⅲ/543/175
Rhamnites 似鼠李属 …… Ⅵ/175/53
Rhamnus 鼠李属 …… Ⅵ/176/54
Rhaphidopteris 针叶羊齿属 …… Ⅲ/544/176
Rhinipteris 纵裂蕨属 …… Ⅱ/490/174
Rhipidiocladus 扇状枝属 …… Ⅴ/408/141
Rhipidopsis 扇叶属 …… Ⅳ/274/87
Rhiptozamites 科达似查米亚属 …… Ⅲ/546/177
△*Rhizoma* 根状茎属 …… Ⅵ/176/54
Rhizomopteris 根茎蕨属 …… Ⅱ/490/174
△*Riccardiopsis* 拟片叶苔属 …… Ⅰ/134/7
△*Rireticopteris* 日蕨属 …… Ⅱ/492/175
Rogersia 鬼灯檠属 …… Ⅵ/177/55
Ruehleostachys 隐脉穗属 …… Ⅴ/410/143
Ruffordia 鲁福德蕨属 …… Ⅱ/492/176

S

△*Sabinites* 似圆柏属 …… Ⅴ/410/143
Sagenopteris 鱼网叶属 …… Ⅲ/546/177
Sahnioxylon 萨尼木属 …… Ⅲ/554/183
Sahnioxylon 萨尼木属 …… Ⅵ/177/55
Saliciphyllum Fontaine,1889 (non Conwentz,1886) 柳叶属 …… Ⅵ/178/56
Saliciphyllum Conwentz,1886 (non Fontaine,1889) 柳叶属 …… Ⅵ/178/56
Salix 柳属 …… Ⅵ/179/56
Salvinia 槐叶萍属 …… Ⅱ/496/178
Samaropsis 拟翅籽属 …… Ⅴ/411/144
Sapindopsis 拟无患子属 …… Ⅵ/179/57
Saportaea 铲叶属 …… Ⅳ/280/91
Sassafras 檫木属 …… Ⅵ/180/57
Scarburgia 斯卡伯格穗属 …… Ⅴ/413/145
Schisandra 五味子属 …… Ⅵ/181/58
Schizolepis 裂鳞果属 …… Ⅴ/414/146
Schizoneura 裂脉叶属 …… Ⅰ/224/77
Schizoneura-Echinostachys 裂脉叶-具刺孢穗属 …… Ⅰ/226/79
Sciadopityoxylon 金松型木属 …… Ⅴ/419/150
Scleropteris Andrews,1942 (non Saporta,1872) 硬蕨属 …… Ⅱ/497/180

Scleropteris Saporta,1872 (non Andrews,1942) 硬蕨属 ······ Ⅱ/496/179
Scoresbya 斯科勒斯比叶属 ······ Ⅲ/554/184
Scotoxylon 苏格兰木属 ······ Ⅴ/420/151
Scytophyllum 革叶属 ······ Ⅲ/556/185
Selaginella 卷柏属 ······ Ⅰ/227/80
Selaginellites 似卷柏属 ······ Ⅰ/227/80
Sequoia 红杉属 ······ Ⅴ/420/151
△*Setarites* 似狗尾草属 ······ Ⅵ/181/58
Sewardiodendron 西沃德杉属 ······ Ⅴ/422/153
△*Shanxicladus* 山西枝属 ······ Ⅱ/498/180
△*Shenea* 沈氏蕨属 ······ Ⅱ/498/180
△*Shenkuoia* 沈括叶属 ······ Ⅵ/181/59
△*Sinocarpus* 中华古果属 ······ Ⅵ/182/59
△*Sinoctenis* 中国篦羽叶属 ······ Ⅲ/558/187
△*Sinodicotis* 中华缘蕨属 ······ Ⅵ/183/60
△*Sinophyllum* 中国叶属 ······ Ⅳ/281/92
△*Sinozamites* 中国似查米亚属 ······ Ⅲ/563/190
Solenites 似管状叶属 ······ Ⅳ/281/93
Sorbaria 珍珠梅属 ······ Ⅵ/183/60
Sorosaccus 堆囊穗属 ······ Ⅳ/283/94
Sparganium 黑三棱属 ······ Ⅵ/183/60
△*Speirocarpites* 似卷囊蕨属 ······ Ⅱ/498/181
Sphenarion 小楔叶属 ······ Ⅳ/283/94
Sphenobaiera 楔拜拉属 ······ Ⅳ/286/96
△*Sphenobaieroanthus* 楔叶拜拉花属 ······ Ⅳ/301/108
△*Sphenobaierocladus* 楔叶拜拉枝属 ······ Ⅳ/302/109
Sphenolepidium 准楔鳞杉属 ······ Ⅴ/422/153
Sphenolepis 楔鳞杉属 ······ Ⅴ/423/154
Sphenophyllum 楔叶属 ······ Ⅰ/230/83
Sphenopteris 楔羊齿属 ······ Ⅱ/499/182
Sphenozamites 楔羽叶属 ······ Ⅲ/565/191
Spirangium 螺旋器属 ······ Ⅲ/568/194
Spiropteris 螺旋蕨属 ······ Ⅱ/508/189
Sporogonites 似孢子体属 ······ Ⅰ/135/8
△*Squamocarpus* 鳞籽属 ······ Ⅴ/426/156
△*Stachybryolites* 穗藓属 ······ Ⅰ/135/8
Stachyopitys 小果穗属 ······ Ⅳ/302/109
Stachyotaxus 穗杉属 ······ Ⅴ/426/157
Stachypteris 穗蕨属 ······ Ⅱ/509/190
△*Stalagma* 垂饰杉属 ······ Ⅴ/427/157
Staphidiophora 似葡萄果穗属 ······ Ⅳ/302/110
Stenopteris 狭羊齿属 ······ Ⅲ/568/194
Stenorhachis 狭轴穗属 ······ Ⅳ/303/110
△*Stephanofolium* 金藤叶属 ······ Ⅵ/184/61

Stephenophyllum 斯蒂芬叶属 …… Ⅳ/307/113
Sterculiphyllum 苹婆叶属 …… Ⅵ/184/61
Storgaardia 斯托加叶属 …… Ⅴ/428/158
Strobilites 似果穗属 …… Ⅴ/430/160
△*Suturovagina* 缝鞘杉属 …… Ⅴ/433/162
Swedenborgia 史威登堡果属 …… Ⅴ/434/163
△*Symopteris* 束脉蕨属 …… Ⅱ/510/191

T

△*Tachingia* 大箐羽叶属 …… Ⅲ/570/196
△*Taeniocladopisis* 拟带枝属 …… Ⅰ/231/83
Taeniopteris 带羊齿属 …… Ⅲ/571/196
Taeniozamites 带似查米亚属 …… Ⅲ/587/208
△*Taipingchangella* 太平场蕨属 …… Ⅱ/512/192
Taxites 似红豆杉属 …… Ⅴ/437/165
Taxodioxylon 落羽杉型木属 …… Ⅴ/437/165
Taxodium 落羽杉属 …… Ⅴ/438/166
Taxoxylon 紫杉型木属 …… Ⅴ/439/167
Taxus 红豆杉属 …… Ⅴ/439/167
△*Tchiaohoella* 蛟河羽叶属 …… Ⅲ/588/209
Tersiella 特西蕨属 …… Ⅲ/588/209
Tetracentron 水青树属 …… Ⅵ/185/62
Thallites 似叶状体属 …… Ⅰ/136/8
△*Tharrisia* 哈瑞士叶属 …… Ⅲ/589/210
△*Thaumatophyllum* 奇异羽叶属 …… Ⅲ/589/210
Thaumatopteris 异叶蕨属 …… Ⅱ/512/192
△*Thelypterites* 似金星蕨属 …… Ⅱ/519/197
Thinnfeldia 丁菲羊齿属 …… Ⅲ/590/211
Thomasiocladus 托马斯枝属 …… Ⅴ/440/168
Thuites 似侧柏属 …… Ⅴ/440/168
Thuja 崖柏属 …… Ⅴ/441/169
Thyrsopteris 密锥蕨属 …… Ⅱ/519/198
△*Tianshia* 天石枝属 …… Ⅳ/308/114
Tiliaephyllum 椴叶属 …… Ⅵ/185/62
Todites 似托第蕨属 …… Ⅱ/520/198
△*Toksunopteris* 托克逊蕨属 …… Ⅱ/534/209
△*Tongchuanophyllum* 铜川叶属 …… Ⅲ/599/218
Torellia 托勒利叶属 …… Ⅳ/308/114
Toretzia 托列茨果属 …… Ⅳ/308/115
Torreya 榧属 …… Ⅴ/441/169
△*Torreyocladus* 榧型枝属 …… Ⅴ/443/170
Trapa 菱属 …… Ⅵ/186/63
Trichopitys 毛状叶属 …… Ⅳ/309/115

△*Tricrananthus* 三裂穗属 …… Ⅴ/443/171
Tricranolepis 三盔种鳞属 …… Ⅴ/444/171
Trochodendroides 似昆栏树属 …… Ⅵ/187/63
Trochodendron 昆栏树属 …… Ⅵ/188/64
△*Tsiaohoella* 蛟河蕉羽叶属 …… Ⅲ/601/219
Tsuga 铁杉属 …… Ⅴ/444/172
Tuarella 图阿尔蕨属 …… Ⅱ/535/209
Typha 香蒲属 …… Ⅵ/188/65
Typhaera 类香蒲属 …… Ⅵ/188/65
Tyrmia 基尔米亚叶属 …… Ⅲ/602/220

U

Ullmannia 鳞杉属 …… Ⅴ/445/172
Ulmiphyllum 榆叶属 …… Ⅵ/189/65
Umaltolepis 乌马果鳞属 …… Ⅳ/309/115
Uralophyllum 乌拉尔叶属 …… Ⅲ/607/224
Uskatia 乌斯卡特藓属 …… Ⅰ/139/11
Ussuriocladus 乌苏里枝属 …… Ⅴ/445/172

V

Vardekloeftia 瓦德克勒果属 …… Ⅲ/608/224
Viburniphyllum 荚蒾叶属 …… Ⅵ/189/66
Viburnum 荚蒾属 …… Ⅵ/190/66
Vitimia 维特米亚叶属 …… Ⅲ/608/225
Vitiphyllum Nathorst,1886 (non Fontaine,1889) 葡萄叶属 …… Ⅵ/191/67
Vitiphyllum Fontaine,1889 (non Nathorst,1886) 葡萄叶属 …… Ⅵ/191/68
Vittaephyllum 书带蕨叶属 …… Ⅲ/609/225
△*Vittifoliolum* 条叶属 …… Ⅳ/310/116
Voltzia 伏脂杉属 …… Ⅴ/446/173

W

Weichselia 蝶蕨属 …… Ⅱ/535/210
Weltrichia 韦尔奇花属 …… Ⅲ/609/226
Williamsonia 威廉姆逊尼花属 …… Ⅲ/610/227
Williamsoniella 小威廉姆逊尼花属 …… Ⅲ/612/228
Willsiostrobus 威尔斯穗属 …… Ⅴ/448/175

X

Xenoxylon 异木属 …… Ⅴ/450/176
△*Xiajiajienia* 夏家街蕨属 …… Ⅱ/536/210

△*Xinganphyllum* 兴安叶属 ………………………………………………………… Ⅲ/614/230
△*Xingxueina* 星学花序属 ………………………………………………………… Ⅵ/192/68
△*Xingxuephyllum* 星学叶属 ………………………………………………………… Ⅵ/193/69
△*Xinjiangopteris* Wu S Q et Zhou,1986 (non Wu S Z,1983) 新疆蕨属 ………………… Ⅱ/536/211
△*Xinjiangopteris* Wu S Z,1983 (non Wu S Q et Zhou,1986) 新疆蕨属 ………………… Ⅱ/537/211
△*Xinlongia* 新龙叶属 ………………………………………………………… Ⅲ/614/230
△*Xinlongophyllum* 新龙羽叶属 ………………………………………………………… Ⅲ/615/231

Y

Yabeiella 矢部叶属 ………………………………………………………… Ⅲ/616/231
△*Yanjiphyllum* 延吉叶属 ………………………………………………………… Ⅵ/193/69
△*Yanliaoa* 燕辽杉属 ………………………………………………………… Ⅴ/453/179
△*Yimaia* 义马果属 ………………………………………………………… Ⅳ/312/118
Yixianophyllum 义县叶属 ………………………………………………………… Ⅲ/617/232
Yuccites Martius,1822 (non Schimper et Mougeot,1844) 似丝兰属 ………………… Ⅴ/453/179
Yuccites Schimper et Mougeot,1844 (non Martius,1822) 似丝兰属 ………………… Ⅴ/453/179
△*Yungjenophyllum* 永仁叶属 ………………………………………………………… Ⅲ/617/232

Z

Zamia 查米亚属 ………………………………………………………… Ⅲ/617/233
Zamiophyllum 查米羽叶属 ………………………………………………………… Ⅲ/618/233
Zamiopsis 拟查米蕨属 ………………………………………………………… Ⅱ/537/211
Zamiopteris 匙羊齿属 ………………………………………………………… Ⅲ/620/234
Zamiostrobus 查米果属 ………………………………………………………… Ⅲ/620/235
Zamites 似查米亚属 ………………………………………………………… Ⅲ/621/235
△*Zhengia* 郑氏叶属 ………………………………………………………… Ⅵ/193/70
Zizyphus 枣属 ………………………………………………………… Ⅵ/194/70

REFERENCES

Andrews H N Jr, 1970. Index of generic names of fossil plants (1820-1965). US Geological Survey Bulletin, (1300): 1-354.

Blazer A M, 1975. Index of generic names of fossil plants (1966-1973). US Geological Survey Bulletin, (1396): 1-54.

Boersma M, Broekmeyer L M, 1981. Byophyta // Index of Figured Plant Megafossils: Permian (1971-1975). Special publication of the Laboratory of Paleobotany and Palynology, University Utrecht (The Netherlands): 71, 74. (in English)

Brongniart A, 1822. Sur la classification et la distribution des végétaux fossiles en geeneeral, et sur ceux des terrains de seediment supeerieur en particulier. Mus. Natl. Histoire Nat. [Paris] Meem., 8: 203-348.

Brongniart A, 1828-1838. Histoire des vegetaux fossiles ou recherches botaniques et geologiques sur les vegetaux renfermes dans les diverses couches du globe. Paris, Vol. 1: 1-136 (1828), 137-208 (1829), 209-248 (1830), 249-246 (1831?), 265-288 (1832?), 389-336 (1834), 337-368 (1835?), 369-488 (1836); Vol. 2: 1, 24 (1937), 25-72 (1938). (in French)

Brongniart A, 1849. Tableau des genres de vegetaux fossiles consideres sous le point de vue de leur classification botanique et de leur distribution geologique. Dictionnaire Univ. Histoire Nat., 13: 1-127 (52-176). (in French)

Brongniart A, 1874. Notes sur les plantes fossiles de Tinkiako (Shensi meridionale), envoyees en 1873 // l'abbé M, David A. Bulletin de la Societe Geologique de France, Series 3 (2): 408.

Bunbury C J F, 1851. On some follil plants from the Jurassic Strata of the Yorkshire Coast. Quart. J. Geol. Soc. Lond., 7: 179-194, pls. 12, 13.

Bureau of Geology and Mineral Resources of Beijing Municipality (北京市地质矿产局), 1991. Regional geology of Beijing Municipality. People's Republic of China, Ministry of Geology and Mineral Resources, Geological Memoirs, Series 1, 27: 1-598, pls. 1-30. (in Chinese with English summary)

Bureau of Geology and Mineral Resources of Heilongjiang Province (黑龙江省地质矿产局), 1993. Regional geology of Heilongjiang Province. People's Republic of China, Ministry of Geology and Mineral Resources, Geological Memoirs, Series 1, 33: 1-734, pls. 1-18. (in Chinese with English summary)

Bureau of Geology and Mineral Resources of Liaoning Province (辽宁省地质矿产局), 1989. Regional geology of Liaoning Province. People's Republic of China, Ministry of Geology

and Mineral Resources, Geological Memoirs, Series 1, 14: 1-856, pls. 1-17. (in Chinese with English summary)

Bureau of Geology and Mineral Resources of Ningxia Hui Autonomous Region (宁夏回族自治区地质矿产局), 1990. Regional geology of Ningxia Hui Autonomous Region. People's Republic of China, Ministry of Geology and Mineral Resources, Geological Memoirs, Series 1, 22: 1-522, pls. 1-14. (in Chinese with English summary)

Cao Zhengyao (曹正尧), 1983a. Fossil plants from the Longzhaogou Group in eastern Heilongjiang Province (Ⅰ) // Research Team on the Mesozoic Coal-bearing Formation in eastern Heilongjiang (ed). Fossils from the Middle-Upper Jurassic and Lower Cretaceous in eastern Heilongjiang Province, China: Part Ⅰ. Harbin: Heilongjiang Science and Technology Publishing House: 10-21, pls. 1, 2. (in Chinese with English summary)

Cao Zhengyao (曹正尧), 1983b. Fossil plants from the Longzhaogou Group in eastern Heilongjiang Province: Ⅱ // Research Team on the Mesozoic Coal-bearing Formation in eastern Heilongjiang (ed). Fossils from the Middle-Upper Jurassic and Lower Cretaceous in eastern Heilongjiang Province, China: Part Ⅰ. Harbin: Heilongjiang Science and Technology Publishing House: 22-50, pls. 1-9. (in Chinese with English summary)

Cao Zhengyao (曹正尧), 1984a. Fossil plants from the Longzhaogou Group in eastern Heilongjiang Province: Ⅲ // Research Team on the Mesozoic Coal-bearing Formation in eastern Heilongjiang (ed). Fossils from the Middle-Upper Jurassic and Lower Cretaceous in eastern Heilongjiang Province, China: Part Ⅱ. Harbin: Heilongjiang Science and Technology Publishing House: 1-34, pls. 1-9; text-figs. 1-6. (in Chinese with English summary)

Cao Zhengyao (曹正尧), 1985. Fossil plants and geological age of the Hanshan Formation at Hanshan County, Anhui. Acta Palaeontologica Sinica, 24 (3): 275-284, pls. 1-4; text-figs. 1-4. (in Chinese with English summary)

Cao Zhengyao (曹正尧), 1992a. Fossil plants from Chengzihe Formation in Shuangyashan-Suibin region of eastern Heilongjiang. Acta Palaeontologica Sinica, 31 (2): 206-231, pls. 1-6; text-fig. 1. (in Chinese with English summary)

Cao Zhengyao (曹正尧), 1994. Early Cretaceous floras in Circum-Pacific region of China. Cretaceous Research, (15): 317-332, pls. 1-5.

Cao Zhengyao (曹正尧), 1999. Early Cretaceous flora of Zhejiang. Palaeontologia Sinica, Whole Number 187, New Series A, 13: 1-174, pls. 1-40; text-figs. 1-35. (in Chinese and English)

Chang Chichen (张志诚), 1976. Plant kingdom // Bureau of Geology of Inner Mongolia Autonomous Region, Northeast Institute of Geological Sciences (eds). Palaeontological atlas of North China, Inner Mongolia: Volume Ⅱ Mesozoic and Cenozoic. Beijing: Geological Publishing House: 179-204. (in Chinese)

Chang Jianglin (常江林), Gao Qiang (高强), 1996. Characteristics of flora from Datong Formation in Ningwu Coalfield, Shanxi. Coal Geology & Exploration, 24 (1): 4-8, pl. 1. (in Chinese with English summary)

Chen Fen (陈芬), Dou Yawei (窦亚伟), Huang Qisheng (黄其胜), 1984. The Jurassic flora of West Hill, Beijing. Beijing: Geological Publishing House: 1-136, pls. 1-38; text-figs. 1-18.

(in Chinese with English summary)

Chen Fen (陈芬), Dou Yawei (窦亚伟), Yang Guanxiu (杨关秀), 1980. The Jurassic Mentougou-Yudaishan flora from western Yanshan, North China. Acta Palaeontologica Sinica, 19 (6): 423, 430, pls. 1-3. (in Chinese with English summary)

Chen Fen (陈芬), Meng Xiangying (孟祥营), Ren Shouqin (任守勤), Wu Chonglong (吴冲龙), 1988. The Early Cretaceous flora of Fuxin Basin and Tiefa Basin, Liaoning Province. Beijing: Geological Publishing House: 1-180, pls. 1-60; text-figs. 1, 24. (in Chinese with English summary)

Chen Gongxin (陈公信), 1984. Pteridophyta, Spermatophyta // Regional Geological Surveying Team of Hubei Province (ed). The palaeontological atlas of Hubei Province. Wuhan: Hubei Science and Technology Press: 556-615, 797, 812, pls. 216-270, figs. 117-133. (in Chinese with English title)

Chen Qishi (陈其奭), 1986a. Late Triassic plants from Chayuanli Formation in Quxian, Zhejiang. Acta Palaeontologica Sinica, 25 (4): 445-453, pls. 1-3. (in Chinese with English summary)

Chen Qishi (陈其奭), 1986b. The fossil plants from the Late Triassic Wuzao Formation in Yiwu, Zhejiang. Geology of Zhejiang, 2 (2): 1-19, pls. 1-6; text-figs. 1-3. (in Chinese with English summary)

Chen Ye (陈晔), Chen Minghong (陈明洪), Kong Zhaochen (孔昭宸), 1986. Late Triassic fossil plants from Lanashan Formation of Litang district, Sichuan Province // The Comprehensive Scientific Expedition to the Qinghai-Tibet Plateau, Chinese Academy of Sciences (ed). Studies in Qinghai-Tibet Plateau: Special issue of Hengduan Mountains scientific expedition (Ⅱ). Beijing: Beijing Science and Technology Press: 32-46, pls. 3-10. (in Chinese with English summary)

Chen Ye (陈晔), Duan Shuying (段淑英), Zhang Yucheng (张玉成), 1987. Late Triassic Qinghe flora of Sichuan. Botanica Research, (2): 85. (in Chinese)

Chen Ye (陈晔), Duan Shuying (段淑英), Zhang Yucheng (张玉成), 1987. Late Triassic Qinghe flora of Sichuan. Botanical Research, 2: 83-158, pls. 1-45, fig. 1. (in Chinese with English summary)

Chow Huiqin (周惠琴), 1963. Plants // The 3rd, Laboratory of Academy of Geological Sciences, Ministry of Geology (ed). Fossil atlas of Nanling. Beijing: Industry Press: 158-176, pls. 65-76. (in Chinese)

Chow Huiqin (周惠琴), Huang Zhigao (黄枝高), Chang Chichen (张志诚), 1976. Plants // Bureau of Geology of Inner Mongolia Autonomous Region, Northeast Institute of Geological Sciences (eds). Fossils atlas of North China Inner Mongolia: Volume Ⅱ. Beijing: Geological Publishing House: 179-211, pls. 86-120. (in Chinese)

Chow T Y (周志炎), Chang S J (张善桢), 1956. On the discovery of the Yenchang Formation in Alashan region, northwestern China. Acta Palaeontologica Sinica, 4 (1): 53-60, pl. 1. (in Chinese with English summary)

Deng Longhua (邓龙华), 1976. A review of the "bamboo shoot" fossils at Yenzhou recorded in *Dream Pool Essays* with notes on Shen Kuo's contribution to the development of palaeontology. Acta Palaeontologica Sinica, 15 (1): 1-6; text-figs. 1-4 (in Chinese with English summary)

Deng Shenghui (邓胜徽), Liu Yongchang (刘永昌), Yuan Shenghu (袁生虎), 2004. Fossil plants from the late Middle Jurassic in Yabula Basin, western Inner Mongolia, China. Acta Palaeontologica Sinica, 43 (2): 205-220, pls. 1-3. (in Chinese and English)

Deng Shenghui (邓胜徽), Ren Shouqin (任守勤), Chen Fen (陈芬), 1997. Early Cretaceous flora of Hailar, Inner Mongolia, China. Beijing: Geological Publishing House: 1-116, pls. 1-32; text-figs. 1-12. (in Chinese with English summary)

Deng Shenghui (邓胜徽), Yao Yimin (姚益民), Ye Dequan (叶德泉), Chen Piji (陈丕基), Jin Fan (金帆), Zhang Yijie (张义杰), Xu Kun (许坤), Zhao Yingcheng (赵应成), Yuan Xiaoqi (袁效奇), Zhang Shiben (张师本), et al., 2003. Jurassic System in the North of China: Volume Ⅰ Stratum Introduction. Beijing: Petroleum Industry Press: 1-399, pls. 1-105. (in Chinese with English summary)

Deng Shenghui (邓胜徽), 1995b. Early Cretaceous flora of Huolinhe Basin, Inner Mongolia, Northeast China. Beijing: Geological Publishing House: 1-125, pls. 1-48; text-figs. 1, 23. (in Chinese with English summary)

Dobruskina I A, 1974. Triassic lepidophytes. Palaeont. Zhur, 8 (3): 384-397. (in Russian)

Dou Yawei (窦亚伟), Sun Zhehua (孙喆华), Wu Shaozu (吴绍祖), Gu Daoyuan (顾道源), 1983. Vegetable kingdom // Regional Geological Surveying Team, Institute of Geosciences of Xinjiang Bureau of Geology, Geological Surveying Department, Xinjiang Bureau of Petroleum (eds). Palaeontological atlas of Northwest China, Uygur Autonomous Region of Xinjiang: 2. Beijing: Geological Publishing House: 561-614, pls. 189-226. (in Chinese)

Du Rulin (杜汝霖), 1982. The discovery of the fossil such as *Chuaria* in the Qingbaikou system in northwestern Hubei and their significance. Geological Review, 28 (1): 1-7, pl. 1. (in Chinese with English summary)

Duan Shuying (段淑英), 1986. A petrified forest from Beijing. Acta Botanica Sinica, 28 (3): 331-335, pls. 1, 2, figs. 1, 2. (in Chinese with English summary)

Duan Shuying (段淑英), 1987. The Jurassic flora of Zhai Tang, western Hill of Beijing. Department of Geology, University of Stockholm, Department of Palaeonbotany, Swedish Museum of Natural History, Stockholm: 1-95, pls. 1, 22; text-figs. 1-17.

Duan Shuying (段淑英), 1989. Characteristics of the Zhaitang flora and its geological age // Cui Guangzheng, Shi Baoheng (eds). Approach to geosciences of China. Beijing: Peking University Press: 84-93, pls. 1-3. (in Chinese with English summary)

Duan Shuying (段淑英), Chen Ye (陈晔), 1982. Mesozoic fossil plants and coal formation of eastern Sichuan Basin // Compilatory Group of Continental Mesozoic Stratigraphy and Palaeontology in Sichuan Basin (ed). Continental Mesozoic stratigraphy and paleontology in Sichuan Basin of China: Part Ⅱ Palaeontological Professional Papers. Chengdu: People's Publishing House of Sichuan: 491-519, pls. 1-16. (in Chinese with English summary)

Duan Shuying (段淑英), Chen Ye (陈晔), Chen Minghong (陈明洪), 1983. Late Triassic flora of Ninglang district, Yunnan // The Comprehensive Scientific Expedition to the Qinghai-

Tibet Plateau, Chinese Academy of Sciences (ed). Studies in Qinghai-Tibet Plateau-special issue of Hengduan Mountains scientific expedition: Ⅰ. Kunming: Yunnan People's Press: 55, 65, pls. 6-12. (in Chinese with English summary)

Duan Shuying (段淑英), Chen Ye (陈晔), Niu Maolin (牛茂林), 1986. Middle Jurassic flora from southern margin of Eerduosi Basin. Acta Botanica Sinica, 28 (5): 549-554, pls. 1, 2. (in Chinese with English summary)

Dunker W, 1846. Monographie der norddeutschen Wealdenbildungen. Ein Beitrag zur Geognosie und Naturgeschichte der Vorwelt: 1-83, pl. 21 (Braunschweig).

Erdtman G, 1921. Two new species of Mesozoic Equisetales. Ark. Bot., Uppsala, 17 (3): 1-6, pl. 1.

Erdtman G, 1922. Two new species of Mesozoic Equisetales. Arkiv. F. Bot., K. Sv. Vet. Akad., 17 (3).

Feistmantel O, 1880-1881. The fossil flora of the Lower Gondwanas: Part 2　The flora of the Damuda and Planchet Divisions. India Geol. Survey Mem., Palaeontologia Indica, Series 12, 3: 1-77 (1880), 78-149 (1881).

Feng Shaonan (冯少南), 1984. Plant kingdom // Feng Shaonan, Xu Shouyong, Lin Jiaxing, Yang Deli (eds). Biostratigraphy of the Yangtze Gorge area (3), Late Paleozoic Era. Beijing: Geological Publishing House: 293-305, pls. 46-49. (in Chinese with English summary)

Feng Shaonan (冯少南), Chen Gongxin (陈公信), Xi Yunhong (席运宏), Zhang Caifan (张采繁), 1977b. Plants // Hubei Province Institute of Geosciences et al. (eds). Fossil atlas of Middle-South China: Ⅱ. Beijing: Geological Publishing House: 622-674, pls. 230-253. (in Chinese)

Feng Shaonan (冯少南), Meng Fansong (孟繁嵩), Chen Gongxin (陈公信), Xi Yunhong (席运宏), Zhang Caifan (张采繁), Liu Yongan (刘永安), 1977. Plants // Hupei Institute Geological Sciences et al. (eds). Fossil atlas of Middle-South China: Ⅲ. Beijing: Geological Publishing House: 195-262, pls. 70-107. (in Chinese)

Fontaine W M, 1889. The Potomac or younger Mesozoic flora. Monogr. U S Geol. Surv., 15: 1-377, pls. 1-180.

Germar E F, 1852. *Sigillaria sternbergi* Muenst. Aus dem bunten Sandstein. Deutschen Geol. Gesell. Zeitschr., 4: 183-189, pl. 8.

Grauvogel-Stamm L, Schaarschmidt F, 1978. Zur nomenklatur von Masculostrobus Seward. Sci. Geol., Bull., 31 (2): 105-107.

Gu Daoyuan (顾道源), 1984. Pteridiophyta and Gymnospermae // Geological Survey of Xinjiang Administrative Bureau of Petroleum, Regional Surveying Team of Xinjiang Geological Bureau (eds). Fossil atlas of Northwest China, Xinjiang Uygur Autonomous Region: Volume Ⅲ　Mesozoic and Cenozoic. Beijing: Geological Publishing House: 134-158, pls. 64-81. (in Chinese)

Gu Daoyuan (顾道源), Hu Yufan (胡雨帆), 1979. On the discovery of *Dictyophyllum-Clathropteris* flora from "Karroo Rocks", Sinkiang. Journal of Jianghan Petroleum Institute, (1): 1-18, pls. 1, 2. (in Chinese with English summary)

Guo Shuangxing (郭双兴), 1975. The plant fossil of the Xigaze Group from Mount Jomolangma region//Tibet Sciences Expedition Team,Chinese Academy of Sciences (ed). Reports of Science Expedition to Mount Qomolangma region (1966-1968):Palaeontology Ⅰ. Beijing: Science Press:411-423,pls. 1-3. (in Chinese)

Guo Shuangxing (郭双兴),1979. Late Cretaceous and Early Tertiary floras from the southern Guangdong and Guangxi with their stratigraphic significance // Institute of Vertebrate Palaeontology and Paleoanthropology, Nanjing Institute of Geology and Palaeontology, Chinese Academy of Sciences (eds). Mesozoic and Cenozoic red beds of South China. Beijing:Science Press:223-231,pls. 1-3. (in Chinese)

Guo Shuangxing (郭双兴),2000. New material of the Late Cretaceous flora from Hunchun of Jilin,Northeast China. Acta Palaeontologica Sinica,39 (Supplement):226-250,pls. 1-8. (in English with Chinese summary)

Halle T G,1908. Zur Kenntnis der mesozoischen Equisetales Schwedens. K. Sv. Vet. Akad. Handl. ,43 (1).

Halle T G,1916. A fossil sporogonium from the Lower Devonian of Roeragen in Norway. Botaniska Notiser:79-81. (in English)

Harris T M,1931. The fossil flora of Scoresby Sound,East Greenland:Part 1 Cryptogams (exclusive of Lycopodiales). Medd. Gronland,Kjobenhavn,85 (2):1-104,pls. 1-18.

Harris,T M,1935. The fossil flora of Scoresby Sound,East Greenland:Part 4 Ginkgoales, coniferales,lycopodiales and isolated fructifications. Medd. om Grunland,112 (1):1-176, pls. 1-29.

Harris T M,1938. The British Rhaetic Flora. British Museum (Natural History),London:1-84. (in English)

Harris T M,1942. On the two species of Hepatics of the Yorkshire Jurassic flora. The Annals and Magazine of Natural History,Series 11,9 (54):393,465. (in English)

Harris T M, 1947. Notes on the Jurassic flora of Yorkshire, 31-33. Ann Mag. Nat. Hist. London,13 (11):392-411.

Harris T M, 1961. The Yorkshire Jurassic flora: Ⅰ. British Museum (Natural History), London:1-212.

Harris T M, 1979. The Yorkshire Jurassic flora: Ⅴ. British Museum (Natural History), London:1-166.

He Dechang (何德长),1987. Fossil plants of some Mesozoic coal-bearing strata from Zhejiang, Hubei and Fujian// Qian Lijun,Bai Qingzhao,Xiong Cunwei,Wu Jingjun,Xu Maoyu,He Dechang,Wang Saiyu (eds). Mesozoic coal-bearing strata from South China. Beijing:China Coal Industry Press:1-322,pls. 1-69. (in Chinese)

He Dechang (何德长),Shen Xiangpeng (沈襄鹏),1980. Plant fossils// Institute of Geology and Prospect,Chinese Academy of Coal Sciences (ed). Fossils of the Mesozoic coal-bearing series from Hunan and Jiangxi Provinces: Ⅳ. Beijing: China Coal Industry Publishing House:1-49,pls. 1,26. (in Chinese)

He Yuanliang (何元良),Wu Xiuyuan (吴秀元),Wu Xiangwu (吴向午),Li Peijuan (李佩娟), Li Haomin (李浩敏),Guo Shuangxing (郭双兴),1979. Plants // Nanjing Institute of Geology and Palaeontology,Chinese Academy of Sciences,Qinghai Institute of Geological

Sciences (eds). Fossil atlas of Northwest China Qinghai: Volume Ⅱ. Beijing: Geological Publishing House: 129-167, pls. 50-82. (in Chinese)

Heer O, 1876a. Flora fossile halvetiae: Teil I Die Pflanzen der steinkohlen Periode. Zurich: 1-60, pls. 1-22.

Heer O, 1876b. Beitraege zur fossilen Flora Spitzbergens, in Flora fossilis arctica, Band 4, Heft 1. Kgl. Svenska Vetenskapsakad. Handlingar, 14: 1-141, pls. 1-32.

Heer O, 1876c. Beitraege zur Jura-Flora Ostsibitiens und des Amurlandes, in Flora fossilis arctica, Band 4, Heft 2. Acad. Imp. Sci. St. -Peetersbourg Meem., 22: 1-122, pls. 1-31.

Hsu J (徐仁), 1966. *Sporogonites yunnanensis* sp. nov. // On plant-remains from the Devonian of Yunnan and their significance in the identification of the stratigraphical sequence of this region. Acta Botanica Sinica, 14 (1): 62-64. (in Chinese with English summary)

Hsu J (徐仁), 2000. *Sporogonites yunnanensis* sp. nov. // On plant-remains from the Devonian of Yunnan and their significance in the identification of the stratigraphical sequence of this region (=Hsu Jen, 1966) // Zhu Weiqing (editor-in-chief). Selected Works of Jen Hsu. Beijing: Seismological Press. (in Chinese with English summary)

Hsu J (徐仁), Chu C N (朱家楠), Chen Yeh (陈晔), Tuan Shuying (段淑英), Hu Yufan (胡雨帆), Chu W C (朱为庆), 1979. Late Triassic Baoding flora, SW Sichuan, China. Beijing: Science Press: 1-130, pls. 1-75; text-figs. 1-18. (in Chinese)

Hu Yufan (胡雨帆), Gu Daoyuan (顾道源), 1987. Plant fossils from the Xiaoquangou Group of the Xinjiang and its flora and age. Botanical Research, 2: 207-234, pls. 1-5. (in Chinese with English summary)

Hu Yufan (胡雨帆), Tuan Shuying (段淑英), Chen Yeh (陈晔), 1974. Plant fossils of the Mesozoic coal-bearing strata of Yaan, Szechuan, and their geological age. Acta Botanica Sinica, 16 (2): 170-172, pls. 1, 2; text-fig. 1 (in Chinese)

Huang Qisheng (黄其胜), 1983. The Early Jurassic Xiangshan flora from the Yangzi River Valley in Anhui Province of eastern China. Earth Science: Journal of Wuhan College of Geology, (2): 25-36, pls. 2-4. (in Chinese with English summary)

Huang Qisheng (黄其胜), 1984. A preliminary study on the age of Lalijian Formation in Huaining area, Anhui. Geological Review, 30 (1): 1-7, pl. 1, figs. 1, 2. (in Chinese with English summary)

Huang Qisheng (黄其胜), 1985. Discovery of pholidophorids from the Early Jurassic Wuchang Formation in Hubei Province, with notes on the lower Wuchang Formation. Earth Science: Journal of Wuhan College of Geology, 10 (Special issue): 187-190, pl. 1. (in Chinese with English summary)

Huang Qisheng (黄其胜), 1988. Vertical diversities of the Early Jurassic plant fossils in the middle-lower Changjiang Valley. Geological Review, 34 (3): 193-202, pls. 1, 2, figs. 1-3. (in Chinese with English summary)

Huang Qisheng (黄其胜), 2001. Early Jurassic flora and paleoenvironment in the Daxian and Kaixian couties, north border of Sichuan basin, China. Earth Science: Journal of China University of Geosciences, 26 (3): 221, 228. (in Chinese with English summary)

Huang Qisheng (黄其胜), Lu Zongsheng (卢宗盛), 1988a. Late Triassic fossil plants from

Shuanghuaishu of Lushi County, Henan Province. Professional Papers of Stratigraphy and Palaeontology, 20: 178-188, pls. 1, 2. (in Chinese with English summary)

Huang Qisheng (黄其胜), Lu Zongsheng (卢宗盛), 1988b. The Early Jurassic Wuchang flora from southeastern Hubei Province. Earth Science: Journal of China University of Geosciences, 13 (5): 545-552, pls. 9, 10, figs. 1-4. (in Chinese with English summary)

Huang Qisheng (黄其胜), Lu Zongsheng (卢宗盛), 1992. Coal-bearing strata and fossil assemblage of Early and Middle Jurassic // Li Sitian, Chen Shoutian, Yang Shigong, Huang Qisheng, Xie Xinong, Jiao Yangquan, Lu Zongsheng, Zhao Genrong (eds). Sequence stratigraphy and depositional system analysis of the northeastern Ordos Basin: The fundamental research for the formation, distribution and prediction of Jurassic coal rich units. Beijing: Geological Publishing House: 1-10, pls. 1-3. (in Chinese with English title)

Huang Qisheng (黄其胜), Lu Zongsheng (卢宗盛), Huang Jianyong (黄剑勇), 1998. Early Jurassic Linshan flora from Northeast Jiangxi Province, China. Earth Science-Journal of China University of Geosciences, 23 (3): 219-224, pl. 1, fig. 1. (in Chinese with English summary)

Huang Qisheng (黄其胜), Lu Zongsheng (卢宗盛), Lu Shengmei (鲁胜梅), 1996. The Early Jurassic flora and palaeoclimate in northeastern Sichuan, China. Paleobotanist, 45: 344-354, pls. 1, 2; text-figs. 1, 2.

Huang Zhigao (黄枝高), Zhou Huiqin (周惠琴), 1980. Fossil plants // Mesozoic stratigraphy and palaeontology from the basin of Shaanxi, Gansu and Ningxia: Ⅰ. Beijing: Geological Publishing House: 43-104, pls. 1-60. (in Chinese)

Jin Ruoshi (金若时), 1997. Discovery of the plant fossil and significance of the a scertained age in Jiufengshan Formation the Oupu Basin, Huma County. Heilongjiang Geology, 8 (2): 6-17, pl. 1, figs. 1-4. (in Chinese with English summary)

Jongmans W J, 1927a. Beschrijving der boring Gulpen: Geol. Bur. Nederlandsche Mijngehied Heerlen Jaarv. : 54-69.

Jongmans W J, 1927b. Een eigenaarige plantenband boven Laag Bder Mijn Emma. Geol. Bur. Nederlandsche Mijngebied Heerlen Jaarv. : 47-49.

Ju Kuixiang (鞠魁祥), Lan Shanxian (蓝善先), 1986. The Mesozoic stratigraphy and the discovery of *Lobatannularia* Kaw. in Lvjiashan, Nanjing. Bulletin of the Nanjing Institute of Geology and Mineral Resources, Chinese Academy of Geological Sciences, 7 (2): 78-88, pls. 1, 2, figs. 1-5. (in Chinese with English summary)

Kang Ming (康明), Meng Fanshun (孟凡顺), Ren Baoshan (任宝山), Hu Bin (胡斌), Cheng Zhaobin (程昭斌), Li Baoxian (厉宝贤), 1984. Age of the Yima Formation in western Henan and the establishment of the Yangshuzhuang Formation. Journal of Stratigraphy, 8 (4): 194-198, pl. 1. (in Chinese with English title)

Kawasaki S, 1927-1931. The Flora of the Heian System. Bulletin on The Geologicol Survey of Chosen (Korea), Vol. 4, Nos. 1, 2.

Kawasaki S, 1927-1934, The flora of the Heian System. Korea Geol. Survey Bull. , V. 6, Pt. 1: 1-78, pls. 1-15 (1927); Pt. 2: 45-311, pls. 105-110 (1934); Pt. 2 (atlas), pls. 16-99 (1931); Pt. 3 (with Konno, Enzo): 30-44, pls. 100-104 (1932).

Kiangsi and Hunan Coal Explorating Command Post, Ministry of Coal (煤炭部湘赣煤田地质会战指挥部), Nanjing Institute of Geology and Palaeontology, Chinese Academy of Sciences (中国科学院南京地质古生物研究所) (eds), 1968. Fossil Atlas of Mesozoic Coal-bearing Strata in Kiangsi and Hunan Provinces: 1-115, pls. 1-47; text-figs. 1, 24. (in Chinese)

Kimura T, Ohana T, 1980. Some fossil ferns from the Middle Carnic Mononki Formation, Yamaguchi Prefcture, Japan. Bull. Nat. Sc. Mus., C (Geol. &Paleonf.), 6 (3).

Koenig C, 1825. Icones fossilium sectiles. London: 1-4, pls. 1-19.

Kon'no Enzu, 1962. Some specise of Neocalamites and Equisetitesin Japan and Korea. Tohoku Univ. Sci. Repts., Series 2 (Geology), Spec. 5: 21-47, pls. 9-18.

Krasser F, 1905. Fossile Pflanzen aus Transbaikalien, der Mongolei und Mandschurei. Denkschriften der Könglische Akadedmie der Wissenschaften, Wien. Mathematik-Naturkunde Classe, 78: 589-633, pls. 1-4.

Leckenby J, 1864. On the sandstone and shales of the Oolites of Scarborough, with descriptions of some new species of fossil plants. Quartnary Journal of Geological Society of London, 20: 74-82. (in English)

Lee H H (李星学), 1951. On some *Selaginellites* remains from the Tatung Coal Series. Science Record, 4 (2): 193-196, pl. 1; text-fig. 1.

Lee H H (李星学), Li P C (李佩娟), Chow T Y (周志炎), Guo S H (郭双兴), 1964. Plants// Wang Y (ed). Handbook of index fossils of South China. Beijing: Science Press: 21, 25, 81, 82, 87, 88, 91, 114-117, 123-125, 128-131, 134-136, 139, 140. (in Chinese)

Lee H H (李星学), Wang S (王水), Li P C (李佩娟), Chang S J (张善桢), Yeh Meina (叶美娜), Guo S H (郭双兴), Tsao Chengyao (曹正尧), 1963. Plants // Chao K K (ed). Handbook of index fossils in Northwest China. Beijing: Science Press: 73, 74, 85-87, 97, 98, 107-110, 121-123, 125-131, 133-136, 143, 144, 150-155. (in Chinese)

Lee H H (李星学), Wang S (王水), Li P C (李佩娟), Chow T Y (周志炎), 1962. Plants// Wang Y (ed). Handbook of index fossils in Yangtze area. Beijing: Science Press: 20-23, 77, 78, 89, 96-98, 103, 104, 125-127, 134-137, 146-148, 150-154, 156-158. (in Chinese)

Lee P C (李佩娟), 1963. Plants // The 3rd Laboratory, Academy of Geological Sciences, Ministry of Geology (ed). Fossil atlas of Chinling Mountains. Beijing: Industry Press: 112, 130, pls. 42-59. (in Chinese)

Lee P C (李佩娟), 1964. Fossil plants from the Hsuchiaho Series of Kwangyuan, northern Sichuan (Szechuan). Memoirs of Institute Geology and Palaeontology, Chinese Academy of Sciences, 3: 101-178, pls. 1, 20; text-figs. 1-10. (in Chinese with English summary)

Lee P C (李佩娟), Tsao Chengyao (曹正尧), Wu Shunching (吴舜卿), 1976. Mesozoic plants from Yunnan // Nanjing Institute of Geology and Palaeontology, Chinese Academy of Sciences (ed). Mesozoic plants from Yunnan: I. Beijing: Science Press: 87-150, pls. 1-47; text-figs. 1-3. (in Chinese)

Lee P C (李佩娟), Wu Shunching (吴舜卿), Li Baoxian (厉宝贤), 1974. Triassic plants // Nanjing Institute of Geology and Palaeontology, Chinese Academy of Sciences (ed). Handbook of stratigraphy and palaeontology in Southwest China. Beijing: Science Press: 354-362, pls. 185-194. (in Chinese)

Li Baoxian (厉宝贤), Hu Bin (胡斌), 1984. Fossil plants from the Yongdingzhuang Formation of the Datong Coalfield, northern Shanxi. Acta Palaeontologica Sinica, 23 (2): 135-147, pls. 1-4. (in Chinese with English summary)

Li Jie (李洁), Zhen Baosheng (甄保生), Sun Ge (孙革), 1991. First discovery of Late Triassic florule in Wusitentag: Karamiran area of Kulun Mountain of Xinjiang. Xinjiang Geology, 9 (1): 50-58, pls. 1, 2. (in Chinese with English summary)

Li Jieru (李杰儒), 1983. Middle Jurassic flora from Houfulongshan region of Jingxi, Liaoning. Bulletin of Geological Society of Liaoning Province, China, (1): 15-29, pls. 1-4. (in Chinese with English summary)

Li Jieru (李杰儒), 1988. A study on Mesozoic biostrata of Suzihe Basin. Liaoning Geology, (2): 97-124, pls. 1-7. (in Chinese with English summary)

Li Jieru (李杰儒), Li Chaoying (李超英), Sun Changling (孙常玲), 1993. Mesozoic stratigraphic: Palaeontology in Dandong area. Liaoning Geology, (3): 230-243, pls. 1, 2, figs. 1-3. (in Chinese with English summary)

Li Peijuan (李佩娟), 1985. Flora of Early Jurassic Epoch // The Mountaineering Party of the Scientific Expedition, Chinese Academy of Sciences (ed). The Geology and palaeontology of Tuomuer region, Tianshan Mountain. Ürumchi: People's Publishing House of Xinjiang: 147-149, pls. 17-21. (in Chinese with English title)

Li Peijuan (李佩娟), He Yuanliang (何元良), Wu Xiangwu (吴向午), Mei Shengwu (梅盛吴), Li Binghu (李炳胡), 1988. Early and Middle Jurassic strata and their floras from northeastern border of Qaidam Basin, Qinghai. Nanjing: Nanjing University Press: 1, 231, pls. 1-140; text-figs. 1, 24. (in Chinese with English summary)

Li Peijuan (李佩娟), Wu Xiangwu (吴向午), 1982. Fossil plants from the Late Triassic Lamaya Formation of western Sichuan // Regional Geological Surveying Team, Bureau of Geology and Mineral Resources of Sichuan Province, Nanjing Institute of Geology and Palaeontology, Chinese Academy of Sciences (eds). Stratigraphy and palaeontology in western Sichuan and eastern Xizang, China: Part 2. Chengdu: People's Publishing House of Sichuan: 29-70, pls. 1, 22. (in Chinese with English summary)

Li Peijuan (李佩娟), 1982. Early Cretaceous plants from the Tuoni Formation of eastern Tibet // Regional Geological Surveying Team, Bureau of Geology and Mineral Resources of Sichuan Province, Nanjing Institute of Geology and Palaeontology, Chinese Academy of Sciences (eds). Stratigraphy and palaeontology in western Sichuan and eastern Xizang, China: Part 2. Chengdu: People's Publishing House of Sichuan: 71-105, pls. 1-14, figs. 1-5. (in Chinese with English summary)

Li Weirong (李蔚荣), Liu Maoqiang (刘茂强), Yu Tingxiang (于庭相), Yuan Fusheng (袁福盛), 1986. On the Jurassic Longzhaogou Group in the East of Heilongjiang Province. Ministry of Geology and Mineral Resources, Geological Memoirs, People's Republic of China, Series 2, Number 5: 1-59, pls. 1-13, figs. 1-9. (in Chinese with English summary)

Li Xingxue (李星学) (editor-in-chief), 1995a. Fossil floras of China through the geological ages. Guangzhou: Guangdong Science and Technology Press: 1-542, pls. 1-144. (in Chinese)

Li Xingxue (李星学) (editor-in-chief), 1995b. Fossil floras of China through the geological ages. Guangzhou: Guangdong Science and Technology Press: 1-695, pls. 1-144. (in English)

Li Xingxue (李星学), Ye Meina (叶美娜), 1980. Middle-late Early Cretacous floras from Jilin, EN China. Paper for the 1st Conf. IOP London & Reading, 1980. Nanjing Institute Geology Palaeontology Chinese Academy of Sciences, Nanjing: 1-13, pls. 1-5.

Li Xingxue (李星学), Ye Meina (叶美娜), Zhou Zhiyan (周志炎), 1986. Late Early Cretaceous flora from Shansong of Jiaohe, Jilin. Palaeontologia Cathayana, 3: 1-53, pls. 1-45; text-figs. 1-12.

Liao Zhuoting (廖卓庭), Wu Guogan (吴国干) (editors-in-chief), 1998. Oil-bearing strata (Upper Devonian to Jurassic) of the Santanghu Basin in Xinjiang, China. Nanjing: Southeast University Press: 1-138, pls. 1-31. (in Chinese with English summary)

Lindley J, Hutton W, 1831-1837. The Fossil Flora of Great Britain// Figures and Descriptions of the Vegetable Remains found in a Fossil State in this country: Vols. 1-3. London Vol. 1: pls. 1-79 (1831-1833); Vol. 2: 1-208, pls. 80-156 (1833-1835); Vol. 3: 1-208, pls. 157-230 (1835-1837).

Liu Huaizhi (柳怀之), 1984. The Triassic System of northwestern Yunnan. Geological Review, 30 (4): 303-310, figs. 1-5. (in Chinese with English summary)

Liu Lujun (刘陆军), Yao Zhaoqi (姚兆奇), 1996. Early Late Permian Angara flora from Turpan-Hami Basin. Acta Palaeontologica Sinica, 35 (6): 644-671, pls. 1-5. (in Chinese with English summary)

Liu Lujun (刘陆军), Yao Zhaoqi (姚兆奇), Wang Yi (王怿), 1998. Late Devonian-Jurassic floristic characteristics from the Santanghu Basin// Liao Zhuoting, Wu Guogan (editors-in-chief). Oil-bearing Strata (Upper Devonian to Jurassic) of the Santanghu Basin in Xinjiang, China. Nanjing: Southeast University Press: 53-56, pls. 3-13. (in Chinese)

Liu Maoqiang (刘茂强), Mi Jiarong (米家榕), 1981. A discussion on the geological age of the flora and its underlying volcanic rocks of Early Jurassic Epoch near Linjiang, Jilin Province. Journal of the Changchun Geological Institute, (3): 18-39, pls. 1-3, figs. 1, 2. (in Chinese with English title)

Liu Mingwei (刘明渭), 1990. Plants of Laiyang Formation // Regional Geological Surveying Team, Shandong Bureau of Geology and Mineral Resources (ed). The stratigraphy and palaeontology of Laiyang Basin, Shandong Province. Beijing: Geological Publishing House: 196-210, pls. 31-34. (in Chinese with English summary)

Liu Yusheng (刘裕生), Guo Shuangxing (郭双兴), Ferguson D K, 1996. A catalogue of Cenozoic megafossil plants in China. Palaeontographica, B, 238: 141-179. (in English)

Liu Zhili (刘志礼), Du Rulin (杜汝霖), 1991. Morphology and systemics of *Longfengshania*. Acta Palaeontologica Sinica, 30 (1): 106-114, pl. 1; text-figs. 1-8. (in Chinese with English summary)

Liu Zijin (刘子进), 1982. Vegetable kingdom // Xi'an Institute of Geology and Mineral Resources (ed). Palaeontological atlas of Northwest China, Shaanxi, Gansu, Ningxia volume: Part Ⅲ Mesozoic and Cenozoic. Beijing: Geological Publishing House: 116-139, pls. 56, 75. (in Chinese with English title)

Liu Zijin (刘子进), 1988. Plant fossil from the Zhidan Group between Huating and Longxian, southwestern part of Ordos Basin. Bulletin of the Xi'an Institute of Geology and Mineral Resources, Chinese Academy of Geological Sciences, 24: 91-100, pls. 1, 2. (in Chinese with English summary)

Liu Zijin (刘子进), Liu Shuntang (刘顺堂), Hong Youchong (洪友崇), 1985. Discovery and studing of the Triassic fauna and flora from the Niangniangmiao in Longxian, Shaanxi. Bulletin of the Xi'an Institute of Geology and Mineral Resources, Chinese Academy of Geological Sciences, 10: 105-120, pls. 1-3, figs. 1-4. (in Chinese with English summary)

Lundblad B, 1954. Contributions to the geological history of the Hepaticae. Svensk Botanisk Tidskrift, 48: 381-417. (in English)

Lundblad B, 1971. A thalloid plant from the Permian of Shansi, China. Geophytology, 1 (1): 30-33, pls. 1, 2; text-fig. 1. (in English)

Matuzawa I, 1939. Fossil flora from the Peipiao Coal-field, Manchoukuo and its geological age. Reports of first sciencific expedition to Manchoukuo, Section 2 (4): 1-16, pls. 1-7.

Mei Meitang (梅美棠), Tian Baolin (田宝霖), Chen Ye (陈晔), Duan Shuying (段淑英), 1988. Floras of coal-bearing strata from China. Xuzhou: China University of Mining and Technology Publishing House: 1-327, pls. 1-60. (in Chinese with English summary)

Meng Fansong (孟繁松), 1987. Fossil plants // Yichang Institute of Geology and Mineral Resources, CAGS (ed). Biostratigraphy of the Yangtze Gorges area: 4 Triassic and Jurassic. Beijing: Geological Publishing House: 239-257, pls. 24-37; text-figs. 18-20. (in Chinese with English summary)

Meng Fansong (孟繁松), 1990. New observation on the age of the Lingwen Group in Hainan Island. Guangdong Geology, 5 (1): 62-68, pl. 1. (in Chinese with English summary)

Meng Fansong (孟繁松), 1992a. New genus and species of fossil plants from Jiuligang Formation in western Hubei. Acta Palaeontologica Sinica, 31 (6): 703-707, pls. 1-3. (in Chinese with English summary)

Meng Fansong (孟繁松), 1992b. Plants of Triassic System // Wang Xiaofeng, Ma Daquan, Jiang Dahai (eds). Geology of Hainan Island, 1: Stratigraphy and palaeontology. Beijing: Geological Publishing House: 175-182, pls. 1-8; text-figs. Ⅷ-1-Ⅷ-2. (in Chinese)

Meng Fansong (孟繁松), 1993. The discovery of *Pleuromeia* in Hunan and its significances. Hunan Geology, 12 (3): 143-147, pl. 1. (in Chinese with English summary)

Meng Fansong (孟繁松), 1993a. Discovery of *Pleuromeia-Annalepis* flora in South China and its significance. Chinese Science Bulletin, 38 (18): 1686-1688, figs. 1, 2. (in Chinese)

Meng Fansong (孟繁松), 1994. Discovery of *Pleuromeia-Annalepis* flora in South China and its significance. Chinese Science Bulletin, 39 (2): 130-134, figs. 1, 2. (in English)

Meng Fansong (孟繁松), 1996a. Flora palaeoecological environment of the Badong Formation in the Yangtze Gorges area. Geology and Mineral Resources of South China, (4): 1-13, pl. 1, figs. 1-5. (in Chinese with English summary)

Meng Fansong (孟繁松), 1996b. Middle Triassic lycopsid flora of South China and its palaeoecological significance. Paleobotanist, 45: 334-343, pls. 1-4; text-figs. 1, 2.

Meng Fansong (孟繁松), 1998. Studies on *Annalepis* from Middle Triassic along the Yangtze River and its bearing on the origin of *Isoetes*. Acta Botanica Sinica, 40 (8): 768-774, pl. 1, figs. 1-3. (in Chinese with English summary)

Meng Fansong (孟繁松), 1999a. Studies on *Pleuromeia* from Middle Triassic along the Yangtze River Valley and systematics of Isoetales. Acta Geoscientia Sinica (Bulletin of Chinese Academy of Geological Sciences), 20 (2): 215-222, pls. 1, 2, fig. 1. (in Chinese with English summary)

Meng Fansong (孟繁松), 1999b. Middle Jurassic fossil plants in the Yangtze Gorges area of China and their palaeo climatic environment. Geology and Mineral Resources of South China, (3): 19-26, pl. 1, figs. 1, 2. (in Chinese with English summary)

Meng Fansong (孟繁松), 2000. Advances in the study of Middle Triassic plants of the Yangtze Valley of China. Acta Palaeontologica Sinica, 39 (Supplement): 154-166, pls. 1-4; text-figs. 1-3. (in English with Chinese summary)

Meng Fansong (孟繁松), Chen Dayou (陈大友), 1997. Fossil plants and palaeoclimatic environment from the Ziliujing Formation in the western Yangtze Gorges area, China. Geology and Mineral Resources of South China, (1): 51-59, pls. 1, 2. (in Chinese with English summary)

Meng Fansong (孟繁松), Li Xubing (李旭兵), Chen Huiming (陈辉明), 2003. Fossil plants from Dongyuemiao Member of the Ziliujing Formation and Lower-Middle Jurassic boundary in Sichuan Basin, China. Acta Palaeontologica Sinica, 42 (4): 525-536, pls. 1-4; text-figs. 1, 2. (in Chinese with English summary)

Meng Fansong (孟繁松), Wang Xiaofeng (汪啸风), Chen Xiaohong (陈孝红), Chen Huiming (陈辉明) Zhang Zhenlai (张振来), Xu Guanghong (徐光洪), Chen Lide (陈立德), Wang Chuanshang (王传尚), Sun Yali (孙亚莉), 2002. Discovery of Fossil plants from Guanling biota in Guizhou and its significances. Journal of Stratigraphy, 26 (3): 170-172, pls. 1, 2, fig. 1. (in Chinese with English summary)

Meng Fansong (孟繁松), Xu Anwu (徐安武), Zhang Zhenlai (张振来), Lin Jinming (林金明), Yao Huazhou (姚华舟), 1995. Nonmarine biota and sedimentary facies of the Badong Formation in the Yangtze and its neighbouring areas. Wuhan: Press of China University of Geosciences: 1-76, pls. 1, 20, figs. 1-18. (in Chinese with English summary)

Meng Fansong (孟繁松), Zhang Zhenlai (张振来), Niu Zhijun (牛志军), Chen Dayou (陈大友), 2000. Primitive lycopsid flora in the Yangtze Valley of China and systematics and evolution of Isoetales. Changsha: Hunan Science and Technology Press: 1-107, pls. 1, 20, figs. 1, 23. (in Chinese with English summary)

Meng Fansong (孟繁松), Zhang Zhenlai (张振来), Sheng Xiancai (盛贤才), 1995. The Triassic-Jurassic stratigraphy, palaeoecology and palaeoclimatology in the Yangtze Gorges area. Professional Papers of Stratigraphy and Palaeontology, 25: 107-130, pl. 11. (in Chinese with English summary)

Meng Fansong (孟繁松), Zhang Zhenlai (张振来), Xu Guanghong (徐光洪), 2002. Jurassic// Wang Xiaofeng and others. Protection of precise geological remains in the Yangtze Gorges area, Cina with the Study of the Archean-Mesozoic multiple stratigraphic subdivision and sea-level change. Beijing: Geological Publishing House: 291-317. (in Chinese with English title)

Mi Jiarong (米家榕), Sun Chunlin (孙春林), 1985. Late Triassic fossil plants from the vicinity of Shuangyang-Panshi, Jilin. Journal of the Changchun Geological Institute, (3): 1-8, pls. 1, 2, figs. 1-4. (in Chinese with English summary)

Mi Jiarong (米家榕), Sun Chunlin (孙春林), Sun Yuewu (孙跃武), Cui Shangsen (崔尚森), Ai Yongliang (艾永亮), 1996. Early-Middle Jurassic phytoecology and coal-accumulating environments in northern Hebei and western Liaoning. Beijing: Geological Publishing House: 1-169, pls. 1-39; text-figs. 1, 20. (in Chinese with English summary)

Mi Jiarong (米家榕), Zhang Chuanbo (张川波), Sun Chunlin (孙春林), Luo Guichang (罗桂昌), Sun Yuewu (孙跃武), et al., 1993. Late Triassic stratigraphy, palaeontology and paleogeography of the northern part of the Circum Pacific Belt, China. Beijing: Science Press: 1, 219, pls. 1-66; text-figs. 1-47. (in Chinese with English title)

Miao Yuyan (苗雨雁), 2005. New material of Middle Jurassic plants from Baiyang River of northwastern Junggar Basin, Xinjiang, China. Acta Palaeontologica Sinica, 44 (4): 517-534. (in English with Chinese summary)

Miki S, 1964. Mesozoic flora of *Lycoptera* Bed in South Manchuria. Bulletin of Mukogawa Women's University, (12): 13-22. (in Japanese with English summary)

Muenster G G, 1839-1843. Beitraege zur Petrefacten-Kunde. Pt. 1: 1-125, pls. 1-18 (139); Pt. 5: 1-131, pls 1-15 (1842); Pt. 6: 1-100, pls. 1-13 (1843).

Nathorst A G, 1880. Beraettelse, afgifven till Kongl. Vetenskaps-Akademien, om en med understod af allmanna medel utfor vetenskaplig resa till England. Ofvers. Vetensk Akad. Forh. Stockh., 5: 23-84.

Nathorst A G, 1908a. Palaeobotanische Mitteilungen: 7. Kgl. Svenska Vetenskapsakad. Handlingar, 43 (8): 1-20, pls. 1-3.

Nathorst A G, 1908b. Palaeobotanische Mitteilungen: 3. Kgl. Svenska Vetenskapsakad. Handlingar, 43 (3): 1-12, pl. 1.

Neuburg M F, 1960. Rameau feuille de mousse dans les les sediments permiens de I'Angara. Akad. Nauk SSSR Geol. Inst. Trudy, 43: 65-91.

Newberry J S, 1867 (1865). Description of fossil plants from the Chinese coal-bearing rocks// Pumpelly R (ed). Geological researches in China, Mongolia and Japan during the years 1862-1865. Smithsonian Contributions to Knowledge (Washington), 15 (202): 119-123, pl. 9.

Ngo C K (敖振宽), 1956. Preliminary notes on the Rhaetic flora from Siaoping Coal Series of Kwangtung. Journal of Central-South Institute of Mining and Metallurgy, (1): 18-32, pls. 1-7; text-figs. 1-4. (in Chinese)

Ôishi S, 1932. The Rhaetic Plants from the Nariwa area, Prov. Bitchu (Okayama Prefecture). Jap. Jour. Fac. Sci. Hokkaido Imp. Univ., Series 4, Vol. 1, Nos. 3, 4.

Oishi S, 1950. Illustrated catalogue of East Asiatic fossil plants. Kyoto: Chigaku-Shiseisha: 1-235. (two volumes: text and plates) (in Japanese)

Paleozoic plants from China Writing Group of Nanjing Institute of Geology and Palaeontology, Institute of Botany, Chinese Academy of Sciences (Gu et Zhi), 1974. Paleozoic plants from China. Beijing: Science Press: 1, 226, pls. 1-130; text-figs. 1-142. (in

Chinese)

P'an C H (潘钟祥), 1936. Older Mesozoic plants from North Shensi. Palaeontologia Sinica, Series A, 4 (2): 1-49, pls. 1-15.

Phillips J, 1829. Illustrations of the Geology of Yorkshire or a description of the strata and organic remains of the Yorkshire Coast: 1-192, pls. 14 (York).

Phillips J, 1875. Etheridge R. Illustrations of the Geology of Yorkshire or a description of the strata and organic remains: Part I The Yorkshire Coast. 3rd ed. London: 1-354, pls. 28.

Potonie H, 1893a. Ueber einige Carbonfarne. Preussische Geol. Landesanst: 1-36, pls. 1-4.

Potonie H, 1893b. Die Flora des Rothliegenden von Thueringen. Preussische Geol. Landesanst. Abh., V. 9, Pt. 2: 1-298, pls. 1-34.

Prynada, 1951. *Equisetites asiaticus*.

Qian Lijun (钱丽君), Bai Qingzhao (白清昭), Xiong Cunwei (熊存卫), Wu Jingjun (吴景均), He Dechang (何德长), Zhang Xinmin (张新民), Xu Maoyu (徐茂钰), 1987a. Jurassic coal-bearing strata and the characteristics of coal accumlation from northern Shaanxi. Xi'an: Northwest University Press: 1, 202, pls. 1-56; text-figs. 1-31. (in Chinese)

Ren Shouqin (任守勤), Chen Fen (陈芬), 1989. Fossil plants from Early Cretaceous Damoguaihe Formation in Wujiu Coal Basin, Hailar, Inner Mongolia. Acta Palaeontologica Sinica, 28 (5): 634-641, pls. 1-3; text-figs. 1, 2. (in Chinese with English summary)

Samylina V A, 1963. The Mesozoic flora of the Lower Course of the Aldan River. Paleobotanika, Moscow, 4: 59-139, pls. 1-37. (in Russian with English summary)

Samylina V A, 1964.

Schenk A, 1864b. Beitraege zur Flora des Keupers und der rhaetischen Formation. Narurf. Gesell. Bamberg Ber., 7: 51-142, pls. 1-8.

Schenk A, 1885. Die während der Reise des Grafen Bela Szechenyi in China gesammelten fossilen Pflanzen. Palaeontographica, 31 (3): 163-182, pls. 13-15.

Schimper W P, 1869-1874. Traitee de paleeontologie veegeetale ou la flore du monde primitif. Paris, J. B. Baillieere et Fils, 1: 1-74, pls. 1-56 (1869); 2: 1-522, pls. 57-84 (1870); 523-698, pls. 85-94 (1872); 3: 1-896, pls. 95-110 (1874).

Schimper W P, Mougeot, Antoine, 1844. Monographie des plantes fossiles du gres bigarre de la chaine des Vosges. Leipzig: 1-83, pl. 40.

Schlotheim E F, 1820. Die Petrefactenkunde auf ihrem jetzigen Standpunkte durch die Beschreibung seiner Sammlung versteinerter und fossiler Ueberreste des Their und Pflanzenreichs der Vorwelt erlaeutert: 1-437, Gotha.

Seward A C, 1894. Catalogue of the Mesozoic plants in the Department of Geology, British Museum (Natural History): The Wealden Flora: Part 1 Thallophyta-Pterdophyta. London: British Museum (Natural History), Cromwell Road, SW: 1-179. (in English)

Seward A C, 1898. Fossil Plants for Students of Botany and Geology: 1-452, 111 fogs, Cambridge.

Seward A C, 1907. Jurassic plants from Caucasia and Turkestan. Mem. Com. geol. St.. Petersb. (n. s.) 38: 1-48, pls. 1-8.

Seward A C, 1911. Jurassic plants from Chinese Dzungaria collected by Prof. Obrutschew.

Mémoires du Comité Géologique, St. Petersburg, Nouvelle Série, 75: 1-61, pls. 1-7. (in Russian and English)

Shang Ping (商平), 1985. Coal-bearing strata and Early Cretaceous flora in Fuxin Basin, Liaoning Province. Journal of Mining Institute, (4): 99-121. (in Chinese with English summary)

Shang Ping (商平), Fu Guobin (付国斌), Hou Quanzheng (侯全政), Deng Shenghui (邓胜徽), 1999. Middle Jurassic fossil plants from Turpan-Hami Basin, Xinjiang, Northwest China. Geoscience, 13 (4): 403, 407, pls. 1, 2. (in Chinese with English summary)

Shen Guanglong (沈光隆), 1990. *Neocalamites rugosus* Sze and *Equisetites asperrimus* Franke are synonymum. Scientia Geologica Sinica, (3): 302, 303. (in Chinese with English summary)

Shen K L (沈光隆), 1961. Jurassic fossil plants from Mienhsien Series in the vicinity of Huicheng Hsien of S. Kansu. Acta Palaeontologica Sinica, 9 (2): 165-179, pls. 1, 2. (in Chinese with English summary)

Stanislavsky F A, 1976. Sredne-Keyperskaya flora Donnetskogo baseyna: Middle Keuper flora of the Donets Bassin. Kiev, Izd, Nauka Dumka: 1-168. (in Russian)

Sternberg C, 1820-1838. Versuch einer geognostisch-botanischen Darstellung der Flora der Vorwelt. Leipzig & Prg. Pt. 1 (1820): 1- 24, pls. 1-13; Pt. 2 (1821): 1- 33, pls. 14-26; Pt. 3 (1823): 1-39, pls. 27-39; Pt. 4 (1825): 1- 42, pls. 40-49, A-E; Pts. 5, 6 (1833): 1- 80, pls. 1-26; Pt. 7 (1838): 1-220, pls. 27-68, A, B; Pt. 8 (1838): 1-71.

Stockmans F, Mathieu F F, 1941. Contribution a l'etude de la flore jurassique de la Chine septentrionale. Bulletin du Musee Royal d'Histoire Naturelle de Belgique: 33-67, pls. 1-7.

Sun Bainian (孙柏年), Shen Guanglong (沈光隆), 1985. The discovery of *Gansuphyllites* from Yaojie Coal Field. Journal of Lanzhou University (Natural Sciences), 21 (3): 134-135, figs. 1, 2a. (in Chinese)

Sun Bainian (孙伯年), Yang Shu (杨恕), 1988. A supplementary of fossil plants from the Xiangxi Formation, western Hubei. Journal of Lanzhou University (Natural Sciences), 24 (Special number of geology): 84-91, pls. 1, 2. (in Chinese with English summary)

Sun Chunlin (孙春林), Mi Jiarong (米家榕), Sun Yuewu (孙跃武), 2000. Late Triassic flora from Hongli vicinity of Baishan, Jilin, China. Chinese Bulletin of Botany, 17 (Special issue): 199-201, pl. 1. (in Chinese with English summary)

Sun Ge (孙革), 1993. Late Triassic flora from Tianqiaoling of Jilin, China. Changchun: Jilin Science and Technology Publishing House: 1-157, pls. 1-56, figs. 1-11. (in Chinese with English summary)

Sun Ge (孙革), Mei Shengwu (梅盛吴), 2004. Plants// Yumen Oilfield Company, Petro China Co., Ltd., Nanjing Institute of Geology and Palaeontology, Chinese Academy of Scinces (eds). Cretaceous and Jurassic Stratigraphy and Environment of the Chaoshui and Yabulai Basins, NW China. Hefei: University of Science and Technology of China Press: 46-47, pls 5-11. (in Chinese)

Sun Ge (孙革), Shang Ping (商平), 1988. A brief report on preliminary research of Huolinhe coal-bearing Jurassic-Cretaceous plant and strata from eastern Nei Mongol, China. Journal of Fuxin Mining Institute, 7 (4): 69-75, pls. 1-4, figs. 1-2. (in Chinese with English summary)

Sun Ge (孙革), Zhao Yanhua (赵衍华), Li Chuntian (李春田), 1983. Late Triassic plants from Dajianggang of Shuangyang County, Jilin Province. Acta Palaeontologica Sinica, 22 (4): 447-459, pls. 1-3, figs. 1-5. (in Chinese with English summary)

Sun Ge (孙革), Zhao Yanhua (赵衍华), 1992. Paleozoic and Mesozoic plants of Jilin // Jilin Bureau of Geology and Mineral Resources (ed). Palaeontological atlas of Jilin. Changchun: Jilin Science and Technology Press: 500-562, pls. 204-259. (in Chinese with English title)

Sun Ge (孙革), Zheng Shaoling (郑少林), David L D, Wang Yongdong (王永栋), Mei Shengwu (梅盛吴), 2001. Early Angiosperms and their Associated Plants from western Liaoning, China. Shanghai: Shanghai Scientific and Technological Education Publishing House: 1, 227. (in Chinese and English)

Sun Ge (孙革), Zheng Shaolin (郑少林), David L D, Wang Yongdong (王永栋), Mei Shengwu (梅盛吴), 2001. Bryophytes // Early Angiosperms and their associated Plants from western Liaoning, China. Shanghai: Shanghai Scientific and Technological Education Publishing House: 67, 68, 180, 181. (in Chinese and English)

Sun Yuewu (孙跃武), Liu Pengju (刘鹏举), Feng Jun (冯君), 1996. Early Jurassic fossil plants from the Nandalong Formation in the vicinity of Shanggu, Chengde of Hebei. Journal of Changchun University of Earth Sciences, 26 (1): 9-16, pl. 1. (in Chinese with English summary)

Surveying Group of Department of Geological Exploration of Changchun College of Geology (长春地质学院地勘系), Regional Geological Surveying Team (吉林省地质局区测大队), the 102 Surveying Team of Coal Geology Exploration Company of Jilin (Kirin) Province (吉林省煤田地质勘探公司 102 队调查队), 1977. Late Triassic stratigraphy and plants of Hunkiang, Kirin. Journal of Changchun College of Geology, (3): 2-12, pls. 1-4; text-fig. 1. (in Chinese)

Sze H C (斯行健), 1931. Beiträge zur liasischen Flora von China. Memoirs of National Research Institute of Geology, Chinese Academy of Sciences, 12: 1-85, pls. 1-10.

Sze H C (斯行健), 1933a. Mesozoic plants from Kansu. Memoirs of National Research Institute of Geology, Chinese Academy of Sciences, 13: 65-75, pls. 8-10.

Sze H C (斯行健), 1933b. Jurassic plants from Shensi. Memoirs of National Research Institute of Geology, Chinese Academy of Sciences, 13: 77, 86, pls. 11, 12.

Sze H C (斯行健), 1933c. Fossils Pflanzen aus Shensi, Szechuan und Kueichow. Palaeontologia Sinica, Series A, 1 (3): 1-32, pls. 1-6.

Sze H C (斯行健), 1933d. Beiträge zur mesozoischen Flora von China. Palaeontologia Sinica, Series A, 4 (1): 1-69, pls. 1-12.

Sze H C (斯行健), 1938a. Über einige mesozoische Flora von Hsiwan (Kwangsi). Bulletin of Geological Society of China, 18 (3, 4): 215-218, pl. 1.

Sze H C (斯行健), 1949. Die mesozoische Flora aus der Hsiangchi Kohlen Serie in Westhupeh. Palaeontologia Sinica, Whole Number 133, New Series A, 2: 1-71, pls. 1-15.

Sze H C (斯行健), 1951a. Über einen problematischen Fossilrest aus der Wealdenformation der suedlichen Mandschurei. Science Record,4 (1):81-83,pl. 1.

Sze H C (斯行健),1952. Pflanzenreste aus dem Jura der Inneren Mongolei. Science Record, 5 (1-4):183-190,pls. 1-3.

Sze H C (斯行健),1956a. Older Mesozoic plants from the Yenchang Formation, northern Shensi. Palaeontologia Sinica,Whole Number 139,New Series A,5:1,217,pls. 1-56;text-fig. 1. (in Chinese and English)

Sze H C (斯行健),1956b. On the occurrence of the Yenchang Pormation in Kuyuan area, Kansu Province. Acta Palaeeontologica Sinica,4 (3):285-292. (in Chinese and English)

Sze H C (斯行健),1956c. The fossil flora of the Mesozoic oil-bearing deposits of the Dzungaria Basin,northwestern Sinkiang. Acta Palaeontologica Sinica,4 (4):461-476,pls. 1-3;text-fig. 1. (in Chinese and English)

Sze H C (斯行健),1959. Jurassic plants from Tsaidam, Chinghai Province. Acta Palaeontologica Sinica,7 (1):1-31,pls. 1-8;text-figs. 1-3. (in Chinese and English)

Sze H C (斯行健),1960a. Late Triassic plants from Tiencho,Kansu// Institute of Geology and Palaeontology, Institute of Geology, Chinese Academy of Sciences, Peking College of Geology (eds). Contributions to geology of Mt. Chilien,4 (1). Beijing:Science Press:23-26,pl. 1. (in Chinese)

Sze H C (斯行健), Hsu J (徐仁),1954. Index fossils of China plants. Beijing: Geological Publishing House:1-83,pls. 1-68. (in Chinese)

Sze H C (斯行健),Lee H H (李星学),et al. ,1963. Fossil plants of China:2 Mesozoic plants from China. Beijing:Science Press:1-429,pls. 1-118;text-figs. 1-71. (in Chinese)

Sze H C (斯行健),Lee H H (李星学),1952. Jurassic plants from Szechuan. Palaeontologia Sinica,Whole Number 135,New Series A (3):1-38,pls. 1-9;text-figs. 1-5. (in Chinese and English)

Tan Lin (谭琳),Zhu Jianan (朱家楠),1982. Paleobotany // Bureau of Geology and Mineral Resources of Inner Mongolia Autonomous Region (ed). The Mesozoic stratigraphy and paleontology of Guyang Coal-bearing Basin, Inner Mongolia Autonomous Region, China. Beijing:Geological Publishing House:137-160,pls. 33,41. (in Chinese with English title)

Taylor T N, Taylor E L, 1993. Bryophytes // The Biology and Evolution of Fossil Plants. Englewood Cliffs,New Jersey:Prentice-Hall:135-148,figs. 5;1-530. (in English)

Teihard de Chardin P, Fritel P H,1925. Note sur queques grés Mésozoiques a plantes de la Chine septentrionale. Bulletin de la Société Geologique de France,Serie 4,25 (6):523-540, pls. 20-24;text-figs. 1-7.

Tsao Chengyao (曹正尧),1965. Fossil plants from the Siaoping Series in Gaoming,Guangdong (Kwangtung). Acta Palaentologica Sinica, 13 (3): 510-528, pls. 1-6; text-figs. 1-14. (in Chinese with English summary)

Vackrameev V A,1980a. The Mesozoic higher spolophytes of USSR. Moscow:Science Press:1, 230. (in Russian)

Vackrameev V A,1980b. The Mesozoic Gymnosperms of USSR. Moscow:Science Press:1-124. (in Russian)

Walton J,1925. Carboniferous Bryophyta:Part 2 Hepaticae. Annals Botany,39:563-572. (in

English)

Wang Guoping (王国平), Chen Qishi (陈其奭), Li Yunting (李云亭), Lan Shanxian (蓝善先), Ju Kuixiang (鞠魁祥), 1982. Kingdom plant (Mesozoic) // Nanjing Institute of Geology and Mineral Resources (editor-in-chief). Palaeontological atlas of East China: Volume 3 Mesozoic and Cenozoic. Beijing: Geological Publishing House: 236-294, 392-401, pls. 108-134. (in Chinese with English title)

Wang Lixin (王立新), Xie Zhimin (解志民), Wang Ziqiang (王自强), 1978. On the occurrence of *Pleuromeia* from the Qinshui Basin in Shaanxi Province. Acta Palaeontologica Sinica, 17 (2): 195-212, pls. 1-4; text-figs. 1—3. (in Chinese with English summary)

Wang Longwen (汪龙文), Zhang Renshan (张仁山), Chang Anzhi (常安之), Yan Enzeng (严恩增), Wei Xinyu (韦新育), 1958. Plants // Index fossil of China. Beijing: Geological Publishing House: 376-380, 468-473, 535-564, 585-599, 603-625, 541-663. (in Chinese)

Wang Shijun (王士俊), 1993. Late Triassic plants from northern Guangdong Province, China. Guangzhou: Sunyatsen University Press: 1-100, pls. 1-44; text-figs. 1-4. (in Chinese with English summary)

Wang Xifu (王喜富), 1977. On the new genera of *Annularia*-like plants from the Upper Triassic in Sichuan-Shaanxi area. Acta Palaeontologica Sinica, 16 (2): 185-190, pls. 1, 2; text-fig. 1. (in Chinese with English summary)

Wang Xifu (王喜富), 1984. A supplement of Mesozoic plants from Hebei // Tianjin Institute of Geology and Mineral Rescorces (ed). Palaeontological atlas of North China: Ⅱ Mesozoic. Beijing: Geological Publishing House: 297-302, pls. 174-178. (in Chinese)

Wang Xin (王鑫), 1995. Study on the Middle Jurassic flora of Tongchuan, Shaanxi Province. Chinese Journal of Botany, 7 (1): 81-88, pls. 1-3.

Wang Ziqiang (王自强), 1984. Plant kingdom // Tianjin Institute of Geology and Mineral Resources (ed). Palaeontological atlas of North China: Ⅱ Mesozoic. Beijing: Geological Publishing House: 223-296, 367-384, pls. 108-174. (in Chinese with English title)

Wang Ziqiang (王自强), 1985. Paleovegetation and plate tectonics: palaeophytogeography of North China during Permian and Triassic times. Paleogeography, Paleoclimatology, Paleoecology, 49 (1): 25-45, pls. 1-4; text-figs. 1, 2.

Wang Ziqiang (王自强), 1991. Advances on the Permo-Triassic lycopods in North China: 1 An *Isoetes* from the Middle Triassic in northern Shaanxi Province. Paleontographica, B, 222 (1-3): 1-30, pls. 1-10; text-figs. 1-11.

Wang Ziqiang (王自强), Wang Lixin (王立新), 1982. A new species of the lycopsid *Pleuromeia* from the Early Triassic of Shanxi, China, and its ecology. Palaeontology, 25 (1): 215-225, pls. 23, 24.

Wang Ziqiang (王自强), Wang Lixin (王立新), 1989b. Headway made in the studies of fossil plants from the Shiqianfeng Group in North China. Shanxi Geology, 4 (3): 283-298, pls. 1-4. (in Chinese with English summary)

Wang Ziqiang (王自强), Wang Lixin (王立新), 1990a. Late Early Triassic fossil plants from upper part of the Shiqianfeng Group in North China. Shanxi Geology, 5 (2): 97-154, pls. 1, 26, figs. 1-7. (in Chinese with English summary)

Wang Ziqiang（王自强），Wang Lixin（王立新），1990b. A new plant assemblage from the bottom of the mid-Triassic Ermaying Formation. Shanxi Geology, 5（4）: 303-315, pls. 1-10, figs. 1-5.（in Chinese with English summary）

Watelet Adolphe, 1866. Description des plantes fossiles du bassin de Paris. Paris: 1, 264.（in French）

Watt A D, 1982. Index of generic names of fossil plants, 1974-1978. US Geological Survey Bulletin,（1517）: 1-63.

Wu Pancheng（吴鹏程），Feng Yonghua（冯永华），1978. *Neckera shanwanica* Wu et Feng, sp. nov. // *Cenozoic Plants from China* Writing Group of Institute of Botany and Nanjing Institute of Geology and Palaeontology, Chinese Academy of Sciences. Fossil Plants from China: 3 Cenozoic Plants from China. Beijing: Science Press: 2.（in Chinese with English title）

Wu Pancheng（吴鹏程），Lou Jianshing（罗健馨），Meng Fansong（孟繁松），1976. A new fossil moss from Quaternary in China. Acta Phytotaxnomica Sinica, 14（1）: 90-93, pl. 7, figs. 1, 2.（in Chinese with English summary）

Wu Peizhu（吴佩珠），Wang Ziqiang（王自强），1996. Amino acids from the in situ megaspores *Pleuromeia epicharis* Wang Z Q et Wang L X, an Early Triassic Lycopsid in North China. Acta Geoscientia Sinica（Bulletin of Chinese Academy of Geological Sciences）, 17（Supplement）: 176-180, fig. 1.（in Chinese with English summary）

Wu Shuibo（吴水波），Sun Ge（孙革），Liu Weizhou（刘渭州），Xie Xueguang（谢学光），Li Chuntian（李春田），1980. The Upper Triassic of Tuopangou, Wangqing of eastern Jilin. Journal of Stratigraphy, 4（3）: 191, 200, pls. 1, 2; text-figs. 1-5.（in Chinese with English title）

Wu Shunching（吴舜卿），1966. Notes on some Upper Triassic plants from Anlung, Kweichow. Acta Palaeontologica Sinica, 14（2）: 233-241, pls. 1-2.（in Chinese with English summary）

Wu Shunqing（吴舜卿），1995. Lower Jurassic plants from Tariqike Formation, northern Tarim Basin. Acta Palaeontologica Sinica, 34（4）: 468-474, pls. 1-3.（in Chinese with English summary）

Wu Shunqing（吴舜卿），1999a. A preliminary study of the Jehol flora from western Liaoning. Paleoworld, 11: 7-57, pls. 1, 20.（in Chinese with English summary）

Wu Shunqing（吴舜卿），1999b. Upper Triassic plants from Sichuan. Bulletin of Nanjing Institute of Geology and Palaeontology, Chinese Academy of Sciences, 14: 1-69, pls. 1-52, fig. 1.（in Chinese with English summary）

Wu Shunqing（吴舜卿），2001. Land plants // Chang Meemann（editor-in-chief）, The Jehol Biota. Shanghai: Shanghai Scientific & Technical Publishers: 1-150, figs. 1-183.（in Chinese）

Wu Shunqing（吴舜卿），2003. Land plants // Chang Meemann（editor-in-chief）. The Jehol Biota. Shanghai: Shanghai Scientific & Technical Publishers: 1, 208, figs. 1-268.（in English）

Wu Shunqing（吴舜卿），Zhou Hanzhong（周汉忠），1986. Early Jurassic plants from east Tianshan Mountain. Acta Palaeontologica Sinica, 25（6）: 636-647, pl. 1-6.（in Chinese with

English summary)

Wu Shunqing (吴舜卿), Ye Meina (叶美娜), Li Baoxian (厉宝贤), 1980. Upper Triassic and Lower and Middle Jurassic plants from Hsiangchi Group, western Hubei. Memoirs of Nanjing Institute of Geology and Palaeontology, Chinese Academy of Sciences, 14: 63-131, pls. 1-39; text-fig. 1. (in Chinese with English summary)

Wu Shunqing (吴舜卿), Zhong Duan (钟端), Zhao Peirong (赵培荣), 2000. Appearance of Yenchang flora in Tarim with discussion on the west terminal of Late Triassic phytogeographical boundary of China. Journal of Stratigraphy, 24 (4) (Special issue): 303-306, pls. 1-2. (in Chinese with English summary)

Wu Shunqing (吴舜卿), Zhou Hanzhong (周汉忠), 1990. A preliminary study of Early Triassic plants from South Tianshan Mountains. Acta Palaeontologica Sinica, 29 (4): 447-459, pls. 1-4. (in Chinese with English summary)

Wu Shunqing (吴舜卿), Zhou Hanzhong (周汉忠), 1996. A preliminary study of Middle Triassic plants from northern margin of the Tarim Basin. Acta Palaeontologica Sinica, 35 (Supplement): 1-13, pls. 1-15. (in Chinese with English summary)

Wu Xiangwu (吴向午), 1982a. Fossil plants from the Upper Triassic Tumaingela Formation in Amdo-Baqing area, northern Tibet//The Comprehensive Scientific Expedition Team to the Qinghai-Xizang Plateau, Chinese Academy of Sciences (ed). Palaeontology of Xizang: Ⅴ. Beijing: Science Press: 45, 62, pls. 1-9. (in Chinese with English summary)

Wu Xiangwu (吴向午), 1982b. Late Triassic plants from eastern Xizang//The Comprehensive Scientific Expedition Team to the Qinghai-Xizang Plateau, Chinese Academy of Sciences (ed). Palaeontology of Xizang: Ⅴ. Beijing: Science Press: 63-109, pls. 1, 20; text-figs. 1-4. (in Chinese with English summary)

Wu Xiangwu (吴向午), 1993a. Record of generic names of Mesozoic megafossil plants from China (1865-1990). Nanjing: Nanjing University Press: 1, 250. (in Chinese with English summary)

Wu Xiangwu (吴向午), 1993b. Index of generic names founded on Mesozoic-Cenozoic specimens from China in 1865-1990. Acta Palaeontologica Sinica, 32 (4): 495-524. (in Chinese with English summary)

Wu Xiangwu (吴向午), 1993c. Early Cretaceous fossil plants from Shangxian Basin of Shaanxi and Nanzhao district of Henan, China. Paleoworld, 2: 76-99, pls. 1-8; text-fig. 1. (in Chinese with English title)

Wu Xiangwu (吴向午), 1996. On four species of Hepatics from Jurassic of Junggar Basin and Barkol area in Xinjiang, China. Acta Palaeontologica Sinica, 35 (1): 60-71, pls. 1-4. (in Chinese with English summary)

Wu Xiangwu (吴向午), 2006. Record of Mesozoic-Cenozoic megafossil plant generic names founded on Chinese specimens (1991-2000). Acta Palaeontologica Sinica, 45 (1): 114-140. (in Chinese and English)

Wu Xiangwu (吴向午), Deng Shenghui (邓胜徽), Zhang Yaling (张亚玲), 2002. Fossil plants from the Jurassic of Chaoshui Basin, Northwest China. Paleoworld, 14: 136-201, pls. 1-17. (in Chinese with English summary)

Wu Xiangwu (吴向午), He Yuanliang (何元良), 1990. Fossil plants from the Late Triassic Jieza Group in Yushu region, Qinghai // Qinghai Institute of Geological Sciences, Nanjing Institute of Geology and Palaeontology, Chinese Academy of Sciences (eds). Devonian-Triassic stratigraphy and palaeontology from Yushu region of Qinghai, China: Part Ⅰ. Nanjing: Nanjing University Prees: 289-324, pls. 1-8, figs. 1-6. (in Chinese with English summary)

Wu Xiangwu (吴向午), Li Baoxian (厉宝贤), 1992. A study of some Bryophytes from Middle Jurassic Qiao'erjian Formation in Yuxian district of Hubei, China. Acta Palaeontologica Sinica, 31 (3): 257-279, pls. 1-6; text-figs. 1-8. (in Chinese with English summary)

Wu Xiangwu (吴向午), Wu Xiuyuan (吴秀元), Wang Yongdong (王永栋), 2000. Two new forms of Bryiidae (Musci) from the Jurrasic of Junggar Basin in Xinjiang, China. Acta Palaeontologica Sinica, 39 (Supplement): 167-175, pls. 1-3. (in English with Chinese summary)

Xiao Zongzheng (萧宗正), Yang Honglian (杨鸿连), Shan Qingsheng (单青生), 1994. The Mesozoic stratigraphy and biota of the Beijing area. Beijing: Geological Publishing House: 1-133, pls. 1, 20. (in Chinese with English title)

Xie Mingzhong (谢明忠), Sun Jingsong (孙景嵩), 1992. Flora from Xiahuayuan Formation in Xuanhua Coalfield in Hebei. Coal Geology of China, 4 (4): 12-14, pl. 1. (in Chinese with English title)

Xu Fuxiang (徐福祥), 1975. Fossil plants from the coal field in Tianshui, Gansu. Journal of Lanzhou University: Natural Sciences, (2): 98-109, pls. 1-5. (in Chinese)

Xu Kun (许坤), Yang Jianguo (杨建国), Tao Minghua (陶明华), Liang Hongde (梁鸿德), Zhao Chuanben (赵传本), Li Ronghui (李荣辉), Kong Hui (孔慧), Li Yu (李瑜), Wan Chuanbiao (万传彪), Peng Weisong (彭维松), 2003. Jurassic System in the North of China: Volume Ⅶ The Stratigraphic Region of Northeast China. Beijing: Petroleum Industry Press: 1, 261, pls. 1, 22. (in Chinese with English summary)

Yabe H, Hayasaka I, 1920. Palaeontology of southern China // Tokyo Geographical Society. Tokyo: Reports of geographical research of China (1911-1916), 3: 1, 222, pls. 1, 28.

Yabe H, Ôishi S, 1928. Jurassic plants from the Fang-Tzu Coal-field, Shandong (Shantung). Japanese Journal of Geology and Geography, 6 (1, 2): 1-14, pls. 1-4.

Yabe H, Ôishi S, 1933. Mesozoic plants from Manchuria. Science Reports of Tohoku Imperial University, Sendai, Series 2 (Geology), 12 (2): 195-238, pls. 1-6; text-fig. 1.

Yabe H, 1905. Mesozoic Plants from Korea. Journ. Coll. Sci., Imp. Univ. Tokyo, Vol. ⅩⅩ, Art. 8.

Yang Ruidong (杨瑞东), Mao Jairen (毛家仁), Zhang Weihua (张位华), Jiang Lijun (姜立君), Gao Hui (高慧), 2004. Bryophte-like fossil (*Parafunaria sinensis*) from Early-Middle Cambrian Kaili Formation in Guizhou Province, China. Acta Botanica Sinica, 46 (2): 180-185. (in English with Chinese summary)

Yang Xianhe (杨贤河), 1978. The vegetable kingdom (Mesozoic) // Chengdu Institute of Geology and Mineral Resoures (The Southwest China Institute of Geological Science) (ed). Atlas of fossils of Southwest China Sichuan volume: Part Ⅱ Carboniferous to

Mesozoic. Beijing: Geological Publishing House: 469-536, pls. 156-190. (in Chinese with English title)

Yang Xianhe (杨贤河), 1982. Notes on some Upper Triassic plants from Sichuan Basin // Compilatory Group of Continental Mesozoic Stratigraphy and Palaeontology in Sichuan Basin (ed). Continental Mesozoic stratigraphy and paleontology in Sichuan Basin of China: Part Ⅱ Palaeontological Professional Papers. Chengdu: People's Publishing House of Sichuan: 462-490, pls. 1-16. (in Chinese with English title)

Yang Xianhe (杨贤河), 1987. Jurassic plants from the Lower Shaximiao Formation of Rongxian, Sichuan. Bulletin of the Chengdu Institute of Geology and Mineral Resources, Chinese Academy of Geological Sciences, 8: 1-16, pls. 1-3. (in Chinese with English summary)

Yang Xiaoju (杨小菊), 2003. New material of fossil plants from the Early Cretaceous Muling Formation of Jixi Basin, eastern Heilongjiang Province, China. Acta Palaeontologica Sinica, 42 (4): 561-584, pls. 1-7. (in English with Chinese summary)

YangXuelin (杨学林), Sun Liwen (孙礼文), 1982a. Fossil plants from the Shahezi and Yingcheng formations in southern part of the Songhuajiang-Liaohe Basin, NE China. Acta Palaeontologica Sinica, 21 (5): 588-596, pls. 1-3; text-figs. 1-3. (in Chinese with English summary)

Yang Xuelin (杨学林), Sun Liwen (孙礼文), 1982b. Early-Middle Jurassic coal-bearing deposits and flora from the southeastern part of Da Hinggan Ling, China. Coal Geology of Jilin, (1): 1-67. (in Chinese with English summary)

Yang Xuelin (杨学林), Sun Liwen (孙礼文), 1985. Jurassic fossil plants from the southern part of Da Hinggan Ling, China. Bulletin of the Shenyang Institute of Geology and Mineral Resources, Chinese Academy of Geological Sciences, 12: 98-111, pls. 1-3, figs. 1-5. (in Chinese with English summary)

Yang Zunyi (杨遵仪), Yin Hongfu (殷洪福), Xu Guirong (徐桂荣), Wu Shunbao (吴顺宝), He Yuanliang (何元良), Liu Guangcai (刘广才), Yin Jiarun (阴家润), 1983. Triassic of the South Qilian Mountains. Beijing: Geological Publishing House: 1-224, pls. 1-29. (in Chinese with English summary)

Ye Meina (叶美娜), 1979. On some Middle Triassic plants from Hupeh and Szechuan. Acta Palaeontologica Sinica, 18 (1): 73-81, pls. 1, 2; text-fig. 1. (in Chinese with English summary)

Ye Meina (叶美娜), Liu Xingyi (刘兴义), Huang Guoqing (黄国清), Chen Lixian (陈立贤), Peng Shijiang (彭时江), Xu Aifu (许爱福), Zhang Bixing (张必兴), 1986. Late Triassic and Early-Middle Jurassic fossil plants from northeastern Sichuan. Hefei: Anhui Science and Technology Publishing House: 1-141, pls. 1-56. (in Chinese with English summary)

Yokoyama M, 1889. Jurassic Plants from Kaga, Hida and Echizen. J. Coll. Sci. Imp. Univ. Tokyo, V. 3, Pt. 1: 1-66, pls. 1-14.

Yokoyama M, 1906. Mesozoic plants from China. Journal of College of Sciences, Imperial University, Tokyo, 21 (9): 1-39, pls. 1-12; text-figs. 1, 2.

Yokoyama M, 1908. Paleozoic plants from China. Journal of College of Science, Imperial

University, Tokyo, 23 (8): 1-18, pls. 1-7.

Yuan Xiaoqi (袁效奇), Fu Zhiyan (傅智雁), Wang Xifu (王喜富), He Jing (贺静), Xie Liqin (解丽琴), Liu Suibao (刘绥保), 2003. Jurassic System in the North of China: Volume Ⅵ The Stratigraphic Region of North China. Beijing: Petroleum Industry Press: 1-165, pls. 1, 28. (in Chinese with English summary)

Zeiller R, 1902-1903. Flore fossile des gîtes de charbon du Tonkin. Etudes des gîtes mineraux de la France, 1902, pls. 1-56; 1903: 1-328; text-figs. 1-4.

Zeiller R, 1906. Etudes sur la Flore fossile du Bassin Houiller et Permien de Blanzy et du Creusot. Paris: 1-265, atlas pls. 51.

Zeng Yong (曾勇), Shen Shuzhong (沈树忠), Fan Bingheng (范炳恒), 1995. Flora from the coal-bearing strata of Yima Formation in western Henan. Nanchang: Jiangxi Science and Technology Publishing House: 1-92, pls. 1-30, figs. 1-9. (in Chinese with English summary)

Zhang Caifan (张采繁), 1982. Mesozoic and Cenozoic plants // Geological Bureau of Hunan (ed). The palaeontological atlas of Human. People's Republic of China, Ministry of Geology and Mineral Resources, Geological Memoirs, Series 2, 1: 521-543, pls. 334-358. (in Chinese)

Zhang Caifan (张采繁), 1986. Early Jurassic flora from eastern Hunan. Professional Papers of Stratigraphy and Palaeontology, 14: 185-206, pls. 1-6, figs. 1-10. (in Chinese with English summary)

Zhang Hanrong (张汉荣), Fan Wenzhong (范文仲), Fan Heping (范和平), 1988. The Jurassic coal-bearing strata of the Yuxian area, Hebei. Journal of Stratigraphy, 12 (4): 281, 289, pls. 1, 2, figs. 1- 2. (in Chinese with English title)

Zhang Hong (张泓), Li Hengtang (李恒堂), Xiong Cunwei (熊存卫), Zhang Hui (张慧), Wang Yongdong (王永栋), He Zonglian (何宗莲), Lin Guangmao (蔺广茂), Sun Bainian (孙柏年), 1998. Jurassic coal-bearing strata and coal auucmulation in Northwest China. Beijing: Geological Publishing House: 1-317, pls. 1-100. (in Chinese with English summary)

Zhang Jihui (张吉惠), 1978. Plants // Stratigraphical and Geological Working Team, Guizhou Province (ed). Fossil atlas of Southwest China, Guizhou: Volume Ⅱ. Beijing: Geological Publishing House: 458-491, pls. 150-165. (in Chinese)

Zhang Wu (张武), 1982. Late Triassic fossil plants from Lingyuan County, Liaoning Province. Bulletin of the Shenyang Institute of Geology and Mineral Resources, Chinese Academy of Geological Sciences, 3: 187-196, pls. 1, 2; text-figs. 1-6. (in Chinese with English summary)

Zhang Wu (张武), Chang Chichen (张志诚), Chang Shaoquan (常绍泉), 1983. Studies on the Middle Triassic plants from Linjia Formation of Benxi, Liaoning Provence. Bulletin of the Shenyang Institute of Geology and Mineral Resources, Chinese Academy of Geological Sciences, 8: 62-91, pls. 1-5; text-figs. 1-12. (in Chinese with English summary)

Zhang Wu (张武), Zhang Zhicheng (张志诚), Zheng Shaolin (郑少林), 1980. Phyllum Pteridophyta, subphyllum Gymnospermae // Shenyang Institute of Geology and Mineral Resources (ed). Palaeontological atlas of Northeast China: Ⅰ Mesozoic and Cenozoic.

Beijing:Geological Publishing House:222,308,pls. 112-191;text-figs. 156-206. (in Chinese with English title)

Zhang Wu (张武), Zheng Shaolin (郑少林), 1983. *Hepaticites minutus* Zhang et Zheng sp. nov. // Zhang Wu, Zheng Shaolin, Chang Shaoquan. Studies on the Middle Triassic plants from Linjia formation of Benxi, Liaoning Province. Bulletin of Shenyang Institute of Geology and Mineral Resources, Chinese Academy of Geological Scinces, (8):71,72, pl. 1, figs. 1,12; text-fig. 2. (in Chinese with English title)

Zhang Wu (张武), Zheng Shaolin (郑少林), 1984. New fossil plants from the Laohugou Formation (Upper Triassic) in the Jinlingsi-Yangshan Basin, western Liaoning. Acta Palaeontologica Sinica, 23 (3):382,393, pls. 1-3. (in Chinese with English summary)

Zhang Wu (张武), Zheng Shaolin (郑少林), 1987. Early Mesozoic fossil plants in western Liaoning, Northeast China // Yu Xihan, et al. (eds). Mesozoic stratigraphy and palaeontology of western Liaoning, 3. Beijing: Geological Publishing House: 239-338, pls. 1-30, figs. 1-42. (in Chinese with English summary)

Zhang Zhenlai (张振来), Xu Guanghong (徐光洪), Niu Zhijun (牛志军), Meng Fansong (孟繁松), Yao Huazhou (姚华舟), Huang Zhaoxian (黄照先), 2002. Triassic. Wang Xiaofeng and others. Protection of precise geological remains in the Yangtze Gorges area, China with the study of the Archean-Mesozoic multiple stratigraphic subdivision and sea-level change. Beijing: Geological Publishing House: 229-266. pls. 1,21. (in Chinese with English title)

Zhang Zhicheng (张志诚), 1984. The Upper Cretaceous fossil plant from Jiayin region, northern Heilongjiang. Professional Papers of Stratigraphy and Palaeontology, 11: 111-132, pls. 1-8, figs. 1-2. (in Chinese with English summary)

Zhang Zhongying (张忠英), 1988. *Longfenshania* Du emend: an earliest record of bryophyte-like fossils. Acta Palaeontologica Sinica, 27 (4): 416-426, pls. 1, 2; text-figs. 1-4. (in Chinese with English summary)

Zhao Xiuhu (赵修祜), Mo Zhuangguan (莫壮观), Zhang Shanzhen (张善桢), Yao Zhaoqi (姚兆奇), 1980. Late Permian flora from western Guizhou and eastern Yunnan // Nanjing Institute Geology and Palaeontology, Chinese Academy of Sciences (ed). Stratigraphy and palaeontology of Upper Permian coal measures western Guizhou and eastern Yunnan. Beijing: Science Press: 70-99, pls. 1,23. (in Chinese)

Zhao Xiuhu (赵修祜), Wu Xiuyuan (吴秀元), 1982. Early Carboniferous flora and coal-bearing deposits of Hunan and Guangdong. Bulletin of Nanjing Institute of Geology and Palaeontology, Chinese Academy of Sciences, 5: 1-40, pls. 1-12; text-figs. 1-6. (in Chinese with English summary)

Zheng Shaolin (郑少林), 1980. Phyllum Bryophyta // Shengang Institute of Geology and Mineral Resources, Chinese Acadenmy of Geological Sciences (ed). Palaeontological atlas of Northeast China: Ⅱ Mesozoic and Cenozoic. Beijing: Geological Publishing House: 221-222, pl. 112, figs. 1-2; text-fig. 155. (in Chinese with English title)

Zheng Shaolin (郑少林), Li Jieru (李杰儒), 1978. Several new species of Jurassic *Selaginellites* from western Liaoning. Professional Papers of Stratigraphy and Palaeontology, 4: 146-151, pls. 34-37; text-figs. 1-2. (in Chinese with English summary)

Zheng Shaolin (郑少林), Zhang Wu (张武), 1982. Fossil plants from Longzhaogou and Jixi groups in eastern Heilongjiang Province. Bulletin of Shenyang Institute of Geology and Mineral Resources, Chinese Academy of Geological Sciences, (5): 277-349, pls. 1-32; text-figs. 1-17. (in Chinese with English summary)

Zheng Shaolin (郑少林), Zhang Wu (张武), 1982b. Fossil plants from Longzhaogou and Jixi groups in eastern Heilongjiang Province. Bulletin of the Shenyang Institute of Geology and Mineral Resources, Chinese Academy of Geological Sciences, 5: 227-349, pls. 1-32; text-figs. 1-17. (in Chinese with English summary)

Zheng Shaolin (郑少林), Zhang Wu (张武), 1983a. Middle-late Early Cretaceous flora from the Boli Basin, eastern Heilongjiang Province. Bulletin of the Shenyang Institute of Geology and Mineral Resources, Chinese Academy of Geological Sciences, 7: 68, 98, pls. 1-8; text-figs. 1-16. (in Chinese with English summary)

Zheng Shaolin (郑少林), Zhang Wu (张武), 1986b. New discovery of Early Triassic fossil plants from western Liaoning Province. Bulletin of the Shenyang Institute of Geology and Mineral Resources, Chinese Academy of Geological Sciences, 14: 173-184, pls. 1-4, figs. 1-3. (in Chinese with English summary)

Zheng Shaolin (郑少林), Zhang Wu (张武), 1989. New materials of fossil plants from the Nieerku Formation at Nanzamu district of Xinbin County, Liaoning Province. Liaoning Geology, (1): 26-36, pl. 1, figs. 1, 2. (in Chinese with English summary)

Zheng Shaolin (郑少林), Zhang Wu (张武), 1990. Early and Middle Jurassic fossil flora from Tianshifu, Liaoning. Liaoning Geology, (3): 212-237, pls. 1-6, fig. 1. (in Chinese with English summary)

Zheng Shaolin (郑少林), Zhang Ying (张莹), 1994. Cretaceous plants from Songliao Basin, Northeast China. Acta Palaeontologica Sinica, 33 (6): 756, 764, pls. 1-4. (in Chinese with English summary)

Zhou Huiqin (周惠琴), 1981. Discovery of the Upper Triassic flora from Yangcaogou of Beipiao, Liaoning // Palaeontological Society of China (ed). Selected papers from 12th Annual Conference of the Palaeontological Society of China. Beijing: Science Press: 147-152, pls. 1-3; text-fig. 1. (in Chinese with English title)

Zhou Tongshun (周统顺), 1978. On the Mesozoic coal-bearing strata and fossil plants from Fujian Province. Professional Papers of Stratigraphy and Palaeontology, 4: 88-134, pls. 15-30; text-figs. 1-5. (in Chinese)

Zhou Tongshun (周统顺), Zhou Huiqin (周惠琴), 1986. Fossil plants // Institute of Geology, Chinese Academy of Geological Sciences, Institute of Geology, Xinjiang Bureau of Geology and Mineral Resources (eds). Permian and Triassic strata and fossil assemblages in the Dalongkou area of Jimsar, Xinjiang. Ministry of Geology and Mineral Resources, Geological Memoirs, People's Republic of China, Series 2, Number 3: 39-69, pls. 5-20; figs. 1-10. (in Chinese with English summary)

Zhou Zhiyan (周志炎), 1984. Early Liassic Plants from southeastern Hunan, China. Palaeontologia Sinica, Whole Number 165, New Series A, 7: 1-91, pls. 1-34; text-figs. 1-14. (in Chinese with English summary)

Zhou Zhiyan (周志炎),1989. Late Triassic plants from Shanqiao,Hengyang,Hunan Province. Palaeontologia Cathayana,4:131-197,pls. 1-15;text-figs. 1-46.

Zhou Zhiyan (周志炎),Li Baoxian (厉宝贤),1979. A preliminary study of the Early Triassic plants from the Qionghai district,Hainan Island. Acta Palaeontologica Sinica,18 (5):444-462,pls. 1-2;text-figs. 1-2. (in Chinese with English summary)